この一冊があなたのビジネスチャンスを広げる！

表やグラフの作成は得意ですか？
上司や同僚があっと驚くような表やグラフを作成したくありませんか？
表やグラフの作成のことならあの人に聞け！と言われたくありませんか？
FOM出版のテキストは、そんなあなたのご要望に応えます。

第1章 関数の利用

複雑な計算も自由自在
関数を使いこなそう

Excelで計算するときって、
合計や平均を求めるくらいしかできないや…

数値の四捨五入・切り捨て・
切り上げも、関数で計算！
割引額や消費税の計算に役立つ！

特売価格管理表
秋の味覚フェア

消費税率 8%

区分	品名	通常価格	割引率	割引金額	特売価格（本体金額）	特売価格（消費税額）	特売価格（表示総額）	売上個数	入金合計
果物	ぶどう	248	30%	74	174	13	187	190	¥35,530
	いちじく	58	30%	17	41	3	44	307	¥13,508
	梨	198	30%	59	139	11	150	158	¥23,700
	栗	150	30%	45	105	8	113	204	¥23,052
	柿	125	30%	38	87	6	93	156	¥14,508
野菜	さつまいも	98	25%	25	73	5	78	349	¥27,222
	かぼちゃ	198	25%	50	148	11	159	245	¥38,955
	じゃがいも	75	25%	19	56	4	60	456	¥27,360
	とうもろこし	125	25%	31	94	7	101	234	¥23,634
	まいたけ	190	25%	48	142	11	153	186	¥28,458

得点を基準に順位を付けたり、
条件に沿った値を入力したりするのも、
もちろん関数で！

2019年度5月社内英語スキル認定試験

社員No.	氏名	1次試験 筆記	1次試験 順位	1次試験 1次評価	2次試験 面接	2次試験 総評価
S9313	遠藤　真紀	80	8	合格	A	合格
S9504	神谷　秋彦	95	2	合格	B	再面接
S9803	川原　香織	65	11	合格	B	再面接
S9805	福田　直樹	92	3	合格	A	合格
S9904	斉藤　信也	100	1	合格	A	合格
S0002	坂本　利雄	45	14	不合格	-	不合格
S0111	山本　涼子	66	10	合格	C	不合格
S0313	伊藤　隆	57	13	不合格	-	不合格
S0402	浜野　陽子	87	6	合格	A	合格
S0403	結城　夏江	92	3	合格	C	不合格
S0504	白井　茜	67	9	合格	B	再面接
S0602	梅畑　雄介	60	12	不合格	-	不合格

総評価	人数
合格	5
不合格	5
再面接	4

条件を満たしている
データを数える
関数もある！

関数の利用については **8ページ** を check！

第2章
表作成の活用

一歩進んだ表にレベルアップ
表作成をマスターしよう

表を作るとき、
目立たせたいデータを探して表とにらめっこしたり、
入力ミスしちゃったりするんだよなあ…

データの大小関係を比較するバーを表示できる！

条件を設定すると、自動的にセルに書式を設定できる！

東京23区人口統計

区名	面積 (k㎡)	平成29年				平成30年				平成29年→平成30年	
		男性	女性	総数	人口密度	男性	女性	総数	人口密度	総数増減	人口密度増減
千代田区	11.7	29,987	29,801	59,788	5,128	30,697	30,572	61,269	5,255	1,481	127
中央区	10.2	71,448	78,192	149,640	14,656	74,636	82,187	156,823	15,360	7,183	704
港区	20.4	117,353	131,889	249,242	12,236	119,273	134,366	253,639	12,452	4,397	216
新宿区	18.2	170,255	168,233	338,488	18,578	171,900	170,397	342,297	18,787	3,809	209
文京区	11.3	101,755	112,214	213,969	18,952	103,433	113,986	217,419	19,258	3,450	306
台東区	10.1	99,346	94,476	193,822	19,171	100,374	95,760	196,134	19,400	2,312	229
墨田区	13.8	131,814	133,424	265,238	19,262	133,455	135,443	268,898	19,528	3,660	266
江東区	40.2	250,950	255,561	506,511	12,612	253,839	259,358	513,197	12,779	6,686	166
品川区	22.8	187,822	194,939	382,761	16,758	190,122	197,500	387,622	16,971	4,861	213
目黒区	14.7	129,444	144,264	273,708	18,658	130,927	145,857	276,784	18,867	3,076	210
[illegible]	60.8	358,052	359,243	717,295	11,792	360,500	362,841	**723,341**	11,891	6,046	99
世田谷区	58.1	424,219	468,316	892,535	15,375	427,184	472,923	**900,107**	15,506	7,572	130
渋谷区	15.1	106,725	115,553	222,278	14,711	107,892	116,788	224,680	14,870	2,402	159
中野区	15.6	164,177	161,283	325,460	20,876	165,938	162,745	328,683	21,083	3,223	207
杉並区	34.1	268,520	290,430	558,950	16,411	270,862	293,627	564,489	16,573	5,539	163
豊島区	13.0	143,392	140,915	284,307	21,853	144,713	142,398	287,111	22,068	2,804	216
北区	20.6	171,577	173,572	345,149	16,747	173,117	174,913	348,030	16,886	2,881	140
荒川区	10.2	106,324	106,789	213,113	20,976	106,884	107,760	214,644	21,126	1,531	151
板橋区	32.2	275,327	281,982	557,309	17,297	276,872	284,841	561,713	17,434	4,404	137
練馬区	48.1	353,685	370,026	723,711	15,052	355,157	373,322	**728,479**	15,151	4,768	99
足立区	53.3	341,793	339,488	681,281	12,794	343,808	341,639	**685,447**	12,872	4,166	78
葛飾区	34.8	228,658	228,235	456,893	13,129	230,393	230,030	460,423	13,231	3,530	101
江戸川区	49.9	349,342	342,172	691,514	13,858	350,905	344,461	**695,366**	13,935	3,852	77

出典：東京都統計データ

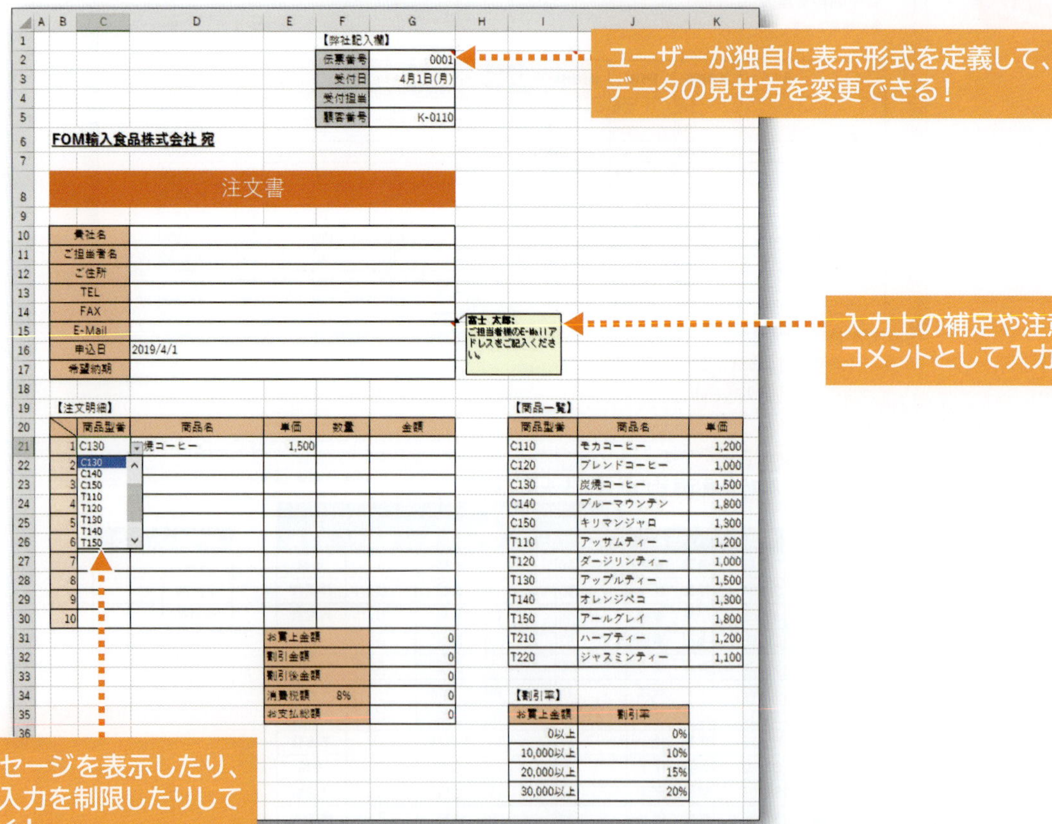

【弊社記入欄】

伝票番号	0001
受付日	4月1日(月)
受付担当	
顧客番号	K-0110

FOM輸入食品株式会社 宛

注文書

貴社名	
ご担当者名	
ご住所	
TEL	
FAX	
E-Mail	
申込日	2019/4/1
希望納期	

富士 太郎:
ご担当者様のE-Mailアドレスをご記入ください。

【注文明細】

	商品型番	商品名	単価	数量	金額
1	C130	炭焼コーヒー	1,500		
2					
3					
4					
5					
6					
7					
8					
9					
10					

C130
C140
C150
T110
T120
T130
T140
T150

お買上金額	0
割引金額	0
割引後金額	0
消費税額 8%	0
お支払総額	0

【商品一覧】

商品型番	商品名	単価
C110	モカコーヒー	1,200
C120	ブレンドコーヒー	1,000
C130	炭焼コーヒー	1,500
C140	ブルーマウンテン	1,800
C150	キリマンジャロ	1,300
T110	アッサムティー	1,200
T120	ダージリンティー	1,000
T130	アップルティー	1,500
T140	オレンジペコ	1,300
T150	アールグレイ	1,800
T210	ハーブティー	1,200
T220	ジャスミンティー	1,100

【割引率】

お買上金額	割引率
0以上	0%
10,000以上	10%
20,000以上	15%
30,000以上	20%

ユーザーが独自に表示形式を定義して、データの見せ方を変更できる！

入力上の補足や注意事項をコメントとして入力できる！

入力時にメッセージを表示したり、無効なデータ入力を制限したりして入力ミスを防ぐ！

表作成の活用については 38ページ を check!

第3章 グラフの活用

企画書・報告書作成に欠かせない グラフ作成をマスターしよう

データの単位が違ったり、データの量が多かったり。
データをグラフに表現するとき、いつも困っちゃうんだよなあ…

棒グラフと折れ線グラフの
2つのグラフを組み合わせて、
データを比較できる！

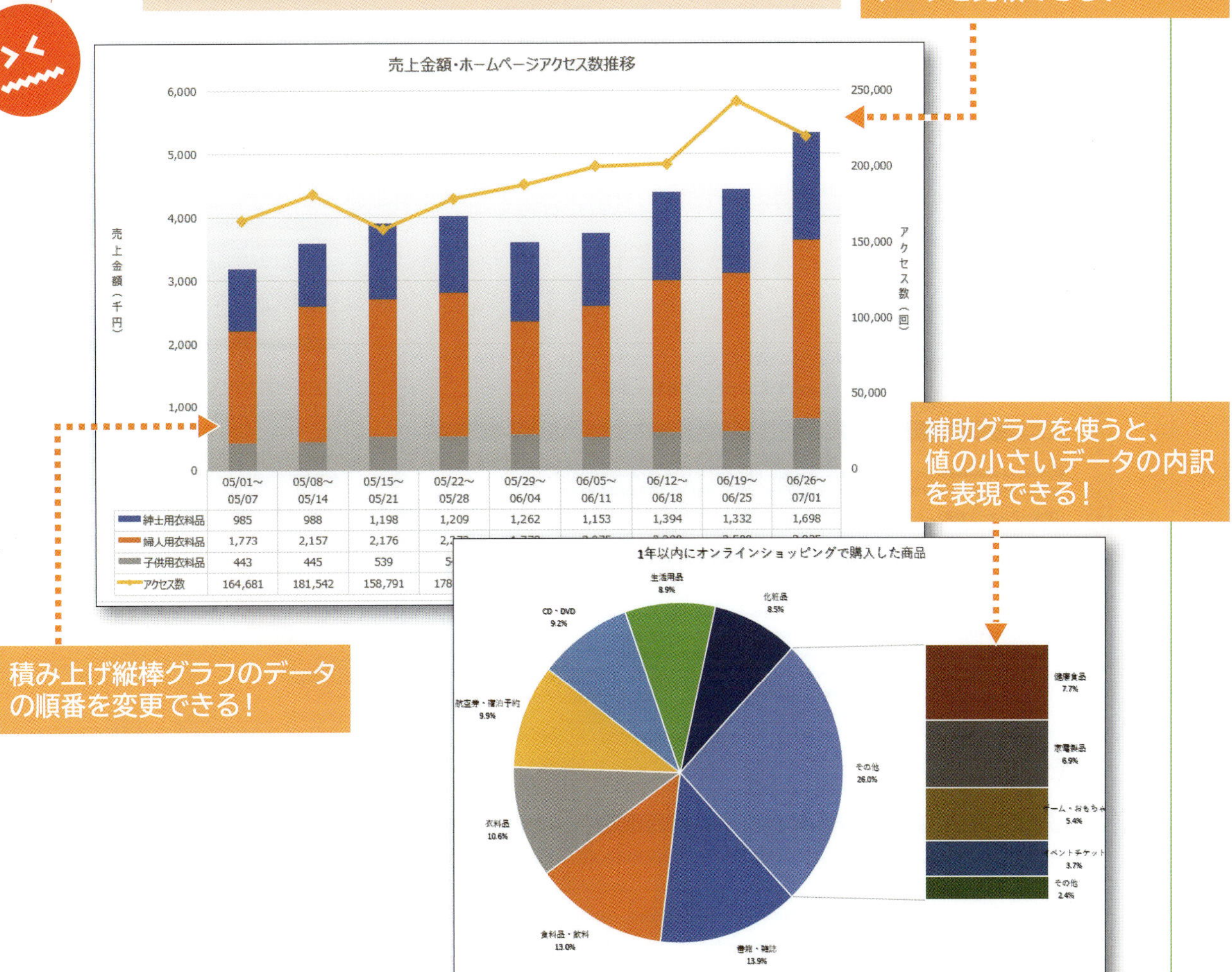

補助グラフを使うと、
値の小さいデータの内訳
を表現できる！

積み上げ縦棒グラフのデータ
の順番を変更できる！

「スパークライン」を使うと、
セル内にグラフを
作成できる！

商品分野別年間売上表

単位：千円

商品分野	4月	5月	6月	7月	8月	9月	10月	11月	12月	1月	2月	3月	合計	傾向
家庭用冷蔵庫	9,057	7,645	10,900	7,989	9,960	8,694	7,450	6,951	12,450	10,401	6,800	11,780	110,077	
電磁調理器	7,890	4,530	7,800	3,612	3,961	4,015	4,680	5,891	11,040	9,480	8,948	8,990	80,837	
給湯機器	1,412	2,070	1,210	1,412	1,059	1,651	2,178	2,894	3,121	2,015	1,578	1,651	22,251	
暖房機器	891	401	242	315	491	789	3,894	4,584	6,841	7,089	3,569	1,981	31,087	
冷房機器	6,891	7,950	13,980	19,151	16,840	8,970	3,012	2,045	1,091	814	211	491	81,446	
家庭用洗濯機	7,980	5,120	4,600	5,400	6,300	7,041	6,891	4,215	8,912	9,045	6,214	7,008	78,726	
合計	34,121	27,716	38,732	37,879	38,611	31,160	28,105	26,580	43,455	38,844	27,320	31,901	404,424	

スパークラインのグラフも、
目立たせたい部分は
しっかり強調！

グラフの活用については **72ページ** を check!

第4章
グラフィックの利用

視覚的に訴えるブックに大変身
グラフィック機能を使ってみよう

Excelって表やグラフを作るのは得意そうだけど、
企画書や報告書とかにしたいときに
いまいち見栄えがパッとしないんだよなあ！

テーマを使うと、ブック全体の配色や
フォントなどの外観を一度に変更！
統一感のある外観にできる！

テキストボックスを使うと、
自由な位置に文字列を配置できる！

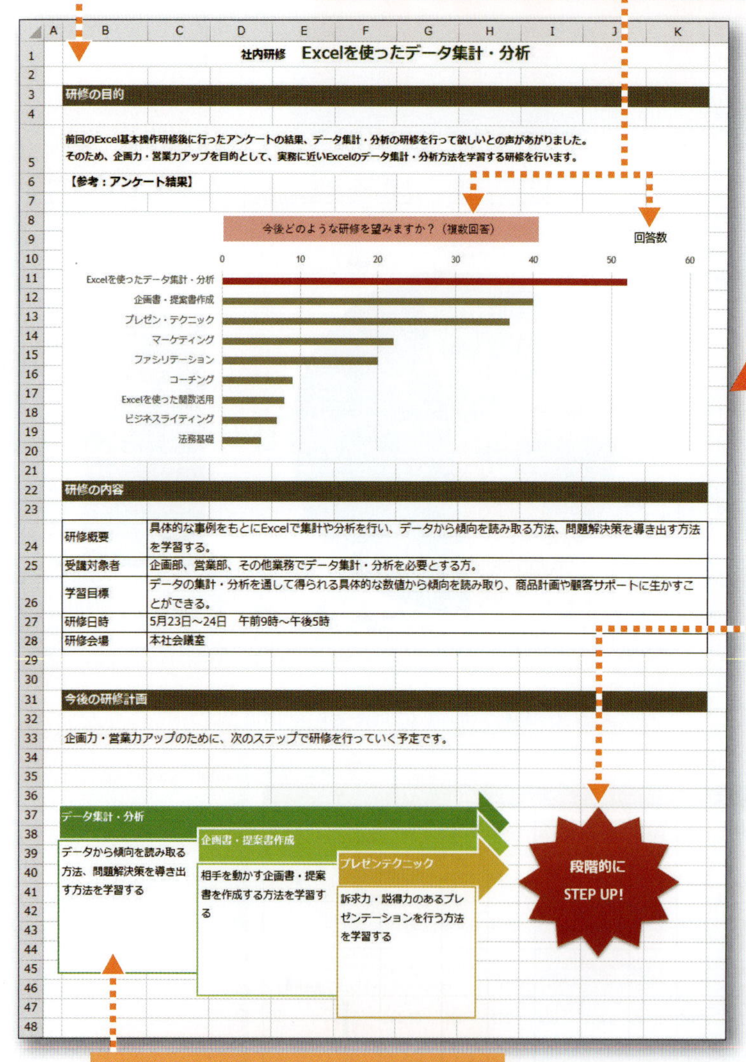

図形を使って、
強調したいことを
目立たせよう！
図形の中には文字列も
入力できる！

SmartArtグラフィックを使って、
情報の相互関係を
わかりやすく表現しよう！

見栄えをアップできる機能が
Excelにも充実してるんだね！

グラフィックの利用については **108ページ** を check!

第5章 データベースの活用

効率よくデータを管理 データベースを使いこなそう

データベースを使ってるんだけど、データを集計したり書式をそろえたりするとき、結構面倒なんだよね…

グループごとにデータをまとめて簡単集計!自動的に集計行が追加される!

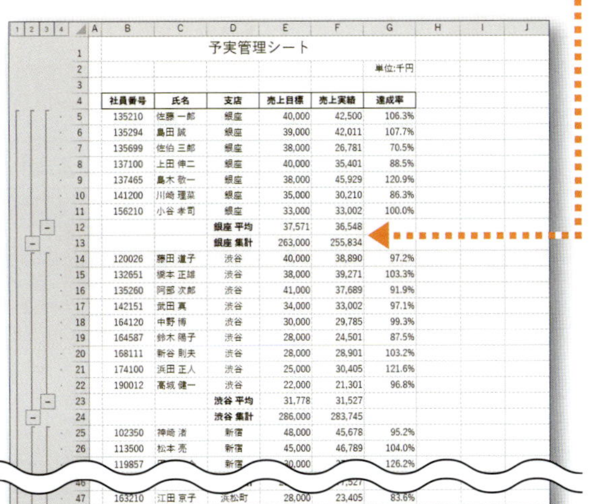

予実管理シート

単位:千円

行	社員番号	氏名	支店	売上目標	売上実績	達成率
5	135210	佐藤 一郎	銀座	40,000	42,500	106.3%
6	135294	島田 誠	銀座	39,000	42,011	107.7%
7	135699	佐伯 三郎	銀座	38,000	26,781	70.5%
8	137100	上田 伸二	銀座	40,000	35,401	88.5%
9	137465	島木 敬一	銀座	38,000	45,929	120.9%
10	141200	川崎 理菜	銀座	35,000	30,210	86.3%
11	156210	小谷 孝司	銀座	33,000	33,002	100.0%
12			銀座 平均	37,571	36,548	
13			銀座 集計	263,000	255,834	
14	120026	藤田 道子	渋谷	40,000	38,890	97.2%
15	132651	橋本 正雄	渋谷	38,000	39,271	103.3%
16	135260	阿部 次郎	渋谷	41,000	37,689	91.9%
17	142151	武田 真	渋谷	34,000	33,002	97.1%
18	164120	中野 博	渋谷	30,000	29,785	99.3%
19	164587	鈴木 陽子	渋谷	28,000	24,501	87.5%
20	168111	新谷 則夫	渋谷	28,000	28,901	103.2%
21	174100	浜田 正人	渋谷	25,000	30,405	121.6%
22	190012	高城 健一	渋谷	22,000	21,301	96.8%
23			渋谷 平均	31,778	31,527	
24			渋谷 集計	286,000	283,745	
25	102350	神崎 渚	新宿	48,000	45,678	95.2%
26	113500	松本 亮	新宿	45,000	46,789	104.0%
	119857		新宿			126.2%
47	163210	江田 京子	浜松町	28,000	23,405	83.6%
48	169555	笹木 進	浜松町	28,000	23,456	83.8%
49	169577	小野 清	浜松町	30,000	34,569	115.2%
50	171230	斎藤 華子	浜松町	26,000	30,123	115.9%
51	174561	小池 公彦	浜松町	27,000	30,102	111.5%
52	176521	久保 正	浜松町	24,000	20,102	83.8%
53			浜松町 平均	27,167	26,960	
54			浜松町 集計	163,000	161,757	
55	113561	平田 幸雄	横浜	40,000	39,856	99.6%
56	120069	藤城 拓也	横浜	40,000	34,561	86.4%
57	120099	近田 文雄	横浜	45,000	46,102	102.4%
58	132659	木内 美子	横浜	41,000	49,219	120.0%
59	133250	唐沢 利一	横浜	39,000	36,501	93.6%
60	142510	中井 拓也	横浜	35,000	38,801	110.9%
61	166541	清水 幸子	横浜	29,000	30,120	103.9%
62	169521	古賀 正輝	横浜	29,000	29,045	100.2%
63	169874	堀田 隆	横浜	28,000	23,056	82.3%
64	171203	石田 満	横浜	25,000	21,980	87.9%
65	175600	山本 博仁	横浜	25,000	27,893	111.6%
66	186540	石田 誠司	横浜	24,000	19,800	82.5%
67	186900	青山 千恵	横浜	24,000	22,010	91.7%
68	192155	西村 孝太	横浜	22,000	29,390	133.6%
69			横浜 平均	31,857	32,024	
70			横浜 集計	446,000	448,334	
71			全体の平均	33,537	33,035	
72			総計	1,811,000	1,783,888	

集計行だけの表示も、ボタンひとつで簡単!

予実管理シート

単位:千円

行	社員番号	氏名	支店	売上目標	売上実績	達成率
12			銀座 平均	37,571	36,548	
13			銀座 集計	263,000	255,834	
23			渋谷 平均	31,778	31,527	
24			渋谷 集計	286,000	283,745	
34			新宿 平均	40,222	39,632	
35			新宿 集計	362,000	356,691	
45			千葉 平均	32,333	30,836	
46			千葉 集計	291,000	277,527	
53			浜松町 平均	27,167	26,960	
54			浜松町 集計	163,000	161,757	
69			横浜 平均	31,857	32,024	
70			横浜 集計	446,000	448,334	
71			全体の平均	33,537	33,035	
72			総計	1,811,000	1,783,888	

シートをスクロールしても、列番号に列見出しが表示される!データベースを管理するときに便利!

行	社員番号	氏名	支店	売上目標	売上実績	達成率
5	102350	神崎 渚	新宿	48,000	46,890	97.7%
6	113500	松本 亮	新宿	47,000	50,670	107.8%
7	113561	平田 幸雄	横浜	41,000	30,891	75.3%
8	119857	田中 啓介	新宿	35,000	34,562	98.7%
9	120001	木下 良雄	新宿	41,000	40,392	98.5%
10	120023	神田 悟	千葉	39,000	38,521	98.8%
11	120026	藤田 道子	渋谷	41,000	34,501	84.1%
12	120029	竹田 誠治	新宿	43,000	46,729	108.7%
13	120069	藤城 拓也	横浜	38,000	36,510	96.1%
14	120074	土屋 亮	千葉	43,000	34,561	80.4%
15	120099	近田 文雄	横浜	47,000	34,819	74.1%
16	120103	内山 雅夫	新宿	41,000	42,100	102.7%
17	132651	橋本 正雄	渋谷	40,000	39,719	99.3%
18	132659	木内 美子	横浜	46,000	46,710	101.5%
19	133111	曽根 学	千葉	42,000	38,020	90.5%
20	133250	唐沢 利一	横浜	39,000	40,201	103.1%
21	133520	秋野 美江	新宿	35,000	41,290	118.0%
22	133549	中村 仁	新宿	39,000	40,129	102.9%
23	133799	津島 貴子	新宿	40,000	37,626	94.1%
24	135210	佐藤 一郎	銀座	42,000	43,192	102.8%
25	135260	阿部 次郎	渋谷	41,000	30,129	73.5%
26	135294	島田 誠	銀座	42,000	43,790	104.3%
27	135699	佐伯 三郎	銀座	33,000	34,678	105.1%
28	137100	上田 伸二	銀座	39,000	36,784	94.3%
29	137465	島木 敬一	銀座	43,000	43,592	101.4%
30	141200	川崎 理菜	銀座	34,000	23,590	69.4%
31	142151	武田 真	渋谷	35,000	32,708	93.5%
32	142510	中井 拓也	横浜	38,000	40,001	105.3%
33	152000	神原 和也	千葉	35,000	32,760	93.6%
34	156210	小谷 孝司	銀座	34,000	30,127	88.6%
35	163210	江田 京子	浜松町	26,000	28,087	108.0%
36	164120	中野 博	渋谷	31,000	32,160	103.7%
37	164587	鈴木 陽子	渋谷	27,000	33,087	122.5%
38	166541	清水 幸子	横浜	30,000	32,870	109.6%
39	168111	新谷 則夫	渋谷	29,000	32,179	111.0%
40	168251	飯田 太郎	千葉	29,000	28,670	98.9%
41	169521	古賀 正輝	横浜	30,000	32,802	109.3%
42	169524	佐藤 由美	千葉	30,000	25,743	85.8%
43	169555	笹木 進	浜松町	26,000	26,549	102.1%
44	169577	小野 清	浜松町	33,000	31,720	96.1%
45	169874	堀田 隆	横浜	26,000	26,749	102.9%
46	171203	石田 満	横浜	24,000	23,171	96.5%
47	171210	花丘 理央	千葉	27,000	24,256	89.8%
48	171230	斎藤 華子	浜松町	29,000	23,345	80.5%
49	174100	浜田 正人	渋谷	29,000	28,776	99.2%
50	174561	小池 公彦	浜松町	29,000	21,089	72.7%
51	175600	山本 博仁	横浜	27,000	32,879	121.8%
52	176521	久保 正	浜松町	23,000	24,652	107.2%
53	179840	大木 麻里	千葉	23,000	24,509	106.6%
54	184520	田中 知夏	千葉	25,000	23,581	94.3%
55	186540	石田 誠司	横浜	23,000	21,010	91.3%
56	186900	青山 千恵	横浜	24,000	27,340	113.9%
57	190012	高城 健一	渋谷	22,000	23,019	104.6%
58	192155	西村 孝太	横浜	26,000	23,451	90.2%
59	集計			1,849,000	1,797,886	

データベースの表は、テーブルに変換してみよう!自動的に表全体の見栄えが整う!

データベースを管理する機能もあるんだね。使ってみたいな!

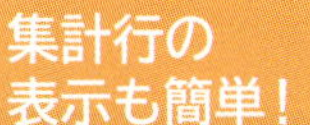

データベースの活用については 138ページ を check!

第6章
ピボットテーブルとピボットグラフの作成

データを分析
ピボットテーブルとピボットグラフを使ってみよう

データベースにデータがたくさんたまっていくだけで、
どう使っていいのかわからないよ。
ビジネスの傾向を分析するために使いたいんだけどなあ！

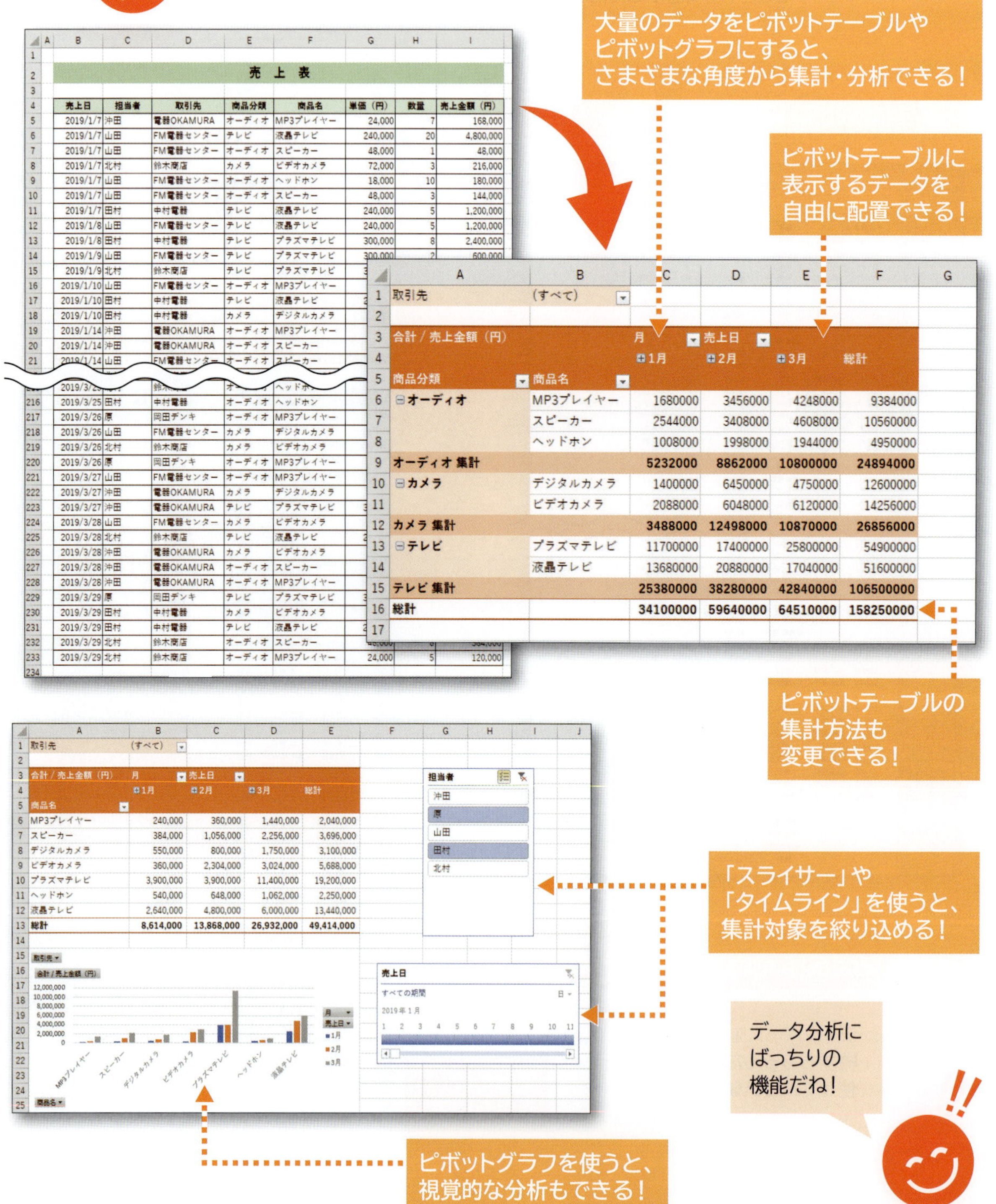

取引先	(すべて)				
合計 / 売上金額（円）		月 / 売上日			
		1月	2月	3月	総計
商品分類	商品名				
オーディオ	MP3プレイヤー	1680000	3456000	4248000	9384000
	スピーカー	2544000	3408000	4608000	10560000
	ヘッドホン	1008000	1998000	1944000	4950000
オーディオ 集計		5232000	8862000	10800000	24894000
カメラ	デジタルカメラ	1400000	6450000	4750000	12600000
	ビデオカメラ	2088000	6048000	6120000	14256000
カメラ 集計		3488000	12498000	10870000	26856000
テレビ	プラズマテレビ	11700000	17400000	25800000	54900000
	液晶テレビ	13680000	20880000	17040000	51600000
テレビ 集計		25380000	38280000	42840000	106500000
総計		34100000	59640000	64510000	158250000

取引先	(すべて)			
合計 / 売上金額（円）	月 / 売上日			
	1月	2月	3月	総計
商品名				
MP3プレイヤー	240,000	360,000	1,440,000	2,040,000
スピーカー	384,000	1,056,000	2,256,000	3,696,000
デジタルカメラ	550,000	800,000	1,750,000	3,100,000
ビデオカメラ	360,000	2,304,000	3,024,000	5,688,000
プラズマテレビ	3,900,000	3,900,000	11,400,000	19,200,000
ヘッドホン	540,000	648,000	1,062,000	2,250,000
液晶テレビ	2,640,000	4,800,000	6,000,000	13,440,000
総計	8,614,000	13,868,000	26,932,000	49,414,000

ピボットテーブルとピボットグラフの作成については 160ページ を check!

第7章
マクロの作成

大量のデータも簡単管理
マクロを使ってみよう

毎日同じ操作のくりかえし…
いやになっちゃうよ！

いつもの操作をマクロとして
ボタンに登録！

	A	B	C	D	E	F	G	H	I
1		取引先売上一覧表			担当者別集計		集計リセット		
2								単位：円	
3									
4		日付	担当者	取引先	商品名	単価	数量	売上金額	
5		4月1日	福井	青木家電	プリンター	120,000	5	600,000	
6		4月1日	山田	新宮電気	携帯電話	55,000	20	1,100,000	
7		4月4日	荒木	福丸物産	スキャナー	30,000	5	150,000	
8		4月4日	荒木	FOM商事	スキャナー	30,000	8	240,000	
9		4月4日	田村	竹芝商事	パソコン	200,000	10	2,000,000	
10		4月4日	福井	尾林貿易	ファクシミ	25,000	10	250,000	
					スキャナー	30,000	5	150,000	
					パソコン	200,000	10	2,000,000	
					プリンタ	120,000	5	600,000	
					ファクシ	25,000	13	325,000	
					ファクシ	25,000	6	150,000	
					プリン	120,000	8	960,000	
					パソコ	200,000	5	1,000,000	
					スキャ	30,000	5	150,000	
					携帯	55,000	30	1,650,000	
					プ	120,000	10	1,200,000	
						120,000	8	960,000	

	A	B	C	D	E	F	G	H	I
1		取引先売上一覧表			担当者別集計		集計リセット		
2								単位：円	
3									
4		日付	担当者	取引先	商品名	単価	数量	売上金額	
5		4月4日	荒木	福丸物産	スキャナー	30,000	5	150,000	
6		4月4日	荒木	FOM商事	スキャナー	30,000	8	240,000	
7		4月15日	荒木	FOM商事	パソコン	200,000	5	1,000,000	
8		4月18日	荒木	福丸物産	パソコン	200,000	15	3,000,000	
9		4月19日	荒木	FOM商事	携帯電話	55,000	30	1,650,000	
10		4月19日	荒木	福丸物産	スキャナー	30,000	11	330,000	
11		4月26日	荒木	福丸物産	スキャナー	30,000	5	150,000	
12		4月26日	荒木	FOM商事	ファクシミリ	25,000	6	150,000	
13			荒木 集計					6,670,000	
14		4月4日	田村	竹芝商事	パソコン	200,000	10	2,000,000	
15		4月5日	田村	竹芝商事	スキャナー	30,000	5	150,000	
16		4月15日	田村	竹芝商事	スキャナー	30,000	5	150,000	
17		4月18日	田村	竹芝商事	携帯電話	55,000	20	1,100,000	
18		4月19日	田村	竹芝商事	パソコン	200,000	5	1,000,000	
19		4月19日	田村	竹芝商事	プリンター	120,000	21	2,520,000	
20		4月22日	田村	竹芝商事	ファクシミリ	25,000	10	250,000	
21		4月25日	田村	竹芝商事	パソコン	200,000	5	1,000,000	
22		4月26日	田村	竹芝商事	プリンター	120,000	10	1,200,000	
23			田村 集計					9,370,000	
24		4月1日	福井	青木家電	プリンター	120,000	5	600,000	
25		4月4日	福井	尾林貿易	ファクシミリ	25,000	10	250,000	
26		4月8日	福井	尾林貿易	ファクシミリ	25,000	13	325,000	
27		4月12日	福井	青木家電	ファクシミリ	25,000	6	150,000	
28		4月15日	福井	尾林貿易	携帯電話	55,000	30	1,650,000	
29		4月15日	福井	尾林貿易	プリンター	120,000	10	1,200,000	
30		4月15日	福井	青木家電	プリンター	120,000	8	960,000	
31		4月19日	福井	尾林貿易	スキャナー	30,000	20	600,000	
32		4月22日	福井	尾林貿易	パソコン	200,000	5	1,000,000	
33		4月22日	福井	尾林貿易	プリンター	120,000	8	960,000	
34		4月26日	福井	青木家電	ファクシミリ	25,000	12	300,000	
35		4月26日	福井	尾林貿易	プリンター	120,000	5	600,000	
36		4月29日	福井	青木家電	携帯電話	55,000	30	1,650,000	
37		4月29日	福井	尾林貿易	パソコン	200,000	5	1,000,000	
38			福井 集計					11,245,000	
39		4月1日	山田	新宮電気	携帯電話	55,000	20	1,100,000	
40		4月5日	山田	新宮電気	パソコン	200,000	10	2,000,000	
41		4月5日	山田	新宮電気	プリンター	120,000	5	600,000	
42		4月12日	山田	新宮電気	プリンター	120,000	8	960,000	
43		4月18日	山田	新宮電気	スキャナー	30,000	2	60,000	
44		4月22日	山田	新宮電気	スキャナー	30,000	8	240,000	
45		4月25日	山田	新宮電気	スキャナー	30,000	5	150,000	
46		4月26日	山田	新宮電気	ファクシミリ	25,000	13	325,000	
47		4月29日	山田	新宮電気	携帯電話	55,000	25	1,375,000	
48			山田 集計					6,810,000	
49			総計					34,095,000	
50									

ボタンをクリックするだけで、
いつもの操作を自動実行！

同じ操作を繰り返す
ときも効率的に
作業できるんだね！

マクロの作成については **192ページ** を **check!**

第8章
便利な機能

頼もしい機能が充実
Excelの便利な機能を使ってみよう

だいぶExcelの使い方がわかってきたよ。
ほかに、知っておくと便利な機能ってないのかな?

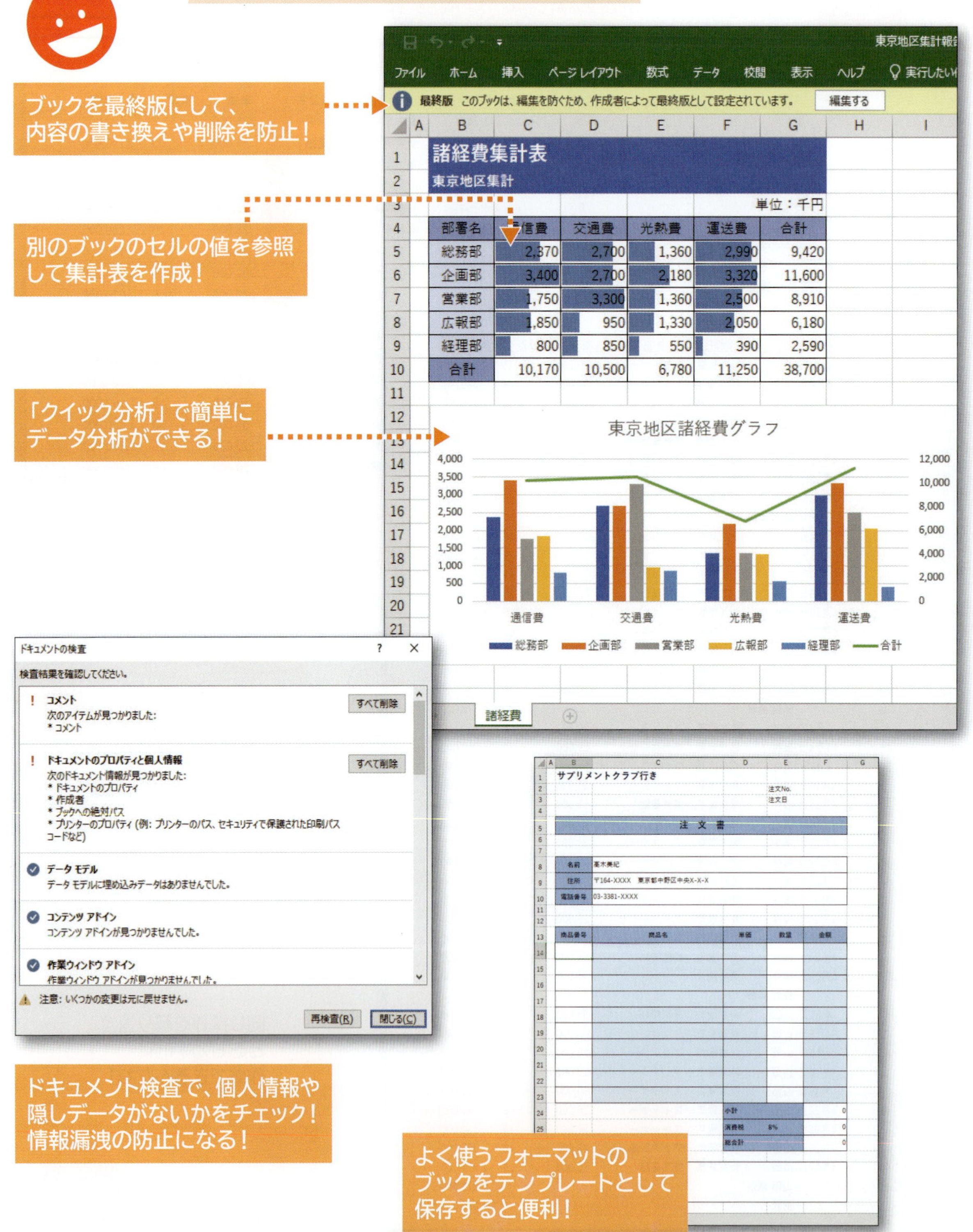

諸経費集計表
東京地区集計

単位:千円

部署名	通信費	交通費	光熱費	運送費	合計
総務部	2,370	2,700	1,360	2,990	9,420
企画部	3,400	2,700	2,180	3,320	11,600
営業部	1,750	3,300	1,360	2,500	8,910
広報部	1,850	950	1,330	2,050	6,180
経理部	800	850	550	390	2,590
合計	10,170	10,500	6,780	11,250	38,700

便利な機能については 212ページ を check!

はじめに

Microsoft Excel 2019は、やさしい操作性と優れた機能を兼ね備えた表計算ソフトです。

本書は、Excelを使いこなしたい方を対象に、条件判断や日付計算、順位付けなどの関数の使い方を紹介したり、グラフィック機能を使ってExcelで企画書を作成したりする方法を紹介しています。そのほかにも、ピボットテーブル・ピボットグラフの作成、マクロを使った自動処理など、応用的かつ実用的な機能をわかりやすく解説しています。また、練習問題を豊富に用意しており、問題を解くことによって理解度を確認でき、着実に実力を身に付けられます。**「よくわかる Microsoft Excel 2019 基礎」**（FPT1813）の続編であり、Excelの豊富な機能を学習できる内容になっています。

表紙の裏にはExcelで使える便利な**「ショートカットキー一覧」**、巻末にはExcel 2019の新機能を効率的に習得できる**「Excel 2019の新機能」**を収録しています。

本書は、経験豊富なインストラクターが、日ごろのノウハウをもとに作成しており、講習会や授業の教材としてご利用いただくほか、自己学習の教材としても最適なテキストとなっております。

本書を通して、Excelの知識を深め、実務にいかしていただければ幸いです。

本書を購入される前に必ずご一読ください

本書は、2019年2月現在のExcel 2019（16.0.10339.20026）に基づいて解説しています。本書発行後のWindowsやOfficeのアップデートによって機能が更新された場合には、本書の記載のとおりに操作できなくなる可能性があります。あらかじめご了承のうえ、ご購入・ご利用ください。

2019年4月2日
FOM出版

目次

■第7章　マクロの作成 ----------------------------------- 192

購入特典

本書を購入された方には、次の特典（PDFファイル）をご用意しています。FOM出版のホームページからダウンロードして、ご利用ください。

【ダウンロード方法】

①次のホームページにアクセスします。

ホームページ・アドレス

http://www.fom.fujitsu.com/goods/eb/

②「Excel 2019 応用（FPT1814）」の《特典を入手する》を選択します。

③本書の内容に関する質問に回答し、《入力完了》を選択します。

④ファイル名を選択して、ダウンロードします。

本書をご利用いただく前に

本書で学習を進める前に、ご一読ください。

1 本書の記述について

操作の説明のために使用している記号には、次のような意味があります。

記述	意味	例
[　]	キーボード上のキーを示します。	[Ctrl]　[F4]
[　]+[　]	複数のキーを押す操作を示します。	[Ctrl]+[C] ([Ctrl]を押しながら[C]を押す)
《　》	ダイアログボックス名やタブ名、項目名など画面の表示を示します。	《セルの書式設定》ダイアログボックスが表示されます。 《挿入》タブを選択します。
「　」	重要な語句や機能名、画面の表示、入力する文字列などを示します。	「関数のネスト」といいます。 「注文書」と入力します。

学習の前に開くファイル

知っておくべき重要な内容

知っていると便利な内容

※　補足的な内容や注意すべき内容

Let's Try　学習した内容の確認問題

確認問題の答え

問題を解くためのヒント

2 製品名の記載について

本書では、次の名称を使用しています。

正式名称	本書で使用している名称
Windows 10	Windows 10 または Windows
Microsoft Office 2019	Office 2019 または Office
Microsoft Excel 2019	Excel 2019 または Excel

3 効果的な学習の進め方について

本書の各章は、次のような流れで学習を進めると、効果的な構成になっています。

1 学習目標を確認

学習を始める前に、「この章で学ぶこと」で学習目標を確認しましょう。
学習目標を明確にすることによって、習得すべきポイントが整理できます。

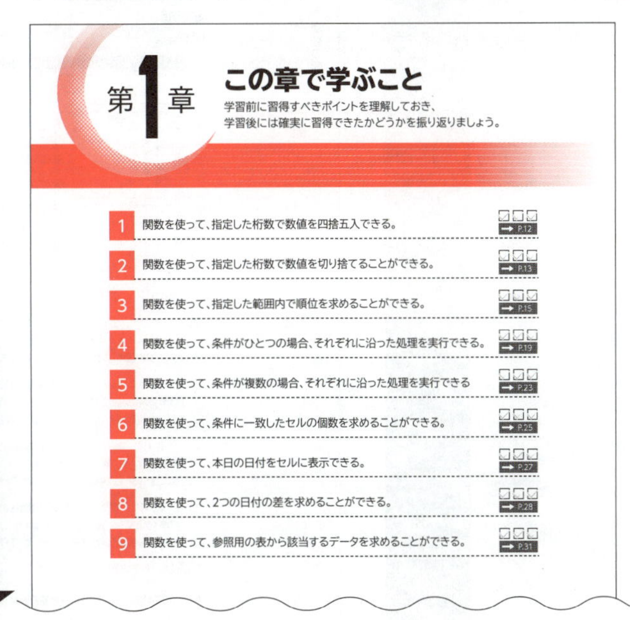

第1章 この章で学ぶこと

学習前に習得すべきポイントを理解しておき、
学習後には確実に習得できたかどうかを振り返りましょう。

1	関数を使って、指定した桁数で数値を四捨五入できる。	→ P.12
2	関数を使って、指定した桁数で数値を切り捨てることができる。	→ P.13
3	関数を使って、指定した範囲内で順位を求めることができる。	→ P.15
4	関数を使って、条件がひとつの場合、それぞれに沿った処理を実行できる。	→ P.19
5	関数を使って、条件が複数の場合、それぞれに沿った処理を実行できる	→ P.23
6	関数を使って、条件に一致したセルの個数を求めることができる。	→ P.25
7	関数を使って、本日の日付をセルに表示できる。	→ P.27
8	関数を使って、2つの日付の差を求めることができる。	→ P.28
9	関数を使って、参照用の表から該当するデータを求めることができる。	→ P.31

2 章の学習

学習目標を意識しながら、Excelの機能や操作を学習しましょう。

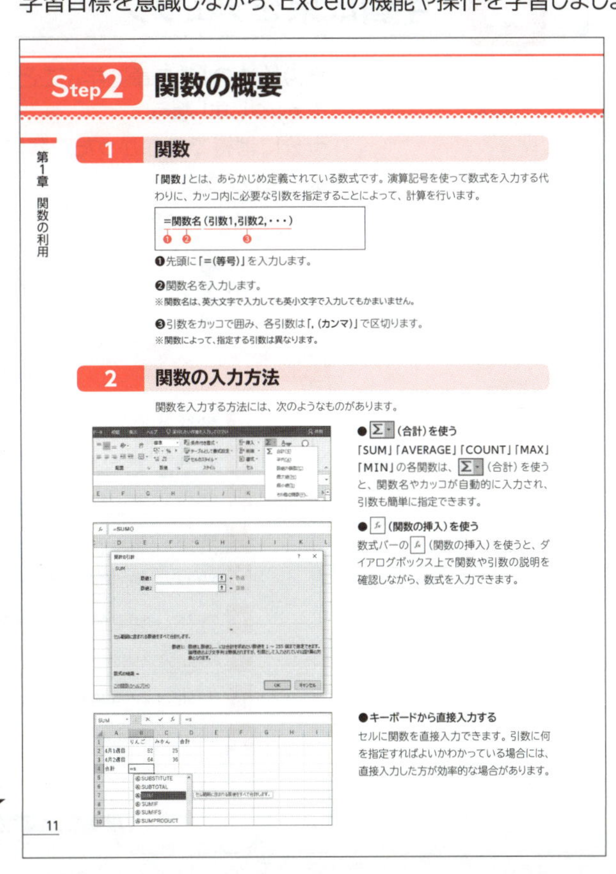

Step2 関数の概要

第1章 関数の利用

1 関数

「関数」とは、あらかじめ定義されている数式です。演算記号を使って数式を入力する代わりに、カッコ内に必要な引数を指定することによって、計算を行います。

=関数名(引数1,引数2,・・・)

❶先頭に「=(等号)」を入力します。

❷関数名を入力します。
※関数名は、英大文字で入力しても英小文字で入力してもかまいません。

❸引数をカッコで囲み、各引数は「,(カンマ)」で区切ります。
※関数によって、指定する引数は異なります。

2 関数の入力方法

関数を入力する方法には、次のようなものがあります。

●Σ(合計)を使う
「SUM」「AVERAGE」「COUNT」「MAX」「MIN」の各関数は、Σ(合計)を使うと、関数名やカッコが自動的に入力され、引数も簡単に指定できます。

●fx(関数の挿入)を使う
数式バーのfx(関数の挿入)を使うと、ダイアログボックス上で関数や引数の説明を確認しながら、数式を入力できます。

●キーボードから直接入力する
セルに関数を直接入力できます。引数に何を指定すればよいかわかっている場合には、直接入力した方が効率的な場合があります。

11

3 練習問題にチャレンジ

章の学習が終わったあと、「練習問題」にチャレンジしましょう。
章の内容がどれくらい理解できているかを把握できます。

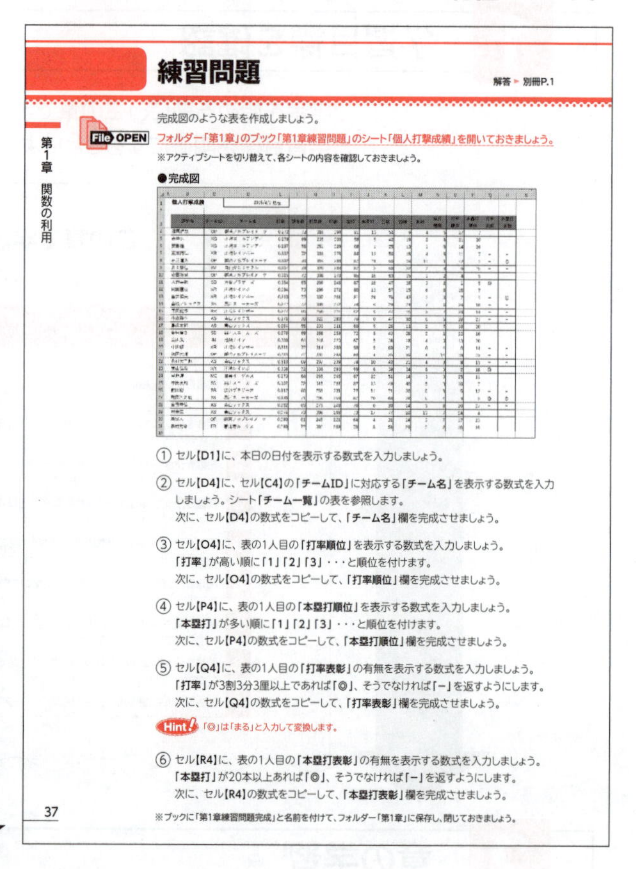

練習問題

解答 ▶ 別冊P.1

第1章 関数の利用

完成図のような表を作成しましょう。

File OPEN フォルダー「第1章」のブック「第1章練習問題」のシート「個人打撃成績」を開いておきましょう。

※アクティブシートを切り替えて、各シートの内容を確認しておきましょう。

●完成図

① セル【D1】に、本日の日付を表示する数式を入力しましょう。

② セル【D4】に、セル【C4】の「**チームID**」に対応する「**チーム名**」を表示する数式を入力しましょう。シート「**チーム一覧**」の表を参照します。
次に、セル【D4】の数式をコピーして、「**チーム名**」欄を完成させましょう。

③ セル【O4】に、表の1人目の「**打率順位**」を表示する数式を入力しましょう。
「**打率**」が高い順に「1」「2」「3」・・・と順位を付けます。
次に、セル【O4】の数式をコピーして、「**打率順位**」欄を完成させましょう。

④ セル【P4】に、表の1人目の「**本塁打順位**」を表示する数式を入力しましょう。
「**本塁打**」が多い順に「1」「2」「3」・・・と順位を付けます。
次に、セル【P4】の数式をコピーして、「**本塁打順位**」欄を完成させましょう。

⑤ セル【Q4】に、表の1人目の「**打率表彰**」の有無を表示する数式を入力しましょう。
「**打率**」が3割3分3厘以上であれば「◎」、そうでなければ「−」を返すようにします。
次に、セル【Q4】の数式をコピーして、「**打率表彰**」欄を完成させましょう。

Hint! 「◎」は「まる」と入力して変換します。

⑥ セル【R4】に、表の1人目の「**本塁打表彰**」の有無を表示する数式を入力しましょう。
「**本塁打**」が20本以上あれば「◎」、そうでなければ「−」を返すようにします。
次に、セル【R4】の数式をコピーして、「**本塁打表彰**」欄を完成させましょう。

37

※ブックに「第1章練習問題完成」と名前を付けて、フォルダー「第1章」に保存し、閉じておきましょう。

4 学習成果をチェック

章の始めの「この章で学ぶこと」に戻って、学習目標を達成できたかどうかをチェックしましょう。
十分に習得できなかった内容については、該当ページを参照して復習するとよいでしょう。

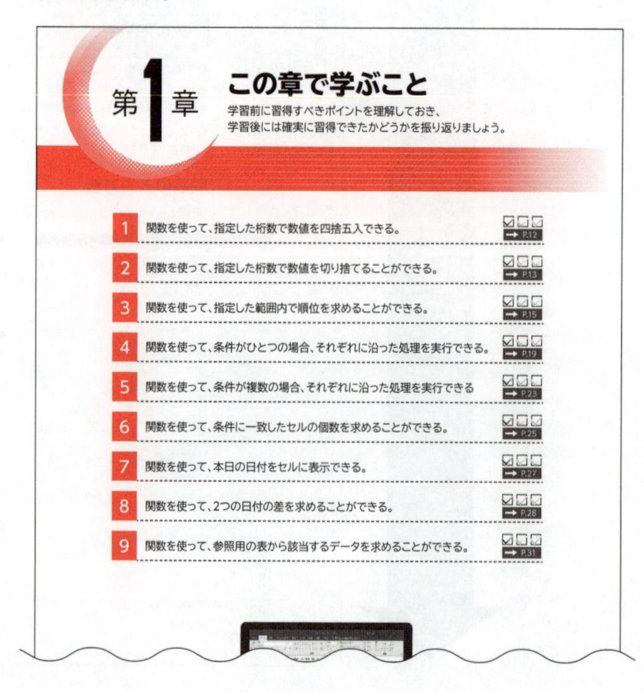

第1章

この章で学ぶこと

学習前に習得すべきポイントを理解しておき、
学習後には確実に習得できたかどうかを振り返りましょう。

1 関数を使って、指定した桁数で数値を四捨五入できる。 → P.12
2 関数を使って、指定した桁数で数値を切り捨てることができる。 → P.13
3 関数を使って、指定した範囲内で順位を求めることができる。 → P.15
4 関数を使って、条件がひとつの場合、それぞれに沿った処理を実行できる。 → P.19
5 関数を使って、条件が複数の場合、それぞれに沿った処理を実行できる → P.23
6 関数を使って、条件に一致したセルの個数を求めることができる。 → P.25
7 関数を使って、本日の日付をセルに表示できる。 → P.27
8 関数を使って、2つの日付の差を求めることができる。 → P.28
9 関数を使って、参照用の表から該当するデータを求めることができる。 → P.31

4 学習環境について

本書を学習するには、次のソフトウェアが必要です。

●Excel 2019

本書を開発した環境は、次のとおりです。

・OS：Windows 10（ビルド17763.253）

・アプリケーションソフト：Microsoft Office Professional Plus 2019
　　Microsoft Excel 2019（16.0.10339.20026）

・ディスプレイ：画面解像度　1024×768ピクセル

※インターネットに接続できる環境で学習することを前提に記述しています。

※環境によっては、画面の表示が異なる場合や記載の機能が操作できない場合があります。

◆画面解像度の設定

画面解像度を本書と同様に設定する方法は、次のとおりです。

①デスクトップの空き領域を右クリックします。

②**《ディスプレイ設定》**をクリックします。

③**《解像度》**の［∨］をクリックし、一覧から**《1024×768》**を選択します。

※確認メッセージが表示される場合は、《変更の維持》をクリックします。

◆ボタンの形状

ディスプレイの画面解像度やウィンドウのサイズなど、お使いの環境によって、ボタンの形状やサイズが異なる場合があります。ボタンの操作は、ポップヒントに表示されるボタン名を確認してください。

※本書に掲載しているボタンは、ディスプレイの画面解像度を「1024×768ピクセル」、ウィンドウを最大化した環境を基準にしています。

◆スタイルや色の名前

本書発行後のWindowsやOfficeのアップデートによって、ポップヒントに表示されるスタイルや色などの項目の名前が変更される場合があります。本書に記載されている項目名が一覧にない場合は、掲載画面の色が付いている位置を参考に選択してください。

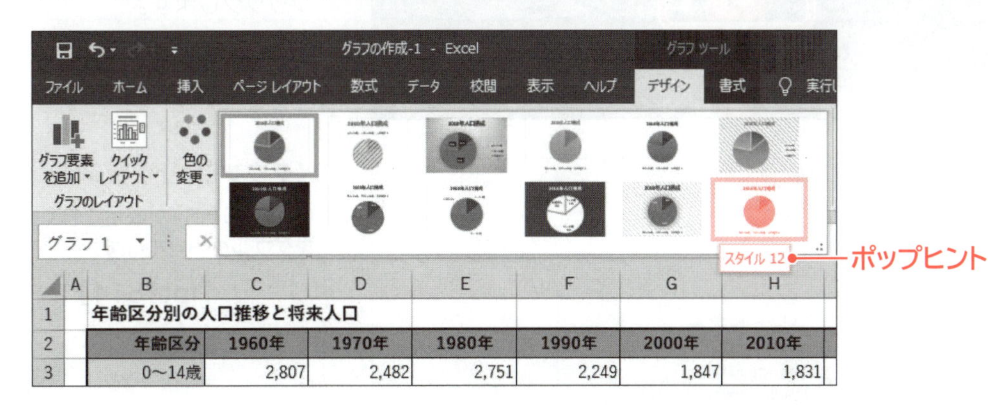

5 学習ファイルのダウンロードについて

本書で使用するファイルは、FOM出版のホームページで提供しています。
ダウンロードしてご利用ください。

ホームページ・アドレス

http://www.fom.fujitsu.com/goods/

ホームページ検索用キーワード

FOM出版

◆ダウンロード

学習ファイルをダウンロードする方法は、次のとおりです。

①ブラウザーを起動し、FOM出版のホームページを表示します。
※アドレスを直接入力するか、キーワードでホームページを検索します。

②**《ダウンロード》**をクリックします。

③**《アプリケーション》**の**《Excel》**をクリックします。

④**《Excel 2019 応用　FPT1814》**をクリックします。

⑤**「fpt1814.zip」**をクリックします。

⑥ダウンロードが完了したら、ブラウザーを終了します。
※ダウンロードしたファイルは、パソコン内のフォルダー「ダウンロード」に保存されます。

◆ダウンロードしたファイルの解凍

ダウンロードしたファイルは圧縮されているので、解凍（展開）します。
ダウンロードしたファイル**「fpt1814.zip」**を**《ドキュメント》**に解凍する方法は、次のとおりです。

①デスクトップ画面を表示します。

②タスクバーの（エクスプローラー）をクリックします。

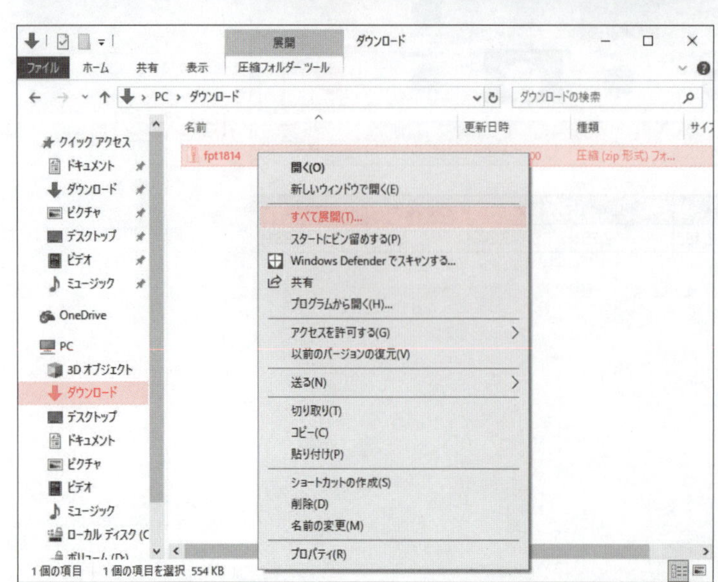

③**《ダウンロード》**をクリックします。
※《ダウンロード》が表示されていない場合は、《PC》をダブルクリックします。

④ファイル**「fpt1814」**を右クリックします。

⑤**《すべて展開》**をクリックします。

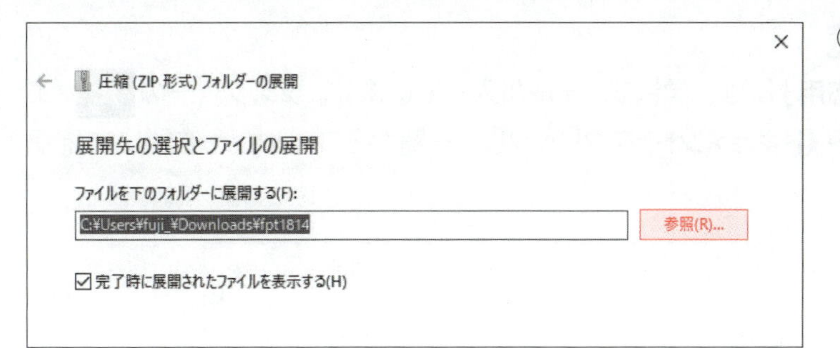

⑥**《参照》**をクリックします。

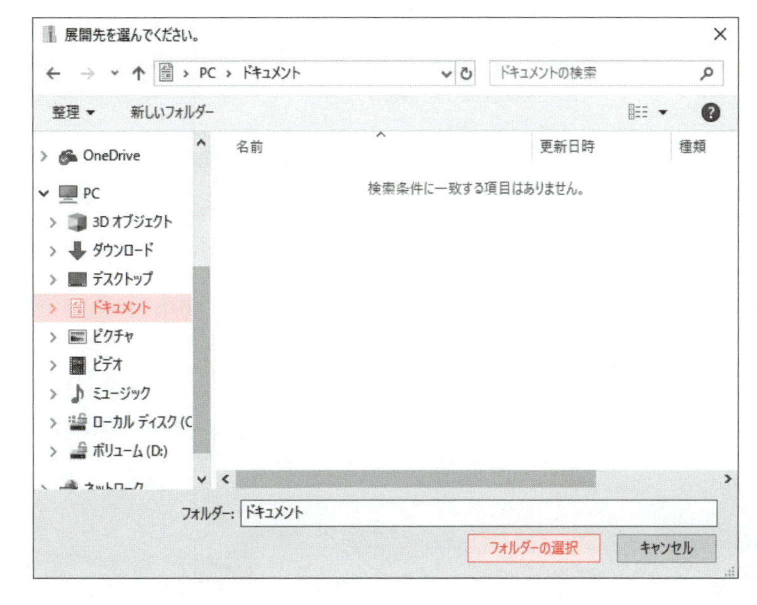

⑦**《ドキュメント》**をクリックします。

※《ドキュメント》が表示されていない場合は、《PC》をダブルクリックします。

⑧**《フォルダーの選択》**をクリックします。

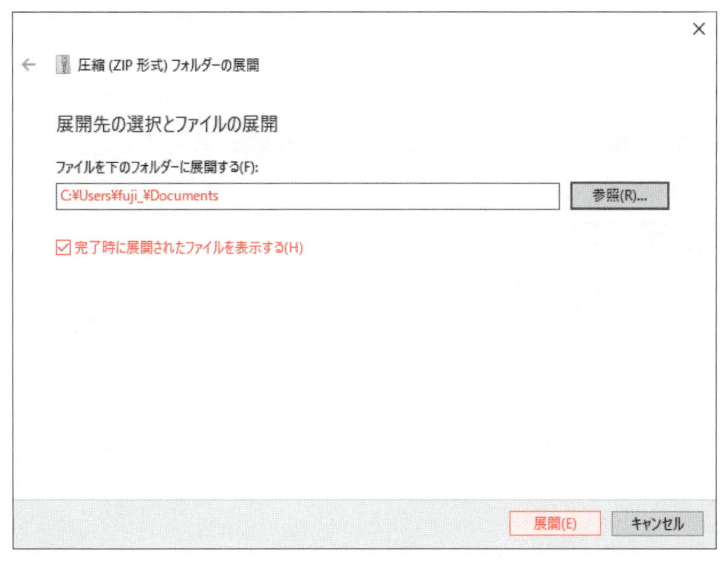

⑨**《ファイルを下のフォルダーに展開する》**が**「C:¥Users¥(ユーザー名)¥Documents」**に変更されます。

⑩**《完了時に展開されたファイルを表示する》**を☑にします。

⑪**《展開》**をクリックします。

⑫ファイルが解凍され、**《ドキュメント》**が開かれます。

⑬フォルダー**「Excel2019応用」**が表示されていることを確認します。

※すべてのウィンドウを閉じておきましょう。

1
2
3
4
5
6
7
8
総合問題
付録
索引

◆学習ファイルの一覧

フォルダー「**Excel2019応用**」には、学習ファイルが入っています。タスクバーの（エクスプローラー）→**《PC》**→**《ドキュメント》**をクリックし、一覧からフォルダーを開いて確認してください。

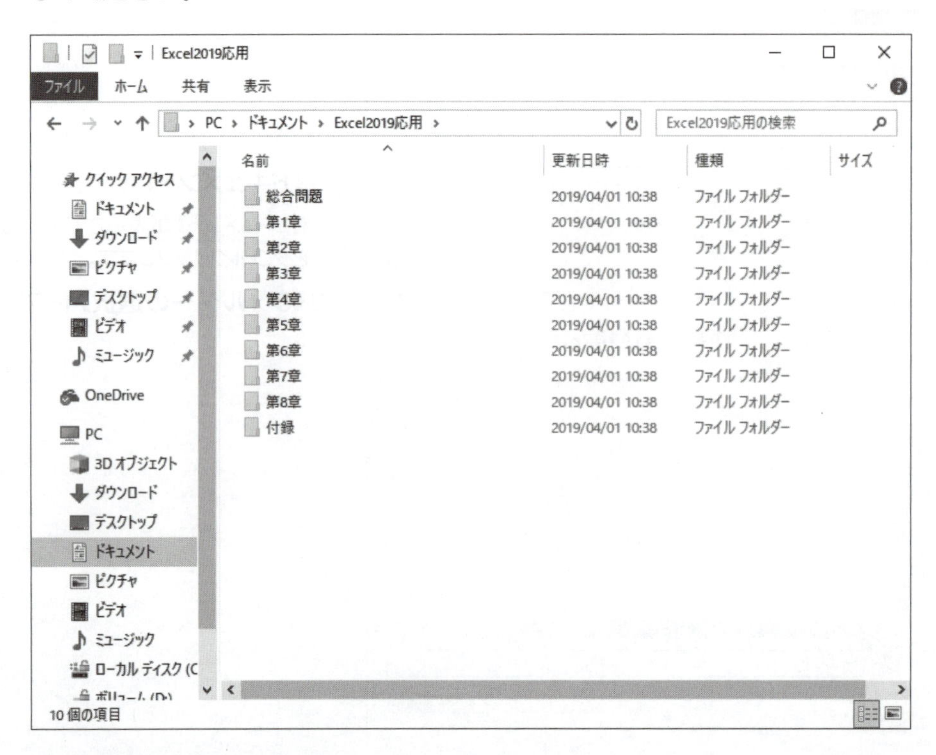

◆学習ファイルの場所

本書では、学習ファイルの場所を**《ドキュメント》**内のフォルダー「**Excel2019応用**」としています。**《ドキュメント》**以外の場所に解凍した場合は、フォルダーを読み替えてください。

◆学習ファイル利用時の注意事項

ダウンロードした学習ファイルを開く際、そのファイルが安全かどうかを確認するメッセージが表示される場合があります。学習ファイルは安全なので、**《編集を有効にする》**をクリックして、編集可能な状態にしてください。

保護ビュー　注意—インターネットから入手したファイルは、ウイルスに感染している可能性があります。編集する必要がなければ、保護ビューのままにしておくことをお勧めします。　編集を有効にする(E)

6 本書の最新情報について

本書に関する最新のQ＆A情報や訂正情報、重要なお知らせなどについては、FOM出版のホームページでご確認ください。

ホームページ・アドレス

http://www.fom.fujitsu.com/goods/

ホームページ検索用キーワード

FOM出版

第1章

関数の利用

第1章 この章で学ぶこと

学習前に習得すべきポイントを理解しておき、
学習後には確実に習得できたかどうかを振り返りましょう。

1 関数を使って、指定した桁数で数値を四捨五入できる。 ☑☑☑ → P.12

2 関数を使って、指定した桁数で数値を切り捨てることができる。 ☑☑☑ → P.13

3 関数を使って、指定した範囲内で順位を求めることができる。 ☑☑☑ → P.15

4 関数を使って、条件がひとつの場合、それぞれに沿った処理を実行できる。 ☑☑☑ → P.19

5 関数を使って、条件が複数の場合、それぞれに沿った処理を実行できる ☑☑☑ → P.23

6 関数を使って、条件に一致したセルの個数を求めることができる。 ☑☑☑ → P.25

7 関数を使って、本日の日付をセルに表示できる。 ☑☑☑ → P.27

8 関数を使って、2つの日付の差を求めることができる。 ☑☑☑ → P.28

9 関数を使って、参照用の表から該当するデータを求めることができる。 ☑☑☑ → P.31

Step1 作成するブックを確認する

1 作成するブックの確認

次のようなブックを作成しましょう。

特売価格管理表

秋の味覚フェア

消費税率	8%

区分	品名	通常価格	割引率	割引金額	特売価格（本体金額）	特売価格（消費税額）	特売価格（表示総額）	売上個数	入金合計
果物	ぶどう	248	30%	74	174	13	187	190	¥35,530
	いちじく	58	30%	17	41	3	44	307	¥13,508
	梨	198	30%	59	139	11	150	158	¥23,700
	栗	150	30%	45	105	8	113	204	¥23,052
	柿	125	30%	38	87	6	93	156	¥14,508
野菜	さつまいも	98	25%	25	73	5	78	349	¥27,222
	かぼちゃ	198	25%	50	148	11	159	245	¥38,955
	じゃがいも	75	25%	19	56	4	60	456	¥27,360
	とうもろこし	125	25%	31	94	7	101	234	¥23,634
	まいたけ	190	25%	48	142	11	153	186	¥28,458

ROUNDDOWN関数

ROUND関数

2019年度5月社内英語スキル認定試験

社員No.	氏名	1次試験 筆記	1次試験 順位	1次試験 1次評価	2次試験 面接	2次試験 総評価
S9313	遠藤　真紀	80	8	合格	A	合格
S9504	神谷　秋彦	95	2	合格	B	再面接
S9803	川原　香織	65	11	合格	B	再面接
S9805	福田　直樹	92	3	合格	A	合格
S9904	斉藤　信也	100	1	合格	A	合格
S0002	坂本　利雄	45	14	不合格	-	不合格
S0111	山本　涼子	66	10	合格	C	不合格
S0313	伊藤　隆	57	13	不合格	-	不合格
S0402	浜野　陽子	87	6	合格	A	合格
S0403	結城　夏江	92	3	合格	C	不合格
S0504	白井　茜	67	9	合格	B	再面接
S0602	梅畑　雄介	60	12	不合格	-	不合格
H0905	花岡　順	82	7	合格	B	再面接
H1001	森下　真澄	90	5	合格	A	合格

総評価	人数
合格	5
不合格	5
再面接	4

COUNTIF関数

IFS関数

IF関数

RANK.EQ関数

社員名簿　2019/4/1 現在

TODAY関数

社員No.	氏名	所属No.	所属名	入社年月日	勤続年数
S9313	遠藤　真紀	20	経理部	1996/4/1	23
S9504	神谷　秋彦	10	総務部	1998/10/1	20
S9803	川原　香織	50	企画部	2001/4/1	18
S9805	福田　直樹	40	営業部	2001/4/1	18
S9904	斉藤　信也	20	経理部	2002/4/1	17
S0002	坂本　利雄	10	総務部	2003/4/1	16
S0111	山本　涼子	60	開発部	2004/4/1	15
S0313	伊藤　隆	50	企画部	2006/4/1	13
S0402	浜野　陽子	30	人事部	2007/10/1	11
S0403	結城　夏江	30	人事部	2007/4/1	12
S0504	白井　茜	10	総務部	2008/4/1	11
S0602	梅畑　雄介	60	開発部	2009/4/1	10
H0905	花岡　順	30	人事部	2012/4/1	7
H1001	森下　真澄	60	開発部	2013/4/1	6

所属コード表

所属No.	所属名
10	総務部
20	経理部
30	人事部
40	営業部
50	企画部
60	開発部

DATEDIF関数

IF関数とVLOOKUP関数

Step2 関数の概要

1 関数

「**関数**」とは、あらかじめ定義されている数式です。演算記号を使って数式を入力する代わりに、カッコ内に必要な引数を指定することによって、計算を行います。

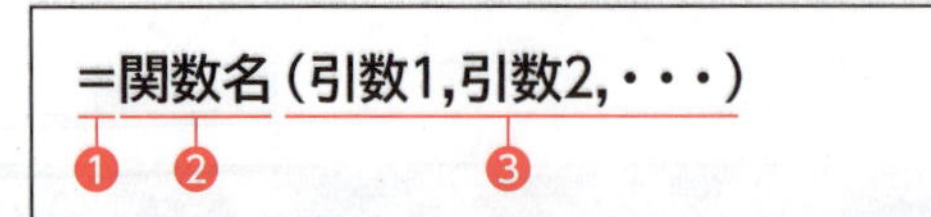

❶先頭に「**=(等号)**」を入力します。

❷関数名を入力します。
※関数名は、英大文字で入力しても英小文字で入力してもかまいません。

❸引数をカッコで囲み、各引数は「**,(カンマ)**」で区切ります。
※関数によって、指定する引数は異なります。

2 関数の入力方法

関数を入力する方法には、次のようなものがあります。

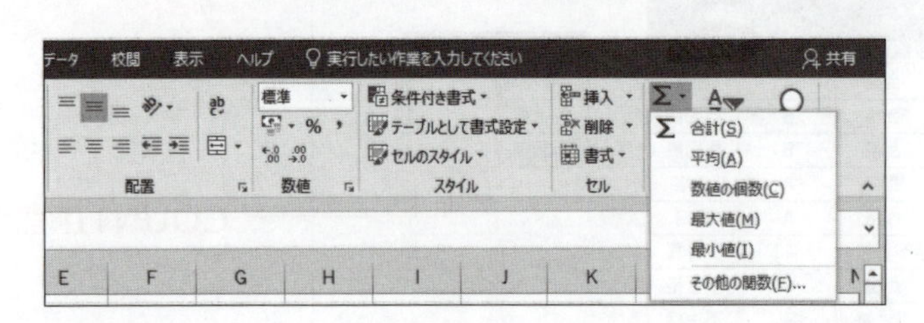

●**Σ(合計)を使う**

「SUM」「AVERAGE」「COUNT」「MAX」「MIN」の各関数は、Σ(合計)を使うと、関数名やカッコが自動的に入力され、引数も簡単に指定できます。

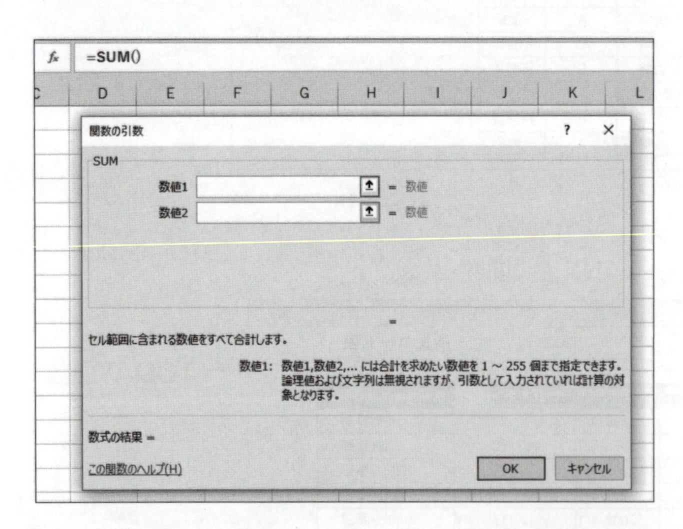

●**fx(関数の挿入)を使う**

数式バーのfx(関数の挿入)を使うと、ダイアログボックス上で関数や引数の説明を確認しながら、数式を入力できます。

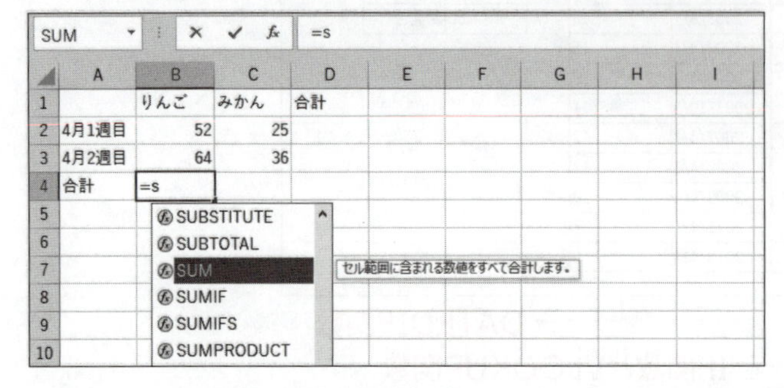

●**キーボードから直接入力する**

セルに関数を直接入力できます。引数に何を指定すればよいかわかっている場合には、直接入力した方が効率的な場合があります。

Step3 数値の四捨五入・切り捨て・切り上げを行う

1 ROUND関数

「**ROUND関数**」を使うと、指定した桁数で数値を四捨五入できます。

●ROUND関数

指定した桁数で数値を四捨五入します。

=ROUND（数値,桁数）
　　　　　❶　❷

❶数値
四捨五入する数値や数式、セルを指定します。
❷桁数
数値を四捨五入した結果の桁数を指定します。

例：
=ROUND（1234.567, 2）→1234.57
=ROUND（1234.567, 1）→1234.6
=ROUND（1234.567, 0）→1235
=ROUND（1234.567, -1）→1230
=ROUND（1234.567, -2）→1200

F列の「**割引金額**」の小数点以下が四捨五入されるように、数式を編集しましょう。
セル【**F5**】の数式を編集し、コピーします。

File OPEN　フォルダー「第1章」のブック「関数の利用-1」を開いておきましょう。

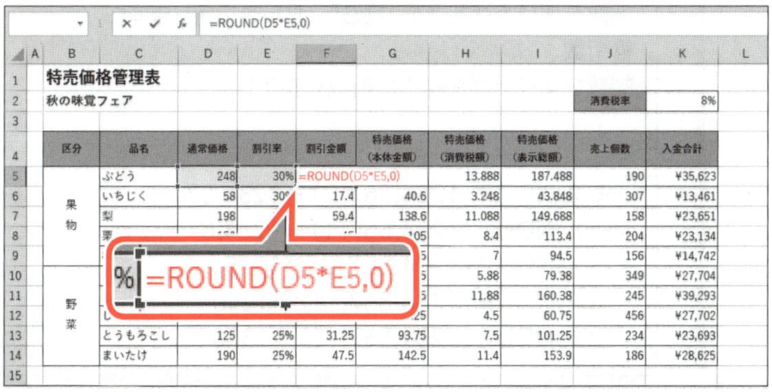

=ROUND(D5*E5,0)

	A	B	C	D	E	F	G	H	I	J	K	L
1		特売価格管理表										
2		秋の味覚フェア								消費税率	8%	
3												
4		区分	品名	通常価格	割引率	割引金額	特売価格（本体金額）	特売価格（消費税額）	特売価格（表示総額）	売上個数	入金合計	
5		果物	ぶどう	248	30%	=ROUND(D5*E5,0)		13.888	187.488	190	¥35,623	
6			いちじく	58	30%	17.4	40.6	3.248	43.848	307	¥13,461	
7			梨	198	[illegible]	59.4	138.6	11.088	149.688	158	¥23,651	
8			栗	[illegible]	[illegible]	[illegible]	[illegible]	8.4	113.4	204	¥23,134	
9			[illegible]	[illegible]	[illegible]	[illegible]	[illegible]	7	94.5	156	¥14,742	
10		野菜	[illegible]	[illegible]	[illegible]	[illegible]	[illegible]	5.88	79.38	349	¥27,704	
11			[illegible]	[illegible]	[illegible]	[illegible]	[illegible]	11.88	160.38	245	¥39,293	
12			[illegible]	[illegible]	[illegible]	[illegible]	[illegible]	4.5	60.75	456	¥27,702	
13			とうもろこし	125	25%	31.25	93.75	7.5	101.25	234	¥23,693	
14			まいたけ	190	25%	47.5	142.5	11.4	153.9	186	¥28,625	
15												

%　=ROUND(D5*E5,0)

セルを編集状態にして、数式を編集します。
①セル【**F5**】をダブルクリックします。
②数式を「**=ROUND(D5*E5,0)**」に修正します。
※数式バーの数式を編集してもかまいません。
③ Enter を押します。

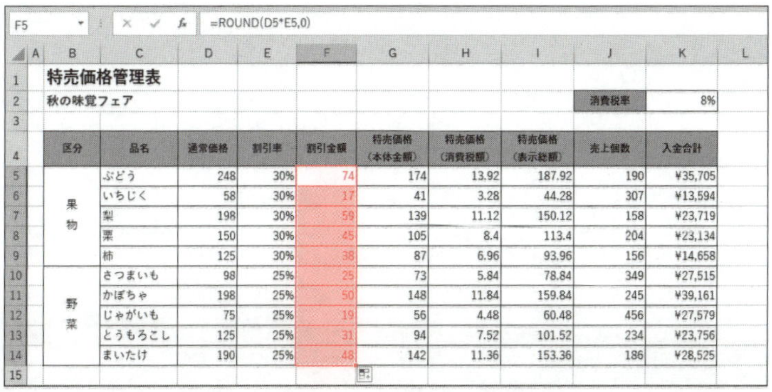

F5　=ROUND(D5*E5,0)

	A	B	C	D	E	F	G	H	I	J	K	L
1		特売価格管理表										
2		秋の味覚フェア								消費税率	8%	
3												
4		区分	品名	通常価格	割引率	割引金額	特売価格（本体金額）	特売価格（消費税額）	特売価格（表示総額）	売上個数	入金合計	
5		果物	ぶどう	248	30%	74	174	13.92	187.92	190	¥35,705	
6			いちじく	58	30%	17	41	3.28	44.28	307	¥13,594	
7			梨	198	30%	59	139	11.12	150.12	158	¥23,719	
8			栗	150	30%	45	105	8.4	113.4	204	¥23,134	
9			柿	125	30%	38	87	6.96	93.96	156	¥14,658	
10		野菜	さつまいも	98	25%	25	73	5.84	78.84	349	¥27,515	
11			かぼちゃ	198	25%	50	148	11.84	159.84	245	¥39,161	
12			じゃがいも	75	25%	19	56	4.48	60.48	456	¥27,579	
13			とうもろこし	125	25%	31	94	7.52	101.52	234	¥23,756	
14			まいたけ	190	25%	48	142	11.36	153.36	186	¥28,525	
15												

小数点以下が四捨五入されます。
数式をコピーします。
④セル【**F5**】を選択し、セル右下の■（フィルハンドル）をダブルクリックします。
数式がコピーされ、F列の「**割引金額**」の小数点以下が四捨五入されます。
※F列の「割引金額」を参照しているセルは、自動的に再計算されます。

POINT 関数の直接入力

「=」に続けて英字を入力すると、その英字で始まる関数名が一覧で表示されます。
一覧の関数名をクリックすると、ポップヒントに関数の説明が表示されます。
一覧の関数名をダブルクリックすると、関数が入力されます。

区分	品名	通常価格	割引率	割引金額	特売価格（本体金額）	特売価格（消費税額）	特売価格（表示総額）	売上個数	入金合計
果物	ぶどう	248	30%	74	=R	13.92	187.92	190	¥35,705
	いちじく	58	30%	17			44.28	307	¥13,594
	梨	198	30%	59			150.12	158	¥23,719
	栗	150	30%	45			113.4	204	¥23,134
	柿	125	30%	38					58
野菜	さつまいも	98	25%	25			78.84	349	¥27,515
	かぼちゃ	198	25%	50			159.84	245	¥39,161
	じゃがいも	75	25%	19			60.48	456	¥27,579
	とうもろこし	125	25%	31			101.52	234	¥23,756
	まいたけ	190	25%	48			153.36	186	¥28,525

REPT
RIGHT
RIGHTB
ROMAN
ROUND
ROUNDDOWN
ROUNDUP
ROW
ROWS
RRI
RSQ
RTD

数値を指定した桁数に四捨五入した値を返します。

2 ROUNDDOWN関数・ROUNDUP関数

「ROUNDDOWN関数」を使うと、指定した桁数で数値を切り捨てることができます。
「ROUNDUP関数」を使うと、指定した桁数で数値を切り上げることができます。

●ROUNDDOWN関数

指定した桁数で数値の端数を切り捨てます。

=ROUNDDOWN（数値,桁数）
❶ ❷

❶数値
端数を切り捨てる数値や数式、セルを指定します。
❷桁数
端数を切り捨てた結果の桁数を指定します。

例：
=ROUNDDOWN（1234.567,2）→1234.56
=ROUNDDOWN（1234.567,1）→1234.5
=ROUNDDOWN（1234.567,0）→1234
=ROUNDDOWN（1234.567,-1）→1230
=ROUNDDOWN（1234.567,-2）→1200

●ROUNDUP関数

指定した桁数で数値の端数を切り上げます。

=ROUNDUP（数値,桁数）

❶数値
端数を切り上げる数値や数式、セルを指定します。
❷桁数
端数を切り上げた結果の桁数を指定します。

例：
=ROUNDUP（1234.567,2）→1234.57
=ROUNDUP（1234.567,1）→1234.6
=ROUNDUP（1234.567,0）→1235
=ROUNDUP（1234.567,-1）→1240
=ROUNDUP（1234.567,-2）→1300

H列の「**特売価格(消費税額)**」の小数点以下が切り捨てられるように、数式を編集しましょう。セル【**H5**】の数式を編集し、コピーします。

SUM　=ROUNDDOWN(G5*$K$2,0)

	B	C	D	E	F	G	H	I	J	K
1	特売価格管理表									
2	秋の味覚フェア								消費税率	8%
3										
4	区分	品名	通常価格	割引率	割引金額	特売価格(本体金額)	特売価格(消費税額)	特売価格(表示総額)	売上個数	入金合計
5	果物	ぶどう	248	30%	74	174	=ROUNDDOWN(G5*$K$2,0)			¥35,705
6		いちじく	58	30%	17	41	3.28	44.28	307	¥13,594
7		梨	198	30%	59	139	11.12	150.12	158	¥23,719
8		栗	150	30%						
9		柿	125							
10	野菜	さつまいも	98							
11		かぼちゃ	198							
12		じゃがいも	75							
13		とうもろこし	125	25%	31	94	7.52	101.52	234	¥23,756
14		まいたけ	190	25%	48	142	11.36	153.36	186	¥28,525

=ROUNDDOWN(G5*$K$2,0)

セルを編集状態にして、数式を編集します。

①セル【**H5**】をダブルクリックします。

②数式を「**=ROUNDDOWN(G5*$K$2,0)**」に修正します。

③ Enter を押します。

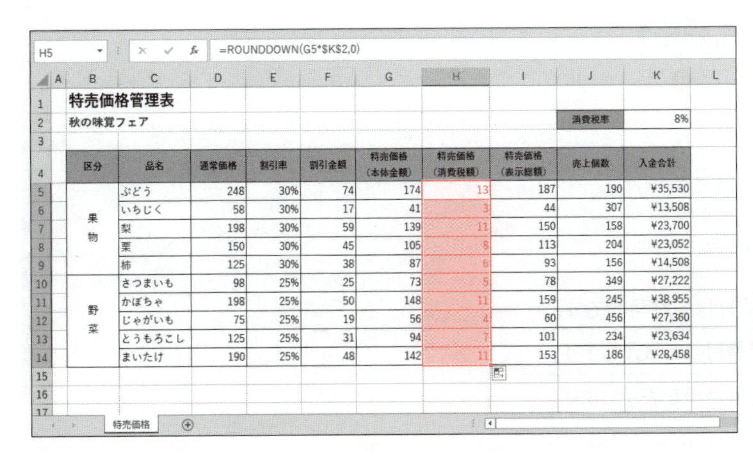

H5　=ROUNDDOWN(G5*$K$2,0)

	B	C	D	E	F	G	H	I	J	K
1	特売価格管理表									
2	秋の味覚フェア								消費税率	8%
3										
4	区分	品名	通常価格	割引率	割引金額	特売価格(本体金額)	特売価格(消費税額)	特売価格(表示総額)	売上個数	入金合計
5	果物	ぶどう	248	30%	74	174	13	187	190	¥35,530
6		いちじく	58	30%	17	41	3	44	307	¥13,508
7		梨	198	30%	59	139	11	150	158	¥23,700
8		栗	150	30%	45	105	8	113	204	¥23,052
9		柿	125	30%	38	87	6	93	156	¥14,508
10	野菜	さつまいも	98	25%	25	73	5	78	349	¥27,222
11		かぼちゃ	198	25%	50	148	11	159	245	¥38,955
12		じゃがいも	75	25%	19	56	4	60	456	¥27,360
13		とうもろこし	125	25%	31	94	7	101	234	¥23,634
14		まいたけ	190	25%	48	142	11	153	186	¥28,458

小数点以下が切り捨てられます。

数式をコピーします。

④セル【**H5**】を選択し、セル右下の■(フィルハンドル)をダブルクリックします。

数式がコピーされ、H列の「**特売価格(消費税額)**」の小数点以下が切り捨てられます。

※H列の「特売価格(消費税額)」を参照しているセルは、自動的に再計算されます。

※ブックに「関数の利用-1完成」と名前を付けて、フォルダー「第1章」に保存し、閉じておきましょう。

STEP UP 小数点以下の処理

《ホーム》タブの《数値》グループのボタンを使うと、小数点以下の表示形式を設定できますが、これらはシート上の見た目を調整するだけで、セルに格納されている数値そのものを変更するものではありません。そのため、シート上に表示されている数値とセルに格納されている数値が一致しないこともあります。

それに対して、ROUND関数、ROUNDDOWN関数、ROUNDUP関数は、数値そのものを変更します。これらの関数の計算結果としてシート上に表示されている数値とセルに格納されている数値は同じです。

数値の小数点以下を処理する場合、表示形式を設定するか関数を入力するかは、作成する表に応じて使い分けましょう。

Step4 順位を求める

1 RANK.EQ関数

「RANK.EQ関数」を使うと、順位を求めることができます。

●RANK.EQ関数

数値が指定の範囲内で何番目かを返します。
指定の範囲内に、重複した数値がある場合は、同じ順位として最上位の順位を返します。

=RANK.EQ（数値,参照,順序）
❶ ❷ ❸

❶数値
順位を付ける数値やセルを指定します。
❷参照
順位を調べるセル範囲を指定します。
❸順序
「0」または「1」を指定します。「0」は省略可能です。

0	降順（大きい順）に何番目かを表示します。
1	昇順（小さい順）に何番目かを表示します。

E列に各人の**「順位」**を求めましょう。**「筆記」**の得点が高い順に**「1」「2」「3」**・・・と順位を付けます。

セル**【E4】**に1人目の**「順位」**を求め、コピーします。

File OPEN フォルダー「第1章」のブック「関数の利用-2」のシート「成績評価」を開いておきましょう。

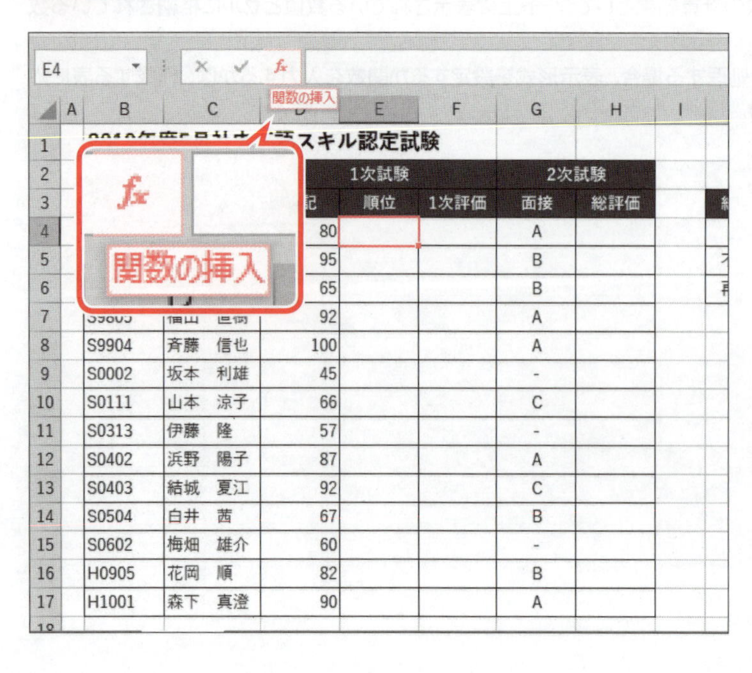

fx（関数の挿入）を使って入力します。
①セル**【E4】**をクリックします。
② fx（関数の挿入）をクリックします。

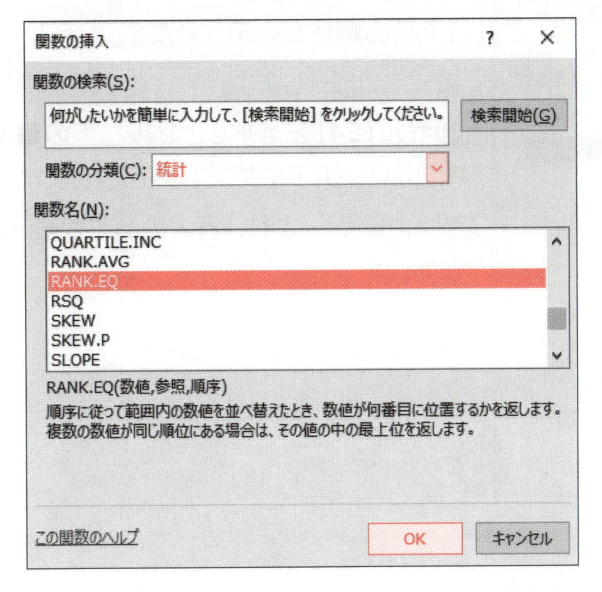

《関数の挿入》ダイアログボックスが表示されます。

③《関数の分類》の ⌄ をクリックし、一覧から《統計》を選択します。

※《関数の分類》がわからない場合は、《すべて表示》を選択します。

④《関数名》の一覧から《RANK.EQ》を選択します。

※《関数名》の一覧をクリックして、関数名の先頭のアルファベットのキー（RANK.EQの場合は R ）を押すと、そのアルファベットで始まる関数名にジャンプします。

⑤《OK》をクリックします。

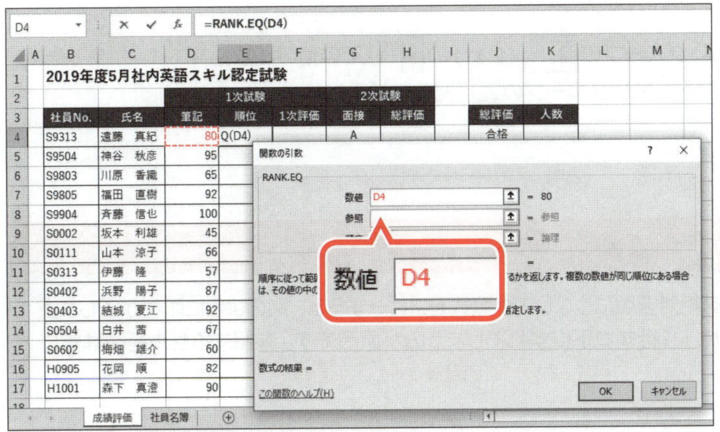

《関数の引数》ダイアログボックスが表示されます。

⑥《数値》にカーソルがあることを確認します。

⑦セル【D4】をクリックします。

※セルが隠れている場合は、ダイアログボックスのタイトルバーをドラッグして移動します。

《数値》に「D4」と表示されます。

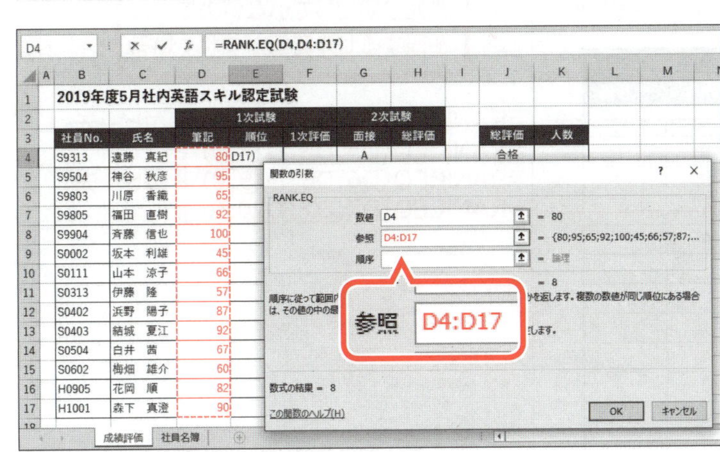

⑧《参照》のボックスをクリックします。

⑨セル範囲【D4:D17】を選択します。

※ドラッグ中は、一時的にダイアログボックスが縮小されます。

《参照》に「D4:D17」と表示されます。

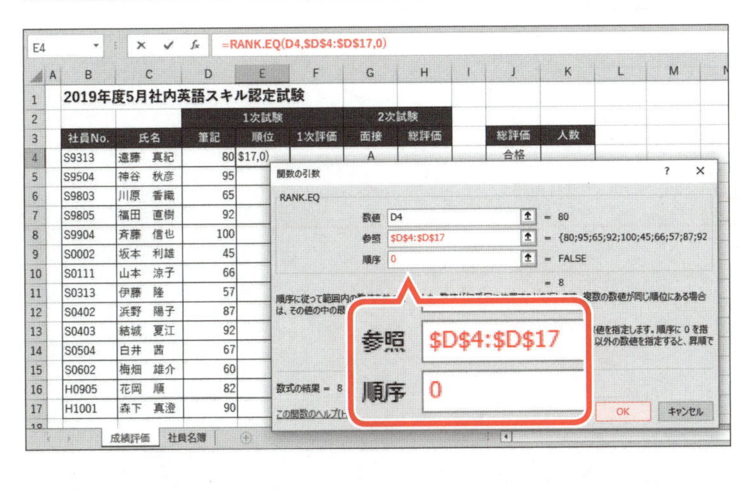

⑩ F4 を押します。

《参照》が「$D$4:$D$17」になります。

※数式を入力後にコピーします。セル範囲は固定なので、絶対参照にします。

⑪《順序》に「0」と入力します。

⑫数式バーに「=RANK.EQ(D4,$D$4:$D$17,0)」と表示されていることを確認します。

⑬《OK》をクリックします。

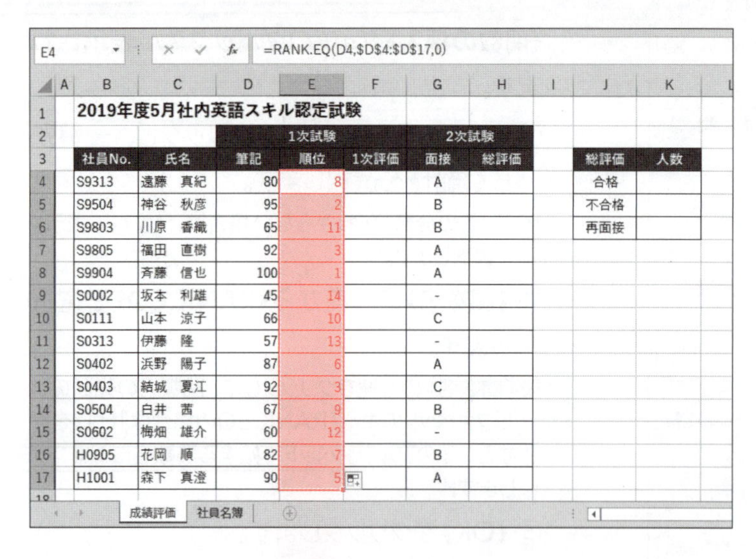

E4 =RANK.EQ(D4,$D$4:$D$17,0)

	B	C	D	E	F	G	H
1	2019年度5月社内英語スキル認定試験						
2			1次試験			2次試験	
3	社員No.	氏名	筆記	順位	1次評価	面接	総評価
4	S9313	遠藤　真紀	80	8		A	
5	S9504	神谷　秋彦	95	2		B	
6	S9803	川原　香織	65	11		B	
7	S9805	福田　直樹	92	3		A	
8	S9904	斉藤　信也	100	1		A	
9	S0002	坂本　利雄	45	14		-	
10	S0111	山本　涼子	66	10		C	
11	S0313	伊藤　隆	57	13		-	
12	S0402	浜野　陽子	87	6		A	
13	S0403	結城　夏江	92	3		C	
14	S0504	白井　茜	67	9		B	
15	S0602	梅畑　雄介	60	12		-	
16	H0905	花岡　順	82	7		B	
17	H1001	森下　真澄	90	5		A	

J	K
総評価	人数
合格	
不合格	
再面接	

成績評価　社員名簿

1人目の順位が表示されます。

数式をコピーします。

⑭セル【E4】を選択し、セル右下の■（フィルハンドル）をダブルクリックします。

数式がコピーされ、各人の順位が表示されます。

STEP UP その他の方法（関数の挿入）

◆《ホーム》タブ→《編集》グループの Σ（合計）の ▾ →《その他の関数》

◆《数式》タブ→《関数ライブラリ》グループの fx（関数の挿入）

◆ Shift + F3

POINT 絶対参照

「=RANK.EQ(D4,D4:D17,0)」のようにセル範囲を絶対参照にしないで、数式をコピーすると、図のように順位が正しく表示されません。参照するセル範囲が自動的に調整されて、1行ずつ下にずれてしまうのが原因です。参照するセル範囲は常に固定しておく必要があるので、絶対参照にします。

	B	C	D	E	F	G	H
1	2019年度5月社内英語スキル認定試験						
2			1次試験			2次試験	
3	社員No.	氏名	筆記	順位	1次評価	面接	総評価
4	S9313	遠藤　真紀	80	8		A	
5	S9504	神谷　秋彦	95	2		B	
6	S9803	川原　香織	65	9		B	
7	S9805	福田　直樹	92	2		A	
8	S9904	斉藤　信也	100	1		A	
9	S0002	坂本　利雄	45	9		-	
10	S0111	山本　涼子	66	6		C	
11	S0313	伊藤　隆	57	7		-	
12	S0402	浜野　陽子	87	3		A	
13	S0403	結城　夏江	92	1		C	
14	S0504	白井　茜	67	3		B	
15	S0602	梅畑　雄介	60	3		-	
16	H0905	花岡　順	82	2		B	
17	H1001	森下　真澄	90	1		A	

絶対参照にしていないので参照するセル範囲がずれている

=RANK.EQ(D4,D4:D17,0) － コピー元
=RANK.EQ(D5,D5:D18,0)
=RANK.EQ(D6,D6:D19,0)
=RANK.EQ(D7,D7:D20,0)
コピー先

参照するセル範囲は常に「D4:D17」でなければならない

STEP UP ダイアログボックスの縮小

[↑] をクリックすると、一時的にダイアログボックスが縮小され、セルを選択しやすくなります。

[↓] をクリックすると、もとのサイズに戻ります。

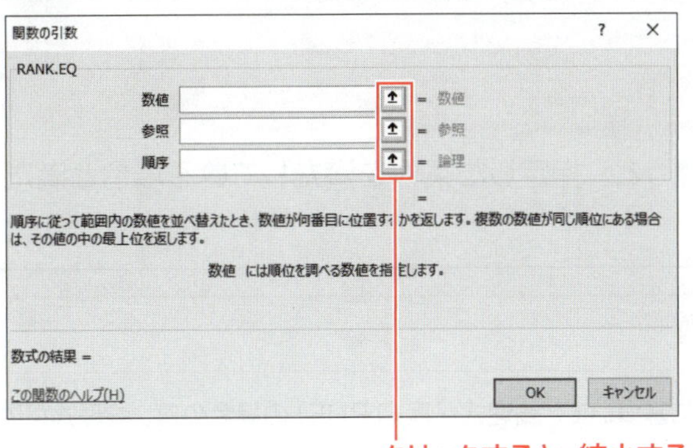

クリックすると、縮小する

関数の引数

クリックすると、もとのサイズに戻る

STEP UP RANK.EQ関数とRANK.AVG関数

「RANK.EQ関数」と「RANK.AVG関数」は、どちらも指定範囲内での順位を求める関数ですが、同順位の場合に次のような違いがあります。

●RANK.EQ関数の場合

	A	B	C	D	E
1					
2		氏名	得点	順位	
3		中村 登美子	50	1	
4		新島 亜紀	40	2	
5		秋山 真一	40	2	
6		赤坂 元	30	4	
7		神田 淳二	20	5	
8		吉岡 マキ	10	6	
9					

同順位の最上位が表示される

=RANK.EQ (C4,$C$3:$C$8,0)

●RANK.AVG関数の場合

	A	B	C	D	E
1					
2		氏名	得点	順位	
3		中村 登美子	50	1	
4		新島 亜紀	40	2.5	
5		秋山 真一	40	2.5	
6		赤坂 元	30	4	
7		神田 淳二	20	5	
8		吉岡 マキ	10	6	
9					

同順位の平均値が表示される

=RANK.AVG (C4,$C$3:$C$8,0)

Step5 条件で判断する

1 IF関数

「**IF関数**」を使うと、指定した条件を満たしている場合と満たしていない場合の結果を表示できます。

●IF関数

論理式の結果に基づいて、論理式が真（TRUE）の場合の値、論理式が偽（FALSE）の場合の値をそれぞれ返します。

=IF（論理式,真の場合,偽の場合）
　　　　❶　　　❷　　　❸

❶論理式
判断の基準となる条件を式で指定します。
❷真の場合
論理式の結果が真（TRUE）の場合の処理を数値または数式、文字列で指定します。
❸偽の場合
論理式の結果が偽（FALSE）の場合の処理を数値または数式、文字列で指定します。

例：
=IF（E5=100,"○","×"）
セル【E5】が「100」であれば「○」、そうでなければ「×」が返されます。

※引数に文字列を指定する場合、文字列の前後に「"（ダブルクォーテーション）」を入力します。

F列に「**1次評価**」を表示する関数を入力しましょう。
次の条件に基づいて、「**合格**」または「**不合格**」の文字列を表示します。

「筆記」が65以上であれば「合格」、そうでなければ「不合格」

セル【F4】に1人目の「**1次評価**」を求め、コピーします。

fx（関数の挿入）を使って入力します。
①セル【**F4**】をクリックします。
② fx（関数の挿入）をクリックします。

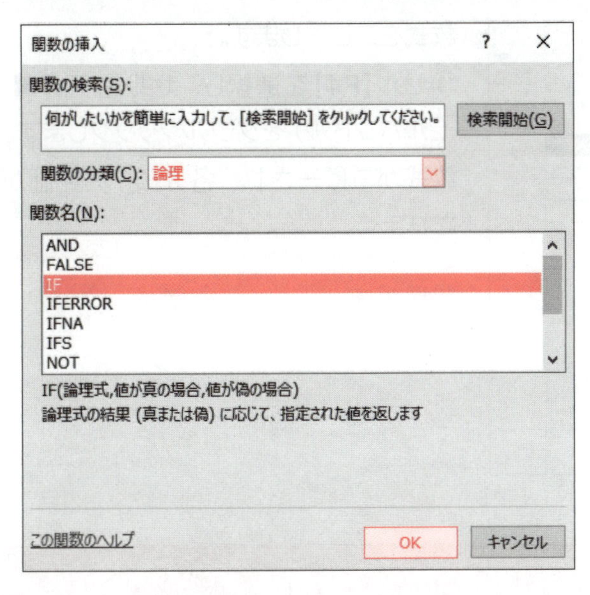

《関数の挿入》ダイアログボックスが表示されます。

③《関数の分類》の ⌄ をクリックし、一覧から《論理》を選択します。

④《関数名》の一覧から《IF》を選択します。

⑤《OK》をクリックします。

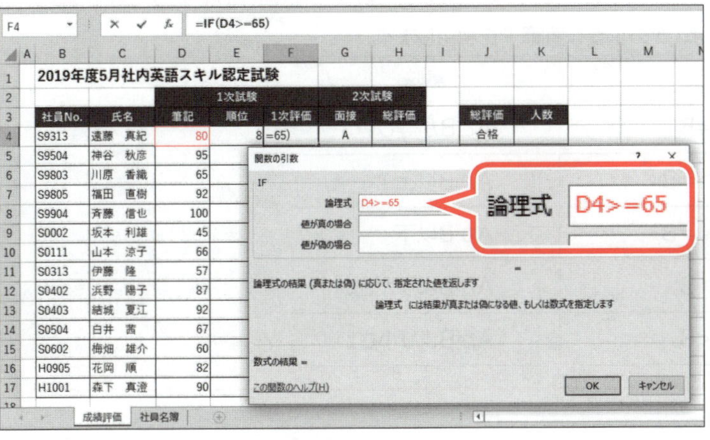

《関数の引数》ダイアログボックスが表示されます。

⑥《論理式》にカーソルがあることを確認します。

⑦セル【D4】をクリックします。

《論理式》に「D4」と表示されます。

⑧「D4」に続けて「>=65」と入力します。

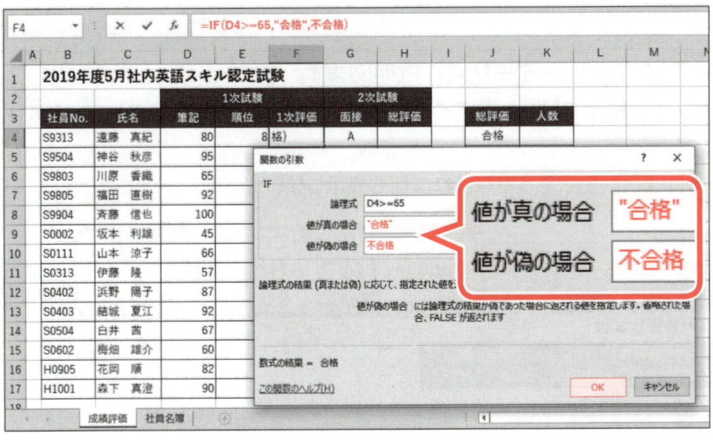

⑨《値が真の場合》に「合格」と入力します。

⑩《値が偽の場合》に「不合格」と入力します。

※《値が偽の場合》にカーソルを移動すると、《値が真の場合》に入力した「合格」が自動的に「"（ダブルクォーテーション）」で囲まれます。

⑪数式バーに「=IF(D4>=65,"合格",不合格)」と表示されていることを確認します。

⑫《OK》をクリックします。

F4 =IF(D4>=65,"合格","不合格")

2019年度5月社内英語スキル認定試験

社員No.	氏名	筆記	順位	1次評価	面接	総評価
		1次試験			2次試験	
S9313	遠藤　真紀	80	8	合格	A	
S9504	神谷　秋彦	95	2		B	
S9803	川原　香織	65	11		B	
S9805	福田　直樹	92	3		A	
S9904	斉藤　信也	100	1		A	
S0002	坂本　利雄	45	14		-	
S0111	山本　涼子	66	10		C	
S0313	伊藤　隆	57	13		-	
S0402	浜野　陽子	87	6		A	
S0403	結城　夏江	92	3		C	
S0504	白井　茜	67	9		B	
S0602	梅畑　雄介	60	12		-	
H0905	花岡　順	82	7		B	
H1001	森下　真澄	90	5		A	

総評価	人数
合格	
不合格	
再面接	

1人目の1次評価が表示されます。

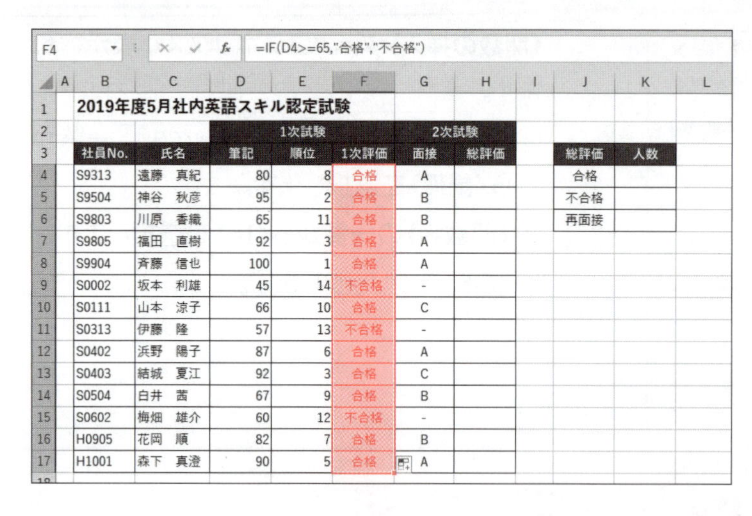

数式をコピーします。

⑬セル【F4】を選択し、セル右下の■（フィルハンドル）をダブルクリックします。

数式がコピーされ、各人の1次評価が表示されます。

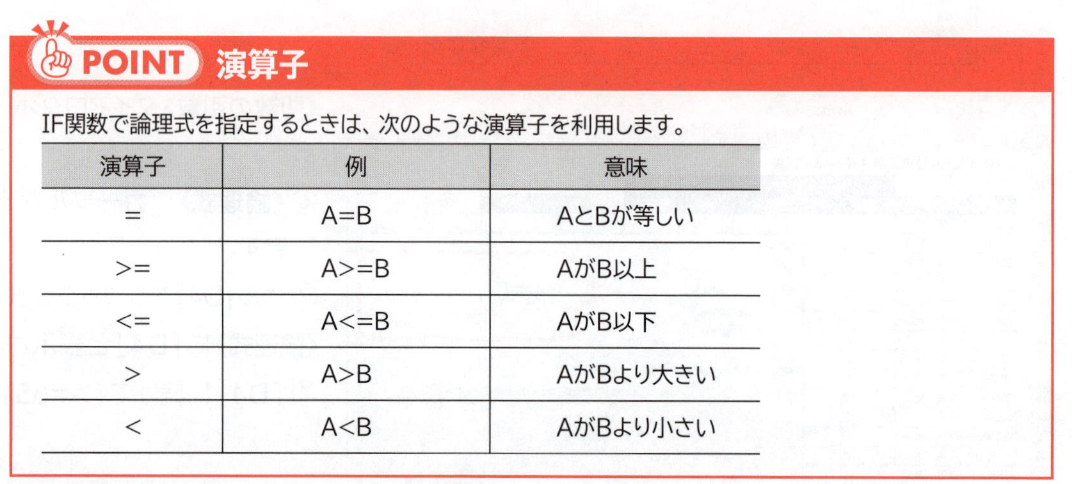

POINT 演算子

IF関数で論理式を指定するときは、次のような演算子を利用します。

演算子	例	意味
=	A=B	AとBが等しい
>=	A>=B	AがB以上
<=	A<=B	AがB以下
>	A>B	AがBより大きい
<	A<B	AがBより小さい

STEP UP 引数の文字列

文字列を指定する場合は「"（ダブルクォーテーション）」で囲みます。
「"（ダブルクォーテーション）」を続けて「""」と指定すると、何も表示しないという意味になります。

例：「筆記」が65以上であれば「合格」、そうでなければ何も表示しない

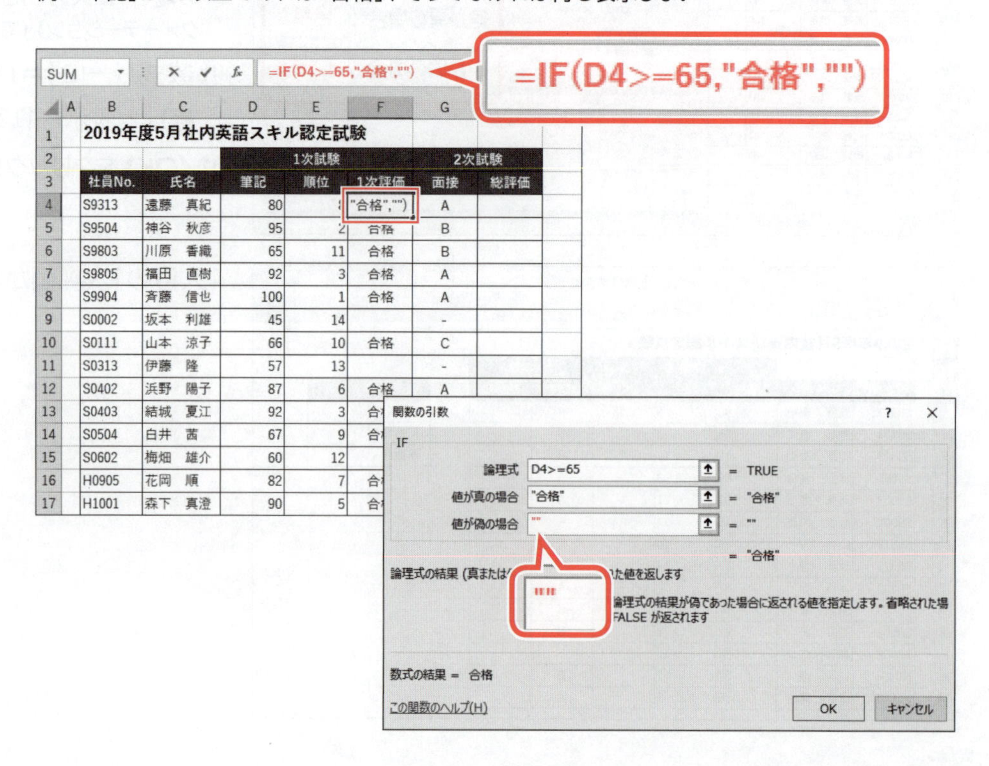

STEP UP AND関数・OR関数

IF関数の論理式を指定するとき、「AND関数」や「OR関数」を使うと複雑な条件判断が可能になります。

●AND関数

指定した複数の論理式をすべて満たす場合は、真（TRUE）を返します。
どれかひとつでも満たさない場合は、偽（FALSE）を返します。

=AND（論理式1,論理式2,・・・）

例：
=AND（D4>=70,E4>=70）
セル【D4】が「70」以上かつセル【E4】が「70」以上であれば「TRUE」、そうでなければ「FALSE」を返します。

●OR関数

指定した複数の論理式のうち、どれかひとつでも満たす場合は、真（TRUE）を返します。
すべて満たさない場合は、偽（FALSE）を返します。

=OR（論理式1,論理式2,・・・）

例：
=OR（D4=100,E4=100）
セル【D4】が「100」またはセル【E4】が「100」であれば「TRUE」、そうでなければ「FALSE」を返します。

社内研修成績評価

社員No.	氏名	筆記	実技	合計	評価A	評価B
S9313	遠藤　真紀	80	100	180	可	可
S9504	神谷　秋彦	95	89	184	可	不可
S9803	川原　香織	65	55	120	不可	不可
S9805	福田　直樹	92	72	164	可	不可
S9904	斉藤　信也	100	98	198	可	可
S0002	坂本　利雄	45	46	91	不可	不可
S0111	山本　涼子	66	78	144	不可	不可
S0313	伊藤　隆	57	67	124	不可	不可
S0402	浜野　陽子	87	67	154	不可	不可
S0403	結城　夏江	92	85	177	可	不可
S0504	白井　茜	67	71	138	不可	不可
S0602	梅畑　雄介	60	63	123	不可	不可
H0905	花岡　順	82	85	167	可	不可
H1001	森下　真澄	90	86	176	可	不可

=IF（AND（D4>=70,E4>=70）,"可","不可"）

セル【D4】が「70」以上かつセル【E4】が「70」以上であれば「可」、そうでなければ「不可」が返される

=IF（OR（D4=100,E4=100）,"可","不可"）

セル【D4】が「100」またはセル【E4】が「100」であれば「可」、そうでなければ「不可」が返される

2 IFS関数

「IFS関数」を使うと、複数の条件を順番に判断し、条件に応じて異なる結果を表示表示できます。条件には、以上、以下などの比較演算子を使った数式を指定できます。条件によって複数の処理に分岐したい場合に使います。従来はIF関数を組み合わせて（ネスト）作成していたものが、IFS関数ひとつでできるようになりました。

●IFS関数

「論理式1」が真（TRUE）の場合は「真の場合1」の値を返し、偽（FALSE）の場合は「論理式2」を判断します。「論理式2」が真（TRUE）の場合は「真の場合2」の値を返し、偽（FALSE）の場合は「論理式3」を判断します。最後の論理式にTRUEを指定すると、すべての論理式に当てはまらない場合の値を返すことができます。

=IFS（論理式1,真の場合1,論理式2,真の場合2,・・・,TRUE,当てはまらなかった場合）

❶論理式1
判断の基準となる1つ目の条件を式で指定します。
❷真の場合1
1つ目の論理式が真の場合の値を数値または数式、文字列で指定します。
❸論理式2
判断の基準となる2つ目の条件を式で指定します。
❹真の場合2
2つ目の論理式が真の場合の値を数値または数式、文字列で指定します。
❺TRUE
TRUEを指定すると、すべての論理式に当てはまらなかった場合を指定できます。
❻当てはまらなかった場合
すべての論理式に当てはまらなかった場合の値を数値または数式、文字列で指定します。

例：
=IFS（E5=100,"A",E5>=70,"B",E5>=50,"C",E5>=40,"D",TRUE,"E"）
セル【E5】が「100」であれば「A」、セル【E5】が「70以上100未満」であれば「B」、セル【E5】が「50以上70未満」であれば「C」、セル【E5】が「40以上50未満」であれば「D」、「40未満」であれば「E」が返されます。

※引数に文字列を指定する場合、文字列の前後に「"（ダブルクォーテーション）」を入力します。

H列に**「総評価」**を表示する関数を入力しましょう。
次の条件に基づいて、**「合格」「再面接」「不合格」**のいずれかの文字列を表示します。

「面接」がAであれば「合格」、Bであれば「再面接」、それ以外は「不合格」

セル**【H4】**に1人目の**「総評価」**を求め、コピーします。

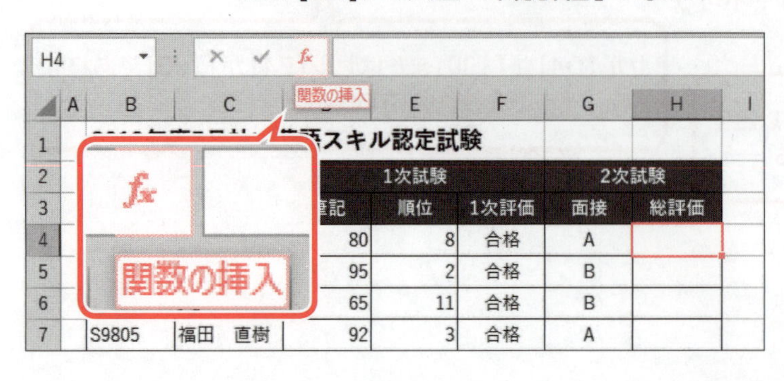

（関数の挿入）を使って入力します。
①セル**【H4】**をクリックします。
② （関数の挿入）をクリックします。

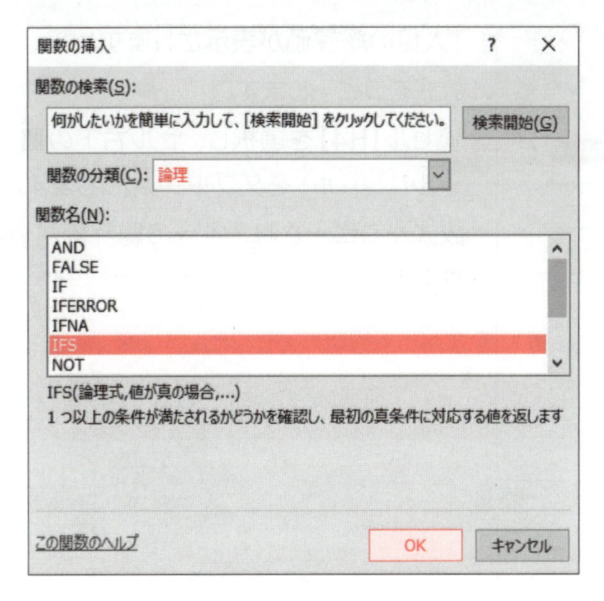

《関数の挿入》ダイアログボックスが表示されます。

③《関数の分類》が《論理》になっていることを確認します。

④《関数名》の一覧から《IFS》を選択します。

⑤《OK》をクリックします。

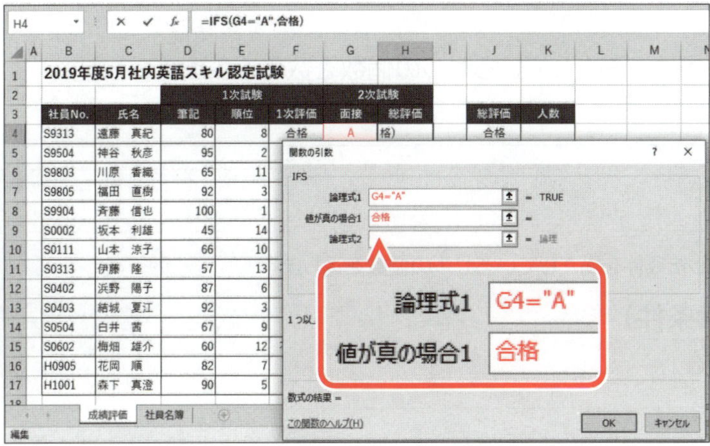

《関数の引数》ダイアログボックスが表示されます。

⑥《論理式1》にカーソルがあることを確認します。

⑦セル【G4】をクリックします。

《論理式1》に「G4」と表示されます。

⑧「G4」に続けて「="A"」と入力します。

⑨《値が真の場合1》に「合格」と入力します。

※《値が真の場合1》にカーソルを移動すると、《論理式2》が自動的に表示されます。

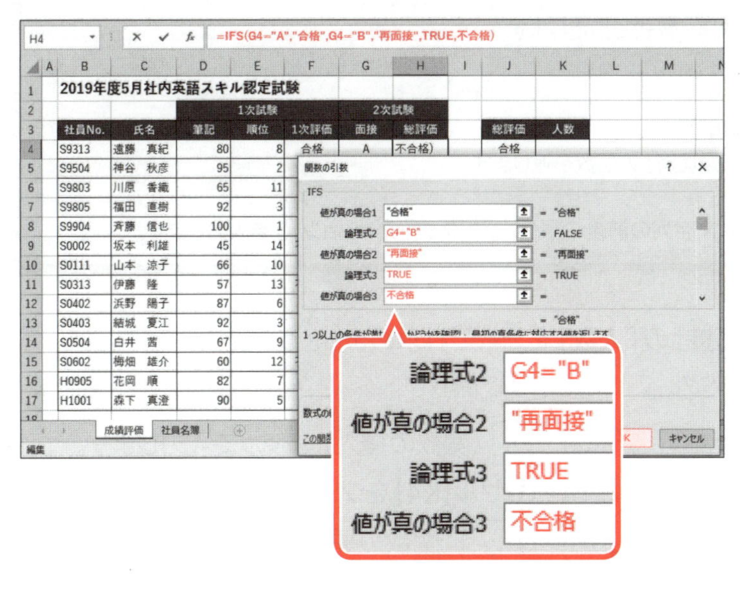

⑩《論理式2》にカーソルを移動します。

※《論理式2》にカーソルを移動すると、《値が真の場合1》に入力した「合格」が自動的に「"（ダブルクォーテーション）」で囲まれます。

⑪同様に、《論理式2》に「G4="B"」、《値が真の場合2》に「再面接」と入力します。

⑫《論理式3》に「TRUE」と入力します。

⑬《値が真の場合3》に「不合格」と入力します。

※《値が真の場合3》が表示されていない場合は、スクロールして調整します。

⑭数式バーに「=IFS(G4="A","合格",G4="B","再面接", TRUE,不合格)」と表示されていることを確認します。

⑮《OK》をクリックします。

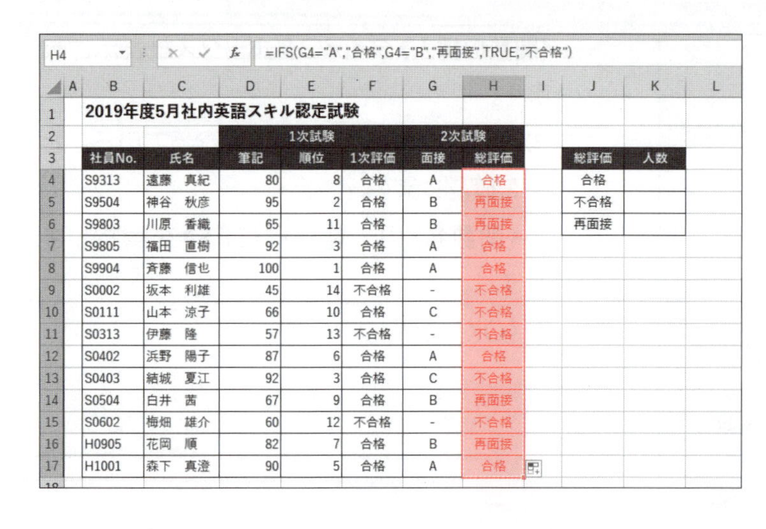

H4 =IFS(G4="A","合格",G4="B","再面接",TRUE,"不合格")

	A	B	C	D	E	F	G	H	I	J	K	L
1		2019年度5月社内英語スキル認定試験										
2				1次試験			2次試験					
3		社員No.	氏名	筆記	順位	1次評価	面接	総評価		総評価	人数	
4		S9313	遠藤　真紀	80	8	合格	A	合格		合格		
5		S9504	神谷　秋彦	95	2	合格	B	再面接		不合格		
6		S9803	川原　香織	65	11	合格	B	再面接		再面接		
7		S9805	福田　直樹	92	3	合格	A	合格				
8		S9904	斉藤　信也	100	1	合格	A	合格				
9		S0002	坂本　利雄	45	14	不合格	-	不合格				
10		S0111	山本　涼子	66	10	合格	C	不合格				
11		S0313	伊藤　隆	57	13	不合格	-	不合格				
12		S0402	浜野　陽子	87	6	合格	A	合格				
13		S0403	結城　夏江	92	3	合格	C	不合格				
14		S0504	白井　茜	67	9	合格	B	再面接				
15		S0602	梅畑　雄介	60	12	不合格	-	不合格				
16		H0905	花岡　順	82	7	合格	B	再面接				
17		H1001	森下　真澄	90	5	合格	A	合格				

1人目の総評価が表示されます。

数式をコピーします。

⑯セル【H4】を選択し、セル右下の■（フィルハンドル）をダブルクリックします。

数式がコピーされ、各人の総評価が表示されます。

第1章　関数の利用

3 COUNTIF関数

「COUNTIF関数」を使うと、条件を満たしているセルの個数を数えることができます。

●COUNTIF関数

指定したセル範囲の中から、指定した条件を満たしているセルの個数を返します

=COUNTIF(範囲,検索条件)

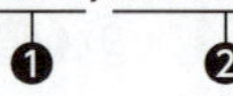

❶範囲
検索の対象となるセル範囲を指定します。
❷検索条件
検索条件を文字列またはセル、数値、数式で指定します。

例：
=COUNTIF(B4:B100,"処理済")
セル範囲【B4:B100】の中から「処理済」の個数を返します。

※引数に文字列を指定する場合、文字列の前後に「"（ダブルクォーテーション）」を入力します。

K列に「**合格**」「**不合格**」「**再面接**」の「**人数**」をそれぞれ求めましょう。
セル【K4】に「**合格**」の個数を求め、コピーします。

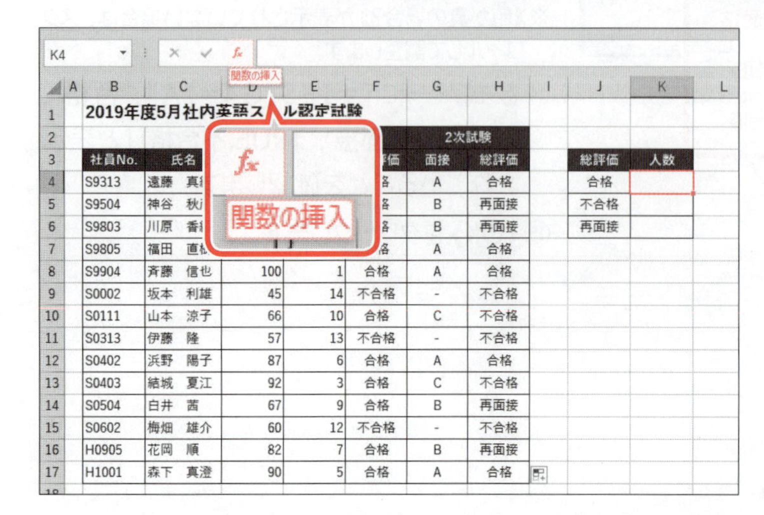

K4

	A	B	C	D	E	F	G	H	I	J	K	L
1		2019年度5月社内英語ス										
2							2次試験					
3		社員No.	氏名				面接	総評価		総評価	人数	
4		S9313	遠藤　真				A	合格		合格		
5		S9504	神谷　秋				B	再面接		不合格		
6		S9803	川原　香				B	再面接		再面接		
7		S9805	福田　直				A	合格				
8		S9904	斉藤　信也	100	1	合格	A	合格				
9		S0002	坂本　利雄	45	14	不合格	-	不合格				
10		S0111	山本　涼子	66	10	合格	C	不合格				
11		S0313	伊藤　隆	57	13	不合格	-	不合格				
12		S0402	浜野　陽子	87	6	合格	A	合格				
13		S0403	結城　夏江	92	3	合格	C	不合格				
14		S0504	白井　茜	67	9	合格	B	再面接				
15		S0602	梅畑　雄介	60	12	不合格	-	不合格				
16		H0905	花岡　順	82	7	合格	B	再面接				
17		H1001	森下　真澄	90	5	合格	A	合格				

fx（関数の挿入）を使って入力します。

①セル【K4】をクリックします。

② *fx*（関数の挿入）をクリックします。

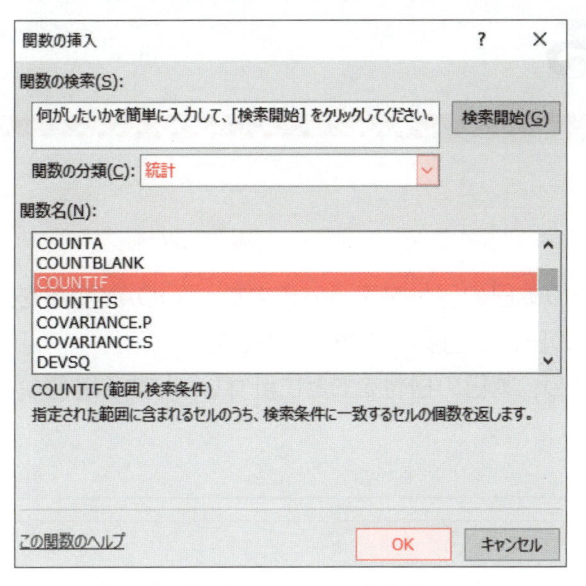

《関数の挿入》ダイアログボックスが表示されます。

③《関数の分類》の ⌄ をクリックし、一覧から《統計》を選択します。

④《関数名》の一覧から《COUNTIF》を選択します。

⑤《OK》をクリックします。

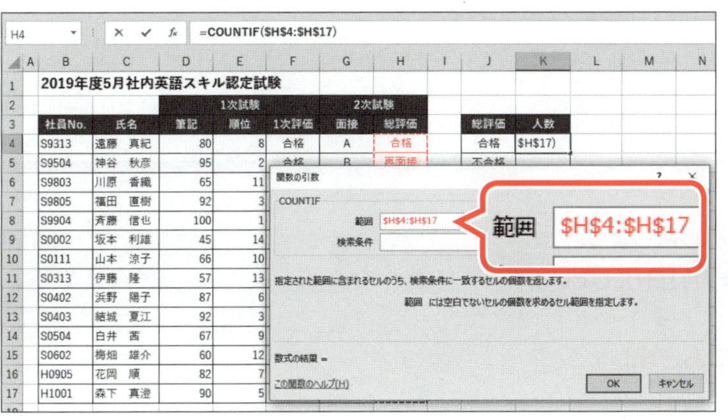

《関数の引数》ダイアログボックスが表示されます。

⑥《範囲》にカーソルがあることを確認します。

⑦セル範囲【H4:H17】を選択します。

⑧ F4 を押します。

《範囲》が「$H$4:$H$17」になります。

※数式を入力後にコピーします。セル範囲は固定なので、絶対参照にします。

⑨《検索条件》のボックスをクリックします。

⑩セル【J4】をクリックします。

⑪数式バーに「=COUNTIF($H$4:$H$17,J4)」と表示されていることを確認します。

⑫《OK》をクリックします。

K4 =COUNTIF($H$4:$H$17,J4)

2019年度5月社内英語スキル認定試験

社員No.	氏名	筆記	順位	1次評価	面接	総評価		総評価	人数
S9313	遠藤 真紀	80	8	合格	A	合格		合格	5
S9504	神谷 秋彦	95	2	合格	B	再面接		不合格	5
S9803	川原 香織	65	11	合格	B	再面接		再面接	4
S9805	福田 直樹	92	3	合格	A	合格			
S9904	斉藤 信也	100	1	合格	A	合格			
S0002	坂本 利雄	45	14	不合格	-	不合格			
S0111	山本 涼子	66	10	合格	C	不合格			
S0313	伊藤 隆	57	13	不合格	-	不合格			
S0402	浜野 陽子	87	6	合格	A	合格			
S0403	結城 夏江	92	3	合格	C	不合格			
S0504	白井 茜	67	9	合格	B	再面接			
S0602	梅畑 雄介	60	12	不合格	-	不合格			
H0905	花岡 順	82	7	合格	B	再面接			
H1001	森下 真澄	90	5	合格	A	合格			

「合格」の個数が表示されます。

数式をコピーします。

⑬セル【K4】を選択し、セル右下の■（フィルハンドル）をダブルクリックします。

数式がコピーされ、「合格」、「不合格」、「再面接」の人数が表示されます。

Step6 日付を計算する

1 TODAY関数

「TODAY関数」を使うと、パソコンの本日の日付を表示できます。TODAY関数を入力したセルは、ブックを開くたびに本日の日付が自動的に表示されます。
ブックの作成日を自動的に更新したり、本日の日付をもとに計算したりする場合などに利用します。

●TODAY関数

本日の日付を返します。

=TODAY ()

※引数は指定しません。

セル【F1】に本日の日付を表示しましょう。
※本書では、本日の日付を「2019年4月1日」にしています。

シート「社員名簿」に切り替えておきましょう。

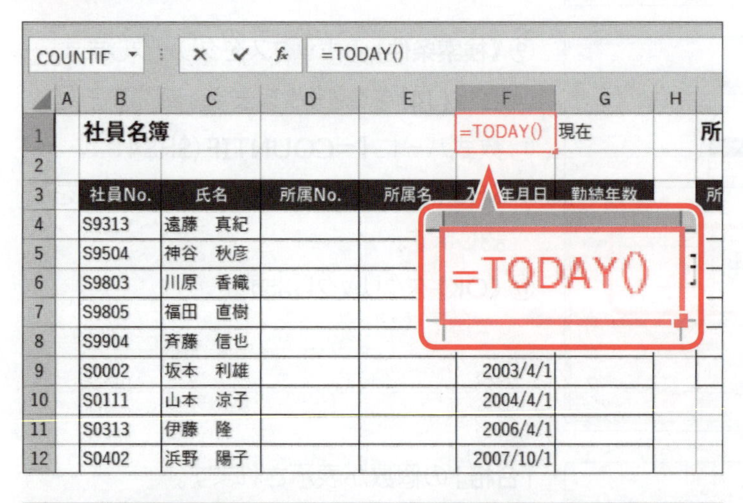

キーボードから関数を直接入力します。
①セル【F1】をクリックします。
②「=TODAY()」と入力します。
③ Enter を押します。

	A	B	C	D	E	F	G	H
1		社員名簿				2019/4/1	現在	所
2								
3		社員No.	氏名	所属No.	所属名	入社年月日	勤続年数	所
4		S9313	遠藤 真紀			1996/4/1		
5		S9504	神谷 秋彦			1998/10/1		
6		S9803	川原 香織			2001/4/1		
7		S9805	福田 直樹			2001/4/1		
8		S9904	斉藤 信也			2002/4/1		
9		S0002	坂本 利雄			2003/4/1		
10		S0111	山本 涼子			2004/4/1		
11		S0313	伊藤 隆			2006/4/1		
12		S0402	浜野 陽子			2007/10/1		

本日の日付が表示されます。

2 DATEDIF関数

「**DATEDIF関数**」を使うと、2つの日付の差を年数、月数、日数などで表示できます。

●DATEDIF関数

指定した日付から指定した日付までの期間を、指定した単位で返します。

=DATEDIF（古い日付,新しい日付,単位）
　　　　　　❶　　　　❷　　　❸

❶古い日付
2つの日付のうち、古い日付を指定します。
❷新しい日付
2つの日付のうち、新しい日付を指定します。
❸単位
単位を指定します。

単位	意味	例
"Y"	期間内の満年数	=DATEDIF("2018/1/1","2019/3/1","Y")→1
"M"	期間内の満月数	=DATEDIF("2018/1/1","2019/3/1","M")→14
"D"	期間内の満日数	=DATEDIF("2018/1/1","2019/3/1","D")→424
"YM"	1年未満の月数	=DATEDIF("2018/1/1","2019/3/1","YM")→2
"YD"	1年未満の日数	=DATEDIF("2018/1/1","2019/3/1","YD")→59
"MD"	1か月未満の日数	=DATEDIF("2018/1/1","2019/3/1","MD")→0

G列に各人の「**勤続年数**」を求めましょう。
セル【**G4**】に1人目の「**勤続年数**」を求め、コピーします。
「**勤続年数**」は「**入社年月日**」から「**本日の日付**」までの期間を年数で表示します。

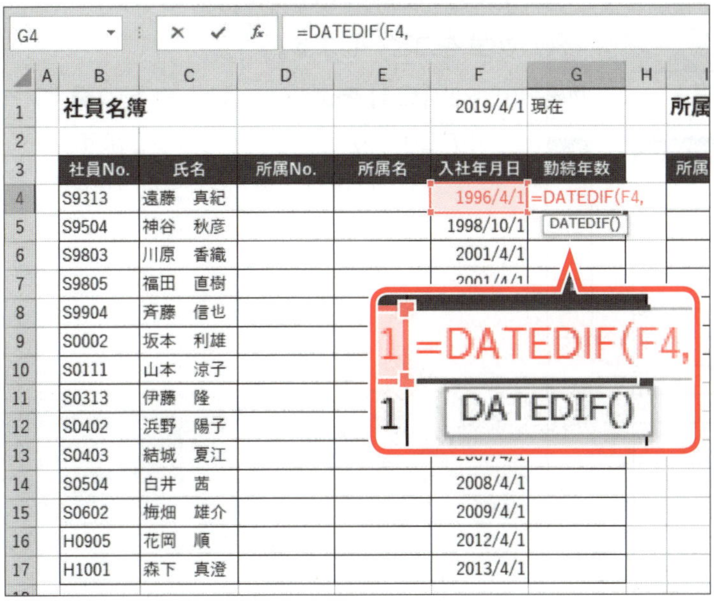

G4　=DATEDIF(F4,

	A	B	C	D	E	F	G	H	I
1		社員名簿				2019/4/1	現在		所属
2									
3		社員No.	氏名	所属No.	所属名	入社年月日	勤続年数		所属
4		S9313	遠藤　真紀			1996/4/1	=DATEDIF(F4,		
5		S9504	神谷　秋彦			1998/10/1	DATEDIF()		
6		S9803	川原　香織			2001/4/1			
7		S9805	福田　直樹			2001/4/1			
8		S9904	斉藤　信也						
9		S0002	坂本　利雄						
10		S0111	山本　涼子						
11		S0313	伊藤　隆						
12		S0402	浜野　陽子						
13		S0403	結城　夏江						
14		S0504	白井　茜			2008/4/1			
15		S0602	梅畑　雄介			2009/4/1			
16		H0905	花岡　順			2012/4/1			
17		H1001	森下　真澄			2013/4/1			

1 =DATEDIF(F4,
1 DATEDIF()

キーボードから関数を直接入力します。
①セル【**G4**】をクリックします。
②「**=DATEDIF(**」と入力します。
③セル【**F4**】をクリックします。
④「**,**」を入力します。

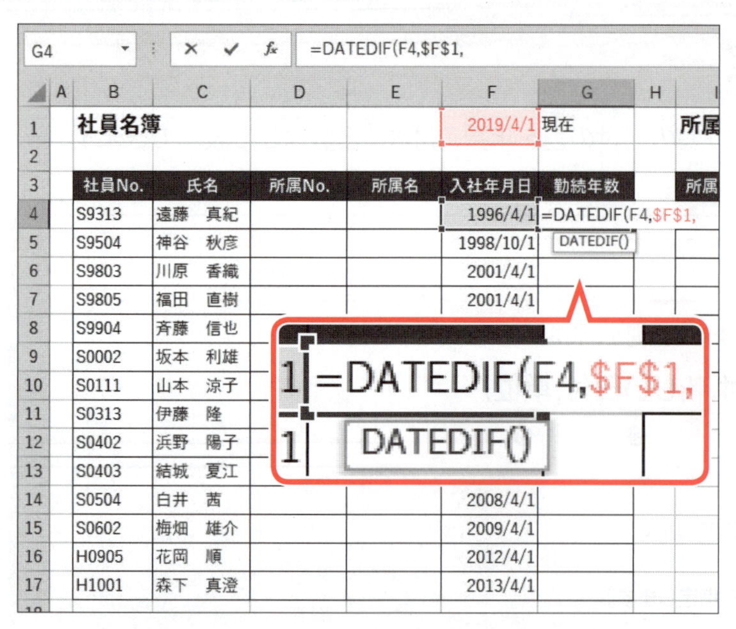

⑤セル【F1】をクリックします。

⑥ F4 を押します。

※数式を入力後にコピーします。本日の日付のセルは固定なので、絶対参照にしておきます。

⑦「,」を入力します。

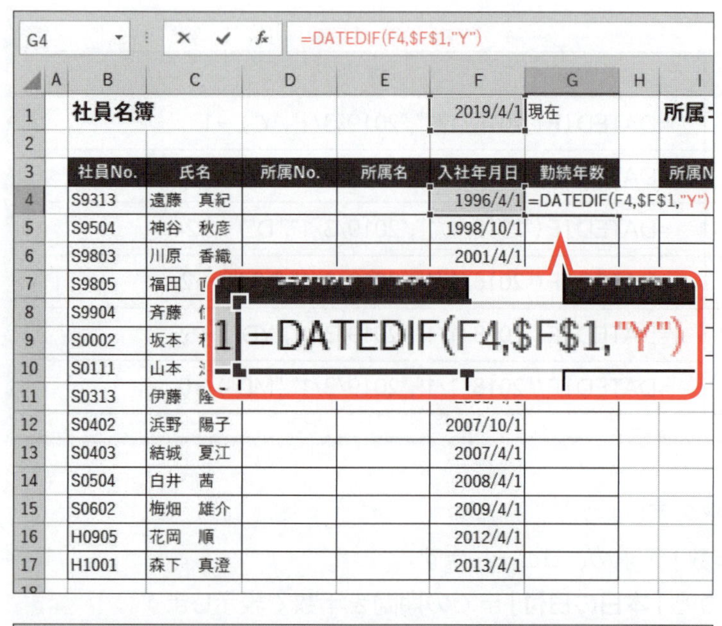

⑧「"Y")」と入力します。

⑨数式バーに「=DATEDIF(F4,$F$1,"Y")」と表示されていることを確認します。

⑩ Enter を押します。

1人目の勤続年数が求められます。

数式をコピーします。

⑪セル【G4】を選択し、セル右下の■（フィルハンドル）をダブルクリックします。

	A	B	C	D	E	F	G	H	I
1		社員名簿				2019/4/1	現在		所属
2									
3		社員No.	氏名	所属No.	所属名	入社年月日	勤続年数		所属
4		S9313	遠藤　真紀			1996/4/1	23		
5		S9504	神谷　秋彦			1998/10/1	20		
6		S9803	川原　香織			2001/4/1	18		
7		S9805	福田　直樹			2001/4/1	18		
8		S9904	斉藤　信也			2002/4/1	17		
9		S0002	坂本　利雄			2003/4/1	16		
10		S0111	山本　涼子			2004/4/1	15		
11		S0313	伊藤　隆			2006/4/1	13		
12		S0402	浜野　陽子			2007/10/1	11		
13		S0403	結城　夏江			2007/4/1	12		
14		S0504	白井　茜			2008/4/1	11		
15		S0602	梅畑　雄介			2009/4/1	10		
16		H0905	花岡　順			2012/4/1	7		
17		H1001	森下　真澄			2013/4/1	6		

G4　=DATEDIF(F4,$F$1,"Y")

数式がコピーされ、各人の勤続年数が求められます。

POINT 日付の処理

数値を「/（スラッシュ）」や「-（ハイフン）」で区切って、「2019/4/1」や「4/1」のように入力すると、セルに日付の表示形式が自動的に設定されて「2019/4/1」や「4月1日」のように表示されます。
実際にセルに格納されているのは、1900年1月1日から入力した日付までをカウントした「シリアル値」と呼ばれる数値です。

セルの日付	シリアル値
1900/1/1	1
2000/1/1	36526
2019/4/1	43556

36526：1900年1月1日から36,526日目
43556：1900年1月1日から43,556日目

次のような計算を行う場合、特に関数を使う必要はありません。

	A	B	C	D	E
1		工事開始日	2019/3/18		
2		工事終了日	2019/6/21		
3		工事期間	95	日間	
4					
5					
6		納品日	2019/3/18		
7		入金は	7	日以内	
8		入金締切日	2019/3/25	まで	
9					

C3：=C2-C1
C8：=C6+C7

Step7 表から該当データを参照する

1 VLOOKUP関数

「VLOOKUP関数」を使うと、コードや番号をもとに参照用の表から該当するデータを検索し、表示できます。

●VLOOKUP関数

参照用の表から該当するデータを検索し、表示します。

=VLOOKUP（検索値,範囲,列番号,検索方法）
❶ ❷ ❸ ❹

❶検索値
検索対象のコードや番号を入力するセルを指定します。
❷範囲
参照用の表のセル範囲を指定します。
❸列番号
セル範囲の何番目の列を参照するかを指定します。
左から「1」「2」・・・と数えて指定します。
❹検索方法
「FALSE」または「TRUE」を指定します。「TRUE」は省略できます。

FALSE	完全に一致するものを検索します。
TRUE	近似値を含めて検索します。

例：

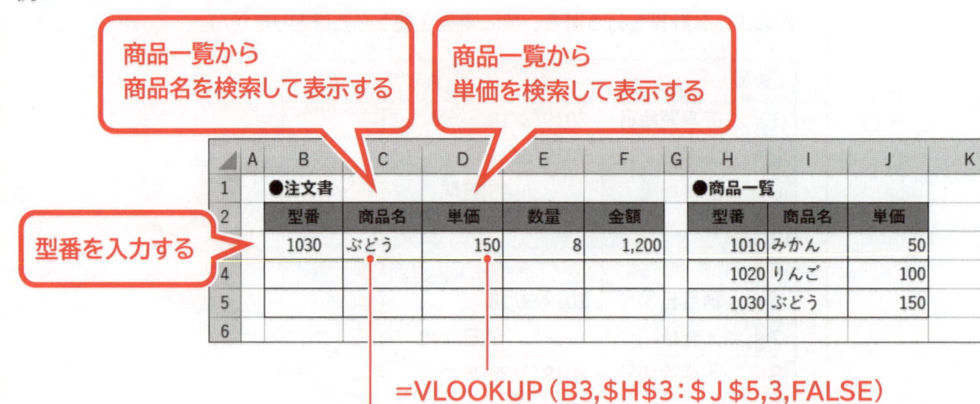

セル【D4】に「所属No.」を入力すると、セル【E4】に「所属名」を表示する関数を入力しましょう。

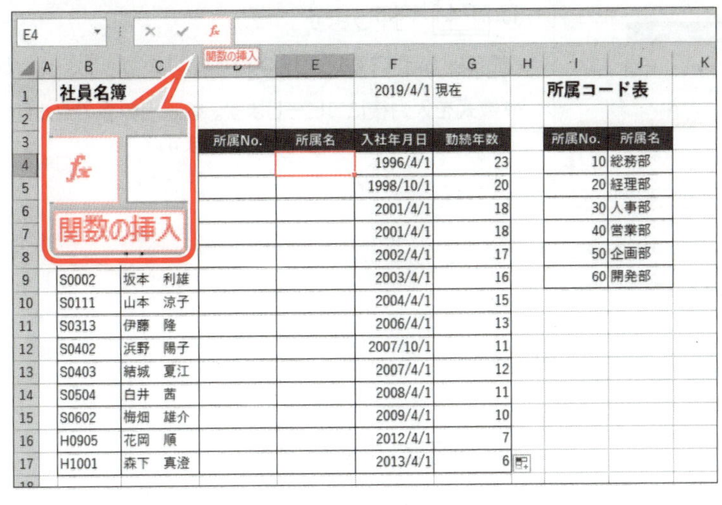

(関数の挿入)を使って入力します。

①セル【E4】をクリックします。

※VLOOKUP関数は、検索結果を表示するセルに入力します。

②(関数の挿入)をクリックします。

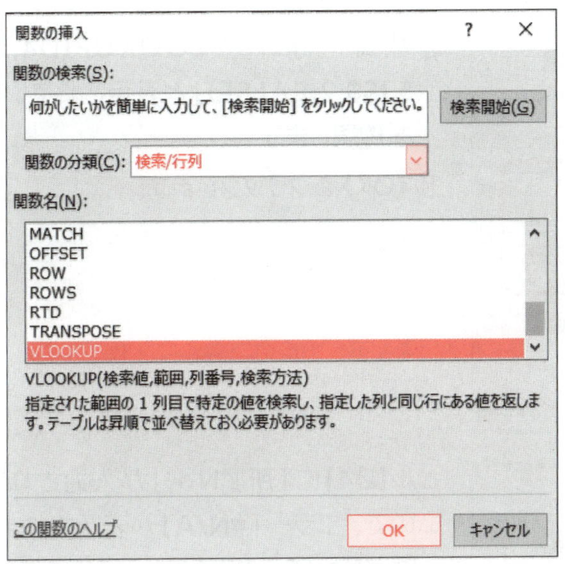

《関数の挿入》ダイアログボックスが表示されます。

③**《関数の分類》**のをクリックし、一覧から**《検索/行列》**を選択します。

④**《関数名》**の一覧から**《VLOOKUP》**を選択します。

⑤**《OK》**をクリックします。

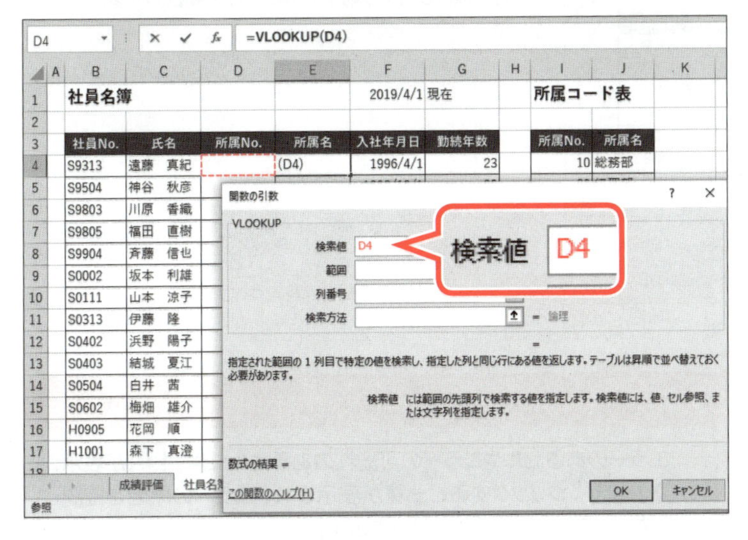

《関数の引数》ダイアログボックスが表示されます。

⑥**《検索値》**にカーソルがあることを確認します。

⑦セル【D4】をクリックします。

《検索値》に「D4」と表示されます。

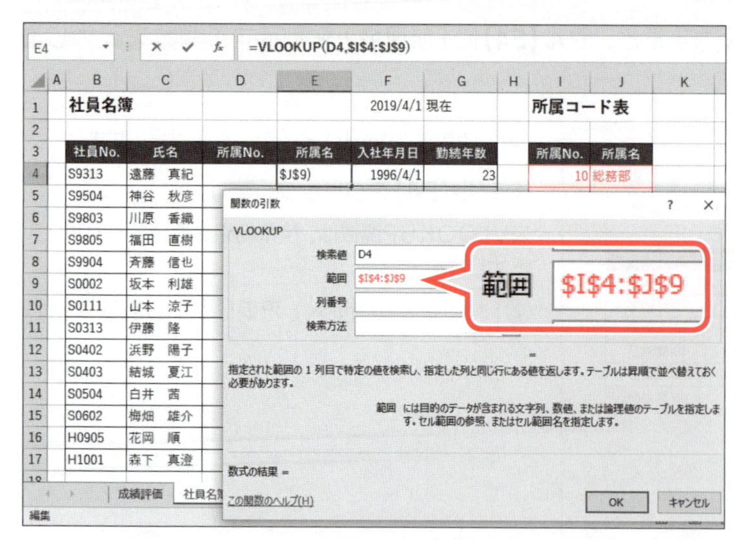

⑧《範囲》のボックスをクリックします。

⑨セル範囲【I4:J9】を選択します。

⑩ F4 を押します。

《範囲》が「$I$4:$J$9」になります。

※数式を入力後にコピーします。参照用の表のセル範囲は固定なので、絶対参照にします。

⑪《列番号》に「2」と入力します。

⑫《検索方法》に「FALSE」と入力します。

⑬数式バーに「=VLOOKUP(D4,$I$4:$J$9,2,FALSE)」と表示されていることを確認します。

⑭《OK》をクリックします。

=VLOOKUP(D4,$I$4:$J$9,2,FALSE)

	B	C	D	E	F	G	H	I	J
1	社員名簿				2019/4/1	現在		所属コード表	
2									
3	社員No.	氏名	所属No.	所属名	入社年月日	勤続年数		所属No.	所属名
4	S9313	遠藤 真紀		#N/A	1996/4/1	23		10	総務部
5	S9504	神谷 秋彦			1998/10/1	20		20	経理部
6	S9803	川原 香織			2001/4/1	18		30	人事部
7	S9805	福田 直樹			2001/4/1	18		40	営業部
8	S9904	斉藤 信也			2002/4/1	17		50	企画部
9	S0002	坂本 利雄			2003/4/1	16		60	開発部
10	S0111	山本 涼子			2004/4/1	15			
11	S0313	伊藤 隆			2006/4/1	13			
12	S0402	浜野 陽子			2007/10/1	11			
13	S0403	結城 夏江			2007/4/1	12			
14	S0504	白井 茜			2008/4/1	11			
15	S0602	梅畑 雄介			2009/4/1	10			

セル【D4】に「所属No.」が入力されていないので、エラー「#N/A」が表示されます。

※「所属No.」を入力すると、「所属名」が参照されます。

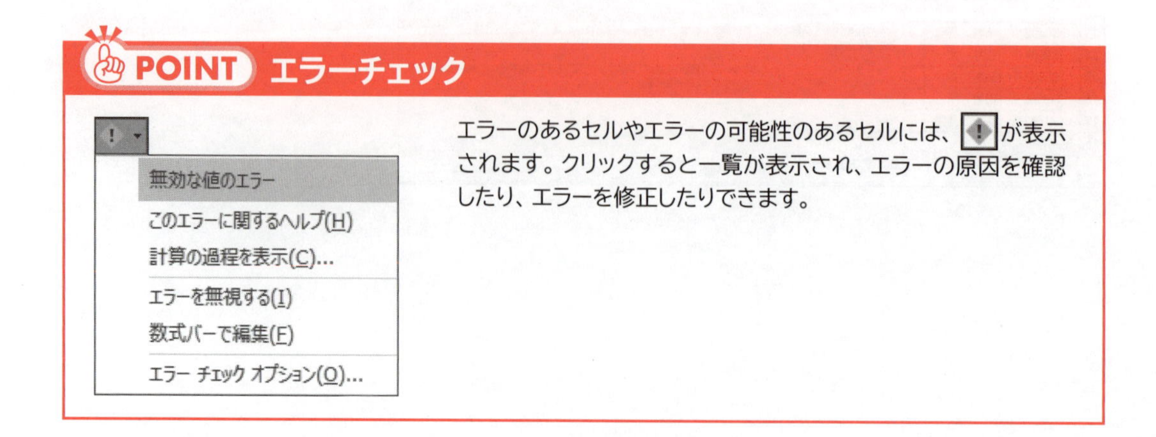

POINT エラーチェック

エラーのあるセルやエラーの可能性のあるセルには、◆が表示されます。クリックすると一覧が表示され、エラーの原因を確認したり、エラーを修正したりできます。

2 VLOOKUP関数とIF関数の組み合わせ

「所属No.」が入力されていなくてもエラー「#N/A」が表示されないように、数式を修正しましょう。次の条件に基づいて、VLOOKUP関数とIF関数を組み合わせて数式を入力します。

> セル【D4】が空白セルであれば、何も表示しない
> 　　　　　空白セルでなければ、VLOOKUP関数の計算結果を表示する

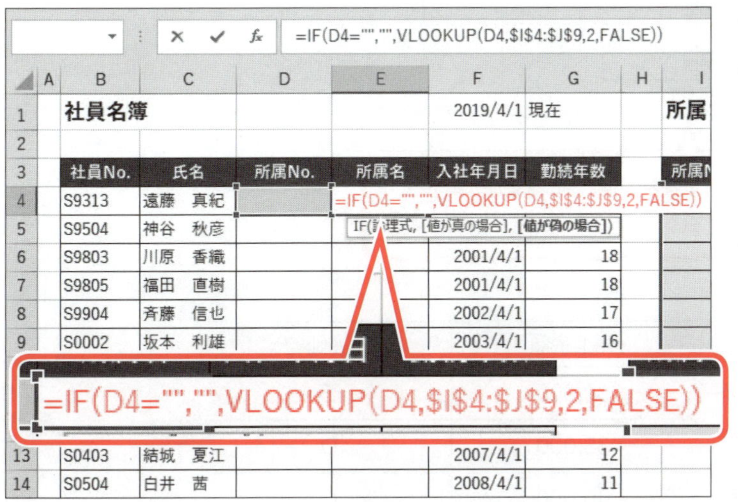

=IF(D4="","",VLOOKUP(D4,$I$4:$J$9,2,FALSE))

	A	B	C	D	E	F	G	H	I
1		社員名簿				2019/4/1	現在		所属
2									
3		社員No.	氏名	所属No.	所属名	入社年月日	勤続年数		所属N
4		S9313	遠藤　真紀		=IF(D4="","",VLOOKUP(D4,$I$4:$J$9,2,FALSE))				
5		S9504	神谷　秋彦		IF(論理式, [値が真の場合], [値が偽の場合])				
6		S9803	川原　香織			2001/4/1	18		
7		S9805	福田　直樹			2001/4/1	18		
8		S9904	斉藤　信也			2002/4/1	17		
9		S0002	坂本　利雄			2003/4/1	16		
13		S0403	結城　夏江			2007/4/1	12		
14		S0504	白井　茜			2008/4/1	11		

①セル【E4】をダブルクリックします。

②数式を「=IF(D4="", "",VLOOKUP(D4,$I$4:$J$9,2,FALSE))」に修正します。

※「""」はデータがないことを表します。

③ Enter を押します。

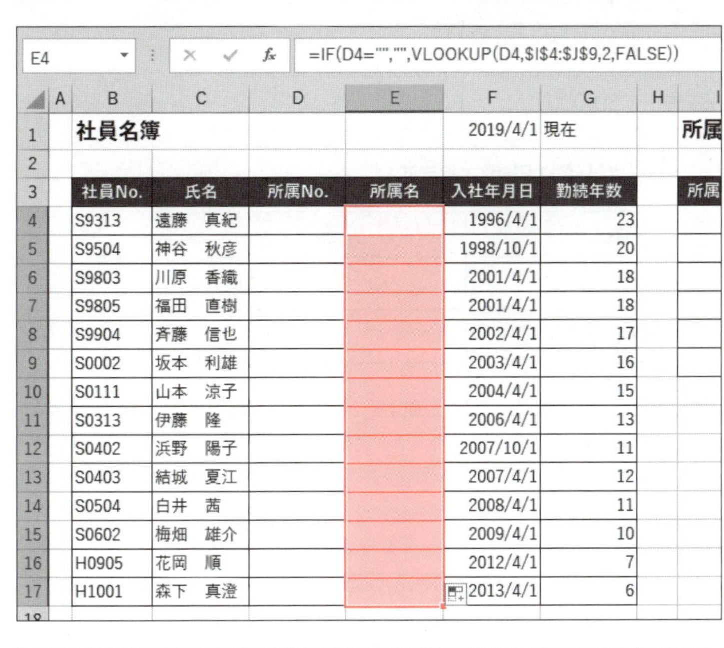

E4　=IF(D4="","",VLOOKUP(D4,$I$4:$J$9,2,FALSE))

	A	B	C	D	E	F	G	H	I
1		社員名簿				2019/4/1	現在		所属
2									
3		社員No.	氏名	所属No.	所属名	入社年月日	勤続年数		所属
4		S9313	遠藤　真紀			1996/4/1	23		
5		S9504	神谷　秋彦			1998/10/1	20		
6		S9803	川原　香織			2001/4/1	18		
7		S9805	福田　直樹			2001/4/1	18		
8		S9904	斉藤　信也			2002/4/1	17		
9		S0002	坂本　利雄			2003/4/1	16		
10		S0111	山本　涼子			2004/4/1	15		
11		S0313	伊藤　隆			2006/4/1	13		
12		S0402	浜野　陽子			2007/10/1	11		
13		S0403	結城　夏江			2007/4/1	12		
14		S0504	白井　茜			2008/4/1	11		
15		S0602	梅畑　雄介			2009/4/1	10		
16		H0905	花岡　順			2012/4/1	7		
17		H1001	森下　真澄			2013/4/1	6		

エラー「#N/A」が消えます。

数式をコピーします。

④セル【E4】を選択し、セル右下の■(フィルハンドル)をダブルクリックします。

D5

	A	B	C	D	E	F	G	H	I
1		社員名簿				2019/4/1	現在		所
2									
3		社員No.	氏名	所属No.	所属名	入社年月日	勤続年数		所
4		S9313	遠藤　真紀	20	経理部	1996/4/1	23		
5		S9504	神谷　秋彦			1998/10/1	20		
6		S9803	川原　香織			2001/4/1	18		
7		S9805	福田　直樹			2001/4/1	18		
8		S9904	斉藤　信也			2002/4/1	17		
9		S0002	坂本　利雄			2003/4/1	16		
10		S0111	山本　涼子			2004/4/1	15		
11		S0313	伊藤　隆			2006/4/1	13		

「所属No.」を入力します。

⑤セル【D4】に「20」と入力します。

「所属名」が検索されて自動的に表示されます。

※その他の「所属No.」も入力し、「所属名」が自動的に表示されることを確認しておきましょう。

※ブックに「関数の利用-2完成」と名前を付けて、フォルダー「第1章」に保存し、閉じておきましょう。

POINT TRUEの指定

VLOOKUPの引数に「TRUE」を指定すると、データが一致しない場合に近似値を検索します。
「TRUE」を指定する場合、参照用の表は、1番左の検索値を昇順に並べておく必要があります。

=VLOOKUP(D3,$G$3:$H$7,2,TRUE)

	A	B	C	D	E	F	G	H	I	J
1		●社員別売上成績					●評価基準			
2		社員No.	氏名	売上金額	評価		売上金額	評価		
3		S9313	遠藤　真紀	44,275	C		30,000	E		
4		S9504	神谷　秋彦	51,098	A		35,000	D		
5		S9803	川原　香織	34,607	E		40,000	C		
6		S9805	福田　直樹	34,290	E		45,000	B		
7		S9904	斉藤　信也	51,670	A		50,000	A		
8		S0002	坂本　利雄	47,983	B					
9		S0111	山本　涼子	32,373	E					

売上金額に応じて評価基準から
該当する評価を検索して表示する

	売上金額	評価
30,000以上35,000未満	30,000	E
35,000以上40,000未満	35,000	D
40,000以上45,000未満	40,000	C
45,000以上50,000未満	45,000	B
50,000以上	50,000	A

※検索値が30,000未満の場合は、エラー「#N/A」が表示されます。

	売上金額	評価
0以上30,000未満	0	F
30,000以上35,000未満	30,000	E
35,000以上40,000未満	35,000	D
40,000以上45,000未満	40,000	C
45,000以上50,000未満	45,000	B
50,000以上	50,000	A

※エラーが表示されないようにするには、参照用の表に最小値のデータを入れておきます。

STEP UP 関数のネスト

関数の中に関数を組み込むことを、「関数のネスト」といいます。

STEP UP HLOOKUP関数

「HLOOKUP関数」を使うと、コードや番号をもとに参照用の表から該当するデータを検索し、表示できます。参照用の表のデータが横方向に入力されている場合に使います。

参照用の表から該当するデータを検索し、表示します。

=HLOOKUP(検索値,範囲,行番号,検索方法)
　　　　　　❶　　❷　　❸　　　❹

❶検索値
検索対象のコードや番号を入力するセルを指定します。
❷範囲
参照用の表のセル範囲を指定します。
❸行番号
セル範囲の何番目の行を参照するかを指定します。
上から「1」「2」･･･と数えて指定します。
❹検索方法
「FALSE」または「TRUE」を指定します。「TRUE」は省略できます。

FALSE	完全に一致するものを検索します。
TRUE	近似値を含めて検索します。

例：

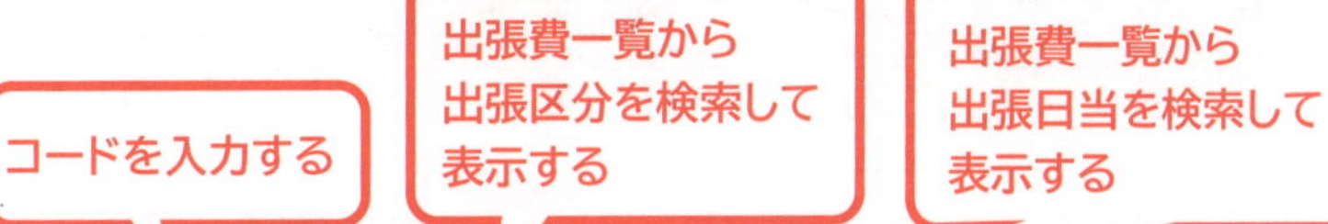

	B	C	D	E	F	G	H	I	J	K
1	●出張精算						●出張費一覧			
2	コード	出張区分	出張日当	日数	合計		コード	A	B	C
3	B	遠地	5,000	3	15,000		出張区分	近地	遠地	海外
4							出張日当	500	5,000	10,000
5										
6										

=HLOOKUP(B3,$I$2:$K$4,3,FALSE)

=HLOOKUP(B3,$I$2:$K$4,2,FALSE)

練習問題

解答 ▶ 別冊P.1

完成図のような表を作成しましょう。

フォルダー「第1章」のブック「第1章練習問題」のシート「個人打撃成績」を開いておきましょう。

※アクティブシートを切り替えて、各シートの内容を確認しておきましょう。

●完成図

	A	B	C	D	E	F	G	H	I	J	K	L	M	N	O	P	Q	R	S
1		個人打撃成績		2019/4/1 現在															
2																			
3		選手名	チームID	チーム名	打率	試合数	打席数	打数	安打	本塁打	三振	四球	死球	犠打犠飛	打率順位	本塁打順位	打率表彰	本塁打表彰	
4		相原道哉	OP	御茶ノ水プレイメーツ	0.272	72	316	298	81	13	51	9	4	5	27	7	－	－	
5		赤井久	KG	川崎ゴールデンアイ	0.279	69	235	208	58	5	42	19	2	6	21	20	－	－	
6		安部隆二	KG	川崎ゴールデンアイ	0.297	55	251	229	68	1	25	13	1	8	14	26	－	－	
7		荒木博仁	KR	川崎レインボー	0.302	72	303	278	84	13	58	16	4	5	11	7	－	－	
8		石井道久	OP	御茶ノ水プレイメーツ	0.302	70	316	288	87	24	56	16	11	1	12	1	－	◎	
9		井上謙信	JM	自由が丘ミラクル	0.307	73	320	283	87	3	50	32	2	3	9	25	－	－	
10		岩田裕樹	OP	御茶ノ水プレイメーツ	0.315	72	308	270	85	16	63	35	1	2	4	5	－	－	
11		大野幸助	SB	渋谷プラザーズ	0.354	65	289	246	87	16	47	38	3	2	1	5	◎	－	
12		岡田直哉	KR	川崎レインボー	0.294	73	299	272	80	13	57	15	6	6	15	7	－	－	
13		金井和夫	KR	川崎レインボー	0.310	72	307	261	81	24	76	42	1	3	7	1	－	◎	
14		金城アレックス	SS	品川スニーカーズ	0.272	72	309	272	74	6	29	24	7	6	26	18	－	－	
15		黒田健作	KR	川崎レインボー	0.277	66	250	224	62	9	47	16	3	7	23	14	－	－	
16		小森隆介	AS	青山ソックス	0.271	70	321	280	76	0	47	30	6	5	28	27	－	－	
17		島尚太郎	AS	青山ソックス	0.284	55	233	211	60	5	26	13	2	7	18	20	－	－	
18		谷原省吾	SS	品川スニーカーズ	0.278	69	288	259	72	8	43	26	2	1	22	16	－	－	
19		鳥山武	IN	池袋ナイン	0.300	64	248	223	67	5	38	18	4	3	13	20	－	－	
20		中田修	KR	川崎レインボー	0.311	72	314	289	90	9	60	21	0	4	6	14	－	－	
21		畑田大輔	OP	御茶ノ水プレイメーツ	0.283	72	331	283	80	4	35	30	4	14	19	23	－	－	
22		花村大二郎	AS	青山ソックス	0.310	69	267	239	74	10	40	21	4	3	8	13	－	－	
23		東山弘毅	KR	川崎レインボー	0.338	72	338	293	99	6	39	34	8	3	2	18	◎	－	
24		星野護	ME	目黒イーグルス	0.273	64	265	245	67	12	51	14	3	3	25	11	－	－	
25		本田友則	SS	品川スニーカーズ	0.307	72	315	267	82	13	49	40	5	3	10	7	－	－	
26		前田聡	SB	渋谷プラザーズ	0.312	66	259	231	72	11	21	20	5	3	5	12	－	－	
27		町田準之助	SS	品川スニーカーズ	0.336	71	296	259	87	20	63	28	5	4	3	3	◎	◎	
28		宮元守弘	AS	青山ソックス	0.282	69	273	248	70	0	30	14	3	8	20	27	－	－	
29		村井滋	AS	青山ソックス	0.274	73	306	266	73	17	77	20	13	7	24	4	－	－	
30		森純大	OP	御茶ノ水プレイメーツ	0.290	61	245	221	64	4	31	14	3	7	17	23	－	－	
31		森村秀雄	ER	恵比寿ルークス	0.290	72	302	269	78	8	56	29	2	2	16	16	－	－	
32																			

① セル**【D1】**に、本日の日付を表示する数式を入力しましょう。

② セル**【D4】**に、セル**【C4】**の**「チームID」**に対応する**「チーム名」**を表示する数式を入力しましょう。シート**「チーム一覧」**の表を参照します。
次に、セル**【D4】**の数式をコピーして、**「チーム名」**欄を完成させましょう。

③ セル**【O4】**に、表の1人目の**「打率順位」**を表示する数式を入力しましょう。
「打率」が高い順に**「1」「2」「3」**・・・と順位を付けます。
次に、セル**【O4】**の数式をコピーして、**「打率順位」**欄を完成させましょう。

④ セル**【P4】**に、表の1人目の**「本塁打順位」**を表示する数式を入力しましょう。
「本塁打」が多い順に**「1」「2」「3」**・・・と順位を付けます。
次に、セル**【P4】**の数式をコピーして、**「本塁打順位」**欄を完成させましょう。

⑤ セル**【Q4】**に、表の1人目の**「打率表彰」**の有無を表示する数式を入力しましょう。
「打率」が3割3分3厘以上であれば**「◎」**、そうでなければ**「－」**を返すようにします。
次に、セル**【Q4】**の数式をコピーして、**「打率表彰」**欄を完成させましょう。

Hint! 「◎」は「まる」と入力して変換します。

⑥ セル**【R4】**に、表の1人目の**「本塁打表彰」**の有無を表示する数式を入力しましょう。
「本塁打」が20本以上あれば**「◎」**、そうでなければ**「－」**を返すようにします。
次に、セル**【R4】**の数式をコピーして、**「本塁打表彰」**欄を完成させましょう。

※ブックに「第1章練習問題完成」と名前を付けて、フォルダー「第1章」に保存し、閉じておきましょう。

第2章

表作成の活用

第2章 この章で学ぶこと

学習前に習得すべきポイントを理解しておき、
学習後には確実に習得できたかどうかを振り返りましょう。

1	ルールに基づいて、セルを強調できる。	☐☐☐ → P.42
2	ルールに基づいて、上位または下位の数値を含むセルを強調できる。	☐☐☐ → P.47
3	指定したセル範囲内で数値の大小を比較するバーを表示できる。	☐☐☐ → P.49
4	ユーザーが独自に定義できる表示形式について理解する。	☐☐☐ → P.52
5	数値の表示形式を設定できる。	☐☐☐ → P.53
6	日付の表示形式を設定できる。	☐☐☐ → P.55
7	入力規則を設定して、日本語入力システムを切り替えることができる。	☐☐☐ → P.57
8	入力規則を設定して、リストから選択して入力するようにできる。	☐☐☐ → P.60
9	入力規則を設定して、エラーメッセージを表示できる。	☐☐☐ → P.61
10	複数のユーザーで入力するときの補足事項や注意事項をコメントとして挿入できる。	☐☐☐ → P.63
11	誤ってデータを削除したり上書きしたりする場合に備えて、シートを保護できる。	☐☐☐ → P.65
12	ブックにパスワードを設定して保存できる。	☐☐☐ → P.69

Step 1 作成するブックを確認する

1 作成するブックの確認

次のようなブックを作成しましょう。

東京23区人口統計

区名	面積(k㎡)	平成29年 男性	平成29年 女性	平成29年 総数	平成29年 人口密度	平成30年 男性	平成30年 女性	平成30年 総数	平成30年 人口密度	平成29年→平成30年 総数増減	平成29年→平成30年 人口密度増減
千代田区	11.7	29,987	29,801	59,788	5,128	30,697	30,572	61,269	5,255	1,481	127
中央区	10.2	71,448	78,192	149,640	14,656	74,636	82,187	156,823	15,360	7,183	704
港区	20.4	117,353	131,889	249,242	12,236	119,273	134,366	253,639	12,452	4,397	216
新宿区	18.2	170,255	168,233	338,488	18,578	171,900	170,397	342,297	18,787	3,809	209
文京区	11.3	101,755	112,214	213,969	18,952	103,433	113,986	217,419	19,258	3,450	306
台東区	10.1	99,346	94,476	193,822	19,171	100,374	95,760	196,134	19,400	2,312	229
墨田区	13.8	131,814	133,424	265,238	19,262	133,455	135,443	268,898	19,528	3,660	266
江東区	40.2	250,950	255,561	506,511	12,612	253,839	259,358	513,197	12,779	6,686	166
品川区	22.8	187,822	194,939	382,761	16,758	190,122	197,500	387,622	16,971	4,861	213
目黒区	14.7	129,444	144,264	273,708	18,658	130,927	145,857	276,784	18,867	3,076	210
大田区	60.8	358,052	359,243	717,295	11,792	360,500	362,841	**723,341**	11,891	6,046	99
世田谷区	58.1	424,219	468,316	892,535	15,375	427,184	472,923	**900,107**	15,506	7,572	130
渋谷区	15.1	106,725	115,553	222,278	14,711	107,892	116,788	224,680	14,870	2,402	159
中野区	15.6	164,177	161,283	325,460	20,876	165,938	162,745	328,683	21,083	3,223	207
杉並区	34.1	268,520	290,430	558,950	16,411	270,862	293,627	564,489	16,573	5,539	163
豊島区	13.0	143,392	140,915	284,307	21,853	144,713	142,398	287,111	22,068	2,804	216
北区	20.6	171,577	173,572	345,149	16,747	173,117	174,913	348,030	16,886	2,881	140
荒川区	10.2	106,324	106,789	213,113	20,976	106,884	107,760	214,644	21,126	1,531	151
板橋区	32.2	275,327	281,982	557,309	17,297	276,872	284,841	561,713	17,434	4,404	137
練馬区	48.1	353,685	370,026	723,711	15,052	355,157	373,322	**728,479**	15,151	4,768	99
足立区	53.3	341,793	339,488	681,281	12,794	343,808	341,639	**685,447**	12,872	4,166	78
葛飾区	34.8	228,658	228,235	456,893	13,129	230,393	230,030	460,423	13,231	3,530	101
江戸川区	49.9	349,342	342,172	691,514	13,858	350,905	344,461	**695,366**	13,935	3,852	77

条件付き書式の設定

出典：東京都統計データ

ユーザー定義の表示形式の設定

コメントの挿入

【弊社記入欄】

伝票番号	0001
受付日	4月1日(月)
受付担当	
顧客番号	K-0110

FOM輸入食品株式会社 宛

注文書

貴社名	
ご担当者名	
ご住所	
TEL	
FAX	
E-Mail	
申込日	2019/4/1
希望納期	

富士 太郎:
ご担当者様のE-Mailアドレスをご記入ください。

入力規則の設定

【注文明細】

	商品型番	商品名	単価	数量	金額
1	C130	炭焼コーヒー	1,500		
2					
3					
4					
5					
6					
7					
8					
9					
10					

お買上金額		0
割引金額		0
割引後金額		0
消費税額	8%	0
お支払総額		0

【商品一覧】

商品型番	商品名	単価
C110	モカコーヒー	1,200
C120	ブレンドコーヒー	1,000
C130	炭焼コーヒー	1,500
C140	ブルーマウンテン	1,800
C150	キリマンジャロ	1,300
T110	アッサムティー	1,200
T120	ダージリンティー	1,000
T130	アップルティー	1,500
T140	オレンジペコ	1,300
T150	アールグレイ	1,800
T210	ハーブティー	1,200
T220	ジャスミンティー	1,100

【割引率】

お買上金額	割引率
0以上	0%
10,000以上	10%
20,000以上	15%
30,000以上	20%

シートの保護

注文書

Step2 条件付き書式を設定する

1 条件付き書式

「条件付き書式」を使うと、ルール（条件）に基づいてセルに特定の書式を設定したり、数値の大小関係が視覚的にわかるように装飾したりできます。
条件付き書式には、次のようなものがあります。

●セルの強調表示ルール

「指定の値に等しい」「指定の値より大きい」「指定の範囲内」などのルールに基づいて、該当するセルに特定の書式を設定します。

●上位/下位ルール

「上位10項目」「下位10%」「平均より上」などのルールに基づいて、該当するセルに特定の書式を設定します。

●データバー

選択したセル範囲内で数値の大小関係を比較して、バーの長さで表示します。

地区	4月	5月	6月	合計
札幌	9,210	8,150	8,550	25,910
仙台	11,670	10,030	11,730	33,430
東京	25,930	22,820	23,970	72,720
名古屋	11,840	11,380	10,950	34,170
大阪	19,460	17,120	17,970	54,550
高松	9,950	9,640	10,130	29,720
広島	10,930	10,540	11,060	32,530
福岡	13,420	12,120	12,730	38,270
合計	112,410	101,800	107,090	321,300

●カラースケール

選択したセル範囲内で数値の大小関係を比較して、段階的に色分けして表示します。

地区	4月	5月	6月	合計
札幌	9,210	8,150	8,550	25,910
仙台	11,670	10,030	11,730	33,430
東京	25,930	22,820	23,970	72,720
名古屋	11,840	11,380	10,950	34,170
大阪	19,460	17,120	17,970	54,550
高松	9,950	9,640	10,130	29,720
広島	10,930	10,540	11,060	32,530
福岡	13,420	12,120	12,730	38,270
合計	112,410	101,800	107,090	321,300

●アイコンセット

選択したセル範囲内で数値の大小関係を比較して、アイコンの図柄で表示します。

地区	4月	5月	6月	合計
札幌	9,210	8,150	8,550	↓ 25,910
仙台	11,670	10,030	11,730	↓ 33,430
東京	25,930	22,820	23,970	↑ 72,720
名古屋	11,840	11,380	10,950	↓ 34,170
大阪	19,460	17,120	17,970	⇒ 54,550
高松	9,950	9,640	10,130	↓ 29,720
広島	10,930	10,540	11,060	↓ 32,530
福岡	13,420	12,120	12,730	↓ 38,270
合計	112,410	101,800	107,090	321,300

2 セルの強調表示ルールの設定

「面積(km²)」が30より大きいセル、20より小さいセルにそれぞれ書式を設定しましょう。

1 既定の書式の設定

「面積(km²)」が30より大きいセルに、**「濃い赤の文字、明るい赤の背景」**の書式を設定しましょう。

フォルダー「第2章」のブック「表作成の活用-1」を開いておきましょう。

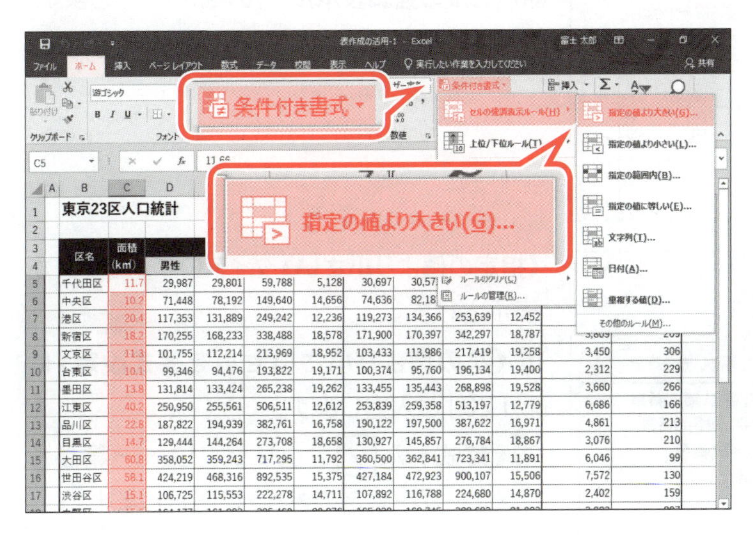

書式を設定するセル範囲を選択します。

①セル範囲**【C5:C27】**を選択します。

②**《ホーム》**タブを選択します。

③**《スタイル》**グループの 条件付き書式 (条件付き書式)をクリックします。

④**《セルの強調表示ルール》**をポイントします。

⑤**《指定の値より大きい》**をクリックします。

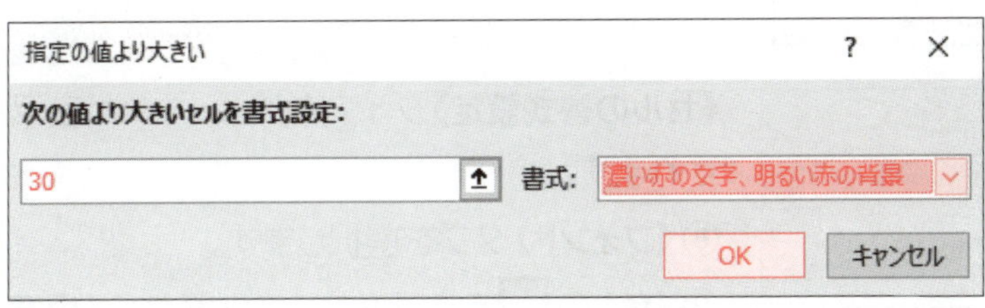

《指定の値より大きい》ダイアログボックスが表示されます。

⑥**《次の値より大きいセルを書式設定》**に「30」と入力します。

⑦**《書式》**の ∨ をクリックし、一覧から**《濃い赤の文字、明るい赤の背景》**を選択します。

⑧**《OK》**をクリックします。

東京23区人口統計

区名	面積(km²)	平成29年				平成30年				平成29年－平成30年	
		男性	女性	総数	人口密度	男性	女性	総数	人口密度	総数増減	人口密度増減
千代田区	11.7	29,987	29,801	59,788	5,128	30,697	30,572	61,269	5,255	1,481	127
中央区	10.2	71,448	78,192	149,640	14,656	74,636	82,187	156,823	15,360	7,183	704
港区	20.4	117,353	131,889	249,242	12,236	119,273	134,366	253,639	12,452	4,397	216
新宿区	18.2	170,255	168,233	338,488	18,578	171,900	170,397	342,297	18,787	3,809	209
文京区	11.3	101,755	112,214	213,969	18,952	103,433	113,986	217,419	19,258	3,450	306
台東区	10.1	99,346	94,476	193,822	19,171	100,374	95,760	196,134	19,400	2,312	229
墨田区	13.8	131,814	133,424	265,238	19,262	133,455	135,443	268,898	19,528	3,660	266
江東区	40.2	250,950	255,561	506,511	12,612	253,839	259,358	513,197	12,779	6,686	166
品川区	22.8	187,822	194,939	382,761	16,758	190,122	197,500	387,622	16,971	4,861	213
目黒区	14.7	129,444	144,264	273,708	18,658	130,927	145,857	276,784	18,867	3,076	210
大田区	60.8	358,052	359,243	717,295	11,792	360,500	362,841	723,341	11,891	6,046	99
世田谷区	58.1	424,219	468,316	892,535	15,375	427,184	472,923	900,107	15,506	7,572	130
渋谷区	15.1	106,725	115,553	222,278	14,711	107,892	116,788	224,680	14,870	2,402	159
中野区	15.6	164,177	161,283	325,460	20,876	165,938	162,745	328,683	21,083	3,223	207
杉並区	34.1	268,520	290,430	558,950	16,411	270,862	293,627	564,489	16,573	5,539	163
豊島区	13.0	143,392	140,915	284,307	21,853	144,713	142,398	287,111	22,068	2,804	216
北区	20.6	171,577	173,572	345,149	16,747	173,117	174,913	348,030	16,886	2,881	140
荒川区	10.2	106,324	106,789	213,113	20,976	106,884	107,760	214,644	21,126	1,531	151
板橋区	32.2	275,327	281,982	557,309	17,297	276,872	284,841	561,713	17,434	4,404	137
練馬区	48.1	353,685	370,026	723,711	15,052	355,157	373,322	728,479	15,151	4,768	99
足立区	53.3	341,793	339,488	681,281	12,794	343,808	341,639	685,447	12,872	4,166	78
葛飾区	34.8	228,658	228,235	456,893	13,129	230,393	230,030	460,423	13,231	3,530	101
江戸川区	49.9	349,342	342,172	691,514	13,858	350,905	344,461	695,366	13,935	3,852	77

30より大きいセルに指定した書式が設定されます。

※セル範囲の選択を解除して、書式を確認しておきましょう。

2 ユーザー独自の書式の設定

「面積(km²)」が20より小さいセルに、**「濃い青の文字、薄い青の背景」**の書式を設定しましょう。

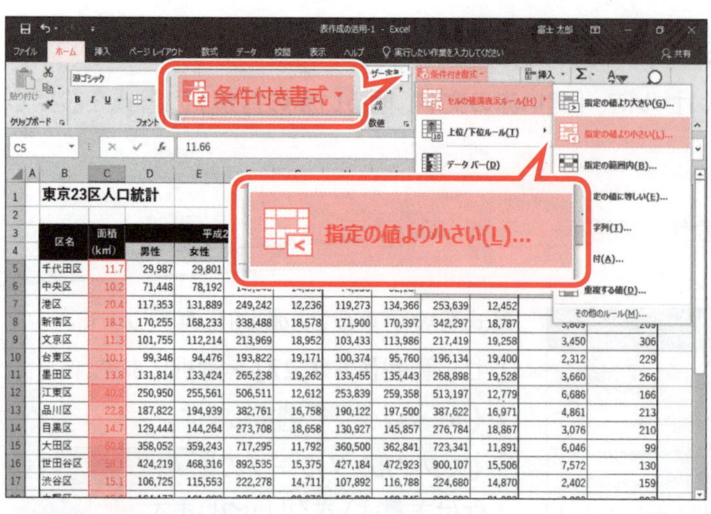

書式を設定するセル範囲を選択します。

①セル範囲**【C5:C27】**を選択します。

②**《ホーム》**タブを選択します。

③**《スタイル》**グループの 条件付き書式 (条件付き書式)をクリックします。

④**《セルの強調表示ルール》**をポイントします。

⑤**《指定の値より小さい》**をクリックします。

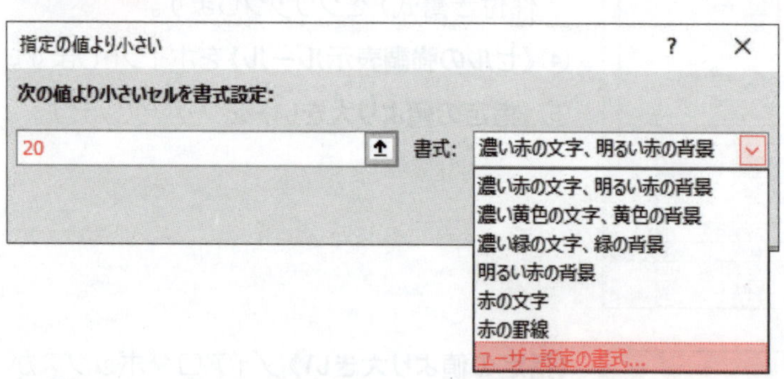

《指定の値より小さい》ダイアログボックスが表示されます。

⑥**《次の値より小さいセルを書式設定》**に**「20」**と入力します。

⑦**《書式》**の ▼ をクリックし、一覧から**《ユーザー設定の書式》**を選択します。

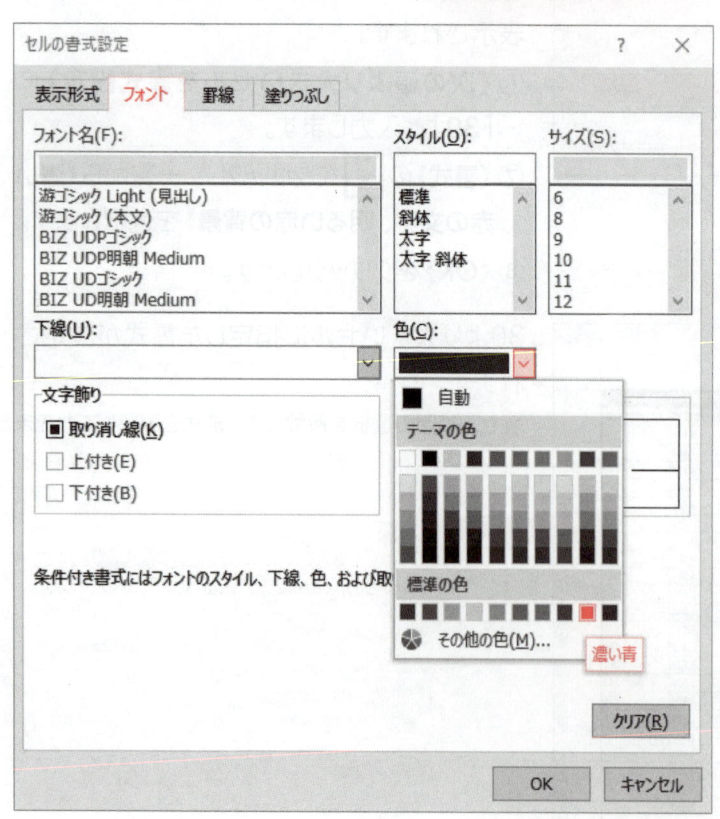

《セルの書式設定》ダイアログボックスが表示されます。

⑧**《フォント》**タブを選択します。

⑨**《色》**の ▼ をクリックし、一覧から**《標準の色》**の**《濃い青》**を選択します。

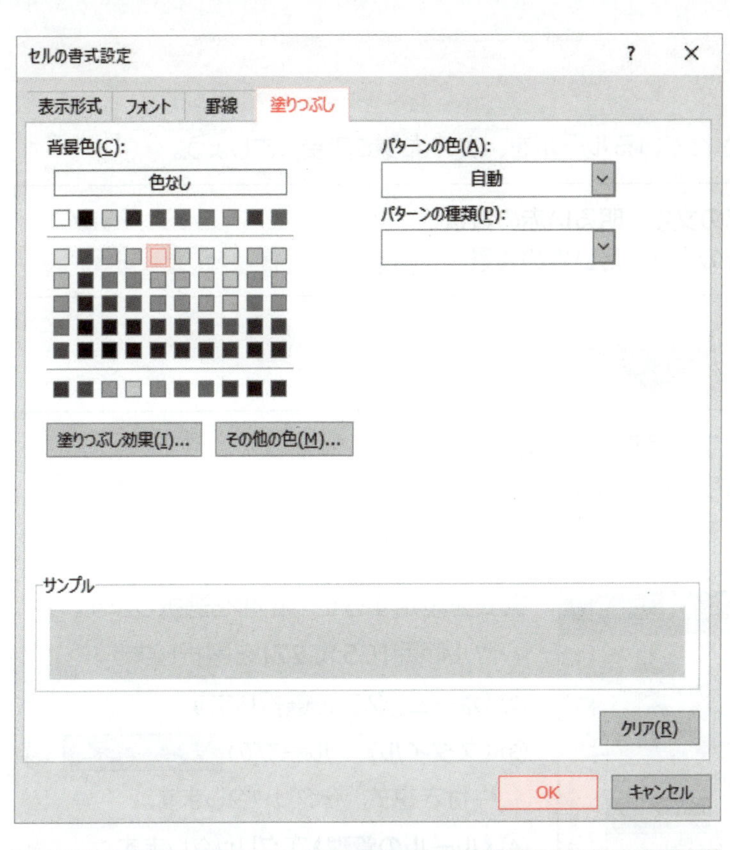

⑩《**塗りつぶし**》タブを選択します。

⑪《**背景色**》の一覧から図の薄い青を選択します。

⑫《**OK**》をクリックします。

指定の値より小さい

次の値より小さいセルを書式設定:

20　書式:　ユーザー設定の書式...

OK　キャンセル

《**指定の値より小さい**》ダイアログボックスに戻ります。

⑬《**OK**》をクリックします。

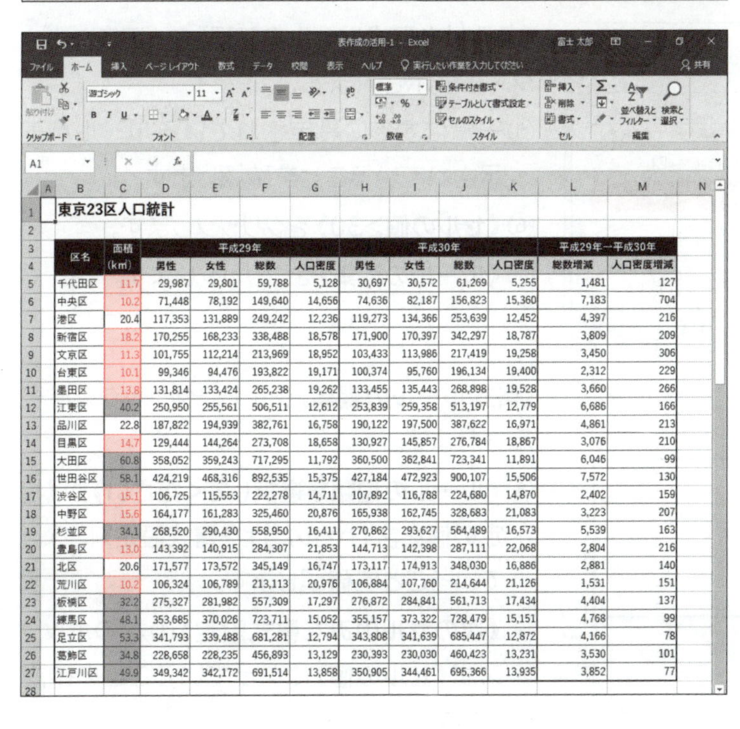

東京23区人口統計

区名	面積(㎢)	平成29年				平成30年				平成29年－平成30年	
		男性	女性	総数	人口密度	男性	女性	総数	人口密度	総数増減	人口密度増減
千代田区	11.7	29,987	29,801	59,788	5,128	30,697	30,572	61,269	5,255	1,481	127
中央区	10.2	71,448	78,192	149,640	14,656	74,636	82,187	156,823	15,360	7,183	704
港区	20.4	117,353	131,889	249,242	12,236	119,273	134,366	253,639	12,452	4,397	216
新宿区	18.2	170,255	168,233	338,488	18,578	171,900	170,397	342,297	18,787	3,809	209
文京区	11.3	101,755	112,214	213,969	18,952	103,433	113,986	217,419	19,258	3,450	306
台東区	10.1	99,346	94,476	193,822	19,171	100,374	95,760	196,134	19,400	2,312	229
墨田区	13.8	131,814	133,424	265,238	19,262	133,455	135,443	268,898	19,528	3,660	266
江東区	40.2	250,950	255,561	506,511	12,612	253,839	259,358	513,197	12,779	6,686	166
品川区	22.8	187,822	194,939	382,761	16,758	190,122	197,500	387,622	16,971	4,861	213
目黒区	14.7	129,444	144,264	273,708	18,658	130,927	145,857	276,784	18,867	3,076	210
大田区	60.8	358,052	359,243	717,295	11,792	360,500	362,841	723,341	11,891	6,046	99
世田谷区	58.1	424,219	468,316	892,535	15,375	427,184	472,923	900,107	15,506	7,572	130
渋谷区	15.1	106,725	115,553	222,278	14,711	107,892	116,788	224,680	14,870	2,402	159
中野区	15.6	164,177	161,283	325,460	20,876	165,938	162,745	328,683	21,083	3,223	207
杉並区	34.1	268,520	290,430	558,950	16,411	270,862	293,627	564,489	16,573	5,539	163
豊島区	13.0	143,392	140,915	284,307	21,853	144,713	142,398	287,111	22,068	2,804	216
北区	20.6	171,577	173,572	345,149	16,747	173,117	174,913	348,030	16,886	2,881	140
荒川区	10.2	106,324	106,789	213,113	20,976	106,884	107,760	214,644	21,126	1,531	151
板橋区	32.2	275,327	281,982	557,309	17,297	276,872	284,841	561,713	17,434	4,404	137
練馬区	48.1	353,685	370,026	723,711	15,052	355,157	373,322	728,479	15,151	4,768	99
足立区	53.3	341,793	339,488	681,281	12,794	343,808	341,639	685,447	12,872	4,166	78
葛飾区	34.8	228,658	228,235	456,893	13,129	230,393	230,030	460,423	13,231	3,530	101
江戸川区	49.9	349,342	342,172	691,514	13,858	350,905	344,461	695,366	13,935	3,852	77

20より小さいセルに指定した書式が設定されます。

※セル範囲の選択を解除して、書式を確認しておきましょう。

3 ルールの管理

「面積(km²)」のセルに設定されているルールを、次のように変更しましょう。

30より大きい場合：濃い赤の文字、明るい赤の背景
20より小さい場合：濃い青の文字、薄い青の背景

40以上の場合：濃い赤の文字、明るい赤の背景
15以下の場合：濃い青の文字、薄い青の背景

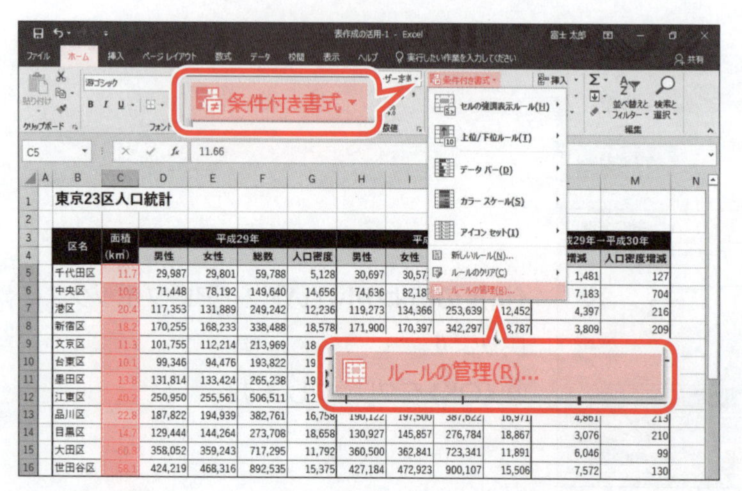

書式を設定するセル範囲を選択します。

①セル範囲【C5:C27】を選択します。

②《ホーム》タブを選択します。

③《スタイル》グループの 条件付き書式 (条件付き書式) をクリックします。

④《ルールの管理》をクリックします。

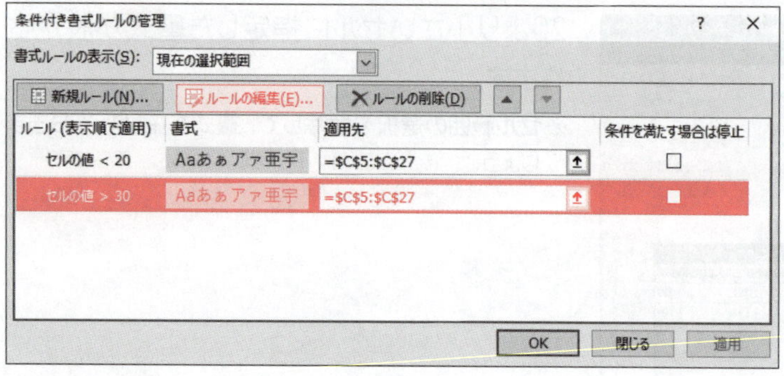

《条件付き書式ルールの管理》ダイアログボックスが表示されます。

⑤一覧にすでに設定されているルールが表示されていることを確認します。

⑥《セルの値>30》をクリックします。

⑦《ルールの編集》をクリックします。

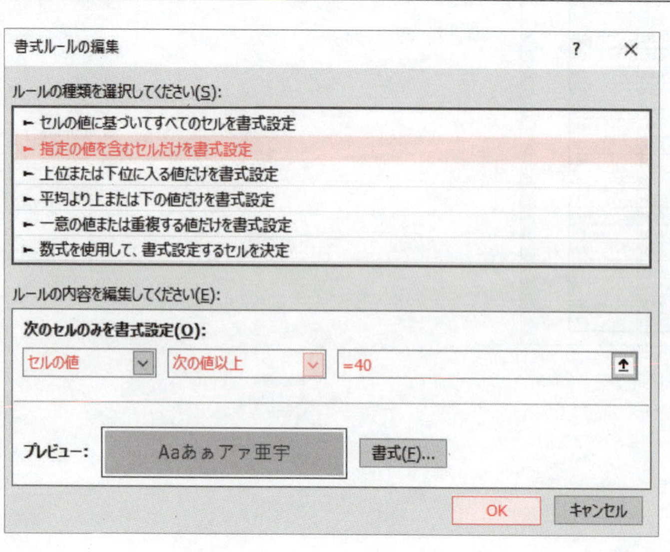

《書式ルールの編集》ダイアログボックスが表示されます。

⑧《ルールの種類を選択してください》が《指定の値を含むセルだけを書式設定》になっていることを確認します。

⑨《次のセルのみを書式設定》の左のボックスが《セルの値》になっていることを確認します。

⑩中央のボックスの ∨ をクリックし、一覧から《次の値以上》を選択します。

⑪右のボックスを「=40」に修正します。

⑫《OK》をクリックします。

《**条件付き書式ルールの管理**》ダイアログボックスに戻ります。

⑬《**セルの値<20**》をクリックします。

⑭《**ルールの編集**》をクリックします。

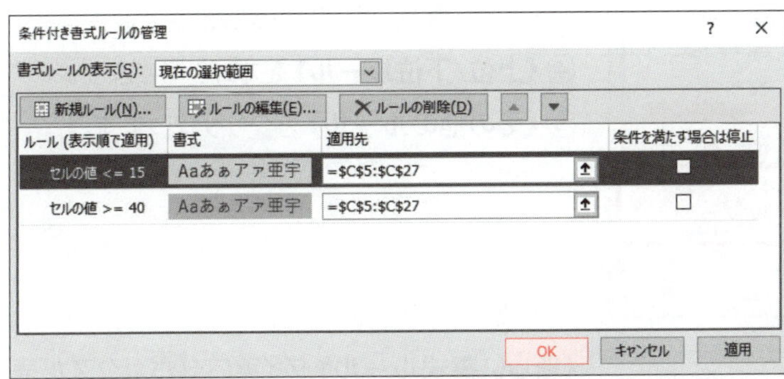

《**書式ルールの編集**》ダイアログボックスが表示されます。

⑮《**ルールの種類を選択してください**》が《**指定の値を含むセルだけを書式設定**》になっていることを確認します。

⑯《**次のセルのみを書式設定**》の左のボックスが《**セルの値**》になっていることを確認します。

⑰中央のボックスの をクリックし、一覧から《**次の値以下**》を選択します。

⑱右のボックスを「**=15**」に修正します。

⑲《**OK**》をクリックします。

《**条件付き書式ルールの管理**》ダイアログボックスに戻ります。

⑳《**OK**》をクリックします。

東京23区人口統計

区名	面積(km²)	平成29年				平成30年				平成29年－平成30年	
		男性	女性	総数	人口密度	男性	女性	総数	人口密度	総数増減	人口密度増減
千代田区	11.7	29,987	29,801	59,788	5,128	30,697	30,572	61,269	5,255	1,481	127
中央区	10.2	71,448	78,192	149,640	14,656	74,636	82,187	156,823	15,360	7,183	704
港区	20.4	117,353	131,889	249,242	12,230	119,273	134,366	253,639	12,452	4,397	216
新宿区	18.2	170,255	168,233	338,488	18,578	171,900	170,397	342,297	18,787	3,809	209
文京区	11.3	101,755	112,214	213,969	18,952	103,433	113,986	217,419	19,258	3,450	306
台東区	10.1	99,346	94,476	193,822	19,171	100,374	95,760	196,134	19,400	2,312	229
墨田区	13.8	131,814	133,424	265,238	19,262	133,455	135,443	268,898	19,528	3,660	266
江東区	40.2	250,950	255,561	506,511	12,612	253,839	259,358	513,197	12,779	6,686	166
品川区	22.8	187,822	194,939	382,761	16,758	190,122	197,500	387,622	16,971	4,861	213
目黒区	14.7	129,444	144,264	273,708	18,658	130,927	145,857	276,784	18,867	3,076	210
大田区	60.8	358,052	359,243	717,295	11,792	360,500	362,841	723,341	11,891	6,046	99
世田谷区	58.1	424,219	468,316	892,535	15,375	427,184	472,923	900,107	15,506	7,572	130
渋谷区	15.1	106,725	115,553	222,278	14,711	107,892	116,788	224,680	14,870	2,402	159
中野区	15.6	164,177	161,283	325,460	20,876	165,938	162,745	328,683	21,083	3,223	207
杉並区	34.1	268,520	290,430	558,950	16,411	270,862	293,627	564,489	16,573	5,539	163
豊島区	13.0	143,392	140,915	284,307	21,853	144,713	142,398	287,111	22,068	2,804	216
北区	20.6	171,577	173,572	345,149	16,747	173,117	174,913	348,030	16,886	2,881	140
荒川区	10.2	106,324	106,789	213,113	20,976	106,884	107,760	214,644	21,126	1,531	151
板橋区	32.2	275,327	281,982	557,309	17,297	276,872	284,841	561,713	17,434	4,404	137
練馬区	48.1	353,685	370,026	723,711	15,052	355,157	373,322	728,479	15,151	4,768	99
足立区	53.3	341,793	339,488	681,281	12,794	343,808	341,639	685,447	12,872	4,166	78
葛飾区	34.8	228,658	228,235	456,893	13,129	230,393	230,030	460,423	13,231	3,530	101
江戸川区	49.9	349,342	342,172	691,514	13,858	350,905	344,461	695,366	13,935	3,852	77

40以上、15以下のセルにそれぞれ指定した書式が設定されます。

※セル範囲の選択を解除して、書式を確認しておきましょう。

ルールのクリア

設定したルールをクリアする方法は、次のとおりです。

シートに設定されているすべてのルール

◆《ホーム》タブ→《スタイル》グループの 条件付き書式 (条件付き書式)→《ルールのクリア》→《シート全体からルールをクリア》

セル範囲に設定されているすべてのルール

◆セル範囲を選択→《ホーム》タブ→《スタイル》グループの 条件付き書式 (条件付き書式)→《ルールのクリア》→《選択したセルからルールをクリア》

セル範囲に設定されている一部のルール

◆セル範囲を選択→《ホーム》タブ→《スタイル》グループの 条件付き書式 (条件付き書式)→《ルールの管理》→ルールを選択→《ルールの削除》

4 上位/下位ルールの設定

「平成30年」の「総数」のうち、数値が大きいセル上位5件に、太字の書式を設定しましょう。

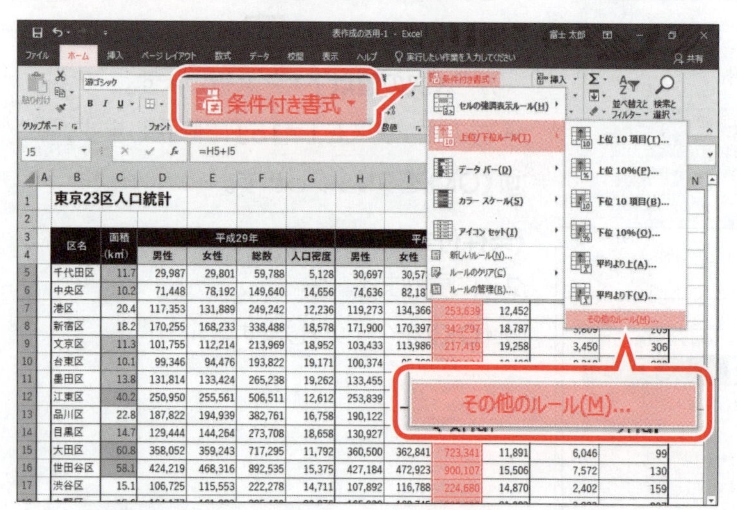

書式を設定するセル範囲を選択します。

①セル範囲【J5:J27】を選択します。

②《ホーム》タブを選択します。

③《スタイル》グループの 条件付き書式 (条件付き書式)をクリックします。

④《上位/下位ルール》をポイントします。

⑤《その他のルール》をクリックします。

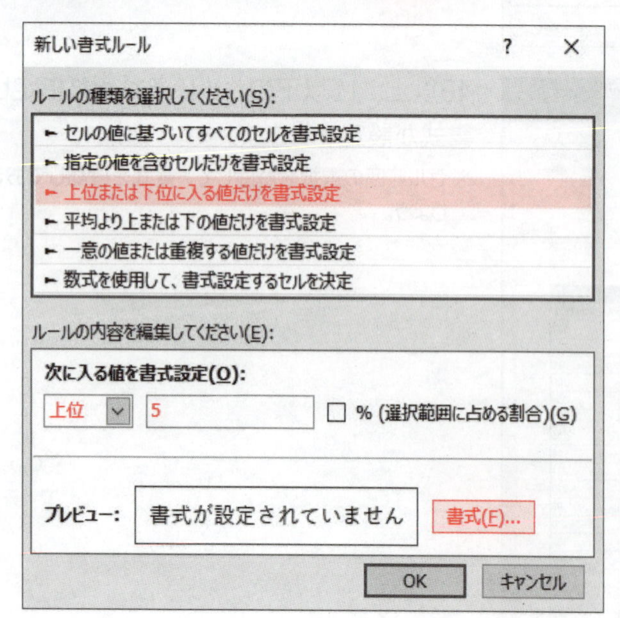

《新しい書式ルール》ダイアログボックスが表示されます。

⑥《ルールの種類を選択してください》が《上位または下位に入る値だけを書式設定》になっていることを確認します。

⑦《次に入る値を書式設定》の左のボックスが《上位》になっていることを確認します。

⑧右のボックスに「5」と入力します。

⑨《書式》をクリックします。

《**セルの書式設定**》ダイアログボックスが表示されます。

⑩《**フォント**》タブを選択します。

⑪《**スタイル**》の一覧から《**太字**》を選択します。

⑫《**OK**》をクリックします。

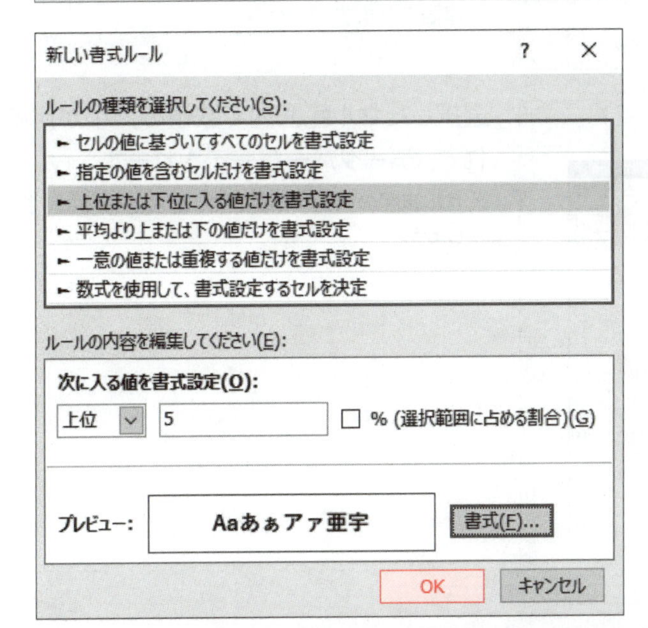

《**新しい書式ルール**》ダイアログボックスに戻ります。

※《プレビュー》に設定した書式が表示されます。

⑬《**OK**》をクリックします。

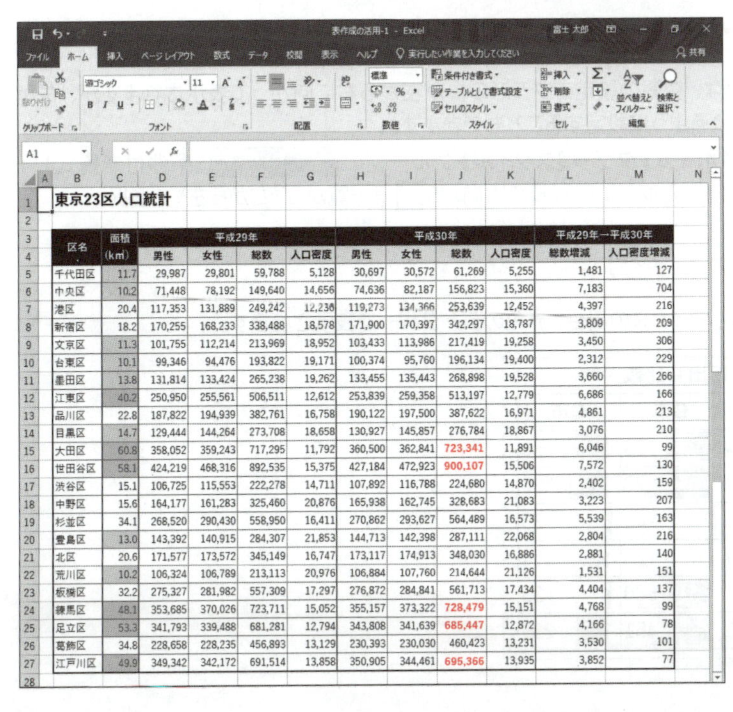

東京23区人口統計

区名	面積(㎢)	平成29年				平成30年				平成29年→平成30年	
		男性	女性	総数	人口密度	男性	女性	総数	人口密度	総数増減	人口密度増減
千代田区	11.7	29,987	29,801	59,788	5,128	30,697	30,572	61,269	5,255	1,481	127
中央区	10.2	71,448	78,192	149,640	14,656	74,636	82,187	156,823	15,360	7,183	704
港区	20.4	117,353	131,889	249,242	12,236	119,273	134,366	253,639	12,452	4,397	216
新宿区	18.2	170,255	168,233	338,488	18,578	171,900	170,397	342,297	18,787	3,809	209
文京区	11.3	101,755	112,214	213,969	18,952	103,433	113,986	217,419	19,258	3,450	306
台東区	10.1	99,346	94,476	193,822	19,171	100,374	95,760	196,134	19,400	2,312	229
墨田区	13.8	131,814	133,424	265,238	19,262	133,455	135,443	268,898	19,528	3,660	266
江東区	40.2	250,950	255,561	506,511	12,612	253,839	259,358	513,197	12,779	6,686	166
品川区	22.8	187,822	194,939	382,761	16,758	190,122	197,500	387,622	16,971	4,861	213
目黒区	14.7	129,444	144,264	273,708	18,658	130,927	145,857	276,784	18,867	3,076	210
大田区	60.8	358,052	359,243	717,295	11,792	360,500	362,841	**723,341**	11,891	6,046	99
世田谷区	58.1	424,219	468,316	892,535	15,375	427,184	472,923	**900,107**	15,506	7,572	130
渋谷区	15.1	106,725	115,553	222,278	14,711	107,892	116,788	224,680	14,870	2,402	159
中野区	15.6	164,177	161,283	325,460	20,876	165,938	162,745	328,683	21,083	3,223	207
杉並区	34.1	268,520	290,430	558,950	16,411	270,862	293,627	564,489	16,573	5,539	163
豊島区	13.0	143,392	140,915	284,307	21,853	144,713	142,398	287,111	22,068	2,804	216
北区	20.6	171,577	173,572	345,149	16,747	173,117	174,913	348,030	16,886	2,881	140
荒川区	10.2	106,324	106,789	213,113	20,976	106,884	107,760	214,644	21,126	1,531	151
板橋区	32.2	275,327	281,982	557,309	17,297	276,872	284,841	561,713	17,434	4,404	137
練馬区	48.1	353,685	370,026	723,711	15,052	355,157	373,322	**728,479**	15,151	4,768	99
足立区	53.3	341,793	339,488	681,281	12,794	343,808	341,639	**685,447**	12,872	4,166	78
葛飾区	34.8	228,658	228,235	456,893	13,129	230,393	230,030	460,423	13,231	3,530	101
江戸川区	49.9	349,342	342,172	691,514	13,858	350,905	344,461	**695,366**	13,935	3,852	77

数値が大きいセル上位5件に、太字の書式が設定されます。

※セル範囲の選択を解除して、書式を確認しておきましょう。

5 データバーの設定

「**データバー**」を使うと、数値の大小がバーの長さで表示されます。
「**平成29年→平成30年**」の「**人口密度増減**」を水色のグラデーションのデータバーで表示しましょう。

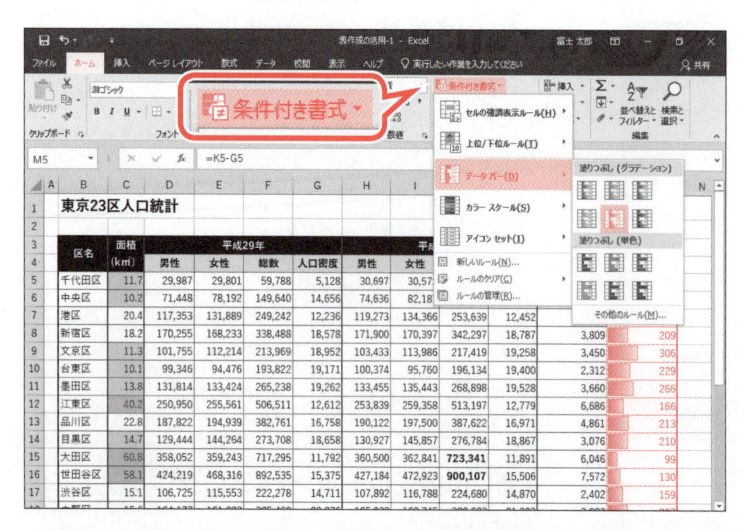

書式を設定するセル範囲を選択します。
①セル範囲【**M5:M27**】を選択します。
②《**ホーム**》タブを選択します。
③《**スタイル**》グループの 条件付き書式 (条件付き書式)をクリックします。
④《**データバー**》をポイントします。
⑤《**塗りつぶし(グラデーション)**》の《**水色のデータバー**》をクリックします。
※一覧をポイントすると、設定後のイメージを画面で確認できます。

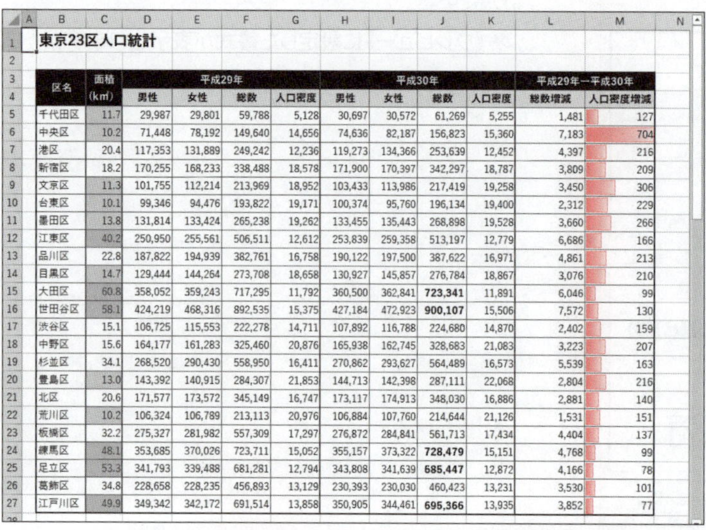

東京23区人口統計

区名	面積(k㎡)	平成29年 男性	平成29年 女性	平成29年 総数	平成29年 人口密度	平成30年 男性	平成30年 女性	平成30年 総数	平成30年 人口密度	平成29年ー平成30年 総数増減	平成29年ー平成30年 人口密度増減
千代田区	11.7	29,987	29,801	59,788	5,128	30,697	30,572	61,269	5,255	1,481	127
中央区	10.2	71,448	78,192	149,640	14,656	74,636	82,187	156,823	15,360	7,183	704
港区	20.4	117,353	131,889	249,242	12,236	119,273	134,366	253,639	12,452	4,397	216
新宿区	18.2	170,255	168,233	338,488	18,578	171,900	170,397	342,297	18,787	3,809	209
文京区	11.3	101,755	112,214	213,969	18,952	103,433	113,986	217,419	19,258	3,450	306
台東区	10.1	99,346	94,476	193,822	19,171	100,374	95,760	196,134	19,400	2,312	229
墨田区	13.8	131,814	133,424	265,238	19,262	133,455	135,443	268,898	19,528	3,660	266
江東区	40.2	250,950	255,561	506,511	12,612	253,839	259,358	513,197	12,779	6,686	166
品川区	22.8	187,822	194,939	382,761	16,758	190,122	197,500	387,622	16,971	4,861	213
目黒区	14.7	129,444	144,264	273,708	18,658	130,927	145,857	276,784	18,867	3,076	210
大田区	60.8	358,052	359,243	717,295	11,792	360,500	362,841	**723,341**	11,891	6,046	99
世田谷区	58.1	424,219	468,316	892,535	15,375	427,184	472,923	**900,107**	15,506	7,572	130
渋谷区	15.1	106,725	115,553	222,278	14,711	107,892	116,788	224,680	14,870	2,402	159
中野区	15.6	164,177	161,283	325,460	20,876	165,938	162,745	328,683	21,083	3,223	207
杉並区	34.1	268,520	290,430	558,950	16,411	270,862	293,627	564,489	16,573	5,539	163
豊島区	13.0	143,392	140,915	284,307	21,853	144,713	142,398	287,111	22,068	2,804	216
北区	20.6	171,577	173,572	345,149	16,747	173,117	174,913	348,030	16,886	2,881	140
荒川区	10.2	106,324	106,789	213,113	20,976	106,884	107,760	214,644	21,126	1,531	151
板橋区	32.2	275,327	281,982	557,309	17,297	276,872	284,841	561,713	17,434	4,404	137
練馬区	48.1	353,685	370,026	723,711	15,052	355,157	373,322	**728,479**	15,151	4,768	99
足立区	53.3	341,793	339,488	681,281	12,794	343,808	341,639	**685,447**	12,872	4,166	78
葛飾区	34.8	228,658	228,235	456,893	13,129	230,393	230,030	460,423	13,231	3,530	101
江戸川区	49.9	349,342	342,172	691,514	13,858	350,905	344,461	**695,366**	13,935	3,852	77

選択したセル範囲内で数値の大小が比較されて、データバーが表示されます。
※セル範囲の選択を解除して、書式を確認しておきましょう。

STEP UP データバーの方向の設定

データバーの棒の方向は、初期の設定でプラスの棒が左から右に向かって表示されますが、右から左に向かって表示されるように設定することもできます。

◆セル範囲を選択→《ホーム》タブ→《スタイル》グループの 条件付き書式 (条件付き書式)→《データバー》→《その他のルール》→《棒の方向》の ⌄ →一覧から《右から左》を選択

STEP UP マイナスの数値のデータバー

初期の設定では、数値がマイナスの場合、赤色のデータバーで表示されます。

人口増減数（転入－転出）比較

年	A市	B市	C市
2014年	364	339	350
2015年	-89	683	290
2016年	289	-40	-35
2017年	430	-25	154
2018年	367	580	-25
2019年	-36	451	235

Let's Try ためしてみよう

「平成29年→平成30年」の「総数増減」を水色のグラデーションのデータバーで表示しましょう。

Let's Try Answer

①セル範囲【L5:L27】を選択
②《ホーム》タブを選択
③《スタイル》グループの 条件付き書式 (条件付き書式)をクリック
④《データバー》をポイント
⑤《塗りつぶし(グラデーション)》の《水色のデータバー》(左から2番目、上から2番目)をクリック

※ブックに「表作成の活用-1完成」と名前を付けて、フォルダー「第2章」に保存し、閉じておきましょう。

POINT カラースケール

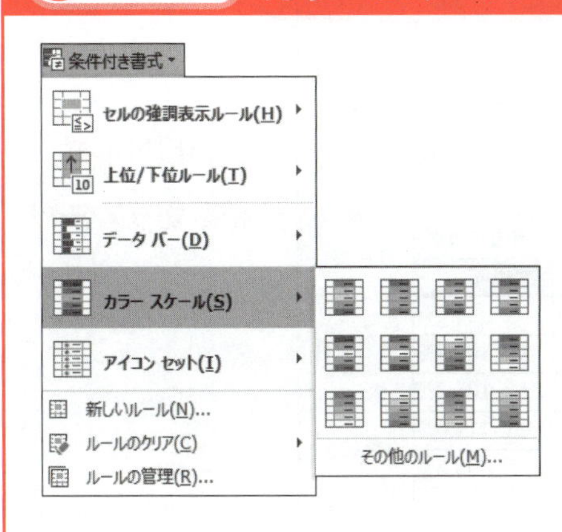

「カラースケール」を使うと、数値の大小が色の違いで表示されます。選択したセル範囲内で数値の大小を比較して、セルが色分けされます。
カラースケールを設定する方法は、次のとおりです。

◆セル範囲を選択→《ホーム》タブ→《スタイル》グループの 条件付き書式 (条件付き書式)→《カラースケール》→一覧から選択

セルに付ける色や色を付ける数値の範囲をユーザーが定義することもできます。
カラースケールの設定を定義する方法は、次のとおりです。

◆セル範囲を選択→《ホーム》タブ→《スタイル》グループの 条件付き書式 (条件付き書式)→《カラースケール》→《その他のルール》→《ルールの内容を編集してください》で設定

POINT アイコンセット

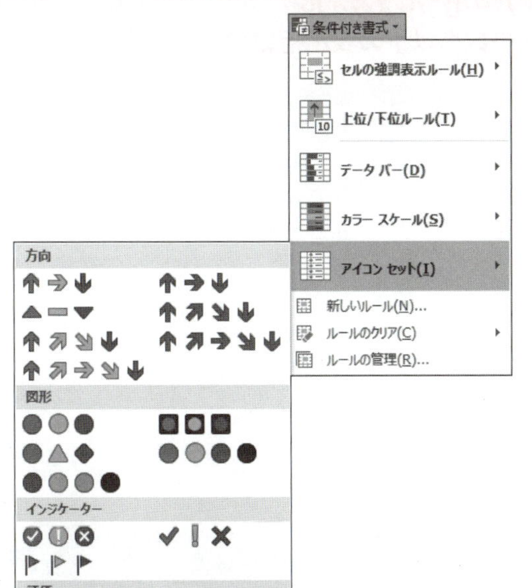

「アイコンセット」を使うと、数値の大小がアイコンの図柄で表示されます。選択したセル範囲内で数値の大小を比較して、データの先頭にアイコンが表示されます。
アイコンセットを設定する方法は、次のとおりです。

◆セル範囲を選択→《ホーム》タブ→《スタイル》グループの 条件付き書式 (条件付き書式)→《アイコンセット》→一覧から選択

アイコンの種類やアイコンを表示する数値の範囲をユーザーが定義することもできます。
アイコンセットの設定を定義する方法は、次のとおりです。

◆セル範囲を選択→《ホーム》タブ→《スタイル》グループの 条件付き書式 (条件付き書式)→《アイコンセット》→《その他のルール》→《ルールの内容を編集してください》で設定

Step3 ユーザー定義の表示形式を設定する

1 表示形式

セルの表示形式を設定すると、データが見やすくなります。よく使われる表示形式は、**《ホーム》**タブの**《数値》**グループにあらかじめ用意されています。

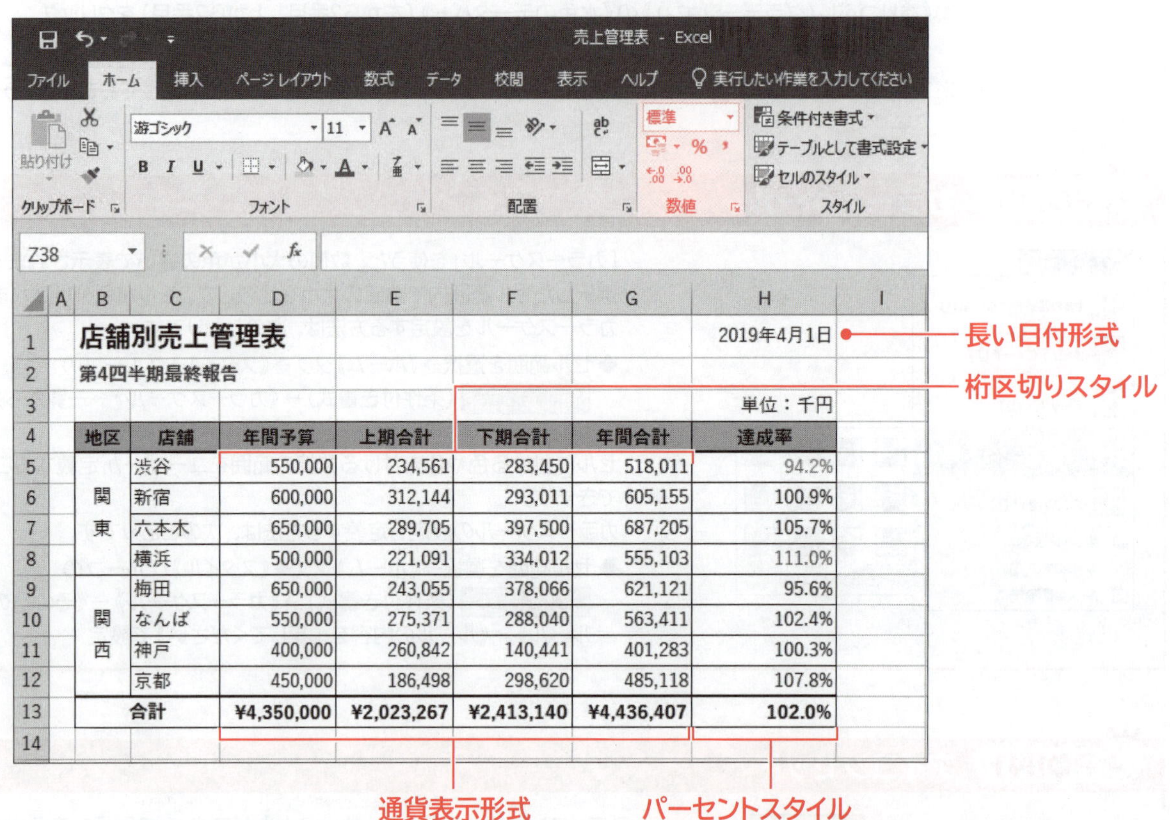

店舗別売上管理表

第4四半期最終報告

2019年4月1日

単位：千円

地区	店舗	年間予算	上期合計	下期合計	年間合計	達成率
関東	渋谷	550,000	234,561	283,450	518,011	94.2%
	新宿	600,000	312,144	293,011	605,155	100.9%
	六本木	650,000	289,705	397,500	687,205	105.7%
	横浜	500,000	221,091	334,012	555,103	111.0%
関西	梅田	650,000	243,055	378,066	621,121	95.6%
	なんば	550,000	275,371	288,040	563,411	102.4%
	神戸	400,000	260,842	140,441	401,283	100.3%
	京都	450,000	186,498	298,620	485,118	107.8%
合計		¥4,350,000	¥2,023,267	¥2,413,140	¥4,436,407	102.0%

2 ユーザー定義の表示形式

ユーザーが独自に表示形式を定義することができます。数値に単位を付けて表示したり、日付に曜日を付けて表示したりして、シート上の見え方を変更できます。

●数値の表示形式

表示形式	入力データ	表示結果	備考
#,##0	12300	12,300	3桁ごとに「,」(カンマ)で区切って表示し、「0」の場合は「0」を表示します。
	0	0	
#,###	12300	12,300	3桁ごとに「,」(カンマ)で区切って表示し、「0」の場合は空白を表示します。
	0	空白	
0.000	9.8765	9.877	小数点以下を指定した桁数分表示します。指定した桁数を超えた場合は四捨五入し、足りない場合は「0」を表示します。
	9.8	9.800	
#.###	9.8765	9.877	小数点以下を指定した桁数分表示します。指定した桁数を超えた場合は四捨五入し、足りない場合はそのまま表示します。
	9.8	9.8	
#,##0,	12300000	12,300	百の位を四捨五入し、千単位で表示します。
#,##0"人"	12300	12,300人	
"第"#"会議室"	2	第2会議室	

●日付の表示形式

表示形式	入力データ	表示結果	備考
yyyy/m/d	2019/4/1	2019/4/1	
yyyy/mm/dd	2019/4/1	2019/04/01	月日が1桁の場合、「0」を付けて表示します。
yyyy/m/d ddd	2019/4/1	2019/4/1 Mon	
yyyy/m/d(ddd)	2019/4/1	2019/4/1(Mon)	
yyyy/m/d dddd	2019/4/1	2019/4/1 Monday	
yyyy"年"m"月"d"日"	2019/4/1	2019年4月1日	
yyyy"年"mm"月"dd"日"	2019/4/1	2019年04月01日	月日が1桁の場合、「0」を付けて表示します。
ggge"年"m"月"d"日"	2019/4/1	平成31年4月1日	元号で表示します。
m"月"d"日"	2019/4/1	4月1日	
m"月"d"日" aaa	2019/4/1	4月1日 月	
m"月"d"日"(aaa)	2019/4/1	4月1日(月)	
m"月"d"日" aaaa	2019/4/1	4月1日 月曜日	

●文字列の表示形式

表示形式	入力データ	表示結果	備考
@"御中"	花丸商事	花丸商事御中	入力した文字列の右に「御中」を付けて表示します。
"タイトル:"@	山	タイトル:山	入力した文字列の左に「タイトル:」を付けて表示します。

1 数値の先頭に0を表示する

標準の表示形式では、セルに「0001」と入力しても、「1」しか表示されません。表示形式を設定すると、数値の先頭に指定した桁数分の「0」を表示できます。
セル【G2】の「1」が「0001」と表示されるように、表示形式を設定しましょう。

フォルダー「第2章」のブック「表作成の活用-2」を開いておきましょう。

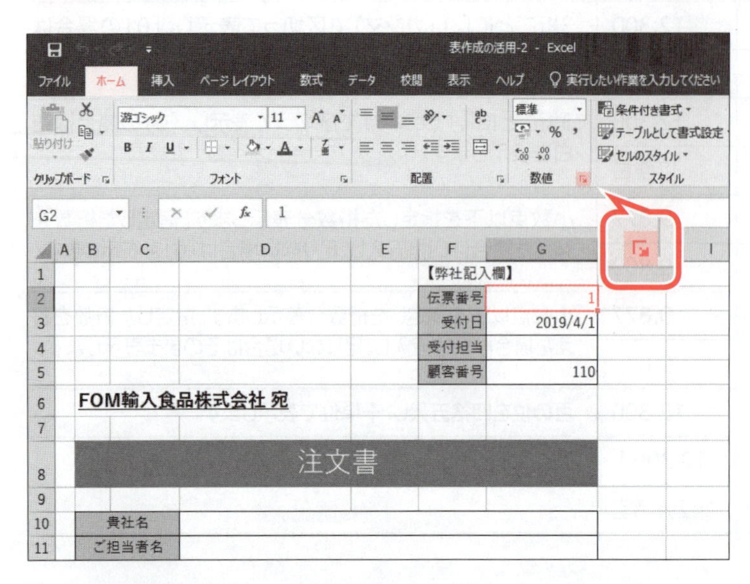

①セル【G2】をクリックします。
②《ホーム》タブを選択します。
③《数値》グループの（表示形式）をクリックします。

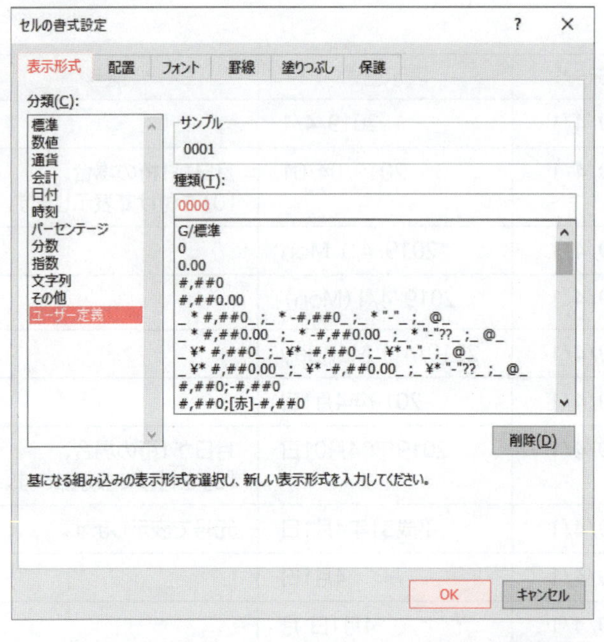

《セルの書式設定》ダイアログボックスが表示されます。
④《表示形式》タブを選択します。
⑤《分類》の一覧から《ユーザー定義》を選択します。
⑥《種類》に「0000」と入力します。
※「0」は桁数を意味します。入力する数値が「0」でも、指定した桁数分の「0」を表示します。
※《サンプル》に設定した表示形式が表示されます。
⑦《OK》をクリックします。

「0001」と表示されます。

STEP UP その他の方法（表示形式の設定）

◆セルを選択→《ホーム》タブ→《セル》グループの（書式）→《セルの書式設定》→《表示形式》タブ
◆セルを右クリック→《セルの書式設定》→《表示形式》タブ
◆セルを選択→Ctrl+1→《表示形式》タブ

2 数値に文字列を付けて表示する

「No.1」や「1,000円」、「24m^2」のように、数値に文字列を付けて表示できます。シート上の表示が変わっても、セルに格納されている数値に変わりません。

セル【G5】の「110」が「K-0110」と表示されるように、表示形式を設定しましょう。

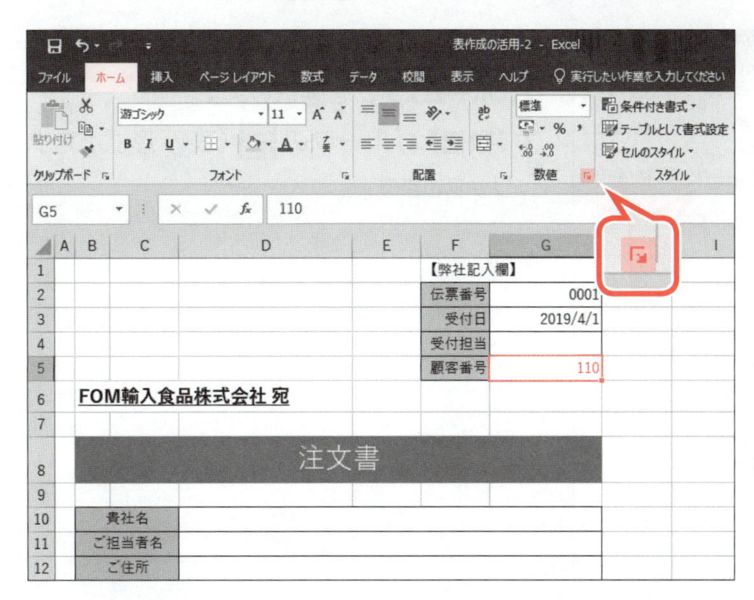

①セル【G5】をクリックします。

②《ホーム》タブを選択します。

③《数値》グループの（表示形式）をクリックします。

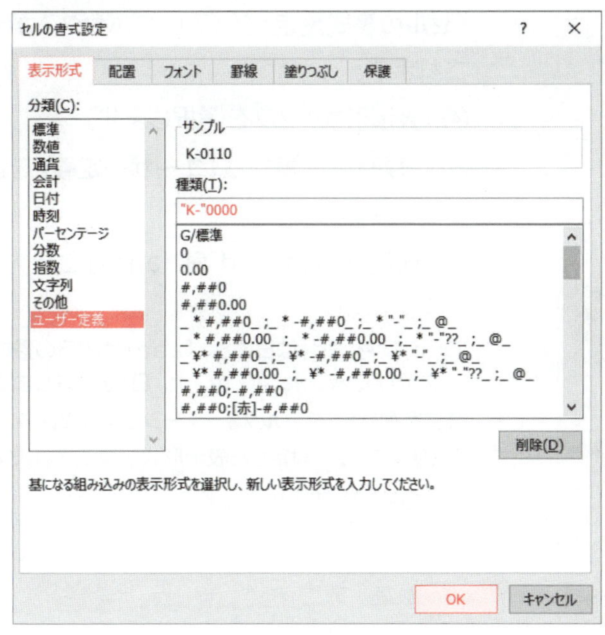

《セルの書式設定》ダイアログボックスが表示されます。

④《表示形式》タブを選択します。

⑤《分類》の一覧から《ユーザー定義》を選択します。

⑥《種類》に「"K-"0000」と入力します。

※文字列は「"（ダブルクォーテーション）」で囲みます。

※《サンプル》に設定した表示形式が表示されます。

⑦《OK》をクリックします。

G5　110

	A	B	C	D	E	F	G	H
1						【弊社記入欄】		
2						伝票番号	0001	
3						受付日	2019/4/1	
4						受付担当		
5						顧客番号	K-0110	
6		FOM輸入食品株式会社 宛						
7								
8		注文書						
9								
10		貴社名						
11		ご担当者名						
12		ご住所						

「K-0110」と表示されます。

3 曜日を表示する

日付の表示形式を設定しましょう。
セル【G3】の「2019/4/1」が「4月1日(月)」と表示されるように、表示形式を設定しましょう。

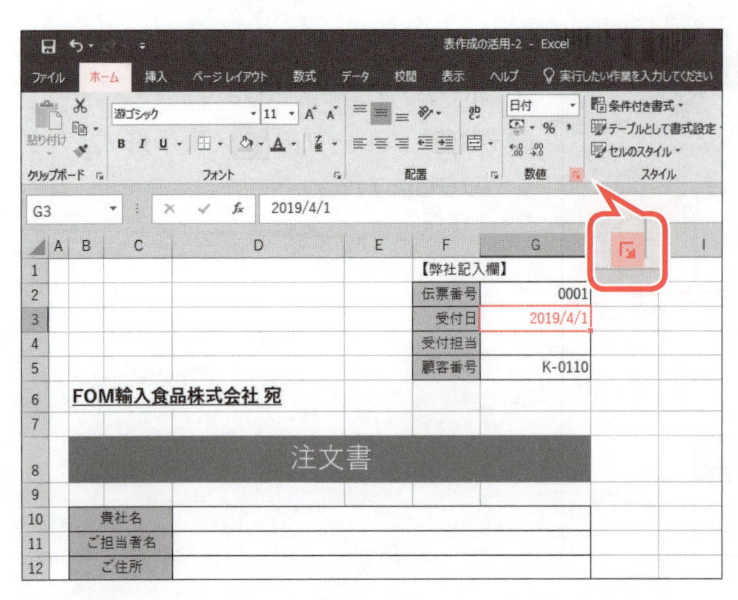

①セル【G3】をクリックします。
②《ホーム》タブを選択します。
③《数値》グループの（表示形式）をクリックします。

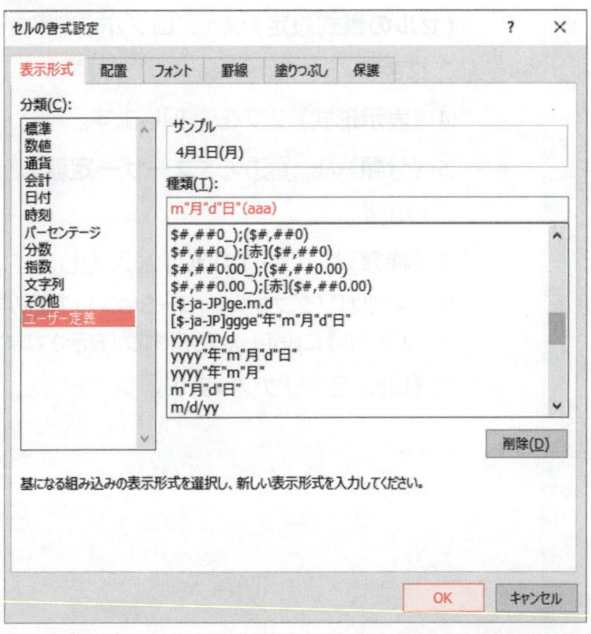

《セルの書式設定》ダイアログボックスが表示されます。
④**《表示形式》**タブを選択します。
⑤**《分類》**の一覧から**《ユーザー定義》**を選択します。
⑥**《種類》**に「**m"月"d"日"(aaa)**」と入力します。
※「m」は月、「d」は日にち、「aaa」は曜日の最初の1文字(月、火、水、木、金、土、日)を意味します。
※文字列は「"(ダブルクォーテーション)」で囲みます。
※《サンプル》に設定した表示形式が表示されます。
⑦**《OK》**をクリックします。

「4月1日(月)」と表示されます。

POINT 文字列の表示形式

「○△株式会社御中」のように、会社名に「御中」を付けて表示する方法は、次のとおりです。

◆セルを選択→《ホーム》タブ→《数値》グループの（表示形式）→《表示形式》タブ→《分類》の一覧から《ユーザー定義》を選択→《種類》に「@"御中"」と入力

※「@」はセルに入力されている文字列を意味します。

Step4 入力規則を設定する

1 入力規則

セルにあらかじめ**「入力規則」**を設定しておくと、入力時にメッセージを表示したり、無効なデータは入力できないように制限したりできます。入力規則を利用すると、入力ミスを軽減し、入力の効率を上げることができます。
入力規則には、次のようなものがあります。

●セルを選択したときに、入力モードを設定する

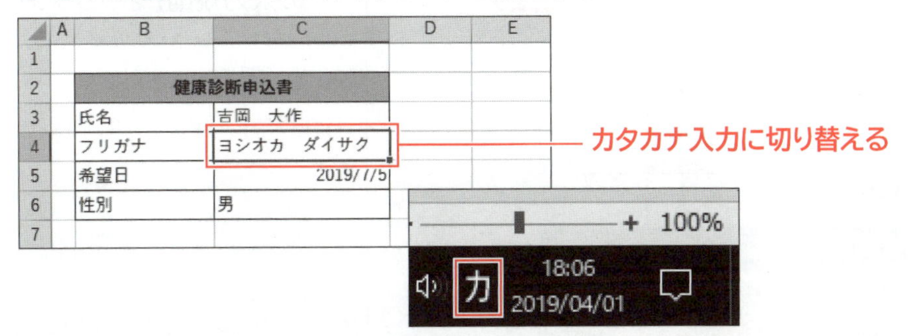

●セルを選択したときに、メッセージを表示する

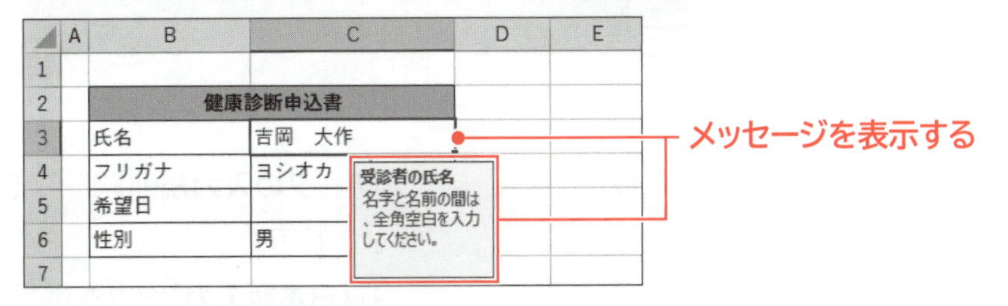

●入力可能なデータの種類やデータの範囲を限定する

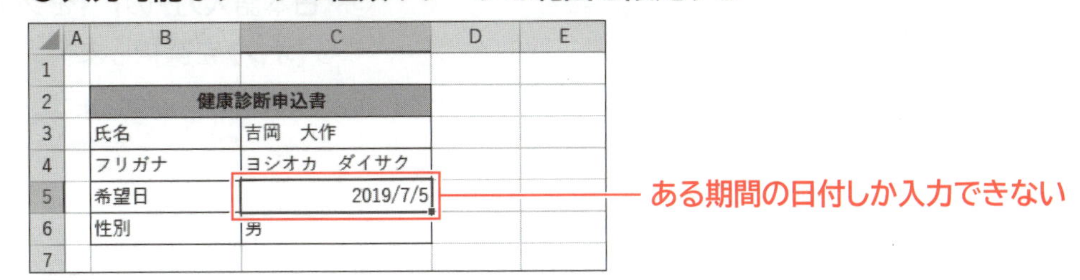

●無効なデータが入力されたときに、エラーメッセージを表示する

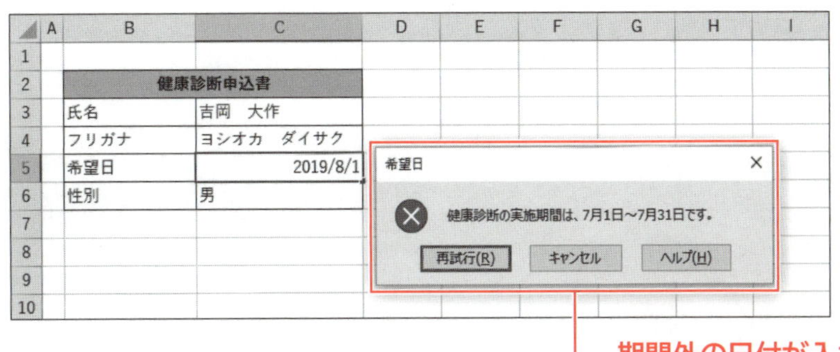

2 日本語入力システムの切り替え

セルを選択したときに、日本語入力システムが自動的に切り替わるように、次の入力規則を設定しましょう。

> **セル範囲【D10：D12】：日本語入力システム　オン**
> **セル範囲【D13：D17】：日本語入力システム　オフ**

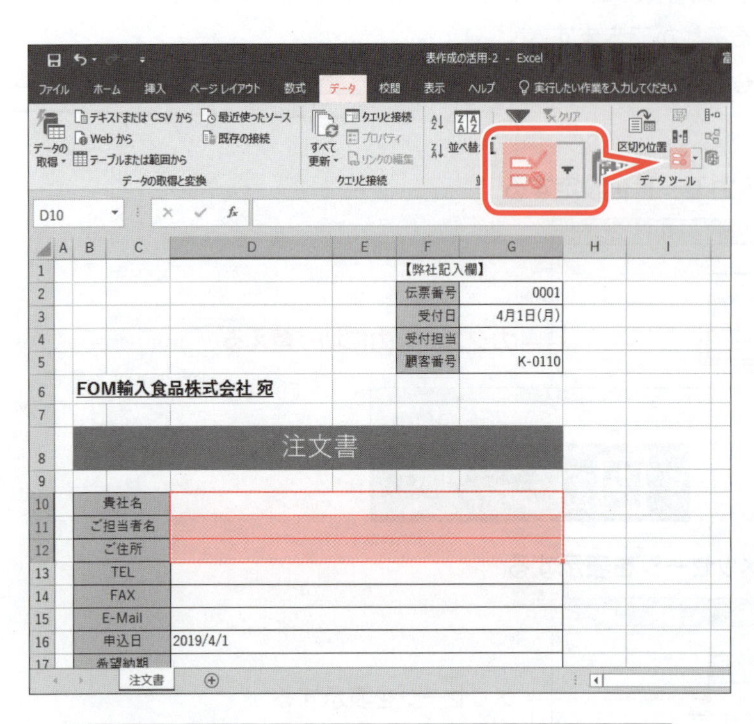

①セル範囲**【D10:D12】**を選択します。

②**《データ》**タブを選択します。

③**《データツール》**グループの（データの入力規則）をクリックします。

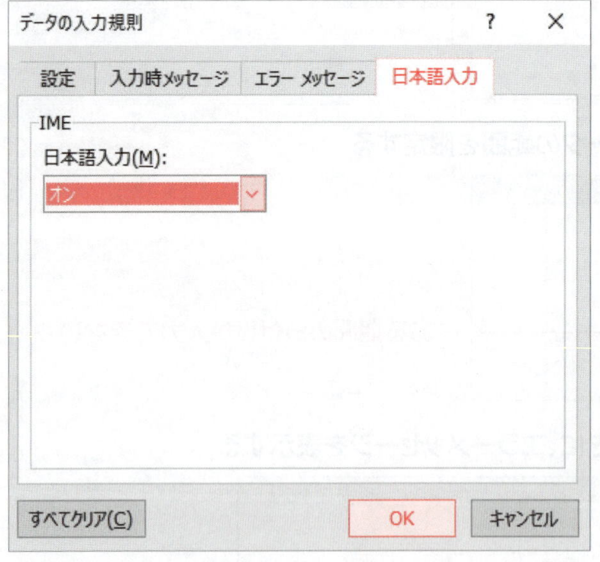

《データの入力規則》ダイアログボックスが表示されます。

④**《日本語入力》**タブを選択します。

⑤**《日本語入力》**のをクリックし、一覧から**《オン》**を選択します。

⑥**《OK》**をクリックします。

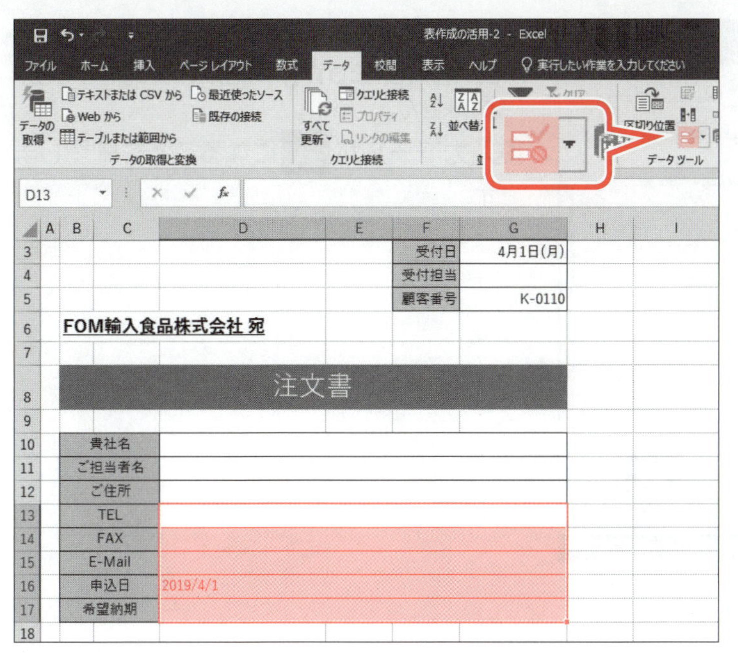

⑦セル範囲【D13:D17】を選択します。

⑧**《データツール》**グループの （データの入力規則）をクリックします。

データの入力規則

設定　入力時メッセージ　エラー メッセージ　日本語入力

IME

日本語入力(M):

オフ（英語モード）

すべてクリア(C)　OK　キャンセル

《データの入力規則》ダイアログボックスが表示されます。

⑨**《日本語入力》**タブを選択します。

⑩**《日本語入力》**の をクリックし、一覧から**《オフ（英語モード）》**を選択します。

⑪**《OK》**をクリックします。

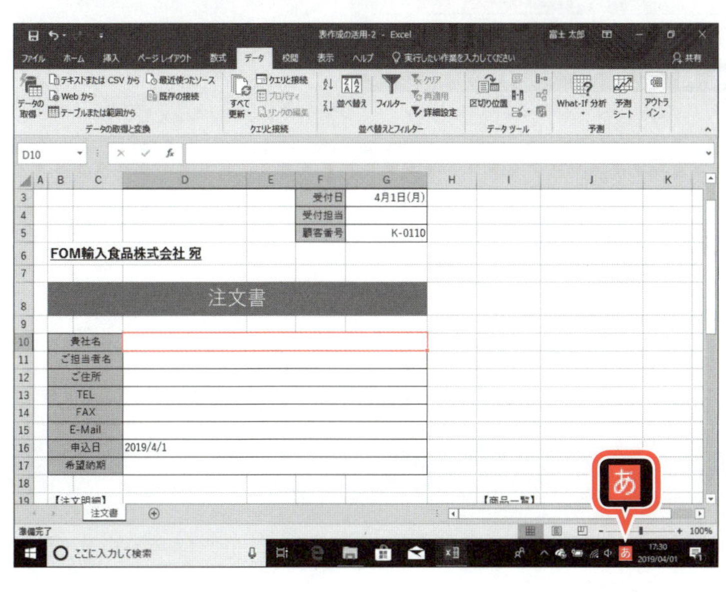

入力規則が設定されます。

⑫セル【D10】をクリックします。

※セル範囲【D10:D12】内のセルであればどこでもかまいません。

⑬入力モードが あ になることを確認します。

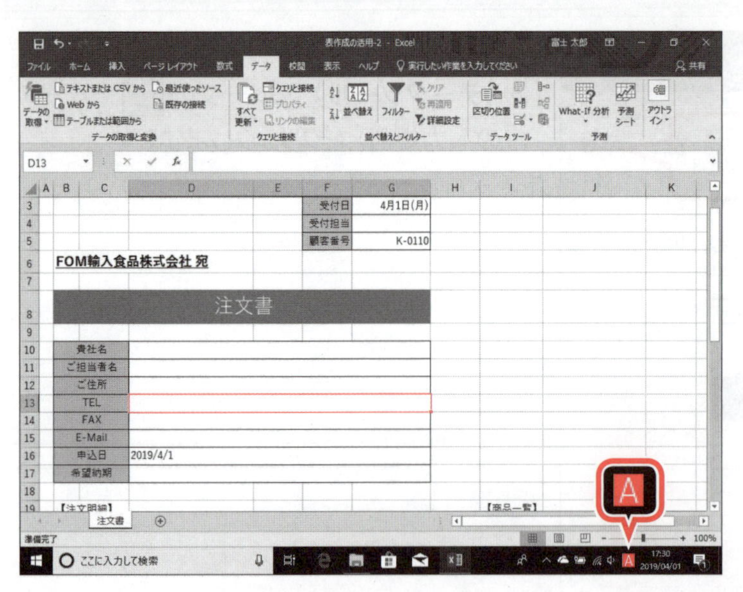

⑭セル【D13】をクリックします。

※セル範囲【D13:D17】内のセルであればどこでもかまいません。

⑮入力モードが A になることを確認します。

Let's Try ためしてみよう

セルを選択したときに、日本語入力システムがオフになるように、セル範囲【C21:C30】とセル範囲【F21:F30】に入力規則を設定しましょう。

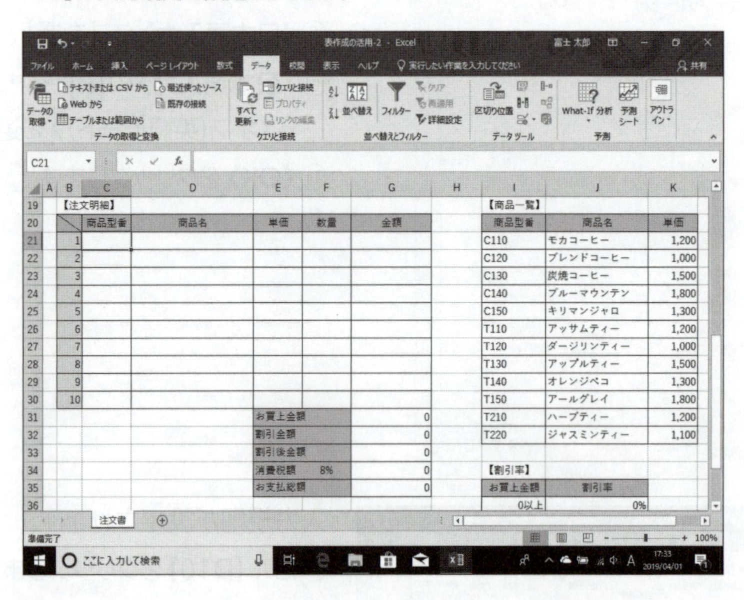

①セル範囲【C21:C30】を選択

②[Ctrl]を押しながら、セル範囲【F21:F30】を選択

③《データ》タブを選択

④《データツール》グループの（データの入力規則）をクリック

⑤《日本語入力》タブを選択

⑥《日本語入力》のをクリックし、一覧から《オフ（英語モード）》を選択

⑦《OK》をクリック

3 リストから選択

「商品型番」を入力する際、**「【商品一覧】」**の**「商品型番」**しか入力できないように入力規則を設定しましょう。また、**「【商品一覧】」**の**「商品型番」**をリストから選択できるようにしましょう。

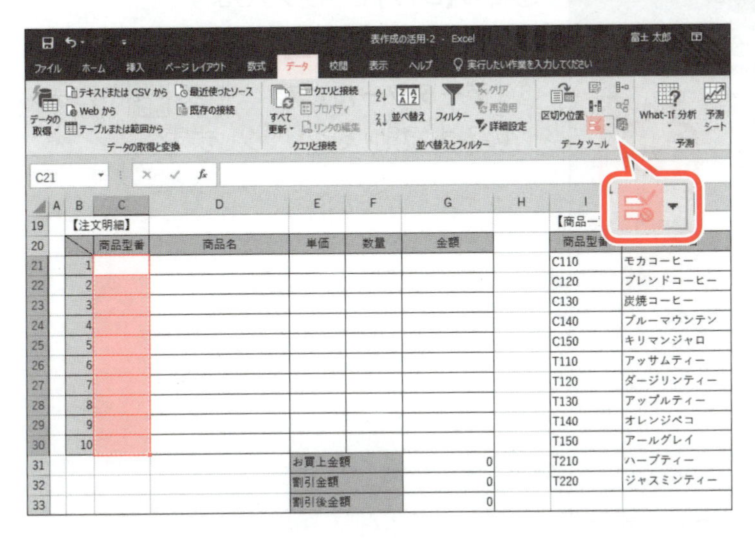

①セル範囲**【C21:C30】**を選択します。

②**《データ》**タブを選択します。

③**《データツール》**グループの （データの入力規則）をクリックします。

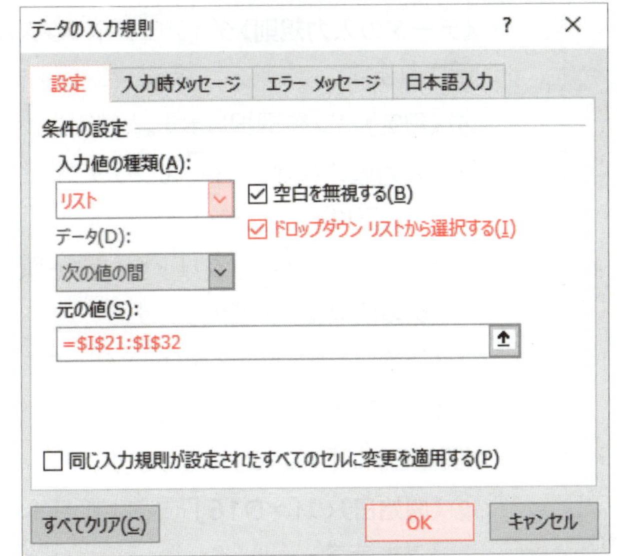

《データの入力規則》ダイアログボックスが表示されます。

④**《設定》**タブを選択します。

⑤**《入力値の種類》**の をクリックし、一覧から**《リスト》**を選択します。

※リストにあるデータしか入力できなくなります。

⑥**《ドロップダウンリストから選択する》**を ✓ にします。

⑦**《元の値》**のボックスをクリックします。

⑧セル範囲**【I21:I32】**を選択します。

《元の値》が**「=$I$21:$I$32」**になります。

⑨**《OK》**をクリックします。

入力規則が設定されます。

⑩セル**【C21】**をクリックします。

セルの右に が表示されます。

⑪ をクリックし、任意の商品型番を選択します。

※「商品名」と「単価」のセルにはVLOOKUP関数が入力されています。「商品型番」を入力すると、「商品名」と「単価」が自動的に表示されます。

POINT 入力規則設定時の注意点

入力規則は、データを入力する前に設定しておきます。
データ入力後に設定しても、入力済みのセルの値を制限することはできません。

4 エラーメッセージの表示

「**希望納期**」に「**申込日**」の翌日以降でない日付を入力したとき、エラーメッセージが表示されるように入力規則を設定しましょう。

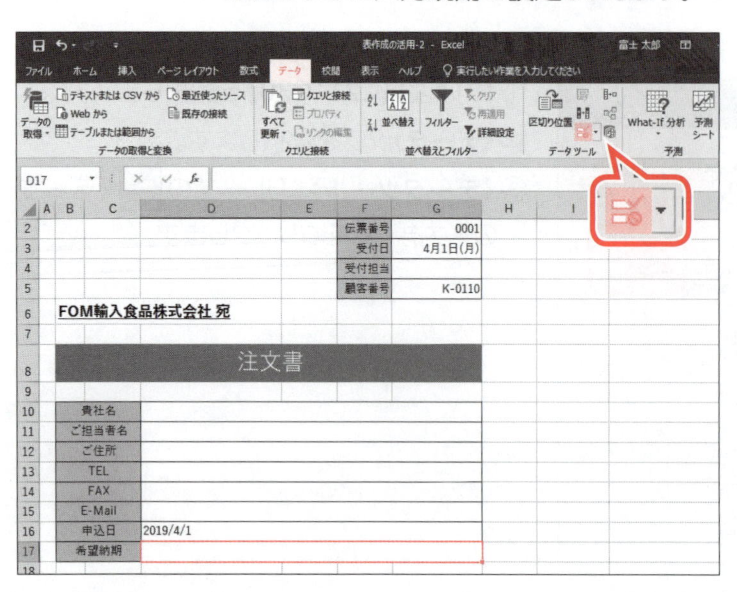

①セル【**D17**】をクリックします。

②《**データ**》タブを選択します。

③《**データツール**》グループの（データの入力規則）をクリックします。

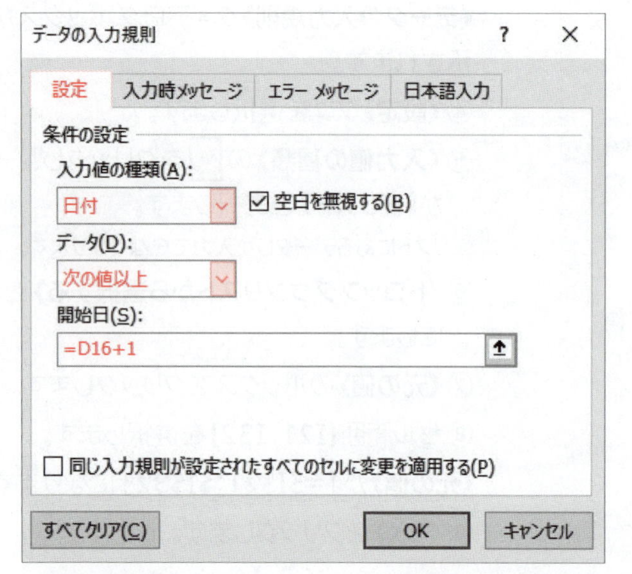

《**データの入力規則**》ダイアログボックスが表示されます。

④《**設定**》タブを選択します。

⑤《**入力値の種類**》の をクリックし、一覧から《**日付**》を選択します。

⑥《**データ**》の をクリックし、一覧から《**次の値以上**》を選択します。

⑦《**開始日**》のボックスをクリックします。

⑧セル【**D16**】をクリックします。

《**開始日**》が「**=D16**」になります。

⑨《**開始日**》の「**=D16**」に続けて、「**+1**」と入力します。

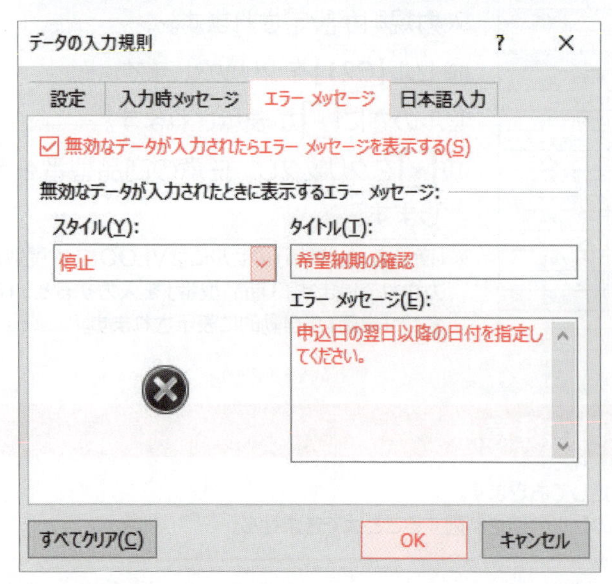

⑩《**エラーメッセージ**》タブを選択します。

⑪《**無効なデータが入力されたらエラーメッセージを表示する**》を☑にします。

⑫《**スタイル**》の をクリックし、一覧から《**停止**》を選択します。

⑬《**タイトル**》に「**希望納期の確認**」と入力します。

⑭《**エラーメッセージ**》に「**申込日の翌日以降の日付を指定してください。**」と入力します。

⑮《**OK**》をクリックします。

入力規則が設定されます。

⑯セル【D17】に「2019/4/1」と入力します。

《希望納期の確認》のメッセージが表示されます。

⑰**《キャンセル》**をクリックします。

日付は入力されません。

※「2019/4/2」以降の日付を入力すると、《希望納期の確認》のメッセージが表示されないことを確認しておきましょう。

STEP UP エラーメッセージのスタイル

エラーメッセージには、次の3つのスタイルがあります。

停止

入力を停止するメッセージです。
無効なデータは入力できません。

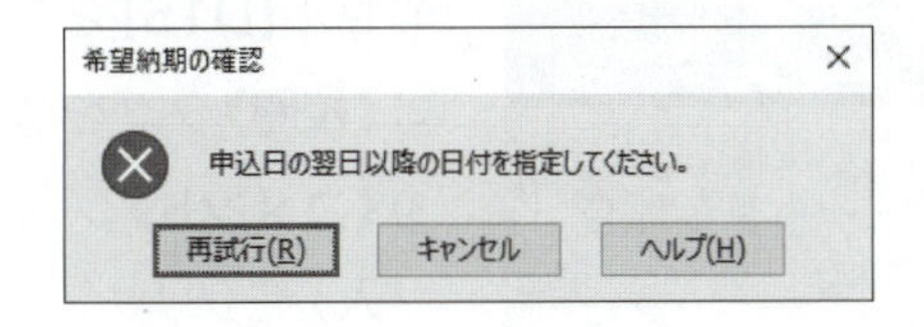

注意

注意を促すメッセージです。
《はい》をクリックすると、無効なデータが入力できます。

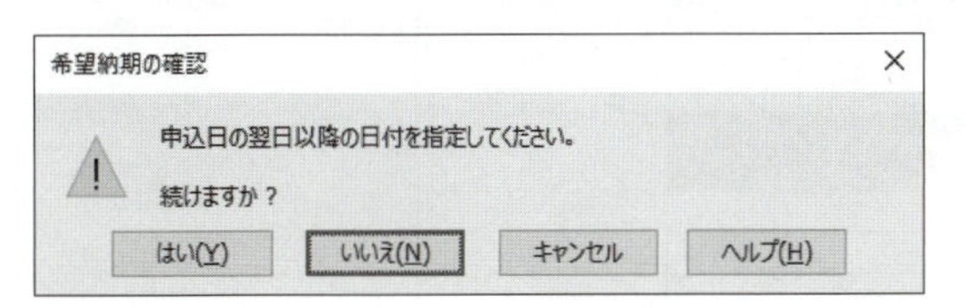

情報

情報を表示するメッセージです。
《OK》をクリックすると、無効なデータが入力できます。

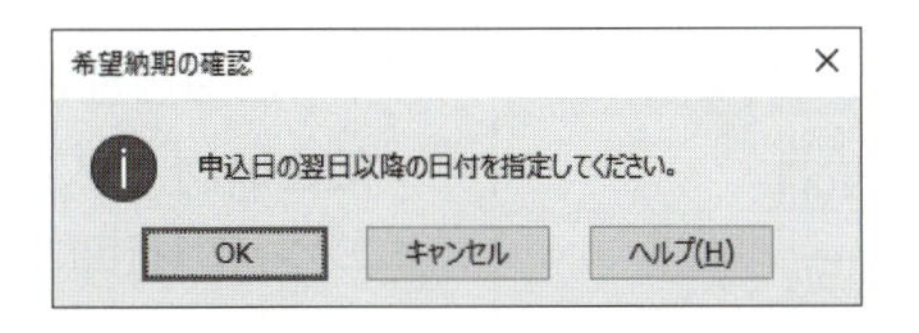

POINT 入力規則のクリア

設定した入力規則をクリアする方法は、次のとおりです。

◆セルを選択→《データ》タブ→《データツール》グループの（データの入力規則）→《すべてクリア》

Step5 コメントを挿入する

1 コメント

「コメント」を使うと、セルに注釈を付けることができます。コメントが挿入されたセルの右上には、［　　］（コメントマーク）が表示されます。
複数のユーザーでブックを利用する際に、入力上の補足事項や注意事項をコメントとして挿入しておくと、入力ミスを防ぐことができます。

2 コメントの挿入

セル**【D15】**に、**「ご担当者様のE-Mailアドレスをご記入ください。」**というコメントを挿入しましょう。

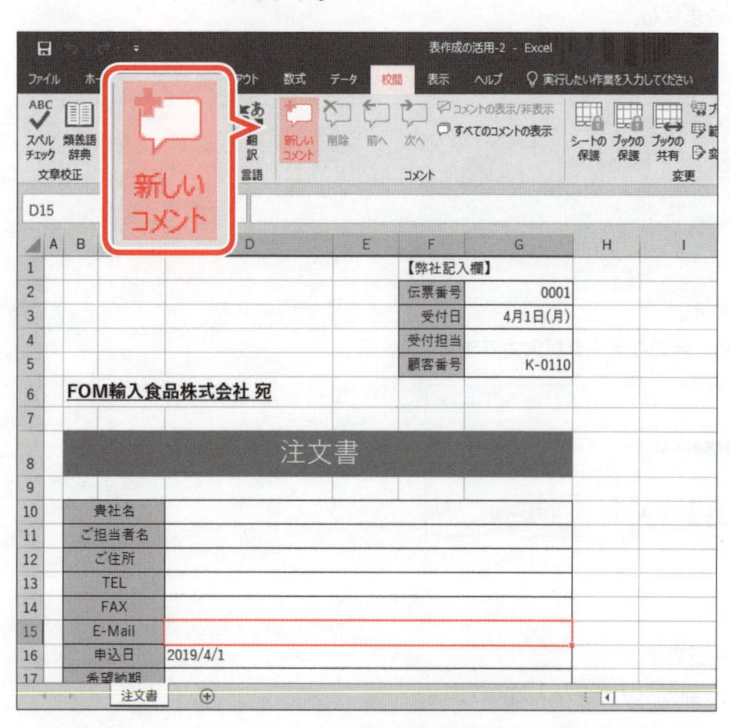

①セル**【D15】**をクリックします。
②**《校閲》**タブを選択します。
③**《コメント》**グループの（コメントの挿入）をクリックします。

④**「ご担当者様のE-Mailアドレスをご記入ください。」**と入力します。
※コメントの1行目にはユーザー名が表示されます。

	B	C	D	E	F	G
2					伝票番号	0001
3					受付日	4月1日(月)
4					受付担当	
5					顧客番号	K-0110
6	FOM輸入食品株式会社 宛					
8	注文書					
10	貴社名					
11	ご担当者名					
12	ご住所					
13	TEL					
14	FAX					
15	E-Mail					
16	申込日		2019/4/1			
17	希望納期					

⑤コメント以外の場所をクリックします。
コメントが確定し、コメントマークが表示されます。

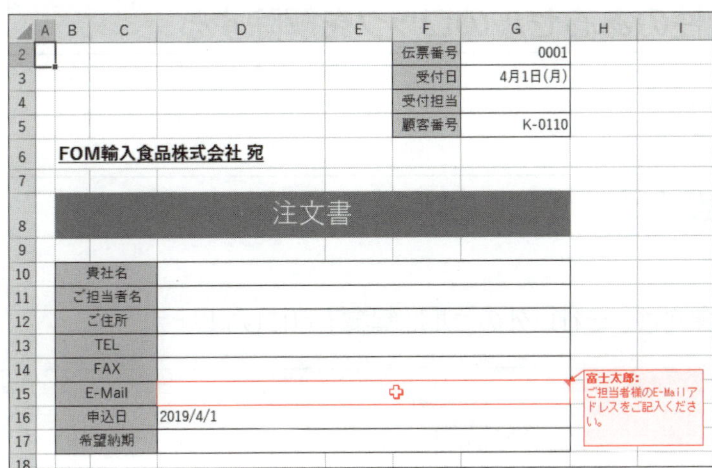

コメントを確認します。
⑥セル**【D15】**をポイントします。
コメントが表示されます。

STEP UP その他の方法(コメントの挿入)

◆セルを右クリック→《コメントの挿入》
◆[Shift]+[F2]

STEP UP コメントの編集

コメントを編集する方法は、次のとおりです。
◆セルを選択→《校閲》タブ→《コメント》グループの(コメントの編集)
◆コメントが挿入されているセルを右クリック→《コメントの編集》

STEP UP コメントの削除

コメントを削除する方法は、次のとおりです。
◆セルを選択→《校閲》タブ→《コメント》グループの(コメントの削除)
◆コメントが挿入されているセルを右クリック→《コメントの削除》

Let's Try ためしてみよう

セル【G2】に、「弊社記入欄につき、ご記入不要です。」というコメントを挿入しましょう。

①セル【G2】をクリック
②《校閲》タブを選択
③《コメント》グループの(コメントの挿入)をクリック
④「弊社記入欄につき、ご記入不要です。」と入力
⑤コメント以外の場所をクリック

Step6 シートを保護する

1 シートの保護

シートを保護すると、誤ってデータを消してしまったり書き替えてしまったりするのを防ぐことができます。複数のユーザーでシートを利用する場合などに便利です。
シートを保護しても、部分的に編集できるようにすることもできます。
一部のセルを編集可能にし、シートを保護する手順は、次のとおりです。

1 編集の可能性のあるセルのロックを解除する

2 シートを保護する

次のように、一部のセルは編集可能、それ以外のセルは編集不可にしましょう。

	A	B	C	D	E	F	G	H	I	J	K
1						【弊社記入欄】					
2						伝票番号	0001				
3						受付日	4月1日(月)				
4						受付担当					
5						顧客番号	K-0110				
6		FOM輸入食品株式会社 宛									
7											
8		注文書									
9											
10		貴社名									
11		ご担当者名									
12		ご住所									
13		TEL									
14		FAX									
15		E-Mail									
16		申込日		2019/4/1							
17		希望納期									
18											
19		【注文明細】							【商品一覧】		
20			商品型番	商品名	単価	数量	金額		商品型番	商品名	単価
21		1	C130	炭焼コーヒー	1,500				C110	モカコーヒー	1,200
22		2							C120	ブレンドコーヒー	1,000
23		3							C130	炭焼コーヒー	1,500
24		4							C140	ブルーマウンテン	1,800
25		5							C150	キリマンジャロ	1,300
26		6							T110	アッサムティー	1,200
27		7							T120	ダージリンティー	1,000
28		8							T130	アップルティー	1,500
29		9							T140	オレンジペコ	1,300
30		10							T150	アールグレイ	1,800
31					お買上金額		0		T210	ハーブティー	1,200
32					割引金額		0		T220	ジャスミンティー	1,100
33					割引後金額		0				
34					消費税額	8%	0		【割引率】		
35					お支払総額		0		お買上金額	割引率	
36									0以上	0%	
37									10,000以上	10%	
38									20,000以上	15%	
39									30,000以上	20%	
40											

一部のセルは編集可能

それ以外のセルは編集不可

1 セルのロック解除

シート「**注文書**」で、データを編集する可能性があるセルのロックを解除しましょう。

①セル範囲【**G2:G5**】を選択します。

②［Ctrl］を押しながら、セル範囲【**D10:D17**】を選択します。

③［Ctrl］を押しながら、セル範囲【**C21:C30**】を選択します。

④［Ctrl］を押しながら、セル範囲【**F21:F30**】を選択します。

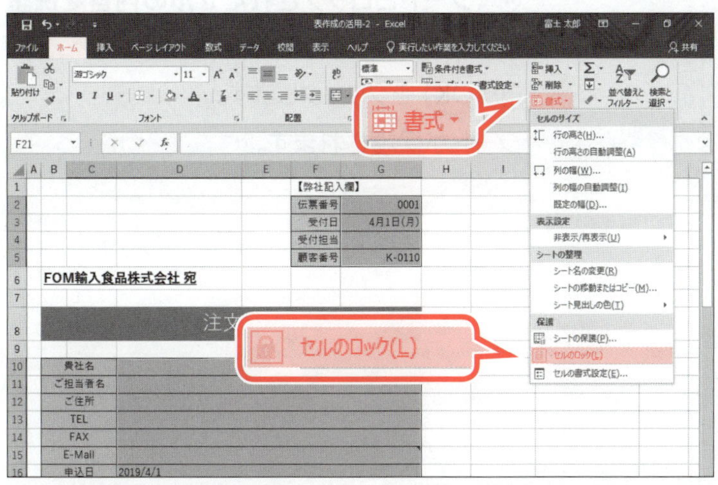

⑤《**ホーム**》タブを選択します。

⑥《**セル**》グループの［書式］（書式）をクリックします。

⑦《**セルのロック**》の左側の［🔒］に色が付いている（ロックされている）ことを確認します。

⑧《**セルのロック**》をクリックします。

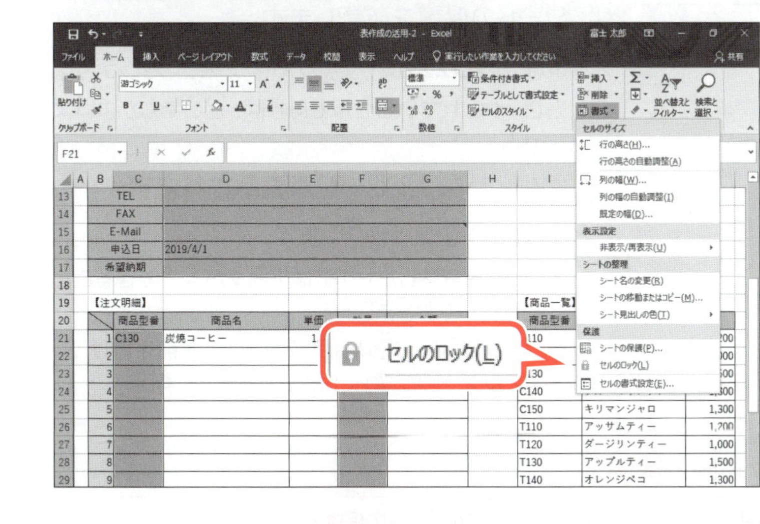

選択したセルのロックが解除されます。

※《セル》グループの［書式］（書式）をクリックし、《セルのロック》の左側の［🔒］に色が付いていない（ロックが解除されている）ことを確認しておきましょう。

STEP UP その他の方法（セルのロック解除）

◆セル範囲を選択→《ホーム》タブ→《セル》グループの［書式］（書式）→《セルの書式設定》→《保護》タブ→《□ロック》

◆セル範囲を右クリック→《セルの書式設定》→《保護》タブ→《□ロック》

◆セル範囲を選択→［Ctrl］＋［1］→《保護》タブ→《□ロック》

2 シートの保護

シート「**注文書**」を保護しましょう。

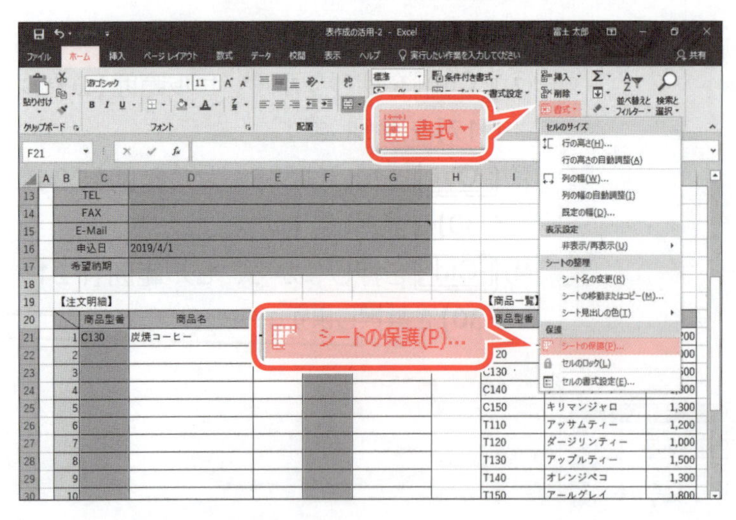

①**《ホーム》**タブを選択します。

②**《セル》**グループの 書式 （書式）をクリックします。

③**《シートの保護》**をクリックします。

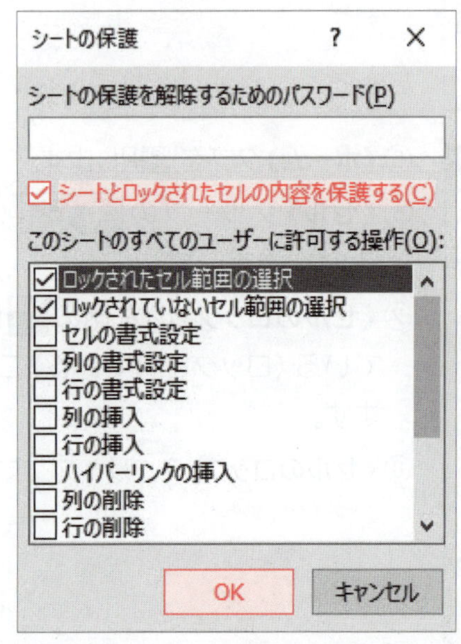

《シートの保護》ダイアログボックスが表示されます。

④**《シートとロックされたセルの内容を保護する》**を☑にします。

⑤**《OK》**をクリックします。

シートが保護されます。

Microsoft Excel

変更しようとしているセルやグラフは保護されているシート上にあります。変更するには、シートの保護を解除してください。パスワードの入力が必要な場合もあります。

OK

シートの保護を確認します。

⑥セル**【D22】**に任意のデータを入力します。

※ロックされているセルであれば、どこでもかまいません。

図のようなメッセージが表示されます。

⑦**《OK》**をクリックします。

※ロックを解除したセルにはデータが入力できることを確認しておきましょう。

※ブックに「表作成の活用-2完成」と名前を付けて、フォルダー「第2章」に保存しておきましょう。

STEP UP その他の方法（シートの保護）

◆《ファイル》タブ→《情報》→《ブックの保護》→《現在のシートの保護》

◆《校閲》タブ→《変更》グループの （シートの保護）

※お使いの環境によっては、「《変更》グループ」が「《保護》グループ」と表示される場合があります。

POINT アクティブセルの移動

Tab を押すと、ロックを解除したセルだけに、アクティブセルが移動します。

POINT シートの保護の解除

シートの保護を解除して、すべてのセルを編集可能な状態に戻す方法は、次のとおりです。

◆《ホーム》タブ→《セル》グループの 書式 （書式）→《シート保護の解除》

POINT パスワードの設定

シートを保護する際にパスワードを設定すると、パスワードを知っているユーザーだけがシートの保護を解除できます。

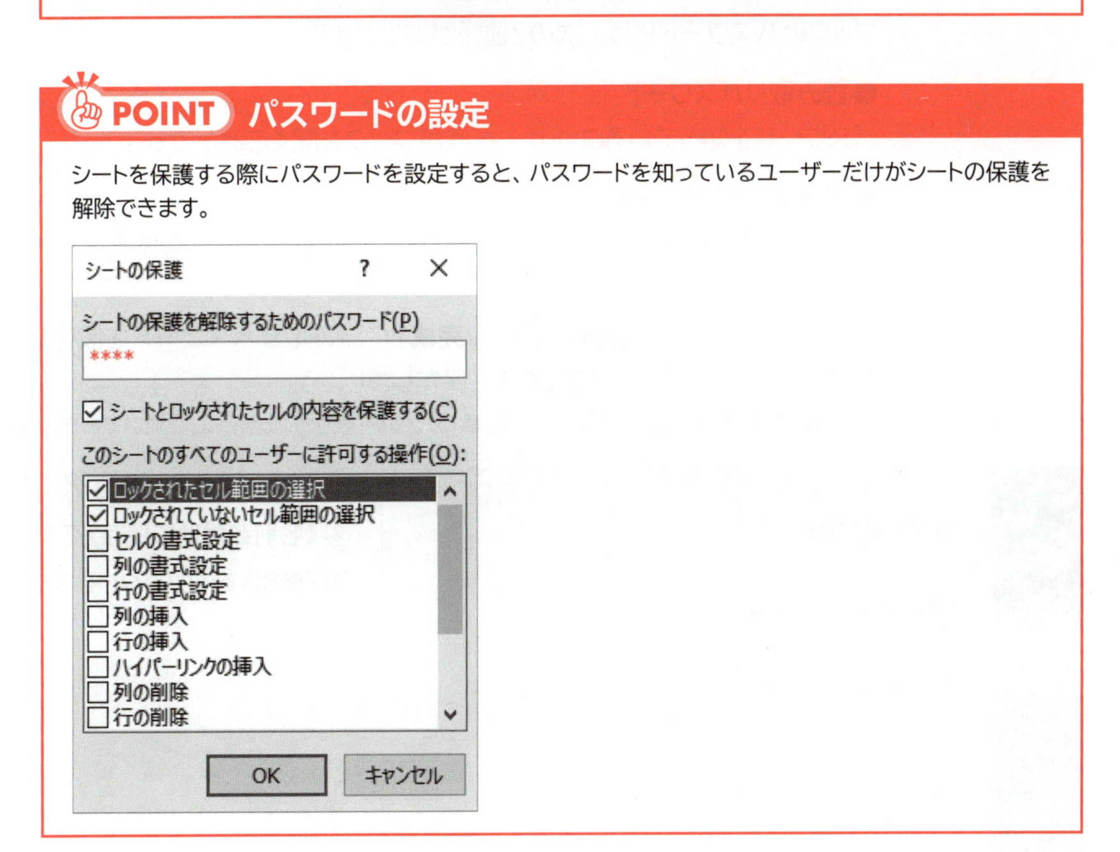

STEP UP ブックの保護

ブックを保護すると、シート構成やブックウィンドウのサイズが変更できないように制限できます。
ブックを保護する方法は、次のとおりです。

◆《校閲》タブ→《変更》グループの （ブックの保護）

※お使いの環境によっては、「《変更》グループ」が「《保護》グループ」と表示される場合があります。

参考学習 ブックにパスワードを設定する

1 ブックのパスワードの設定

ブックにパスワードを設定して保存すると、パスワードを知っているユーザーだけがブックを操作できるので、機密性を保つことができます。
ブックのパスワードには、次の2種類があります。

●読み取りパスワード

パスワードを知っているユーザーだけがブックを開くことができます。

●書き込みパスワード

パスワードを知っているユーザーだけがブックを開いて、上書き保存できます。

開いているブック**「表作成の活用-2完成」**に読み取りパスワードを設定し、**「注文書」**と名前を付けて、フォルダー**「第2章」**に保存しましょう。
※作成していない場合は、フォルダー「第2章」のブック「表作成の活用-2」を開いておきましょう。

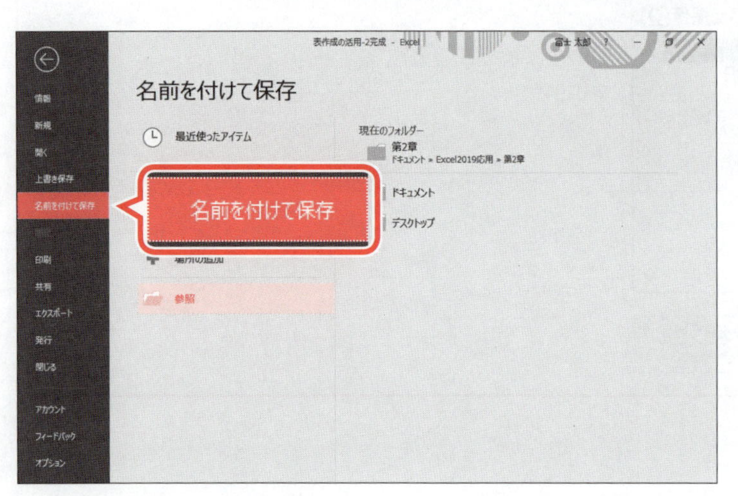

①**《ファイル》**タブを選択します。
②**《名前を付けて保存》**をクリックします。
③**《参照》**をクリックします。

《名前を付けて保存》ダイアログボックスが表示されます。
④**《ツール》**をクリックします。
⑤**《全般オプション》**をクリックします。

全般オプション

☐ バックアップ ファイルを作成する(B)

ファイルの共有

読み取りパスワード(O): ******

書き込みパスワード(M):

☐ 読み取り専用を推奨する(R)

OK　キャンセル

《全般オプション》ダイアログボックスが表示されます。

ブックを開くときのパスワードを設定します。

⑥《読み取りパスワード》に「coffee」と入力します。

※パスワードは、大文字と小文字が区別されます。注意して入力しましょう。

※入力したパスワードは「＊」で表示されます。

⑦《OK》をクリックします。

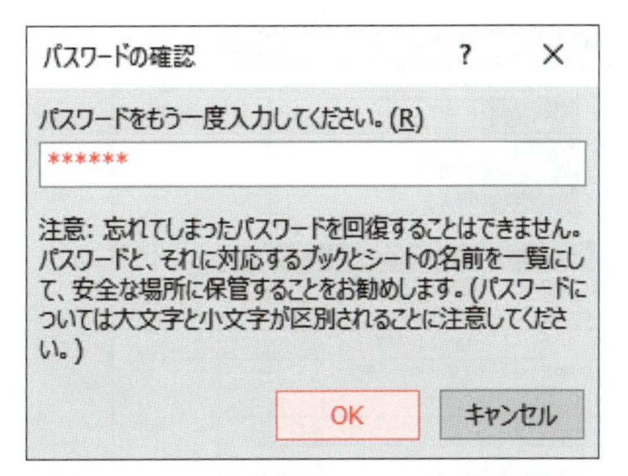

《パスワードの確認》ダイアログボックスが表示されます。

⑧《パスワードをもう一度入力してください。》に「coffee」と入力します。

⑨《OK》をクリックします。

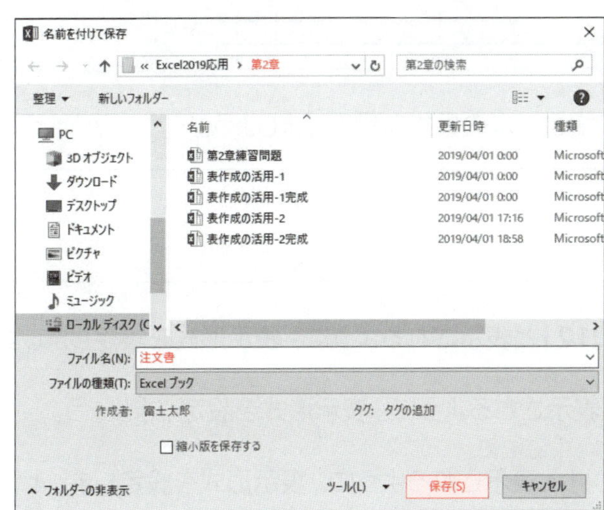

《名前を付けて保存》ダイアログボックスに戻ります。

⑩フォルダー「第2章」が開かれていることを確認します。

※「第2章」が開かれていない場合は、《PC》→《ドキュメント》→「Excel2019応用」→「第2章」を選択します。

⑪《ファイル名》に「注文書」と入力します。

⑫《保存》をクリックします。

※ブックを閉じておきましょう。

Let's Try ためしてみよう

読み取りパスワードを設定したブック「注文書」を開きましょう。

①《ファイル》タブを選択

②《開く》をクリック

③《参照》をクリック

④ブックが保存されている場所を選択

※《PC》→《ドキュメント》→「Excel2019応用」→「第2章」を選択します。

⑤「注文書」を選択

⑥《開く》をクリック

⑦《パスワード》に「coffee」と入力

⑧《OK》をクリック

※ブックを閉じておきましょう。

STEP UP ブックのパスワードの解除

ブックに設定したパスワードを解除する方法は、次のとおりです。

◆《ファイル》タブ→《名前を付けて保存》→《参照》→《ツール》→《全般オプション》→《読み取りパスワード》または《書き込みパスワード》のパスワードを削除→《OK》→《保存》

練習問題

解答 ► 別冊P.2

完成図のような表を作成しましょう。

フォルダー「第2章」のブック「第2章練習問題」を開いておきましょう。

●完成図

	A	B	C	D	E	F	G	H	I	J	K	L
1		交通費申請書										
2												片道
3		以下のとおり、交通費の申請を行います。						所属名	営業部			往復
4								社員番号	004012			
5								氏名	野間藍子			
6								対象月	6月度			
7												
8		No.	日付			帰着地	費用	往復	理由	承認		
9		1	6月3日(月)	JR		新橋駅	260	往復	顧客先訪問			
10		2	6月10日(月)	JR		小田原駅	**3,790**	片道	中堅社員研修			
11		3	6月14日(金)	JR新幹線	小田原駅	自宅	**3,790**	片道	中堅社員研修			
12		4	6月17日(月)	ゆりかもめ	竹芝駅	台場駅	620	往復	経営セミナー受講			
13		5										
14		6										
15		7										
16		8										
17		9										

富士 太郎:
「M/D」の形式で入力してください。

総務書類

① 表内の**「費用」**が1,000以上の場合、次の書式を設定しましょう。

> **太字**
> **フォントの色:赤**

② セル**【I4】**の**「4012」**が**「004012」**と表示されるように、表示形式を設定しましょう。

③ セル**【I6】**の**「6」**が**「6月度」**と表示されるように、表示形式を設定しましょう。

④ 表内の**「日付」**が**「○月○日(○)」**と表示されるように、表示形式を設定しましょう。

⑤ 表内の**「経路」**を入力する際、セル範囲**【L2:L3】**のデータしか入力できないように入力規則を設定しましょう。また、リストから選択できるようにします。

⑥ 表内の**「費用」**を入力する際、10,000より小さい値しか入力できないように入力規則を設定しましょう。また、10,000以上の値を入力した場合、次のエラーメッセージが表示されるようにします。

> **スタイル　　　　:停止**
> **タイトル　　　　:費用エラー**
> **エラーメッセージ:費用が10,000円以上の場合、遠地出張申請書にて申請してください。**

⑦ セル**【C8】**に、**「「M/D」の形式で入力してください。」**というコメントを挿入しましょう。

⑧ セル範囲**【I3:I6】**とセル範囲**【C9:J18】**のロックを解除しましょう。
次に、シートを保護しましょう。

※ブックに「第2章練習問題完成」と名前を付けて、フォルダー「第2章」に保存し、閉じておきましょう。

第3章

グラフの活用

第3章 この章で学ぶこと

学習前に習得すべきポイントを理解しておき、
学習後には確実に習得できたかどうかを振り返りましょう。

1	複合グラフの作成手順を理解し、説明できる。	→ P.75
2	棒グラフと折れ線グラフなど、異なる種類のグラフを組み合わせた複合グラフを作成できる。	→ P.76
3	グラフのもとになるセル範囲を変更して、データ系列を追加できる。	→ P.79
4	グラフにデータテーブルを表示できる。	→ P.82
5	グラフに表示されるデータ系列の順番を変更できる。	→ P.83
6	データ系列やプロットエリアなどのグラフ要素に書式を設定できる。	→ P.86
7	補助グラフ付き円グラフの作成手順を理解し、説明できる。	→ P.93
8	補助縦棒グラフ付き円グラフを作成できる。	→ P.94
9	補助縦棒グラフ付き円グラフにデータラベルを表示できる。	→ P.98
10	セル内にスパークラインを作成できる。	→ P.103
11	スパークラインで何ができるかを説明できる。	→ P.102
12	スパークラインの最大値や最小値を設定できる。	→ P.104
13	スパークラインの中の要素を強調できる。	→ P.105
14	スパークラインにスタイルを設定できる。	→ P.106

Step 1 作成するブックを確認する

1 作成するブックの確認

次のようなブックを作成しましょう。

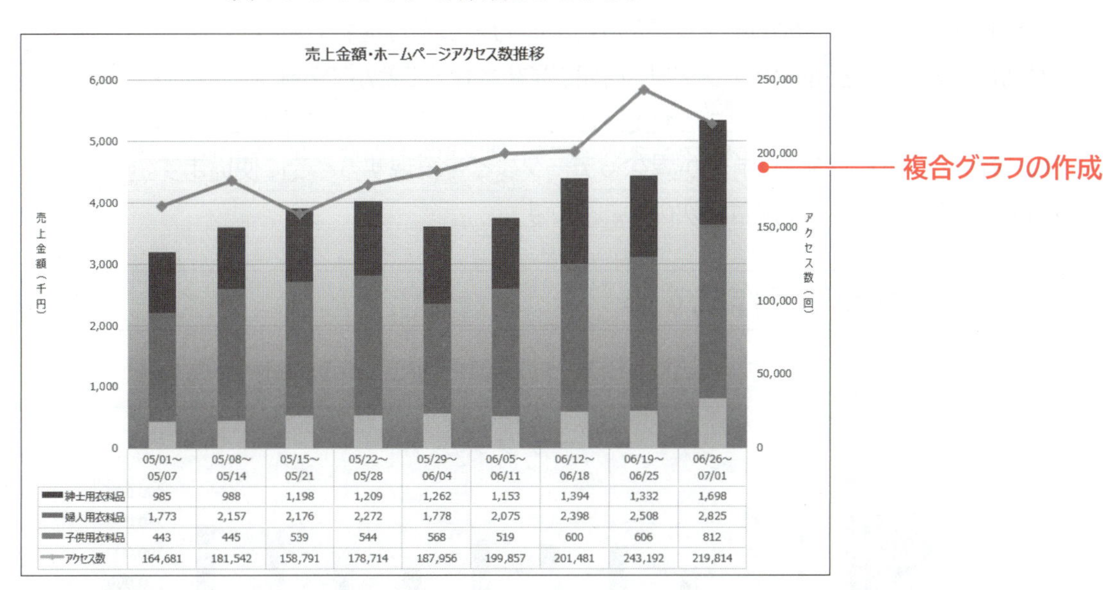

複合グラフの作成

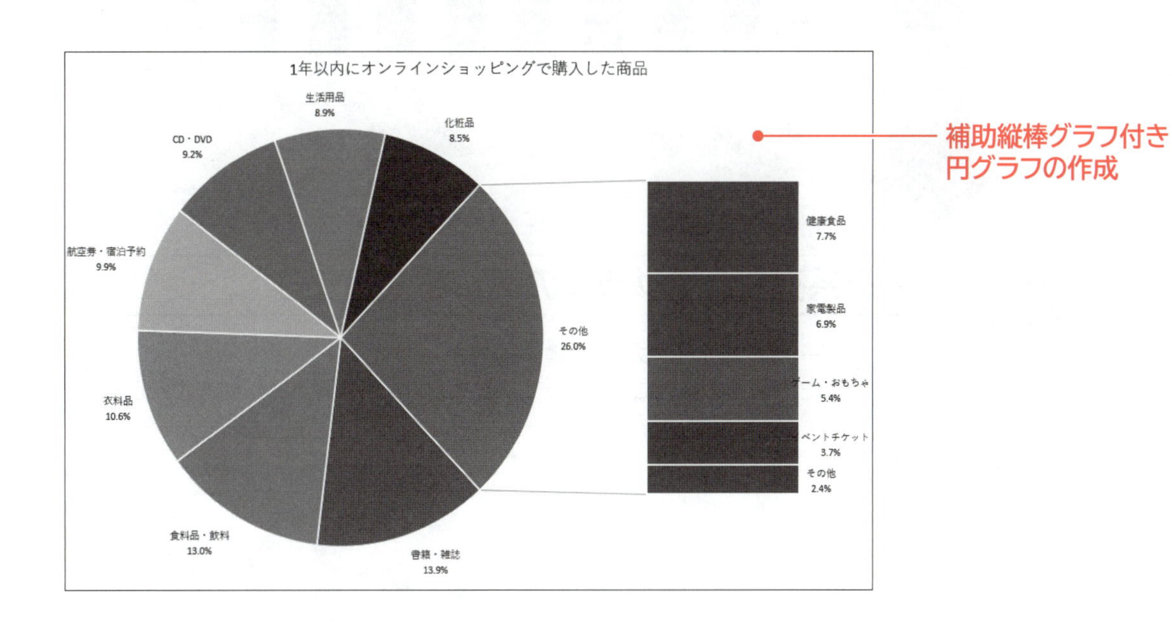

補助縦棒グラフ付き円グラフの作成

商品分野別年間売上表

単位：千円

商品分野	4月	5月	6月	7月	8月	9月	10月	11月	12月	1月	2月	3月	合計	傾向
家庭用冷蔵庫	9,057	7,645	10,900	7,989	9,960	8,694	7,450	6,951	12,450	10,401	6,800	11,780	110,077	
電磁調理器	7,890	4,530	7,800	3,612	3,961	4,015	4,680	5,891	11,040	9,480	8,948	8,990	80,837	
給湯機器	1,412	2,070	1,210	1,412	1,059	1,651	2,178	2,894	3,121	2,015	1,578	1,651	22,251	
暖房機器	891	401	242	315	491	789	3,894	4,584	6,841	7,089	3,569	1,981	31,087	
冷房機器	6,891	7,950	13,980	19,151	16,840	8,970	3,012	2,045	1,091	814	211	491	81,446	
家庭用洗濯機	7,980	5,120	4,600	5,400	6,300	7,041	6,891	4,215	8,912	9,045	6,214	7,008	78,726	
合計	34,121	27,716	38,732	37,879	38,611	31,160	28,105	26,580	43,455	38,844	27,320	31,901	404,424	

スパークラインの作成

Step2 複合グラフを作成する

1 複合グラフ

複数のデータ系列のうち、特定のデータ系列だけグラフの種類を変更できます。
例えば、棒グラフの複数のデータ系列のうち、ひとつだけを折れ線グラフにして、棒グラフと折れ線グラフを同一のグラフエリア内に混在させることができます。
同一のグラフエリア内に、異なる種類のグラフを表示したものを**「複合グラフ」**といいます。複合グラフは、種類や単位が異なるデータなどを表現するときに使います。
複合グラフを作成する手順は、次のとおりです。

1 グラフを作成する

グラフのもとになるデータの範囲を選択してグラフを作成します。

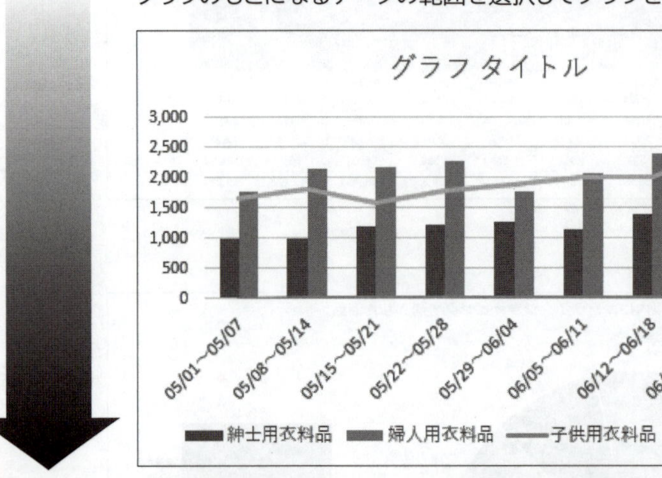

2 データ系列ごとにグラフの種類を変更する

データ系列ごとに、グラフの種類を変更します。
また、データの数値に差があってグラフが見にくい場合は第2軸を設定します。

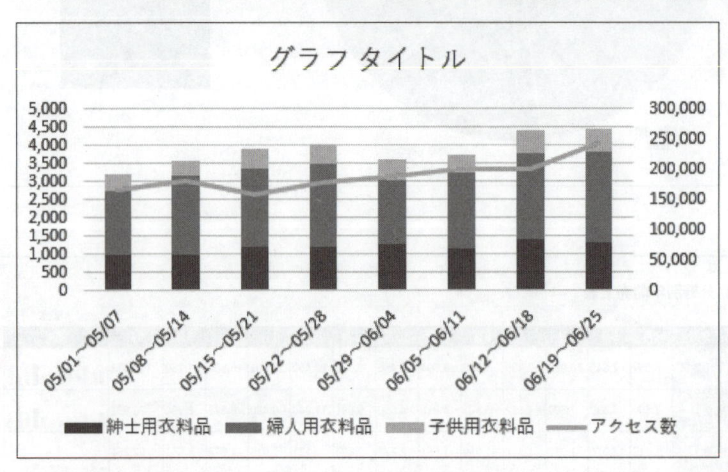

STEP UP 複合グラフ作成の制限

2-D(平面)の縦棒グラフ・折れ線グラフ・散布図・面グラフなどは、それぞれ組み合わせて複合グラフを作成できますが、3-D(立体)のグラフは複合グラフを作成できません。
また、2-D(平面)でも円グラフは、グラフの特性上、複合グラフにできません。

2 複合グラフの作成

積み上げ縦棒グラフと折れ線グラフをひとつにまとめた複合グラフを作成しましょう。

フォルダー「第3章」のブック「グラフの活用-1」を開いておきましょう。

1 グラフの作成

セル範囲【B5:E13】とセル範囲【G5:G13】のデータをもとに、複合グラフを作成しましょう。

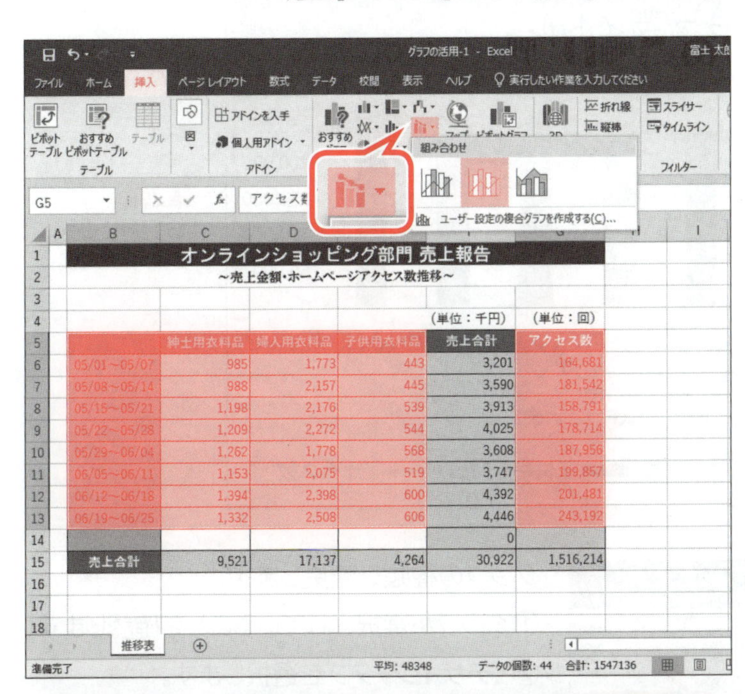

①セル範囲【B5:E13】を選択します。

②Ctrlを押しながらセル範囲【G5:G13】を選択します。

③《挿入》タブを選択します。

④《グラフ》グループの（複合グラフの挿入）をクリックします。

⑤《組み合わせ》の《集合縦棒-第2軸の折れ線》をクリックします。

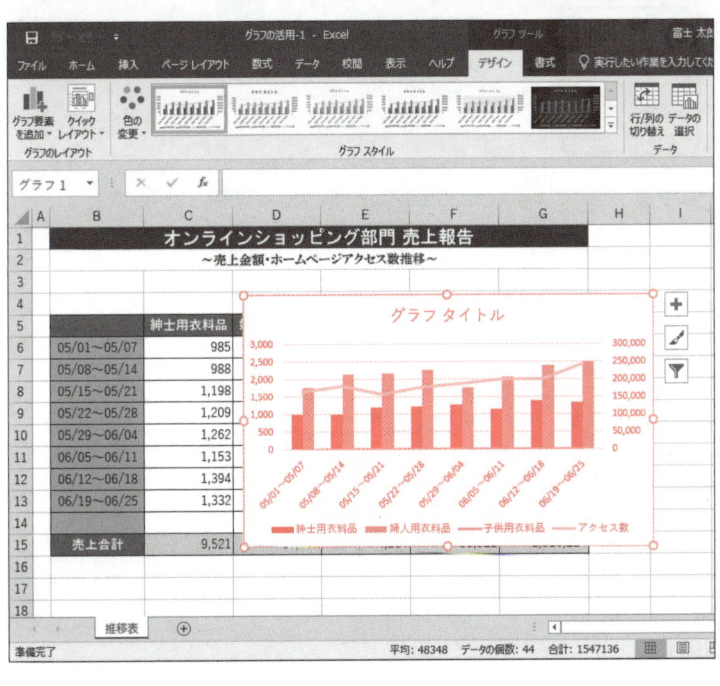

複合グラフが作成され、「**紳士用衣料品**」と「**婦人用衣料品**」が縦棒、「**子供用衣料品**」と「**アクセス数**」が折れ線で表示されます。

※「子供用衣料品」と「アクセス数」の数値データの差が大きいため、「子供用衣料品」の期間ごとのデータ系列の差がほとんど表示されません。

※リボンに《デザイン》タブと《書式》タブが追加され、自動的に《デザイン》タブに切り替わります。

2 グラフの種類の変更と第2軸の設定

縦棒グラフや折れ線グラフ、面グラフでは、左側に表示される値軸**「主軸」**のほかに、右側に表示される値軸**「第2軸」**を使ってデータ系列を表示できます。

作成したグラフは**「紳士用衣料品」**と**「婦人用衣料品」**が集合縦棒グラフ、**「子供用衣料品」**と**「アクセス数」**が折れ線グラフで表示されています。衣料品全体の売上が表示されるように、**「紳士用衣料品」「婦人用衣料品」「子供用衣料品」**を積み上げ縦棒グラフに変更しましょう。

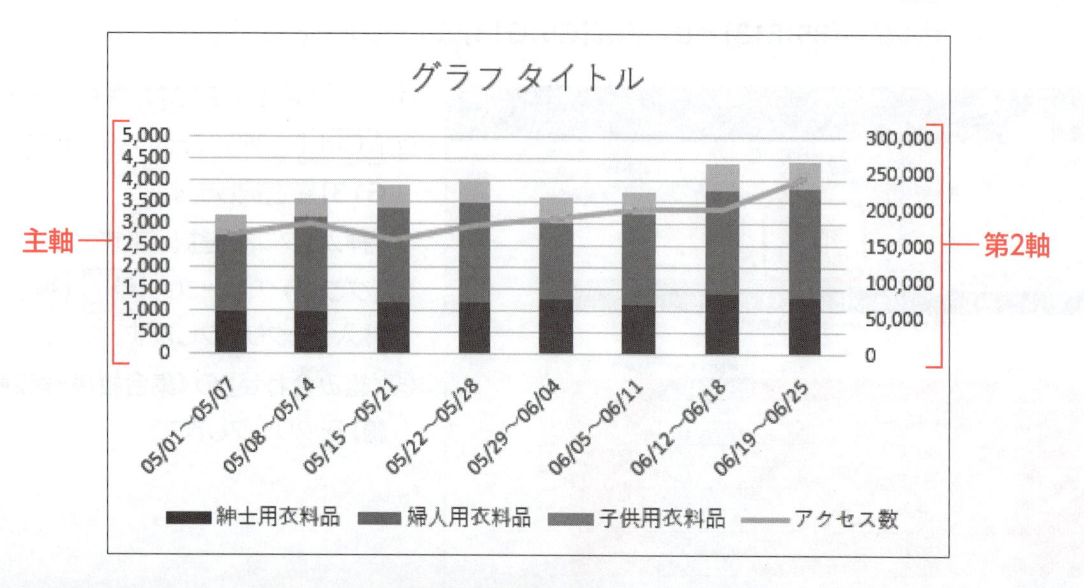

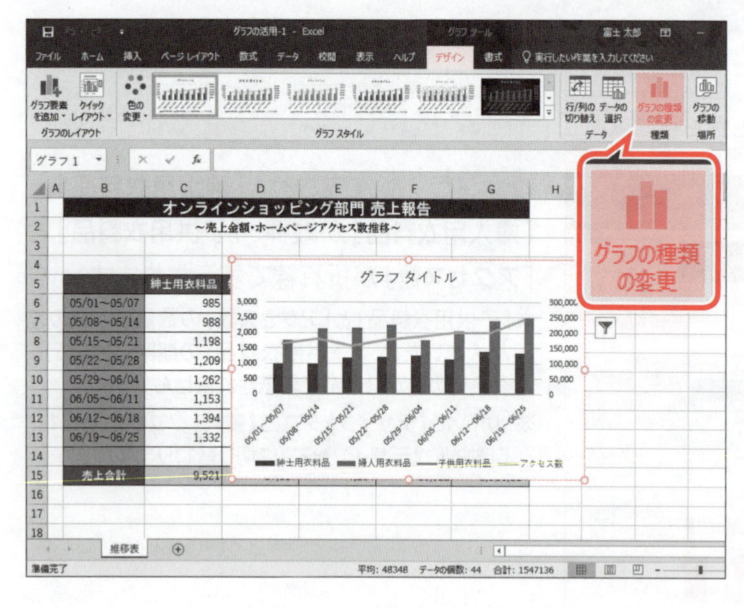

グラフの種類を変更します。

①グラフが選択されていることを確認します。

②**《デザイン》**タブを選択します。

③**《種類》**グループの (グラフの種類の変更) をクリックします。

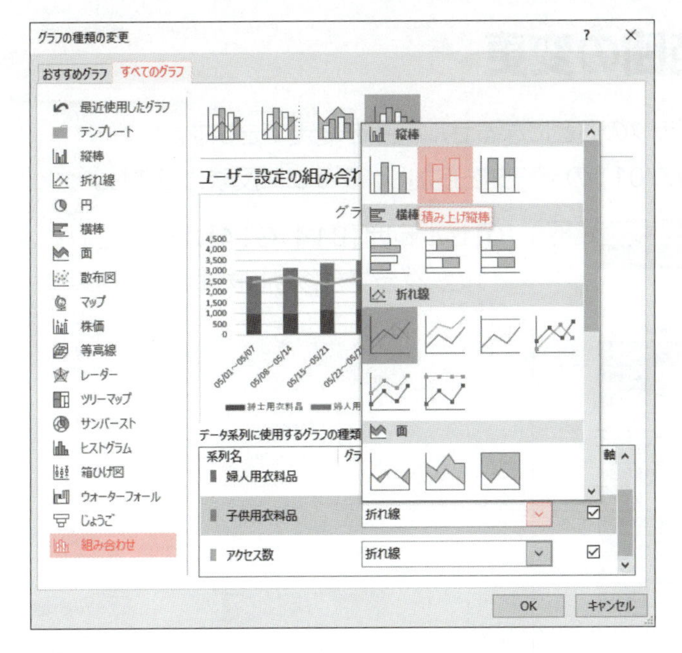

《グラフの種類の変更》ダイアログボックスが表示されます。

④《すべてのグラフ》タブを選択します。

⑤左側の一覧から《組み合わせ》を選択します。

⑥「紳士用衣料品」の《グラフの種類》の ⌄ をクリックし、一覧から《縦棒》の《積み上げ縦棒》を選択します。

⑦「婦人衣料品」の《グラフの種類》も《積み上げ縦棒》に自動的に変更されたことを確認します。

⑧「子供用衣料品」の《グラフの種類》の ⌄ をクリックし、一覧から《縦棒》の《積み上げ縦棒》を選択します。

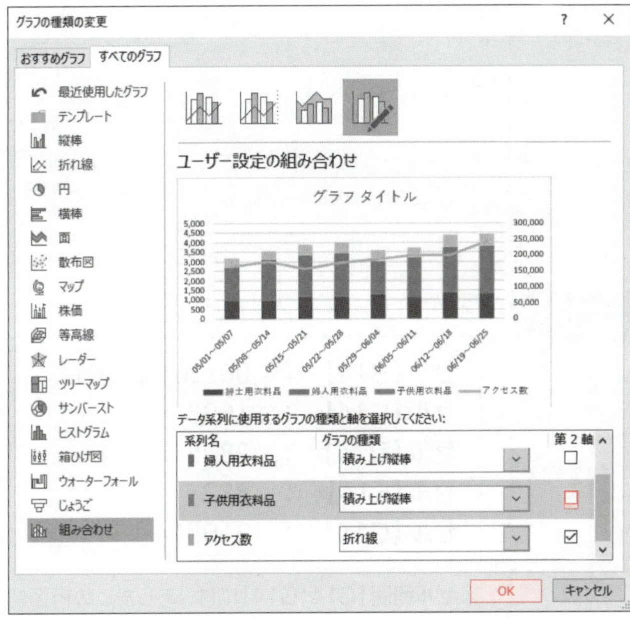

⑨《子供用衣料品》の《第2軸》を□にします。

プレビューのグラフを確認します。

⑩《OK》をクリックします。

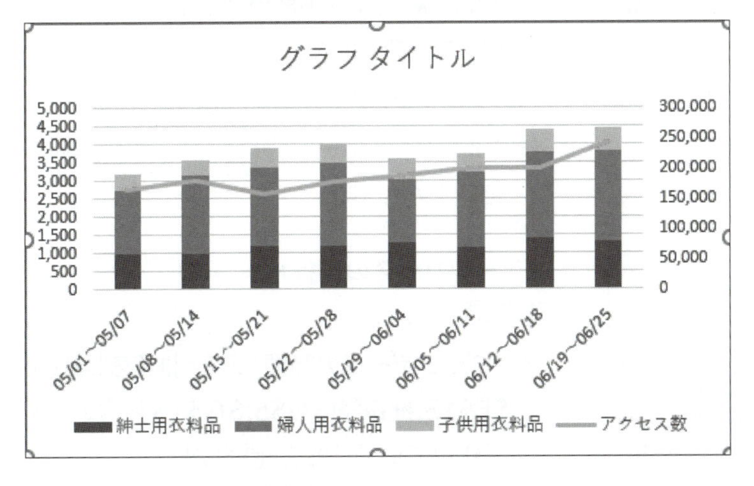

「紳士用衣料品」「婦人用衣料品」「子供用衣料品」が積み上げ縦棒グラフに変更されます。

※主軸がデータ系列に最適な目盛に自動で調整されます。

STEP UP その他の方法(グラフの種類の変更)

◆データ系列を右クリック→《系列グラフの種類の変更》

3 もとになるセル範囲の変更

グラフを作成したあとから、グラフのもとになるセル範囲を変更できます。
シート「**推移表**」に「**06/26～07/01**」のデータを追加し、グラフに反映させましょう。

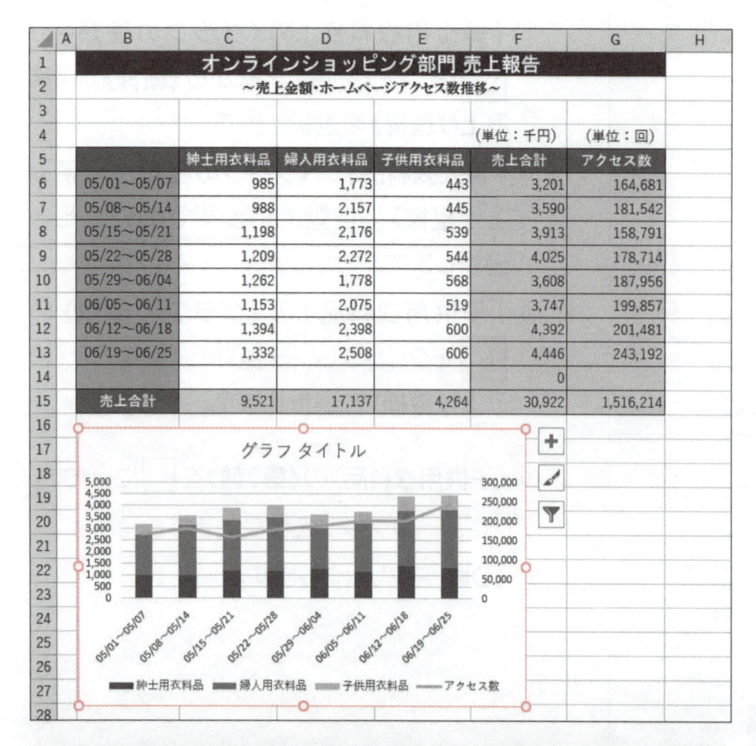

オンラインショッピング部門 売上報告					
～売上金額・ホームページアクセス数推移～					
				(単位：千円)	(単位：回)
	紳士用衣料品	婦人用衣料品	子供用衣料品	売上合計	アクセス数
05/01～05/07	985	1,773	443	3,201	164,681
05/08～05/14	988	2,157	445	3,590	181,542
05/15～05/21	1,198	2,176	539	3,913	158,791
05/22～05/28	1,209	2,272	544	4,025	178,714
05/29～06/04	1,262	1,778	568	3,608	187,956
06/05～06/11	1,153	2,075	519	3,747	199,857
06/12～06/18	1,394	2,398	600	4,392	201,481
06/19～06/25	1,332	2,508	606	4,446	243,192
				0	
売上合計	9,521	17,137	4,264	30,922	1,516,214

①セル範囲【**B14:G14**】が表示されるように、グラフを移動します。

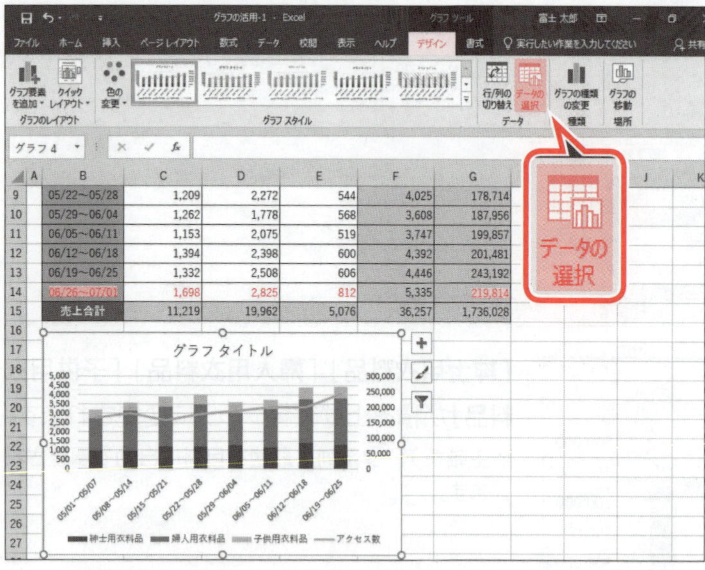

05/22～05/28	1,209	2,272	544	4,025	178,714
05/29～06/04	1,262	1,778	568	3,608	187,956
06/05～06/11	1,153	2,075	519	3,747	199,857
06/12～06/18	1,394	2,398	600	4,392	201,481
06/19～06/25	1,332	2,508	606	4,446	243,192
06/26～07/01	1,698	2,825	812	5,335	219,814
売上合計	11,219	19,962	5,076	36,257	1,736,028

②次のデータを入力します。

セル【B14】	：	06/26～07/01
セル【C14】	：	1698
セル【D14】	：	2825
セル【E14】	：	812
セル【G14】	：	219814

※セル範囲【C14:G14】には、あらかじめ桁区切りスタイルの表示形式が設定されています。

③グラフを選択します。

④《**デザイン**》タブを選択します。

⑤《**データ**》グループの（データの選択）をクリックします。

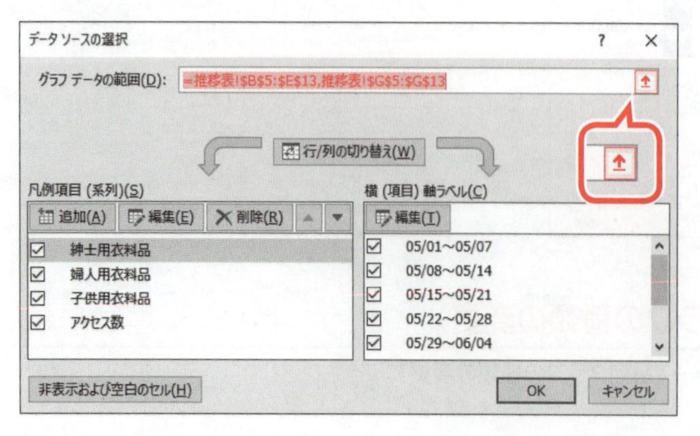

《**データソースの選択**》ダイアログボックスが表示されます。

⑥《**グラフデータの範囲**》の「**=推移表!$B$5:$E$13,推移表!$G$5:$G$13**」が反転表示されていることを確認します。

※シート「推移表」のセル範囲【B5:E13】とセル範囲【G5:G13】が点線で囲まれます。

⑦《**グラフデータの範囲**》のをクリックします。

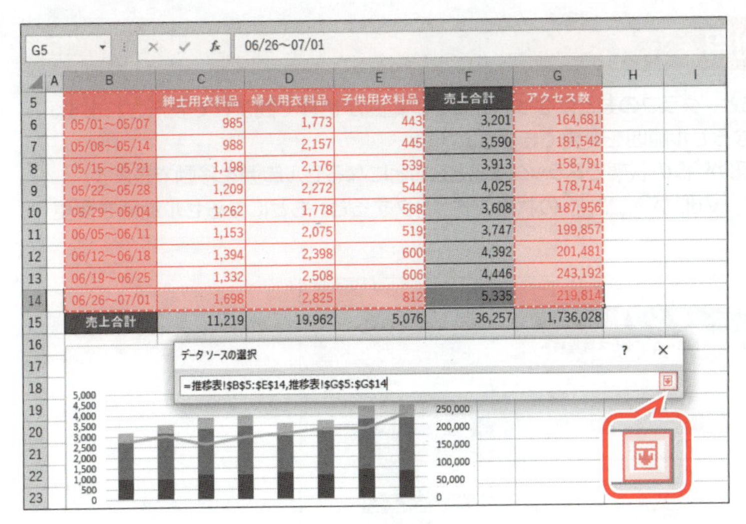

	B	C	D	E	F	G
5		紳士用衣料品	婦人用衣料品	子供用衣料品	売上合計	アクセス数
6	05/01~05/07	985	1,773	443	3,201	164,681
7	05/08~05/14	988	2,157	445	3,590	181,542
8	05/15~05/21	1,198	2,176	539	3,913	158,791
9	05/22~05/28	1,209	2,272	544	4,025	178,714
10	05/29~06/04	1,262	1,778	568	3,608	187,956
11	06/05~06/11	1,153	2,075	519	3,747	199,857
12	06/12~06/18	1,394	2,398	600	4,392	201,481
13	06/19~06/25	1,332	2,508	606	4,446	243,192
14	06/26~07/01	1,698	2,825	812	5,335	219,814
15	売上合計	11,219	19,962	5,076	36,257	1,736,028

《**データソースの選択**》ダイアログボックスが縮小されます。

⑧セル範囲【**B5:E14**】を選択します。

※セル範囲が隠れている場合は、ダイアログボックスのタイトルバーをドラッグして移動します。

⑨ Ctrl を押しながらセル範囲【**G5:G14**】を選択します。

⑩ をクリックします。

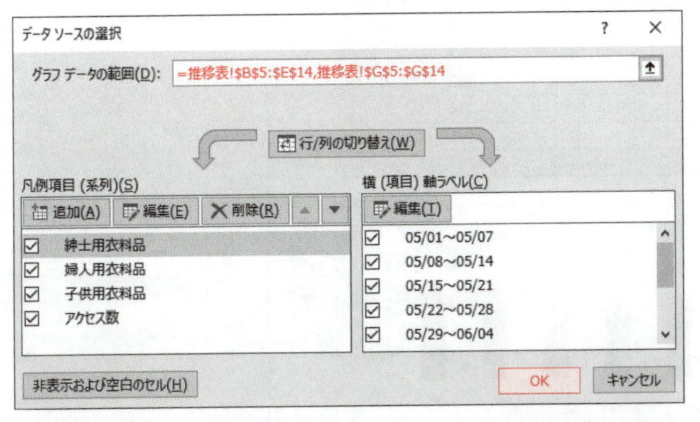

《**データソースの選択**》ダイアログボックスがもとのサイズに戻ります。

《**グラフデータの範囲**》が「**=推移表!$B$5:$E$14,推移表!$G$5:$G$14**」になっていることを確認します。

⑪《**OK**》をクリックします。

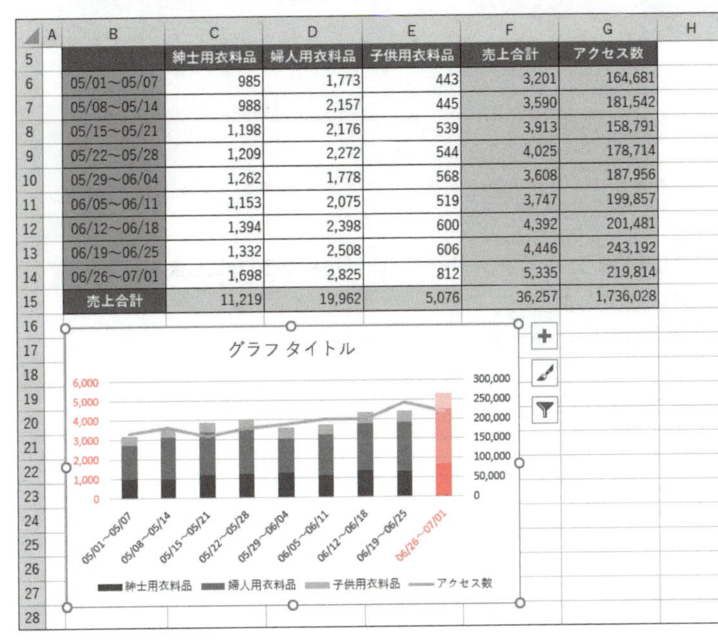

	B	C	D	E	F	G
5		紳士用衣料品	婦人用衣料品	子供用衣料品	売上合計	アクセス数
6	05/01~05/07	985	1,773	443	3,201	164,681
7	05/08~05/14	988	2,157	445	3,590	181,542
8	05/15~05/21	1,198	2,176	539	3,913	158,791
9	05/22~05/28	1,209	2,272	544	4,025	178,714
10	05/29~06/04	1,262	1,778	568	3,608	187,956
11	06/05~06/11	1,153	2,075	519	3,747	199,857
12	06/12~06/18	1,394	2,398	600	4,392	201,481
13	06/19~06/25	1,332	2,508	606	4,446	243,192
14	06/26~07/01	1,698	2,825	812	5,335	219,814
15	売上合計	11,219	19,962	5,076	36,257	1,736,028

追加した「**06/26~07/01**」のデータがグラフに反映され、主軸の目盛が調整されます。

POINT 色枠の利用

グラフのデータ系列を選択すると、グラフのもとになっているセル範囲が色枠で囲まれて表示されます。
色枠をドラッグすると、もとになるセル範囲を変更できます。
色枠の線をマウスポインターの形がの状態でドラッグすると、もとになるセル範囲を移動できます。
色枠の角の■をマウスポインターの形がやの状態でドラッグすると、もとになるセル範囲を変更できます。

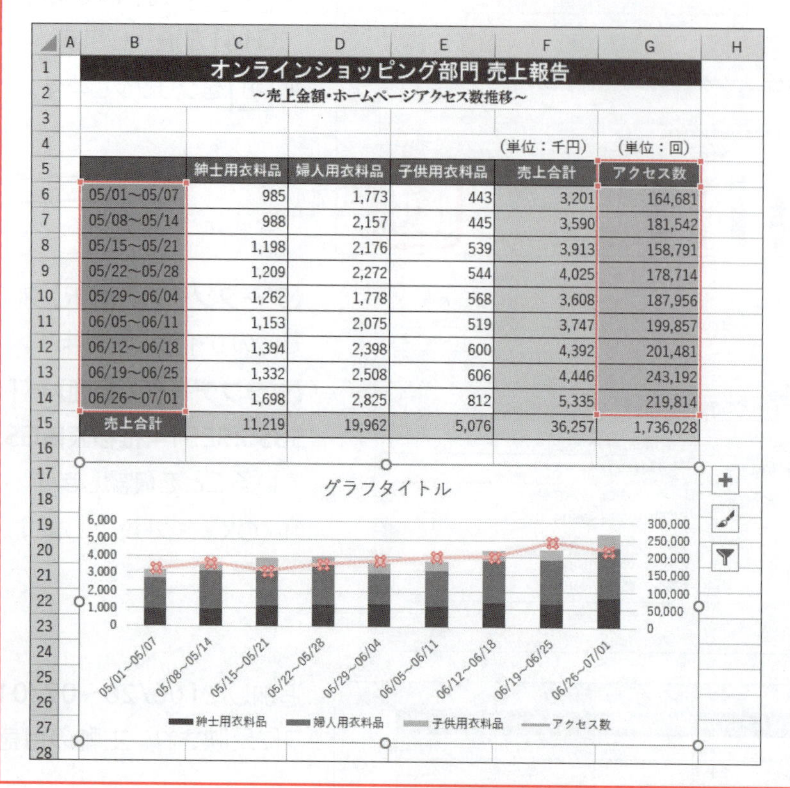

オンラインショッピング部門 売上報告
～売上金額・ホームページアクセス数推移～

	紳士用衣料品	婦人用衣料品	子供用衣料品	売上合計	アクセス数
				（単位：千円）	（単位：回）
05/01～05/07	985	1,773	443	3,201	164,681
05/08～05/14	988	2,157	445	3,590	181,542
05/15～05/21	1,198	2,176	539	3,913	158,791
05/22～05/28	1,209	2,272	544	4,025	178,714
05/29～06/04	1,262	1,778	568	3,608	187,956
06/05～06/11	1,153	2,075	519	3,747	199,857
06/12～06/18	1,394	2,398	600	4,392	201,481
06/19～06/25	1,332	2,508	606	4,446	243,192
06/26～07/01	1,698	2,825	812	5,335	219,814
売上合計	11,219	19,962	5,076	36,257	1,736,028

Let's Try ためしてみよう

①シート上のグラフをグラフシートに移動しましょう。グラフシートの名前は「推移グラフ」にします。
②グラフエリアのフォントを「Meiryo UI」に変更しましょう。
③グラフタイトルに、「売上金額・ホームページアクセス数推移」と入力しましょう。

Let's Try Answer

①

①グラフを選択
②《デザイン》タブを選択
③《場所》グループの（グラフの移動）をクリック
④《新しいシート》を◉にし、「推移グラフ」と入力
⑤《OK》をクリック

②

①グラフエリアをクリック
②《ホーム》タブを選択
③游ゴシック 本文（フォント）のをクリックし、一覧から《Meiryo UI》をクリック

③

①グラフタイトルをクリック
②グラフタイトルを再度クリック
③「グラフタイトル」を削除し、「売上金額・ホームページアクセス数推移」と入力
④グラフタイトル以外の場所をクリック

4 グラフ要素の表示

グラフエリアにグラフのもとになっている表を表示できます。この表を**「データテーブル」**といいます。データテーブルを表示しましょう。

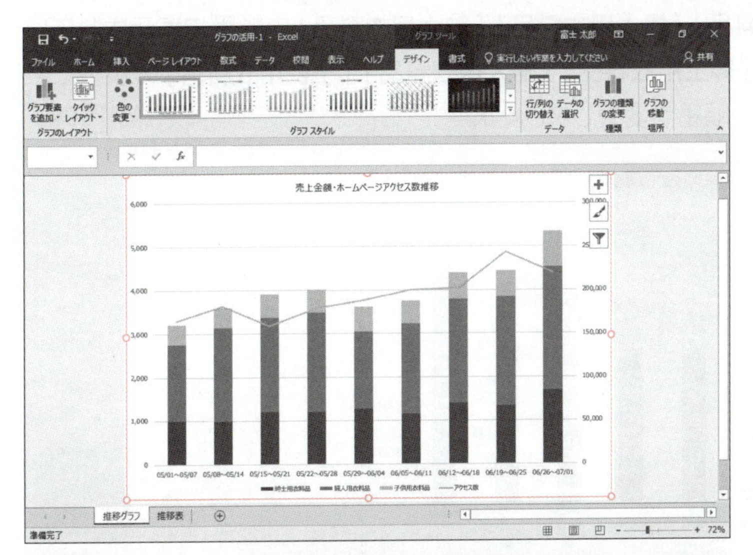

①グラフを選択します。

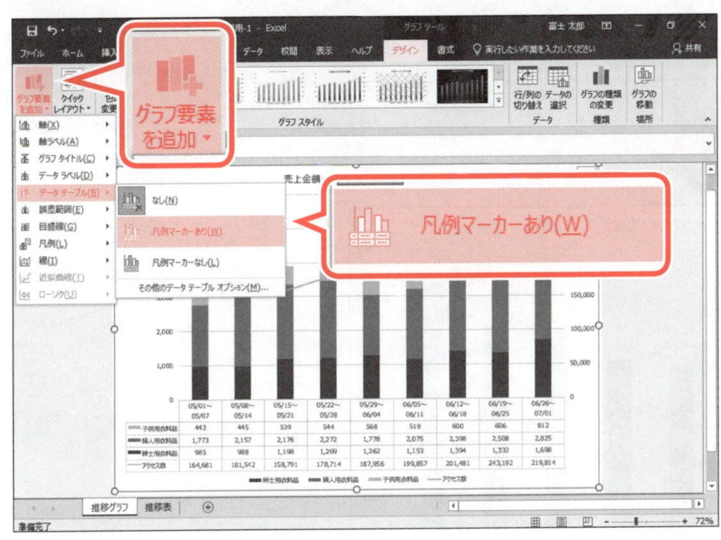

②**《デザイン》**タブを選択します。

③**《グラフのレイアウト》**グループの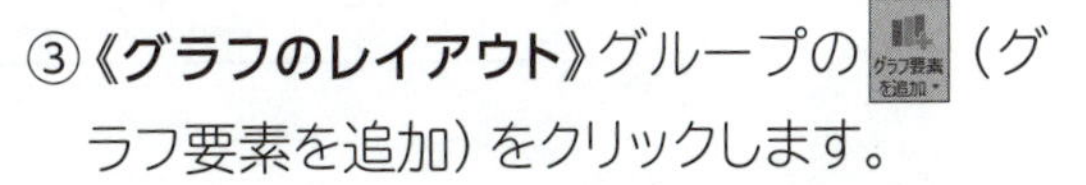（グラフ要素を追加）をクリックします。

④**《データテーブル》**をポイントします。

⑤**《凡例マーカーあり》**をクリックします。

データテーブルが表示されます。

売上金額・ホームページアクセス数推移

	05/01~05/07	05/08~05/14	05/15~05/21	05/22~05/28	05/29~06/04	06/05~06/11	06/12~06/18	06/19~06/25	06/26~07/01
子供用衣料品	443	445	539	544	568	519	600	606	812
婦人用衣料品	1,773	2,157	2,176	2,272	1,778	2,075	2,398	2,508	2,825
紳士用衣料品	985	988	1,198	1,209	1,262	1,153	1,394	1,332	1,698
アクセス数	164,681	181,542	158,791	178,714	187,956	199,857	201,481	243,192	219,814

紳士用衣料品　婦人用衣料品　子供用衣料品　アクセス数

POINT データテーブルの非表示

データテーブルを非表示にする方法は、次のとおりです。

◆グラフを選択→《デザイン》タブ→《グラフのレイアウト》グループの（グラフ要素を追加）→《データテーブル》→《なし》

5 データ系列の順番の変更

グラフに表示されるデータ系列の順番は変更できます。グラフのデータ系列の順番を変更しても、もとの表の項目の順番は変更されません。
グラフの上から**「子供用衣料品」「婦人用衣料品」「紳士用衣料品」**の順番に表示されている積み上げ縦棒グラフを、**「紳士用衣料品」「婦人用衣料品」「子供用衣料品」**の順番に表示されるようにデータ系列の順番を変更しましょう。

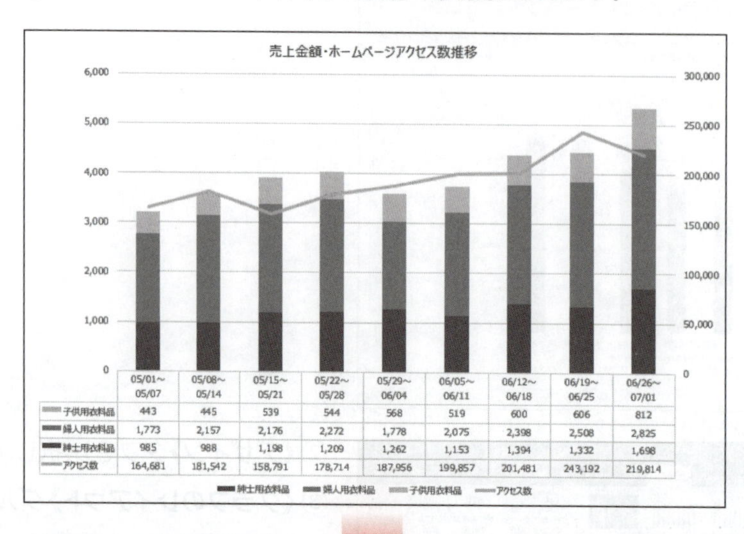

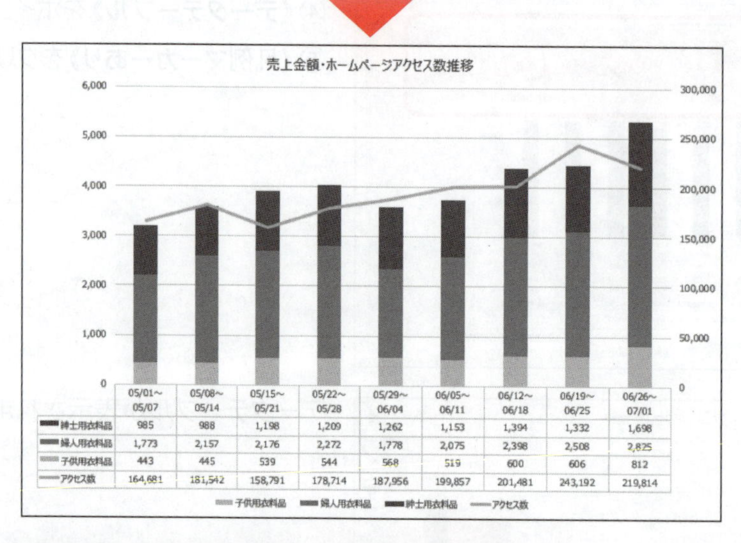

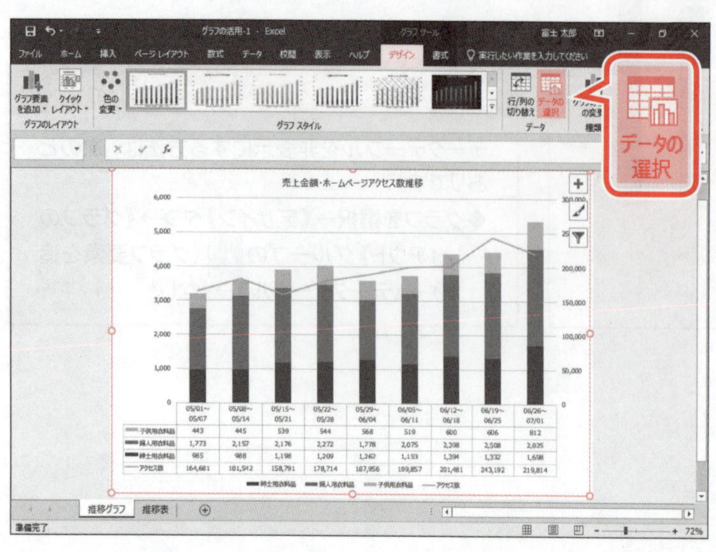

①グラフを選択します。

②**《デザイン》**タブを選択します。

③**《データ》**グループの（データの選択）をクリックします。

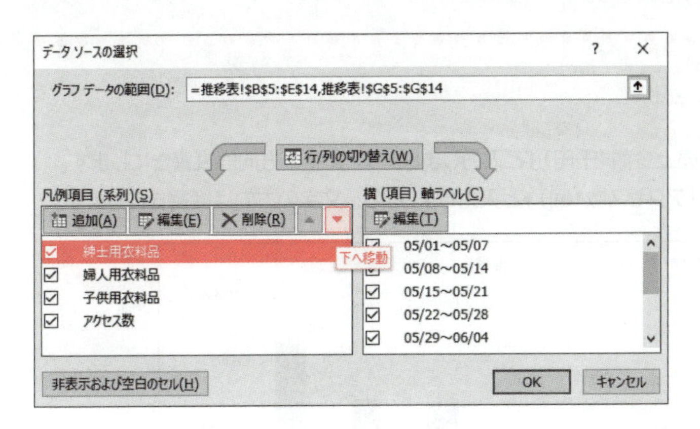

《**データソースの選択**》ダイアログボックスが表示されます。

④《**凡例項目(系列)**》の一覧から「**紳士用衣料品**」を選択します。

⑤ ▼ (下へ移動)を2回クリックします。

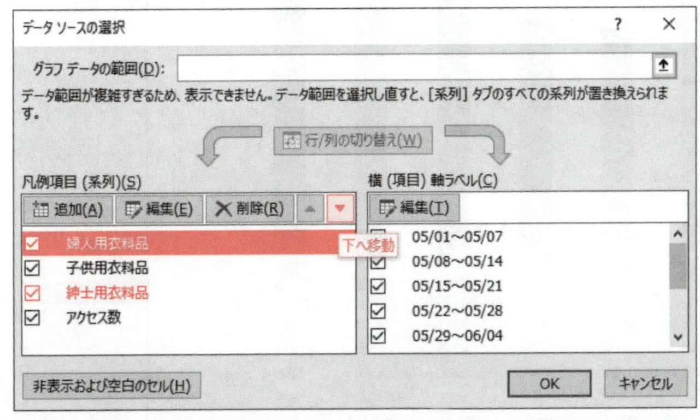

「**紳士用衣料品**」が2つ下に移動します。

⑥《**凡例項目(系列)**》の一覧から「**婦人用衣料品**」を選択します。

⑦ ▼ (下へ移動)を1回クリックします。

「**婦人用衣料品**」が1つ下に移動します。

⑧《**OK**》をクリックします。

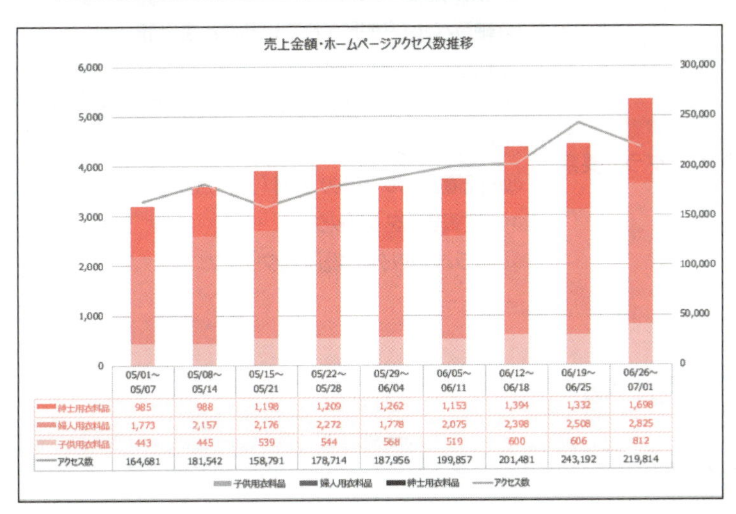

	05/01～05/07	05/08～05/14	05/15～05/21	05/22～05/28	05/29～06/04	06/05～06/11	06/12～06/18	06/19～06/25	06/26～07/01
紳士用衣料品	985	988	1,198	1,209	1,262	1,153	1,394	1,332	1,698
婦人用衣料品	1,773	2,157	2,176	2,272	1,778	2,075	2,398	2,508	2,825
子供用衣料品	443	445	539	544	568	519	600	606	812
アクセス数	164,681	181,542	158,791	178,714	187,956	199,857	201,481	243,192	219,814

グラフのデータ系列の順番が変更されます。

Let's Try ためしてみよう

①凡例を非表示にしましょう。

②主軸に軸ラベルを垂直に配置し、「売上金額（千円）」と入力しましょう。文字の方向は縦書きにします。

③第2軸に軸ラベルを垂直に配置し、「アクセス数（回）」と入力しましょう。文字の方向は縦書きにします。

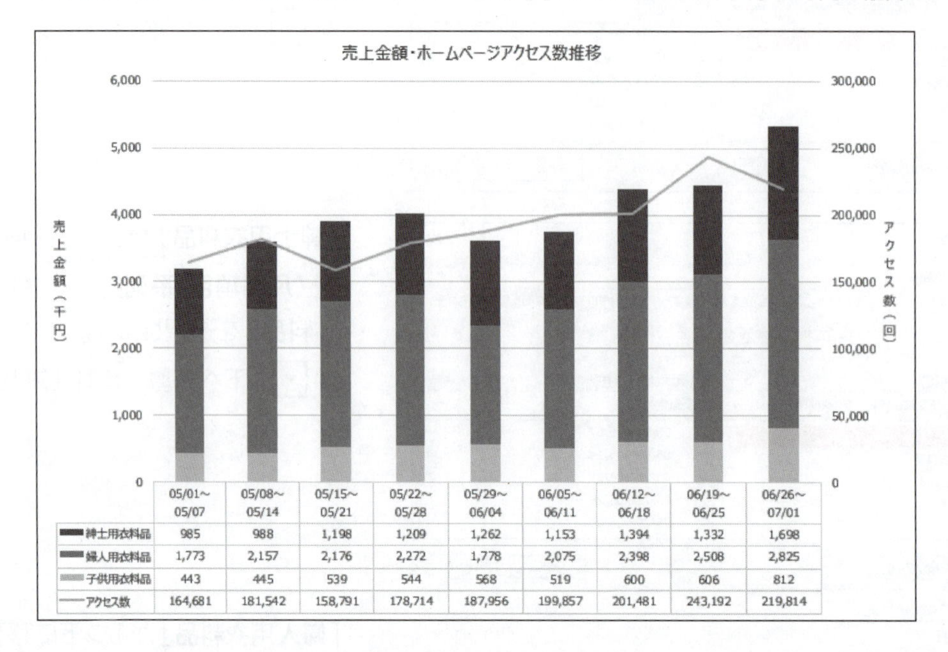

	05/01～05/07	05/08～05/14	05/15～05/21	05/22～05/28	05/29～06/04	06/05～06/11	06/12～06/18	06/19～06/25	06/26～07/01
紳士用衣料品	985	988	1,198	1,209	1,262	1,153	1,394	1,332	1,698
婦人用衣料品	1,773	2,157	2,176	2,272	1,778	2,075	2,398	2,508	2,825
子供用衣料品	443	445	539	544	568	519	600	606	812
アクセス数	164,681	181,542	158,791	178,714	187,956	199,857	201,481	243,192	219,814

①

①グラフを選択

②《デザイン》タブを選択

③《グラフのレイアウト》グループの（グラフ要素を追加）をクリック

④《凡例》をポイント

⑤《なし》をクリック

②

①グラフを選択

②《デザイン》タブを選択

③《グラフのレイアウト》グループの（グラフ要素を追加）をクリック

④《軸ラベル》をポイント

⑤《第1縦軸》をクリック

⑥軸ラベルが選択されていることを確認

⑦軸ラベルをクリック

⑧「軸ラベル」を削除し、「売上金額（千円）」と入力

⑨《ホーム》タブを選択

⑩《配置》グループの（方向）をクリック

⑪《縦書き》をクリック

⑫軸ラベル以外の場所をクリック

③

①グラフを選択

②《デザイン》タブを選択

③《グラフのレイアウト》グループの（グラフ要素を追加）をクリック

④《軸ラベル》をポイント

⑤《第2縦軸》をクリック

⑥軸ラベルが選択されていることを確認

⑦軸ラベルをクリック

⑧「軸ラベル」を削除し、「アクセス数（回）」と入力

⑨《ホーム》タブを選択

⑩《配置》グループの（方向）をクリック

⑪《縦書き》をクリック

⑫軸ラベル以外の場所をクリック

6 グラフ要素の書式設定

グラフの各要素の書式を設定しましょう。

1 線とマーカーの設定

「アクセス数」のデータ系列の線とマーカーを次のように設定しましょう。

線の幅	：3pt
マーカーの種類	：◆
マーカーのサイズ	：10

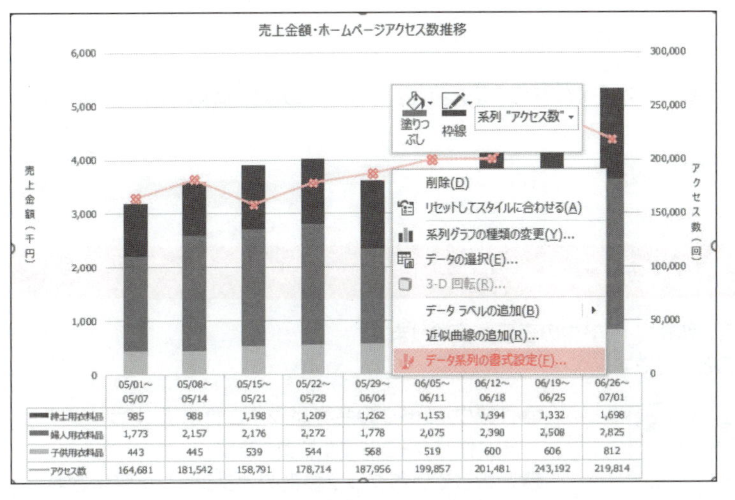

	05/01~05/07	05/08~05/14	05/15~05/21	05/22~05/28	05/29~06/04	06/05~06/11	06/12~06/18	06/19~06/25	06/26~07/01
紳士用衣料品	985	988	1,198	1,209	1,262	1,153	1,394	1,332	1,698
婦人用衣料品	1,773	2,157	2,176	2,272	1,778	2,075	2,398	2,508	2,825
子供用衣料品	443	445	539	544	568	519	600	606	812
アクセス数	164,681	181,542	158,791	178,714	187,956	199,857	201,481	243,192	219,814

①**「アクセス数」**のデータ系列を右クリックします。

②**《データ系列の書式設定》**をクリックします。

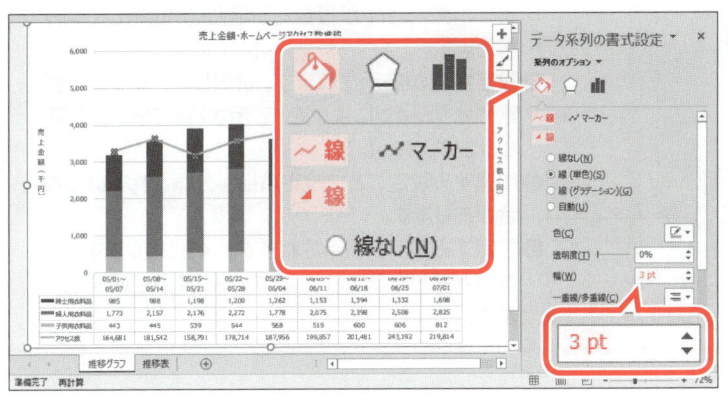

《データ系列の書式設定》作業ウィンドウが表示されます。

③ (塗りつぶしと線) をクリックします。

④**《線》**をクリックします。

⑤**《線》**が展開されていることを確認します。

⑥**《幅》**を**「3pt」**に設定します。

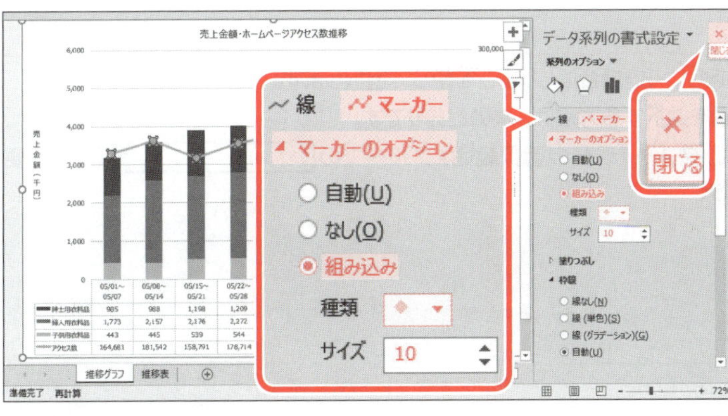

⑦**《マーカー》**をクリックします。

⑧**《マーカーのオプション》**をクリックします。

⑨**《組み込み》**を◉にします。

⑩**《種類》**の ▼ をクリックし、一覧から**《◆》**を選択します。

⑪**《サイズ》**を**「10」**に設定します。

⑫ × (閉じる) をクリックします。

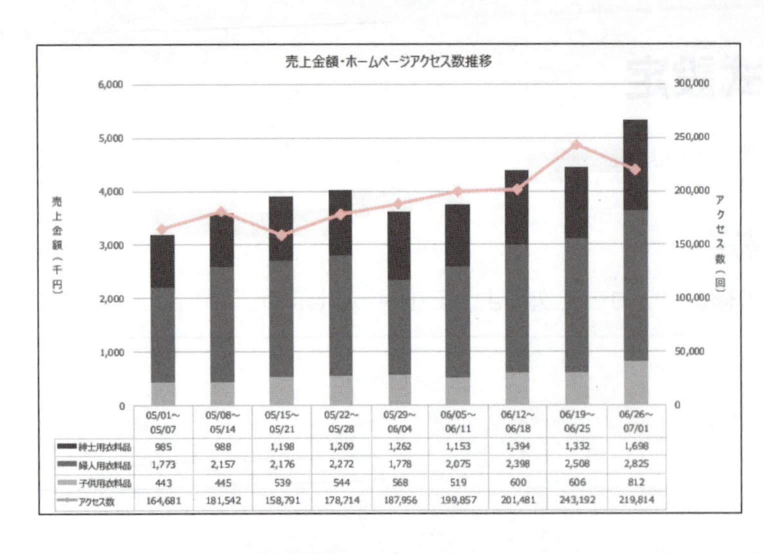

	05/01～05/07	05/08～05/14	05/15～05/21	05/22～05/28	05/29～06/04	06/05～06/11	06/12～06/18	06/19～06/25	06/26～07/01
紳士用衣料品	985	988	1,198	1,209	1,262	1,153	1,394	1,332	1,698
婦人用衣料品	1,773	2,157	2,176	2,272	1,778	2,075	2,398	2,508	2,825
子供用衣料品	443	445	539	544	568	519	600	606	812
アクセス数	164,681	181,542	158,791	178,714	187,956	199,857	201,481	243,192	219,814

線とマーカーが設定されます。

※データ系列以外の場所をクリックして選択を解除し、マーカーを確認しておきましょう。

STEP UP その他の方法（グラフ要素の書式設定）

◆グラフ要素を選択→《書式》タブ→《現在の選択範囲》グループの 選択対象の書式設定 （選択対象の書式設定）

◆グラフ要素をダブルクリック

POINT グラフ要素の作業ウィンドウ

選択しているグラフ要素によって、作業ウィンドウの表示が変わります。
作業ウィンドウの表示内容は次のとおりです。

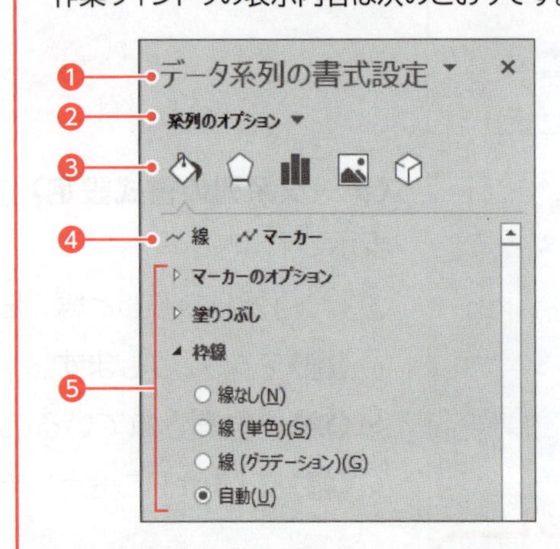

❶作業ウィンドウの名称が表示されます。ドラッグすると作業ウィンドウが移動します。

❷選択しているグラフ要素のオプションが表示されます。オプションが複数ある場合は、選択して切り替えます。

❸設定内容が表示されます。選択しているグラフ要素やオプションによって、表示されるアイコンが変わります。

❹関連する設定ごとに設定項目が分類されている場合があります。

❺設定する項目が表示されます。◢をクリックすると詳細が折りたたまれ、▷をクリックすると展開されます。

STEP UP グラフ要素の選択

グラフ要素が小さくて選択しにくい場合は、リボンを使って選択します。
リボンを使ってグラフ要素を選択する方法は、次のとおりです。

◆グラフを選択→《書式》タブ→《現在の選択範囲》グループの グラフ エリア （グラフ要素）の ▾ →一覧から選択

2 グラデーションの設定

グラフ要素は単色で塗りつぶすだけでなく、複数の色を組み合わせたグラデーションで塗りつぶすこともできます。

Excelで扱うグラデーションは、**「分岐点」**と呼ばれる地点で色を管理しています。分岐点を追加したり削除したりして、微妙な色の変化を出すことができます。

※グラフ要素によっては、その特性上、グラデーションを設定できないものもあります。

●2色のグラデーションの例

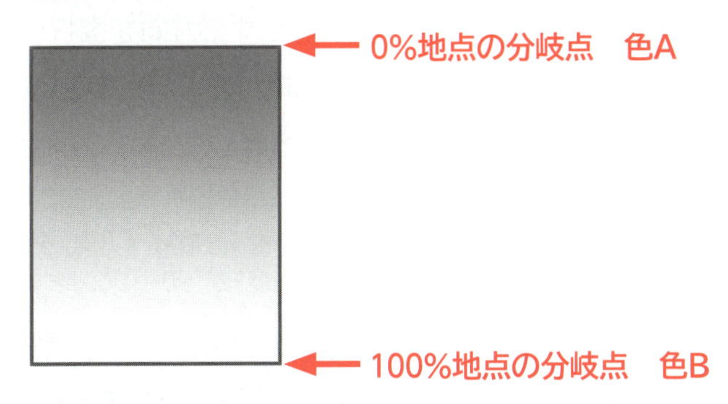

●多色のグラデーションの例

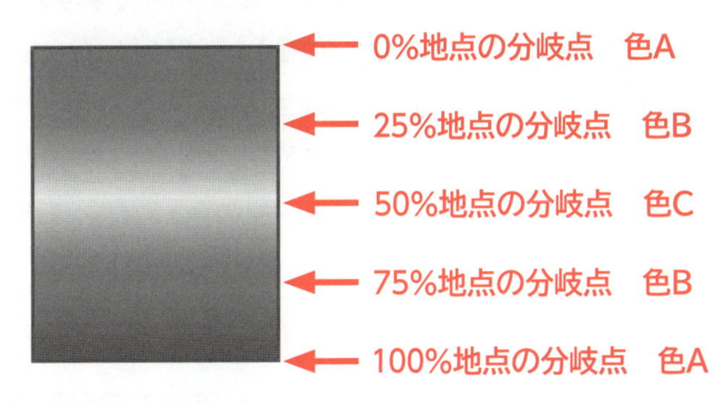

プロットエリアに、白色から灰色に徐々に変化するグラデーションの効果を設定しましょう。

0%地点の分岐点	**：白、背景1**
100%地点の分岐点	**：白、背景1、黒+基本色25%**

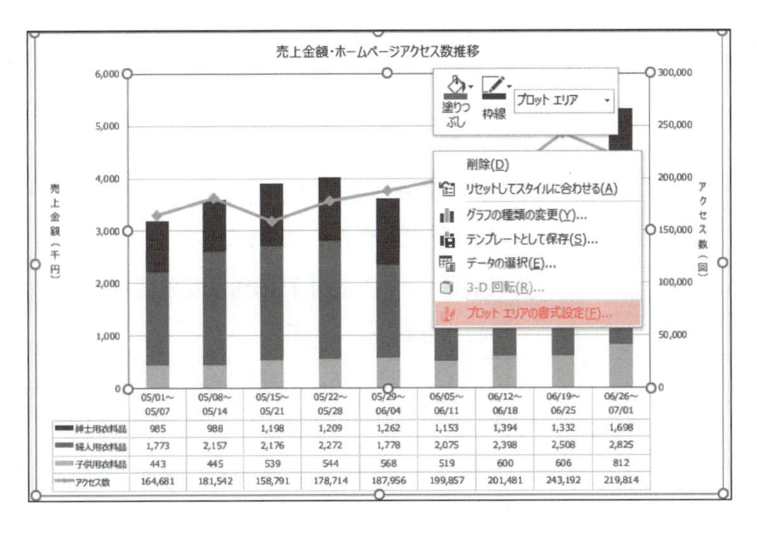

	05/01～05/07	05/08～05/14	05/15～05/21	05/22～05/28	05/29～06/04	06/05～06/11	06/12～06/18	06/19～06/25	06/26～07/01
紳士用衣料品	985	988	1,198	1,209	1,262	1,153	1,394	1,332	1,698
婦人用衣料品	1,773	2,157	2,176	2,272	1,778	2,075	2,398	2,508	2,825
子供用衣料品	443	445	539	544	568	519	600	606	812
アクセス数	164,681	181,542	158,791	178,714	187,956	199,857	201,481	243,192	219,814

①プロットエリアを右クリックします。

②《**プロットエリアの書式設定**》をクリックします。

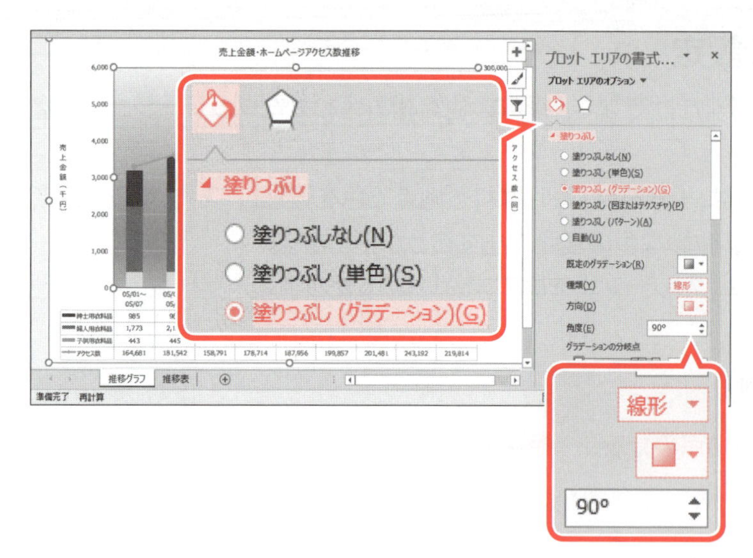

《プロットエリアの書式設定》作業ウィンドウが表示されます。

③ (塗りつぶしと線) をクリックします。

④《塗りつぶし》をクリックします。

⑤《塗りつぶし(グラデーション)》を◉にします。

グラデーションの種類を選択します。

⑥《種類》の をクリックし、一覧から《線形》を選択します。

色が変化する方向を選択します。

⑦《方向》の (方向) をクリックします。

⑧《下方向》(左から2番目、上から1番目) をクリックします。

※《種類》を《線形》、《方向》を《下方向》に設定すると、《角度》が「90°」になります。

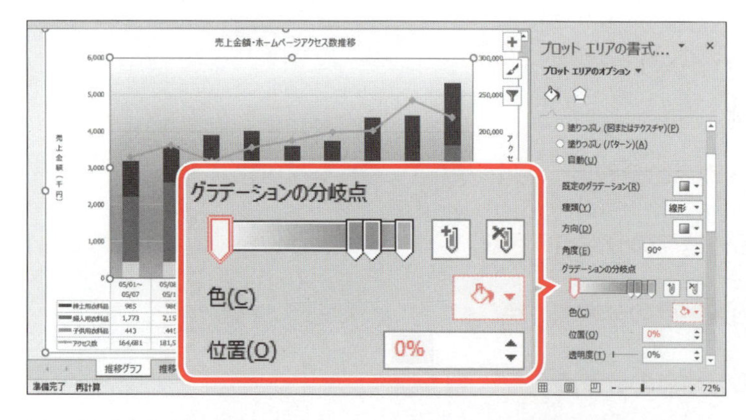

0%地点の分岐点の色を設定します。

⑨《グラデーションの分岐点》の左の (分岐点) をクリックします。

⑩《位置》が「0%」になっていることを確認します。

⑪《色》の (色) をクリックします。

⑫《テーマの色》の《白、背景1》(左から1番目、上から1番目) をクリックします。

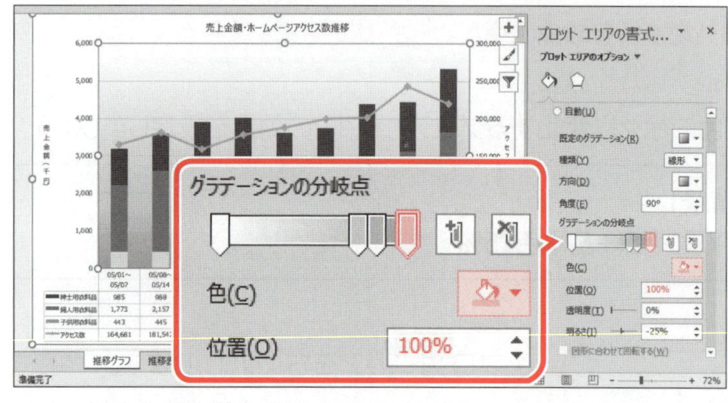

100%地点の分岐点の色を設定します。

⑬《グラデーションの分岐点》の右の (分岐点) をクリックします。

⑭《位置》が「100%」になっていることを確認します。

⑮《色》の (色) をクリックします。

⑯《テーマの色》の《白、背景1、黒+基本色25%》(左から1番目、上から4番目) をクリックします。

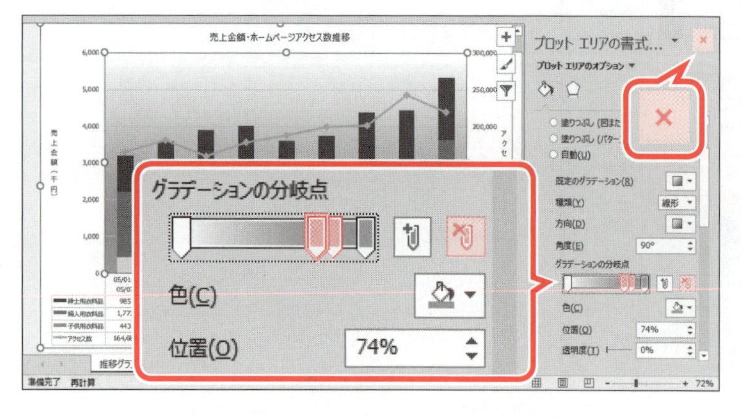

不要な分岐点を削除します。

⑰《グラデーションの分岐点》の左から2番目の (分岐点) をクリックします。

⑱《位置》が「0%」「100%」以外になっていることを確認します。

⑲ (グラデーションの分岐点を削除します) をクリックします。

⑳同様に、左から2番目の (分岐点) を削除します。

㉑ × (閉じる) をクリックします。

売上金額・ホームページアクセス数推移

	05/01～05/07	05/08～05/14	05/15～05/21	05/22～05/28	05/29～06/04	06/05～06/11	06/12～06/18	06/19～06/25	06/26～07/01
紳士用衣料品	985	988	1,198	1,209	1,262	1,153	1,394	1,332	1,698
婦人用衣料品	1,773	2,157	2,176	2,272	1,778	2,075	2,398	2,508	2,825
子供用衣料品	443	445	539	544	568	519	600	606	812
アクセス数	164,681	181,542	158,791	178,714	187,956	199,857	201,481	243,192	219,814

プロットエリアにグラデーションが設定されます。

STEP UP グラフ要素のリセット

グラフの各要素を標準の書式に戻す方法は、次のとおりです。

◆グラフ要素を右クリック→《リセットしてスタイルに合わせる》

3 値軸の書式設定

数値軸の最小値・最大値・目盛間隔は、データ系列の数値やグラフのサイズに応じてExcelが自動的に調整しますが、データ系列の数値やグラフのサイズに関わらず固定した値に変更できます。

第2軸の最大値を「250000」に変更しましょう。

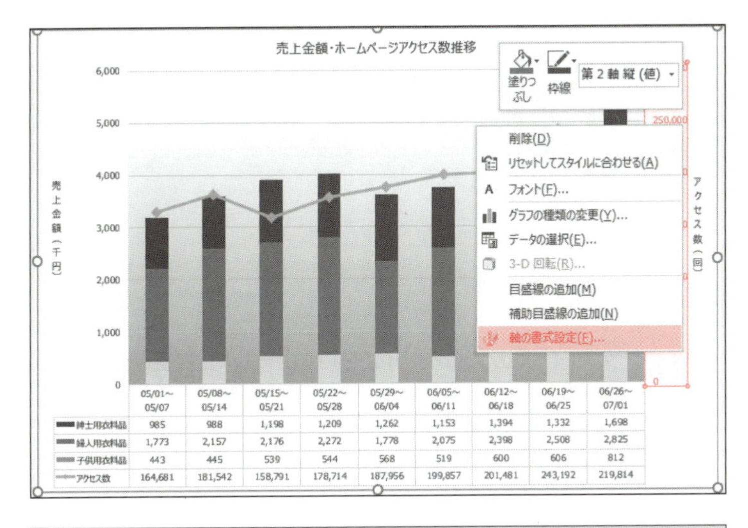

①第2軸を右クリックします。

②《軸の書式設定》をクリックします。

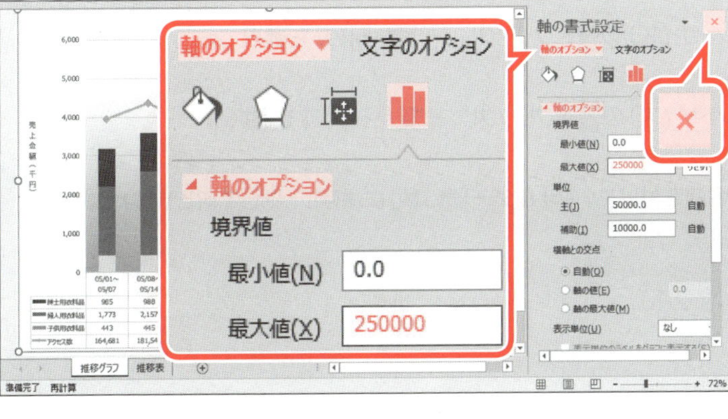

《軸の書式設定》作業ウィンドウが表示されます。

③《軸のオプション》をクリックします。

④ (軸のオプション)をクリックします。

⑤《軸のオプション》が展開されていることを確認します。

⑥《最大値》に「250000」と入力します。

⑦ × (閉じる)をクリックします。

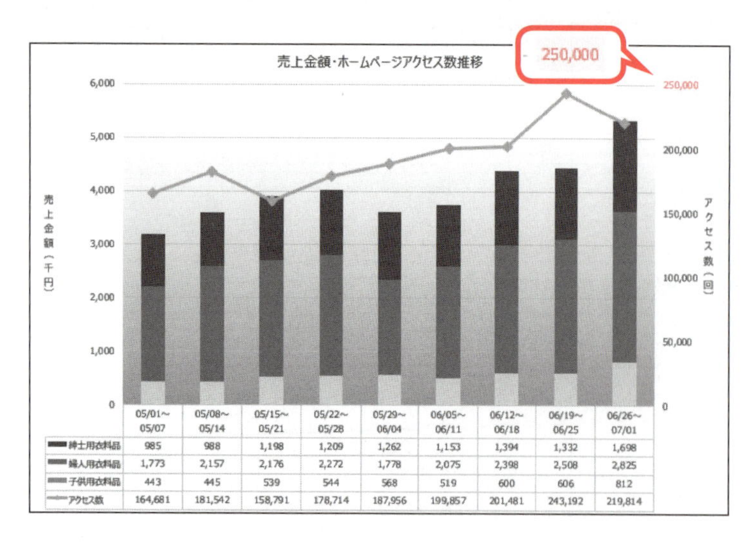

	05/01～05/07	05/08～05/14	05/15～05/21	05/22～05/28	05/29～06/04	06/05～06/11	06/12～06/18	06/19～06/25	06/26～07/01
紳士用衣料品	985	988	1,198	1,209	1,262	1,153	1,394	1,332	1,698
婦人用衣料品	1,773	2,157	2,176	2,272	1,778	2,075	2,398	2,508	2,825
子供用衣料品	443	445	539	544	568	519	600	606	812
アクセス数	164,681	181,542	158,791	178,714	187,956	199,857	201,481	243,192	219,814

第2軸の最大値が**「250,000」**になります。

STEP UP 最小値や最大値のリセット

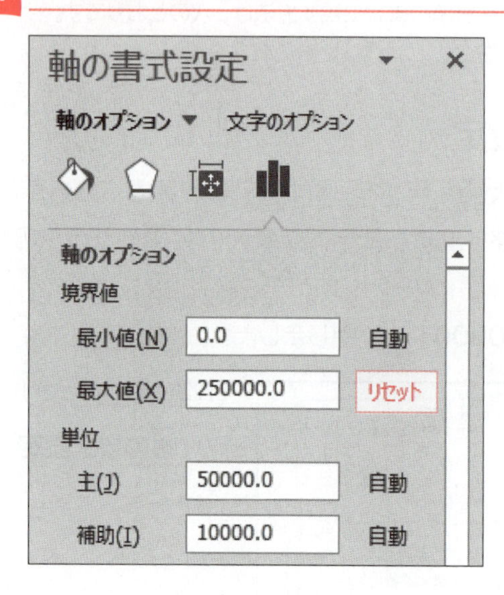

《軸の書式設定》作業ウィンドウの《軸のオプション》で最小値や最大値などに固定の値を入力すると、テキストボックスの右に《リセット》が表示されます。固定の値を解除し、自動調整に戻すには、《リセット》をクリックします。

ためしてみよう

グラフエリアのフォントサイズを「9」ポイント、グラフタイトルのフォントサイズを「14」ポイントに変更しましょう。

Let's Try Answer

①グラフエリアをクリック
②《ホーム》タブを選択
③《フォント》グループの 10 （フォントサイズ）の をクリックし、一覧から《9》を選択
④グラフタイトルをクリック
⑤《フォント》グループの 10.8 （フォントサイズ）の をクリックし、一覧から《14》を選択

※ブックに「グラフの活用-1完成」と名前を付けて、フォルダー「第3章」に保存し、閉じておきましょう。

Step3 補助縦棒グラフ付き円グラフを作成する

1 補助グラフ付き円グラフ

「補助縦棒グラフ付き円グラフ」や「補助円グラフ付き円グラフ」を使うと、一部のデータを補助グラフの中に詳しく表示できます。

●補助縦棒グラフ付き円グラフ

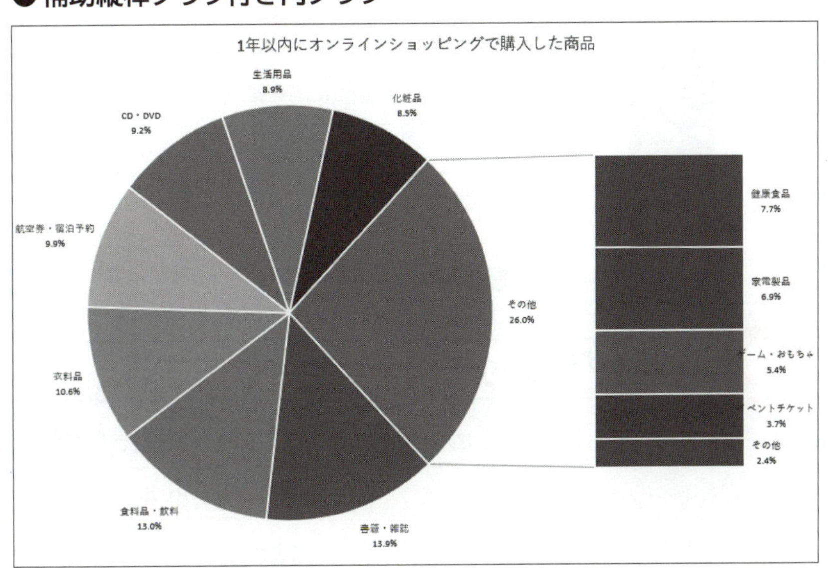

●補助円グラフ付き円グラフ

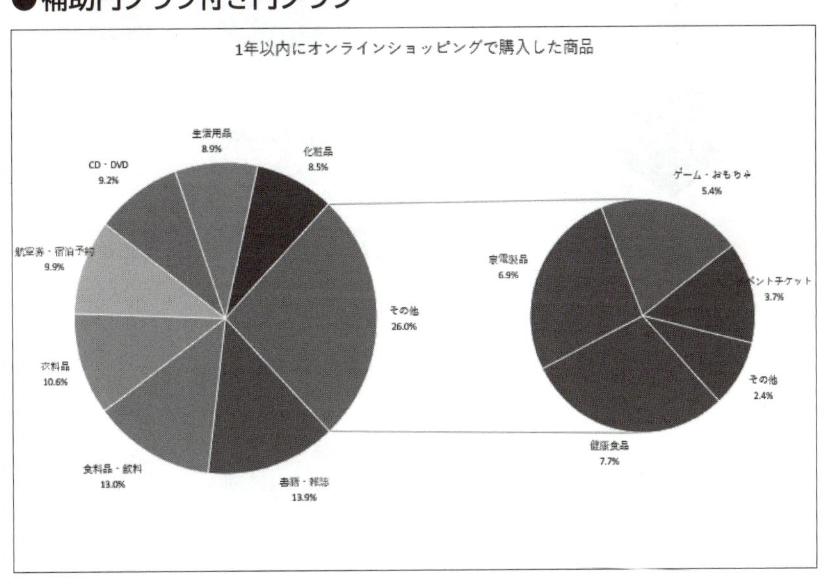

補助グラフ付き円グラフを作成する手順は、次のとおりです。

1 もとになるデータを適切に並べ替える

初期の設定では、もとになるセル範囲の下の部分が補助グラフとして表示されます。
グラフにするデータを適切に並べ替えます。

	A	B	C	D	E	F	G	H	I
1		オンラインショッピングの利用に関するアンケート							
2									
3		【1年以内にオンラインショッピングで購入したもの】（複数回答）							
4			10代	20代	30代	40代	50代以上	合計	
5		書籍・雑誌	481	1,464	2,224	1,502	512	6,183	
6		食料品・飲料	18	1,317	2,002	1,854	605	5,796	
7		衣料品	36	1,314	1,997	1,012	375	4,734	
8		航空券・宿泊予約	12	960	1,459	1,612	354	4,397	
9		CD・DVD	356	1,115	1,695	815	125	4,106	
10		生活用品	20	891	1,487	1,145	397	3,940	
11		化粧品	61	988	1,501	1,104	114	3,768	
12		健康食品	18	892	1,355	915	254	3,434	
13		家電製品	42	727	1,105	987	207	3,068	
14		ゲーム・おもちゃ	345	683	1,038	301	32	2,399	
15		イベントチケット	98	441	670	315	101	1,625	
16		その他	14	267	406	274	106	1,067	
17		合計	1,501	11,059	16,939	11,836	3,182	44,517	
18									

2 補助グラフ付き円グラフを作成する

もとになるセル範囲を選択して、補助グラフ付き円グラフを作成します。

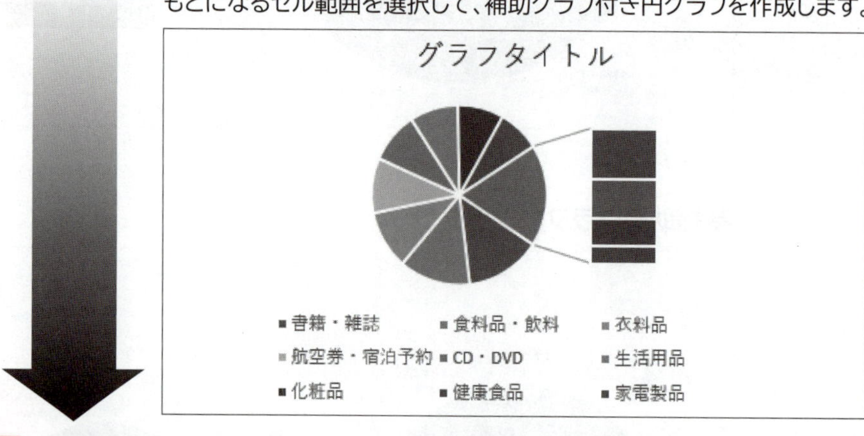

3 補助グラフのデータ個数を設定する

補助グラフに表示するデータの個数を設定します。

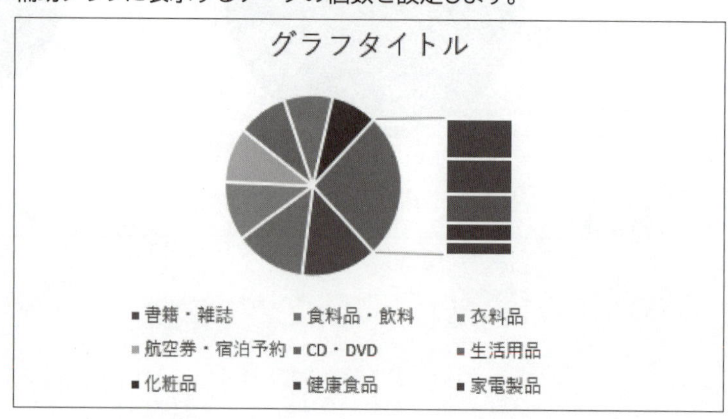

2 補助縦棒グラフ付き円グラフの作成

補助縦棒グラフ付き円グラフを作成しましょう。

フォルダー「第3章」のブック「グラフの活用-2」を開いておきましょう。

1 並べ替え

購入したものごとの**「合計」**のデータのうち、値が小さいものが補助グラフに表示されるようにします。
「合計」の列をキーに、表を降順に並べ替えましょう。

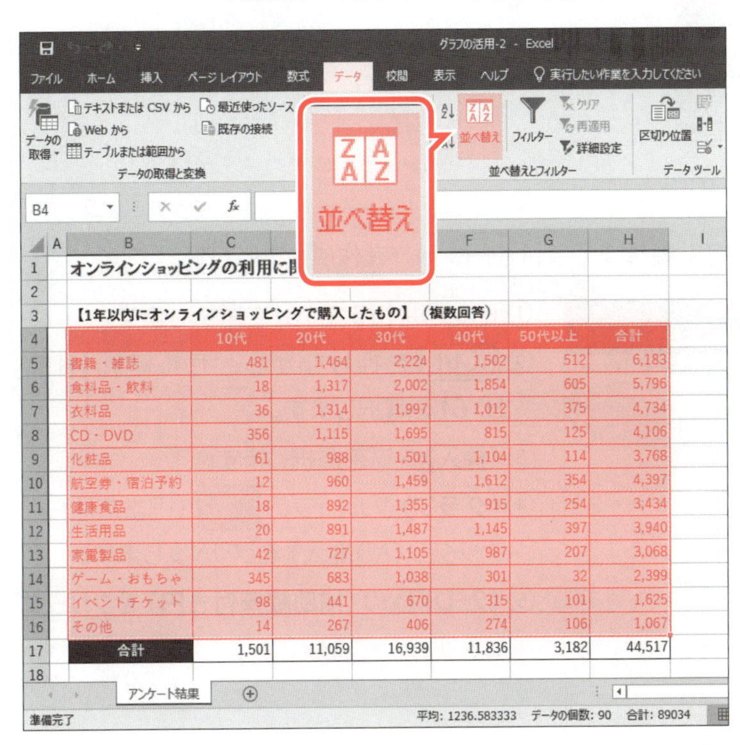

	10代	20代	30代	40代	50代以上	合計
書籍・雑誌	481	1,464	2,224	1,502	512	6,183
食料品・飲料	18	1,317	2,002	1,854	605	5,796
衣料品	36	1,314	1,997	1,012	375	4,734
CD・DVD	356	1,115	1,695	815	125	4,106
化粧品	61	988	1,501	1,104	114	3,768
航空券・宿泊予約	12	960	1,459	1,612	354	4,397
健康食品	18	892	1,355	915	254	3,434
生活用品	20	891	1,487	1,145	397	3,940
家電製品	42	727	1,105	987	207	3,068
ゲーム・おもちゃ	345	683	1,038	301	32	2,399
イベントチケット	98	441	670	315	101	1,625
その他	14	267	406	274	106	1,067
合計	1,501	11,059	16,939	11,836	3,182	44,517

①セル範囲**【B4:H16】**を選択します。

※表の下側に年代ごとの「合計」のデータが含まれているため、並べ替えるセル範囲が自動的に認識されません。対象のセル範囲を選択します。

②**《データ》**タブを選択します。

③**《並べ替えとフィルター》**グループの（並べ替え）をクリックします。

並べ替え
レベルの追加(A)　レベルの削除(D)　レベルのコピー(C)　オプション(O)...　先頭行をデータの見出しとして使用する(H)
列　並べ替えのキー　順序
最優先されるキー　合計　セルの値　大きい順
OK　キャンセル

《並べ替え》ダイアログボックスが表示されます。

④**《先頭行をデータの見出しとして使用する》**を☑にします。

⑤**《列》**の**《最優先されるキー》**のをクリックし、一覧から**「合計」**を選択します。

⑥**《並べ替えのキー》**が**《セルの値》**になっていることを確認します。

⑦**《順序》**のをクリックし、一覧から**《大きい順》**を選択します。

⑧**《OK》**をクリックします。

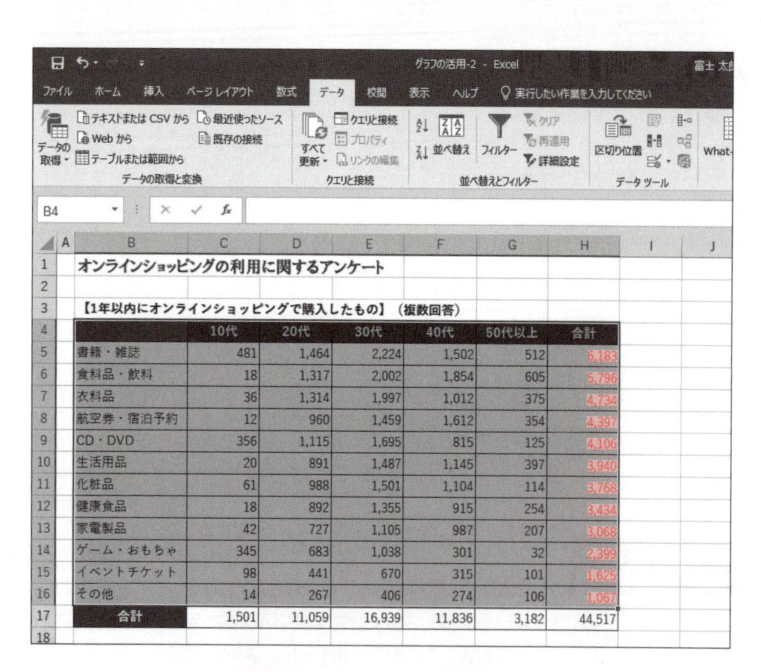

オンラインショッピングの利用に関するアンケート

【1年以内にオンラインショッピングで購入したもの】（複数回答）

	10代	20代	30代	40代	50代以上	合計
書籍・雑誌	481	1,464	2,224	1,502	512	6,183
食料品・飲料	18	1,317	2,002	1,854	605	5,796
衣料品	36	1,314	1,997	1,012	375	4,734
航空券・宿泊予約	12	960	1,459	1,612	354	4,397
CD・DVD	356	1,115	1,695	815	125	4,106
生活用品	20	891	1,487	1,145	397	3,940
化粧品	61	988	1,501	1,104	114	3,768
健康食品	18	892	1,355	915	254	3,434
家電製品	42	727	1,105	987	207	3,068
ゲーム・おもちゃ	345	683	1,038	301	32	2,399
イベントチケット	98	441	670	315	101	1,625
その他	14	267	406	274	106	1,067
合計	1,501	11,059	16,939	11,836	3,182	44,517

表が並び替わります。

2 グラフの作成

並べ替えたデータをもとに、補助縦棒グラフ付き円グラフを作成しましょう。

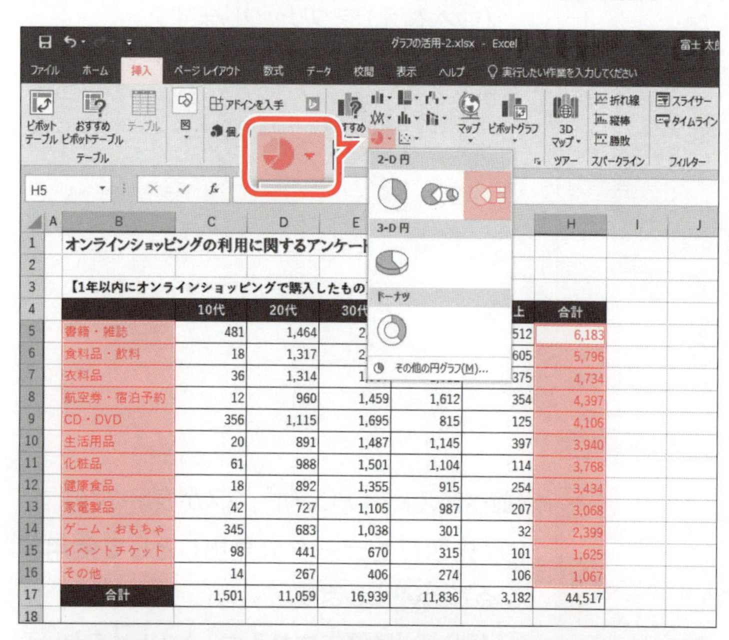

①セル範囲【B5:B16】を選択します。

②［Ctrl］を押しながら、セル範囲【H5:H16】を選択します。

③《挿入》タブを選択します。

④《グラフ》グループの［円またはドーナツグラフの挿入ボタン］（円またはドーナツグラフの挿入）をクリックします。

⑤《2-D円》の《補助縦棒付き円》をクリックします。

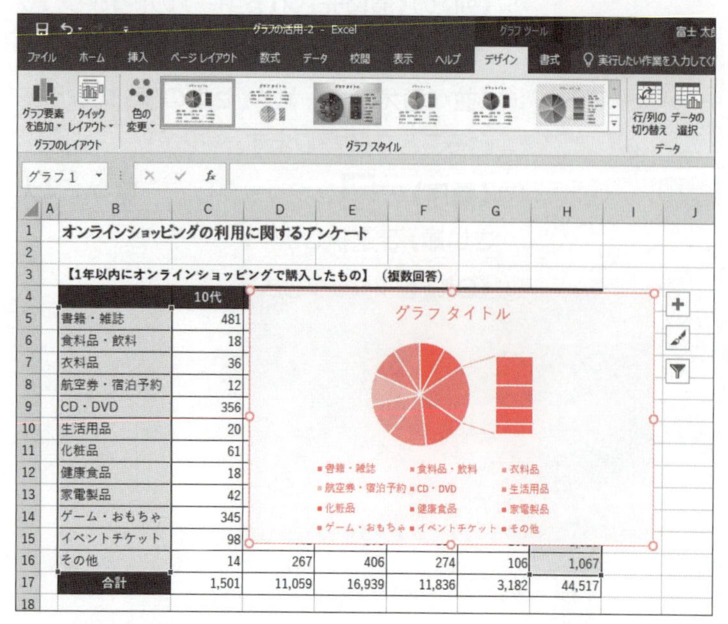

補助縦棒グラフ付き円グラフが作成されます。

3 補助グラフの設定

補助グラフに表示するデータ要素の個数を4個から5個に変更しましょう。

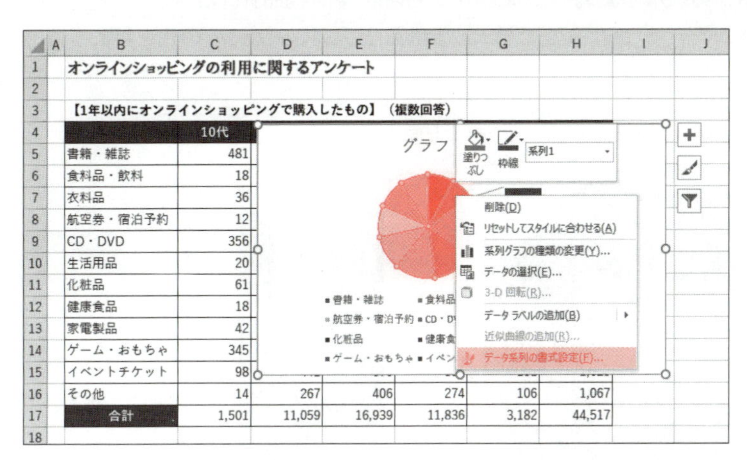

①データ系列を右クリックします。

※データ系列であれば、どこでもかまいません。

②**《データ系列の書式設定》**をクリックします。

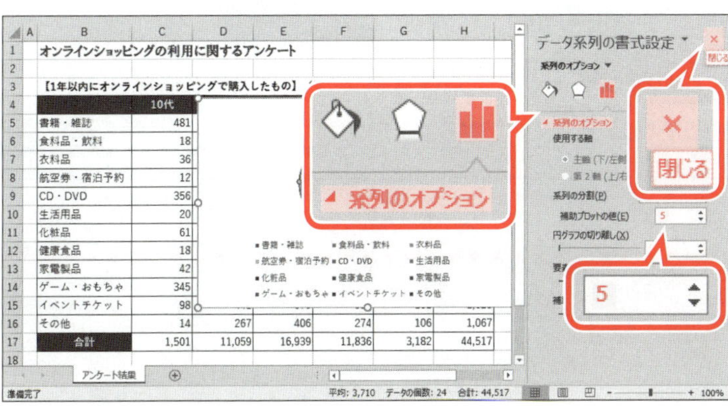

《データ系列の書式設定》作業ウィンドウが表示されます。

③ （系列のオプション）をクリックします。

④**《系列のオプション》**が展開されていることを確認します。

⑤**《補助プロットの値》**を「**5**」に設定します。

⑥ × （閉じる）をクリックします。

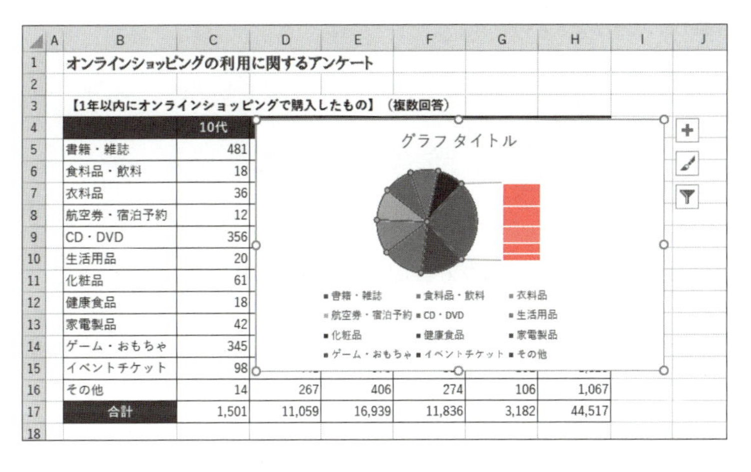

補助グラフのデータ要素の個数が変更されます。

STEP UP 主要プロットと補助プロット

主となる円グラフに表示されるデータ要素を「主要プロット」、補助グラフに表示されるデータ要素を「補助プロット」といいます。

データ要素を主要プロットにするか、補助プロットにするかをあとから設定することもできます。

◆データ系列をクリック→データ要素をクリック→データ要素を右クリック→《データ要素の書式設定》→ （系列のオプション）→《要素のプロット先》の ▼ →《主要プロット》／《補助プロット》

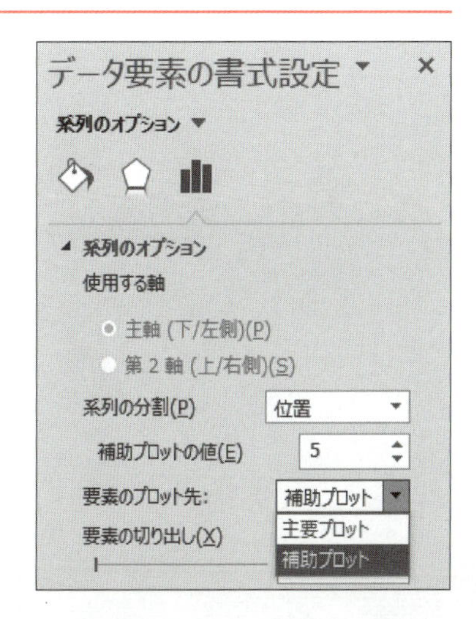

Let's Try ためしてみよう

①シート上のグラフをグラフシートに移動しましょう。グラフシートの名前は「購入商品」にします。

②グラフタイトルに、「1年以内にオンラインショッピングで購入した商品」と入力し、フォントの色を「黒、テキスト1」にしましょう。

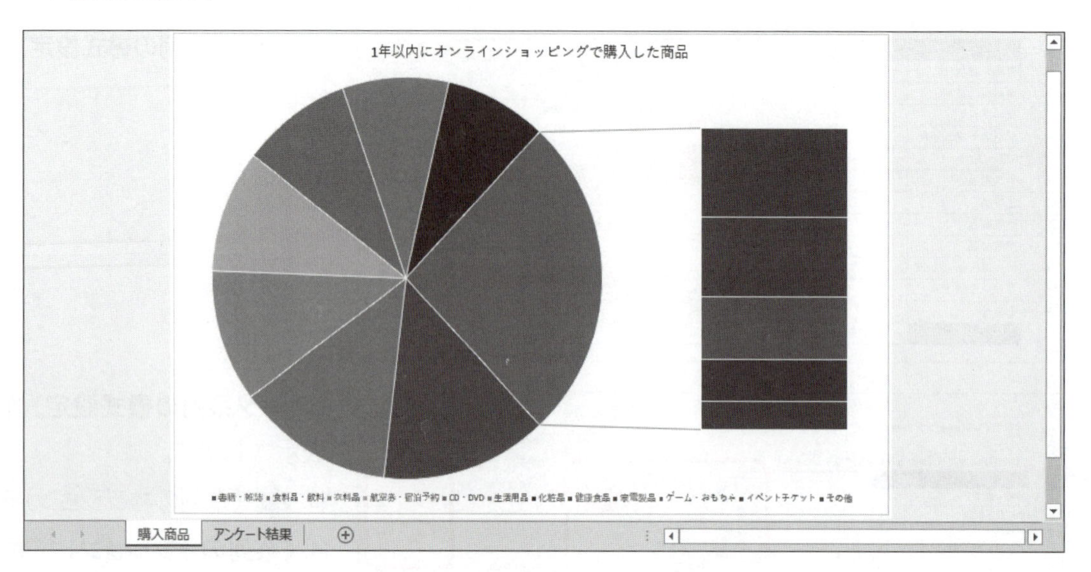

①

①グラフを選択
②《デザイン》タブを選択
③《場所》グループの（グラフの移動）をクリック
④《新しいシート》を◉にし、「購入商品」と入力
⑤《OK》をクリック

②

①グラフタイトルをクリック
②グラフタイトルを再度クリック
③「グラフタイトル」を削除し、「1年以内にオンラインショッピングで購入した商品」と入力
④グラフタイトルの枠線をクリック
⑤《ホーム》タブを選択
⑥《フォント》グループの（フォントの色）のをクリック
⑦《テーマの色》の《黒、テキスト1》（左から2番目、上から1番目）をクリック

3 グラフ要素の表示

グラフに、データ要素を説明する**「データラベル」**を表示できます。
データラベルを表示しましょう。

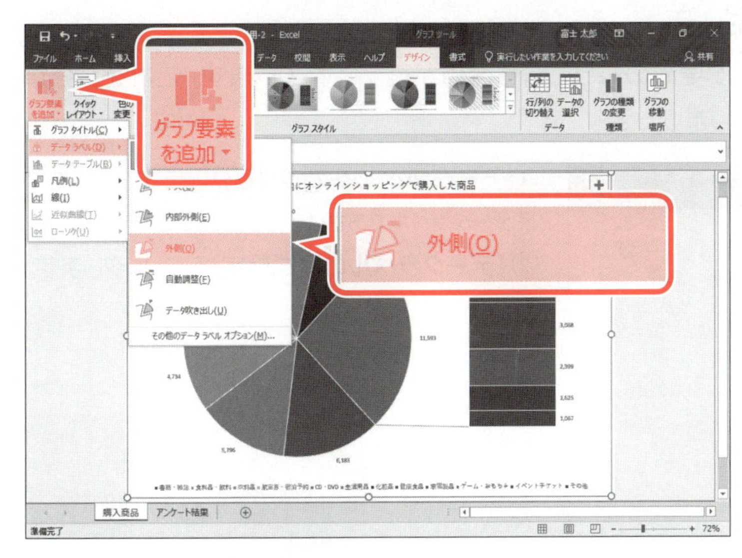

①グラフが選択されていることを確認します。
②**《デザイン》**タブを選択します。
③**《グラフのレイアウト》**グループの（グラフ要素を追加）をクリックします。
④**《データラベル》**をポイントします。
⑤**《外側》**をクリックします。

1年以内にオンラインショッピングで購入した商品

データラベルが表示されます。

POINT データラベルの非表示

データラベルを非表示にする方法は、次のとおりです。

◆グラフを選択→《デザイン》タブ→《グラフのレイアウト》グループの（グラフ要素を追加）→《データラベル》→《なし》

4 グラフ要素の書式設定

グラフの各要素の書式を設定しましょう。

1 ラベル内容の設定

現在、データラベルにはデータ要素のもとになる数値が表示されています。これを、分類名とパーセントの表示に変更しましょう。

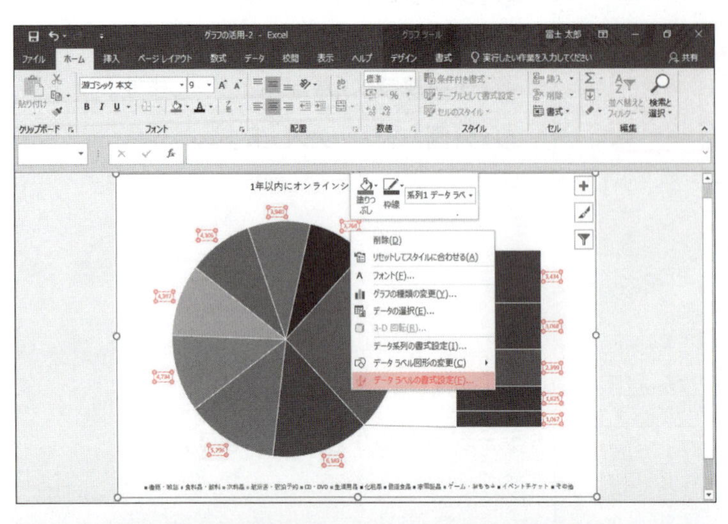

①データラベルを右クリックします。
※データラベルであれば、どこでもかまいません。
②**《データラベルの書式設定》**をクリックします。

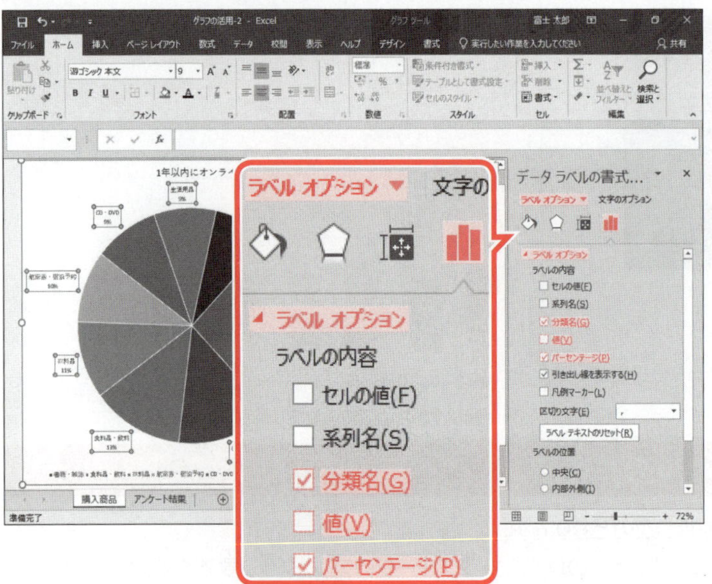

《データラベルの書式設定》作業ウィンドウが表示されます。
③**《ラベルオプション》**をクリックします。
④ (ラベルオプション)をクリックします。
⑤**《ラベルオプション》**が展開されていることを確認します。
⑥**《分類名》**を☑にします。
⑦**《値》**を☐にします。
⑧**《パーセンテージ》**を☑にします。

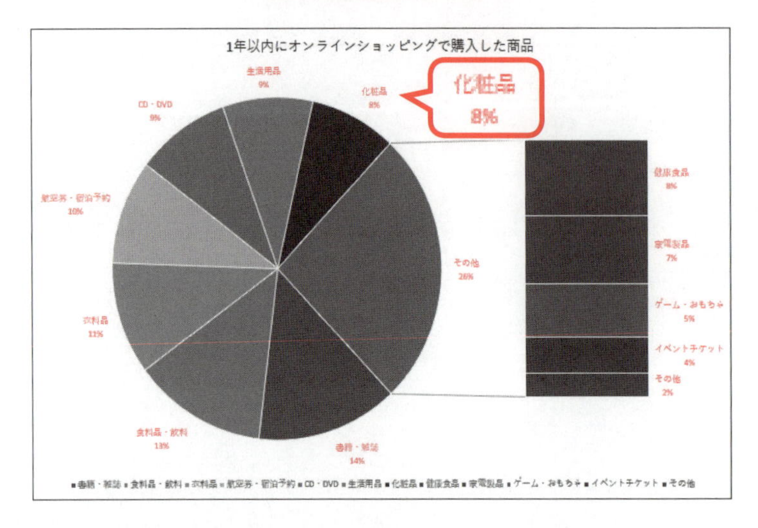

データラベルに、分類名とパーセントが表示されます。

2 表示形式の設定

データラベルのパーセントが小数第1位まで表示されるように設定しましょう。

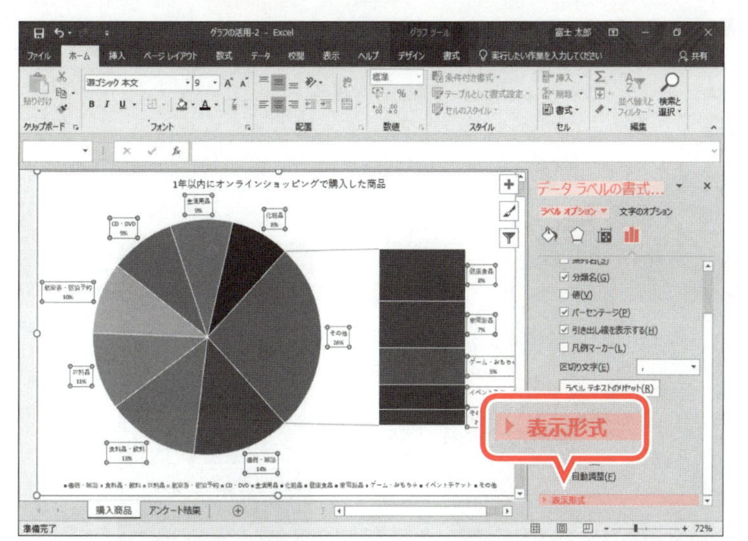

①**《データラベルの書式設定》**作業ウィンドウが表示されていることを確認します。

※表示されていない場合は、データラベルを右クリック→《データラベルの書式設定》をクリックします。

②**《ラベルオプション》**をクリックします。

③ （ラベルオプション）をクリックします。

④**《表示形式》**をクリックします。

※表示されていない場合は、スクロールして調整します。

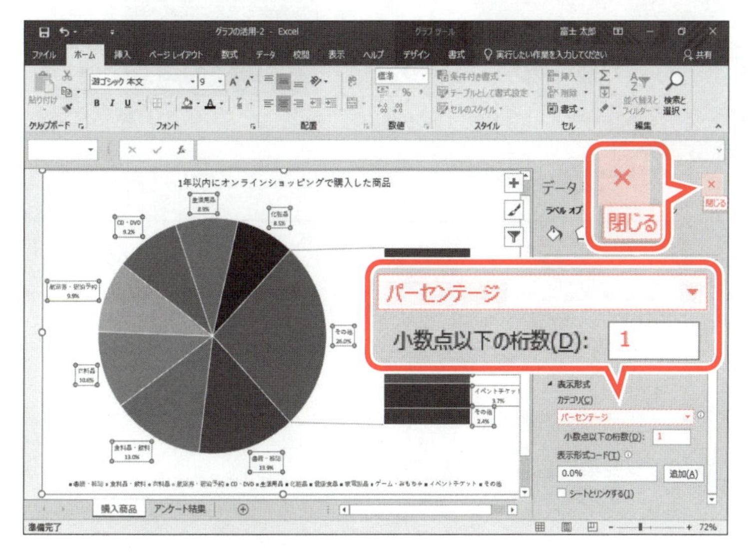

⑤**《カテゴリ》**の をクリックします。

※表示されていない場合は、スクロールして調整します。

⑥**《パーセンテージ》**をクリックします。

⑦**《小数点以下の桁数》**に「**1**」と入力します。

⑧ × （閉じる）をクリックします。

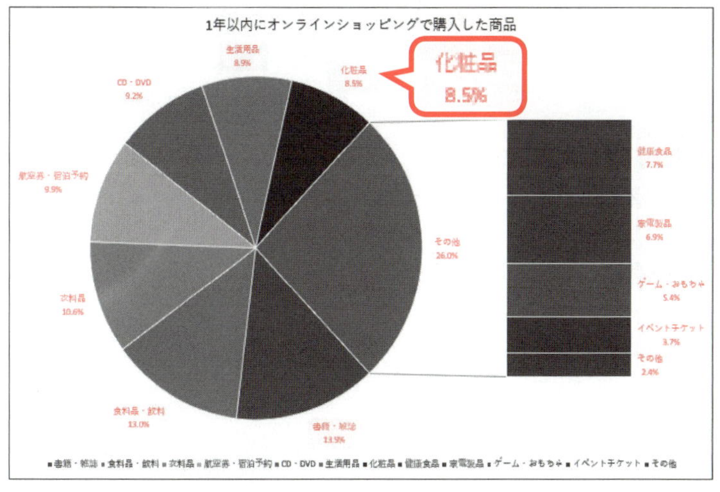

データラベルが小数第1位までのパーセントで表示されます。

Let's Try ためしてみよう

①凡例を非表示にしましょう。

②データラベルのフォントの色を「黒、テキスト1」にしましょう。

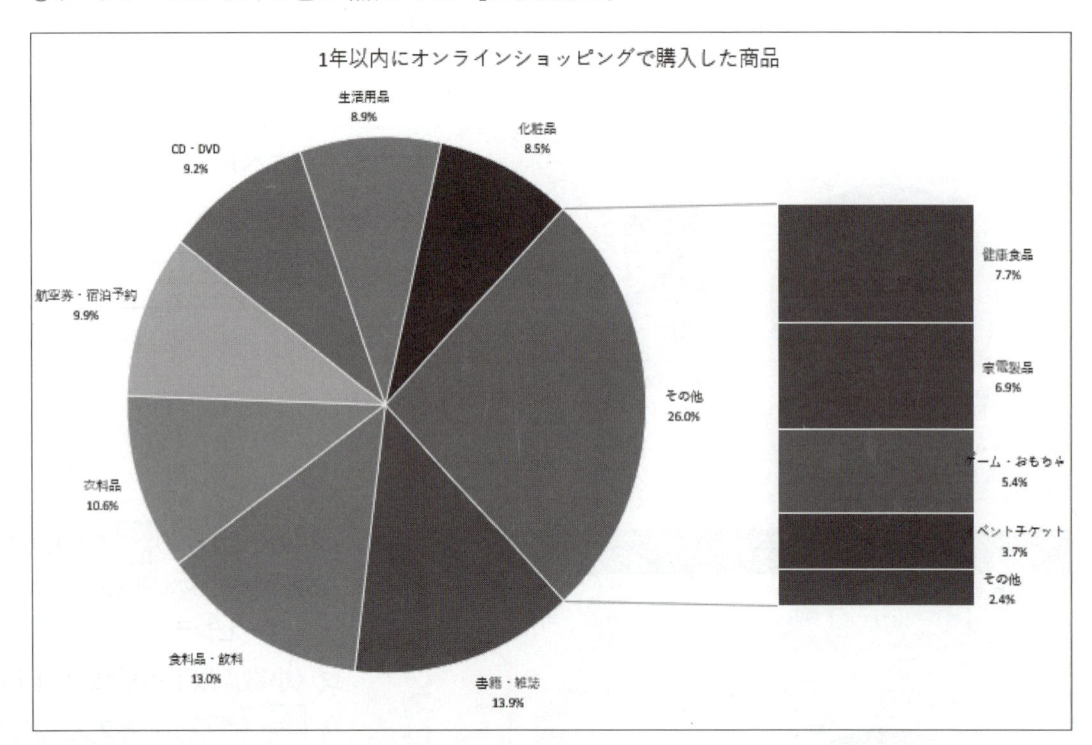

①

①グラフを選択

②《デザイン》タブを選択

③《グラフのレイアウト》グループの (グラフ要素を追加)をクリック

④《凡例》をポイント

⑤《なし》をクリック

②

①データラベルを選択

②《ホーム》タブを選択

③《フォント》グループの (フォントの色)の をクリック

④《テーマの色》の《黒、テキスト1》(左から2番目、上から1番目)をクリック

※ブックに「グラフの活用-2完成」と名前を付けて、フォルダー「第3章」に保存し、閉じておきましょう。

Step4 スパークラインを作成する

1 スパークライン

「スパークライン」を使うと、複数のセルに入力された数値をもとに、別のセル内に小さなグラフを作成できます。
スパークラインには、次の3種類のグラフがあります。

●折れ線

時間の経過によるデータの推移を表現します。

A市の年間気温　単位：℃

月	1月	2月	3月	4月	5月	6月	7月	8月	9月	10月	11月	12月	傾向
最高気温	6	4	9	16	23	28	34	36	30	24	12	8	
最低気温	-5	-10	4	11	17	19	21	24	17	15	17	1	

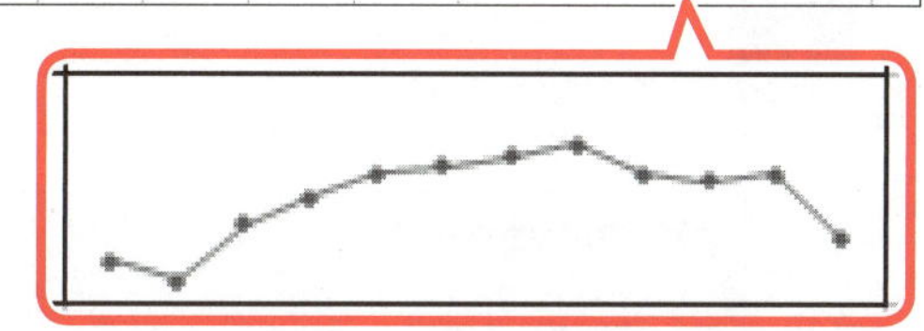

●縦棒

データの大小関係を表現します。

新聞折り込みちらしによるWebアクセス効果　単位：回

月	5/1(水)	5/2(木)	5/3(金)	5/4(土)	5/5(日)	5/6(月)	5/7(火)	年間推移
商品案内	1,459	1,532	1,323	1,282	1,172	1,314	1,204	
店舗案内	677	623	378	423	254	351	266	
イベント案内	241	198	145	228	241	111	325	

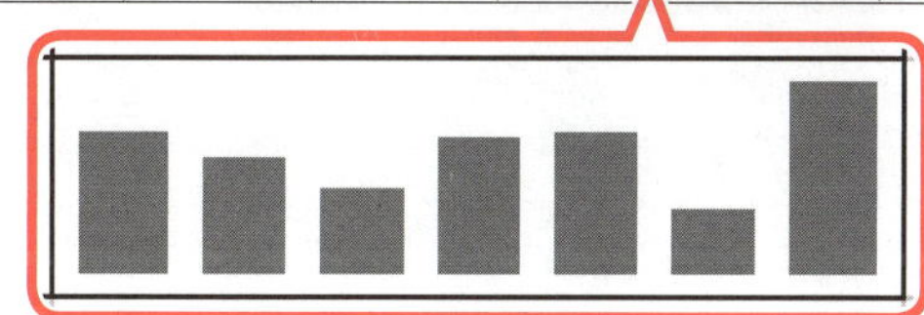

●勝敗

数値の正負をもとに、データの勝敗を表現します。

人口増減数（転入－転出）比較　単位：人

市名	2014年	2015年	2016年	2017年	2018年	2019年	増減
A市	364	-89	289	430	367	-36	
B市	339	683	-40	-25	580	451	
C市	350	290	-35	154	-25	235	

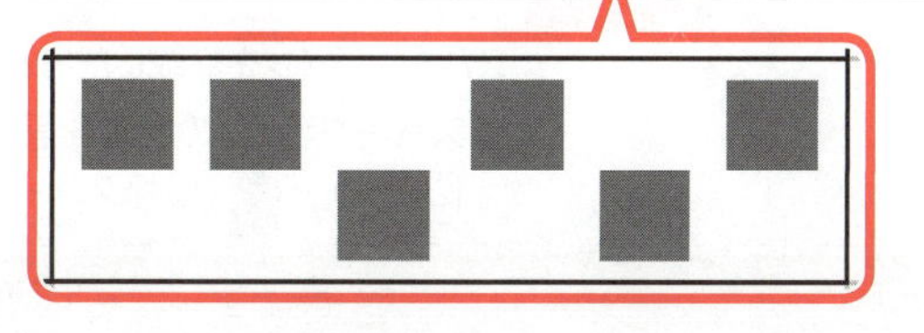

2 スパークラインの作成

各商品分野の月ごとの売上を表すスパークラインを作成しましょう。

フォルダー「第3章」のブック「グラフの活用-3」を開いておきましょう。

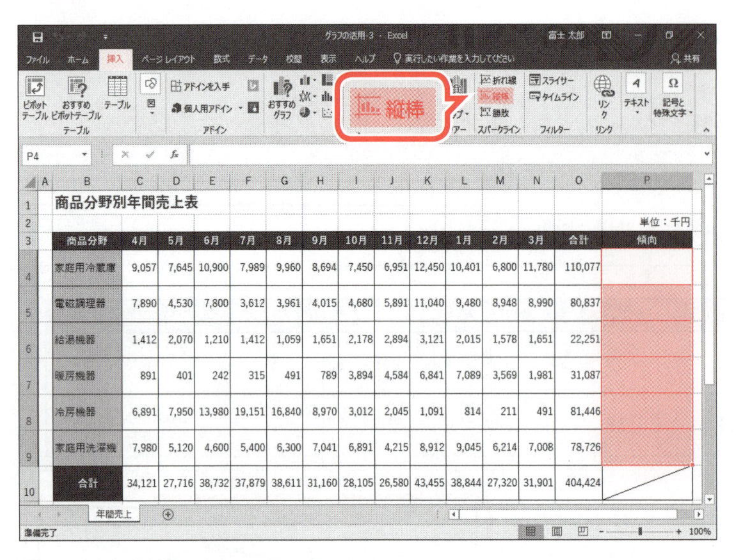

商品分野別年間売上表

単位：千円

商品分野	4月	5月	6月	7月	8月	9月	10月	11月	12月	1月	2月	3月	合計	傾向
家庭用冷蔵庫	9,057	7,645	10,900	7,989	9,960	8,694	7,450	6,951	12,450	10,401	6,800	11,780	110,077	
電磁調理器	7,890	4,530	7,800	3,612	3,961	4,015	4,680	5,891	11,040	9,480	8,948	8,990	80,837	
給湯機器	1,412	2,070	1,210	1,412	1,059	1,651	2,178	2,894	3,121	2,015	1,578	1,651	22,251	
暖房機器	891	401	242	315	491	789	3,894	4,584	6,841	7,089	3,569	1,981	31,087	
冷房機器	6,891	7,950	13,980	19,151	16,840	8,970	3,012	2,045	1,091	814	211	491	81,446	
家庭用洗濯機	7,980	5,120	4,600	5,400	6,300	7,041	6,891	4,215	8,912	9,045	6,214	7,008	78,726	
合計	34,121	27,716	38,732	37,879	38,611	31,160	28,105	26,580	43,455	38,844	27,320	31,901	404,424	

①セル範囲【P4:P9】を選択します。

②《挿入》タブを選択します。

③《スパークライン》グループの 縦棒 (縦棒スパークライン) をクリックします。

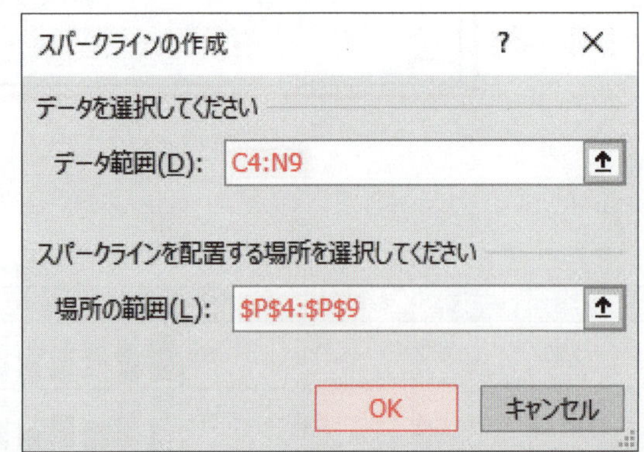

《スパークラインの作成》ダイアログボックスが表示されます。

④《データ範囲》にカーソルが表示されていることを確認します。

⑤セル範囲【C4:N9】を選択します。

⑥《場所の範囲》が「$P$4:$P$9」になっていることを確認します。

⑦《OK》をクリックします。

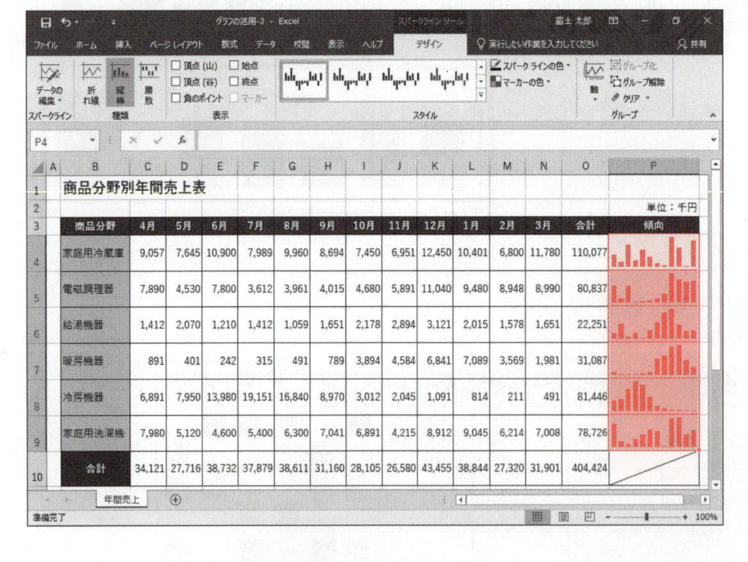

スパークラインが作成されます。

※リボンに《デザイン》タブが追加され、自動的に切り替わります。

STEP UP スパークラインの削除

スパークラインを削除する方法は、次のとおりです。

◆スパークラインのセルを選択→《デザイン》タブ→《グループ》グループの クリア (選択したスパークラインのクリア)

STEP UP スパークラインの種類の変更

スパークラインを作成したあと、スパークラインの種類を変更できます。

◆スパークラインのセルを選択→《デザイン》タブ→《種類》グループの 折れ線 (折れ線スパークラインに変換) ／ 縦棒 (縦棒スパークラインに変換) ／ 勝敗 (勝敗スパークラインに変換)

3 スパークラインの最大値と最小値の設定

初期の設定でスパークラインは、データ範囲の中の最大値をセルの上端、最小値をセルの下端としてデータをグラフ化します。スパークラインごとに、データ範囲から自動的に最大値や最小値が設定されているので、関連する複数のスパークラインを作成するときは、最大値や最小値を同じ値に設定するとよいでしょう。
セル範囲【P4:P9】のスパークラインの最大値をすべて同じ値にし、最小値を「0」に設定しましょう。

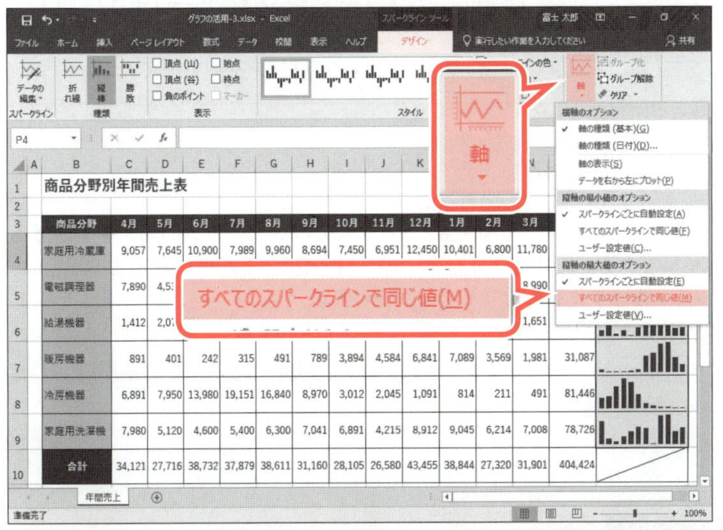

①セル【P4】をクリックします。
※セル範囲【P4:P9】内であれば、どこでもかまいません。
②**《デザイン》**タブを選択します。
③**《グループ》**グループの（スパークラインの軸）をクリックします。
④**《縦軸の最大値のオプション》**の**《すべてのスパークラインで同じ値》**をクリックします。

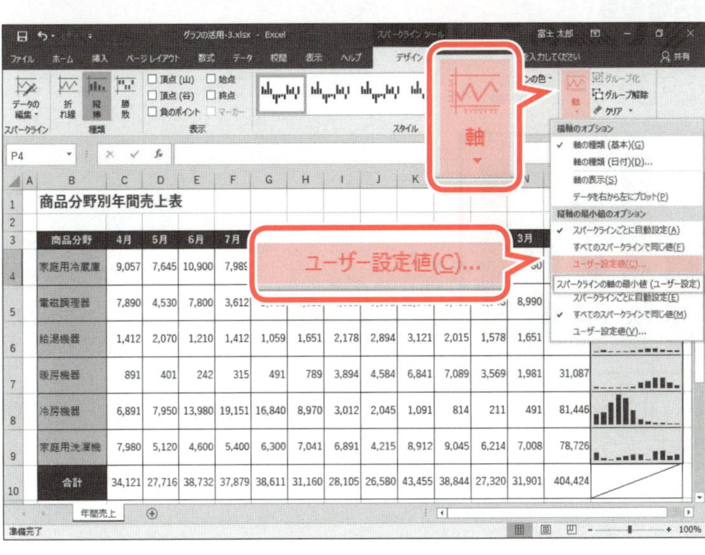

⑤**《グループ》**グループの（スパークラインの軸）をクリックします。
⑥**《縦軸の最小値のオプション》**の**《ユーザー設定値》**をクリックします。

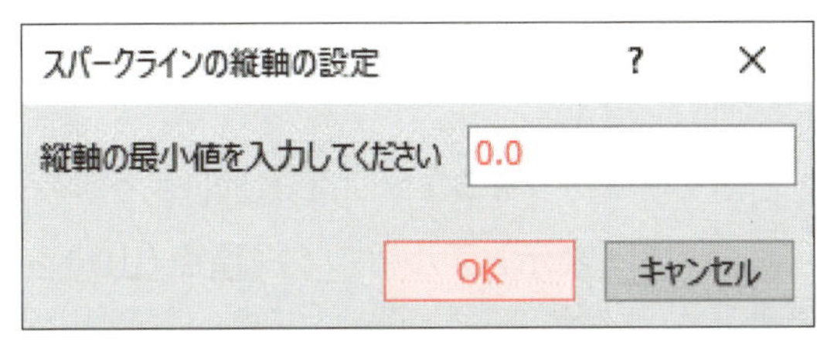

《スパークラインの縦軸の設定》ダイアログボックスが表示されます。
⑦**《縦軸の最小値を入力してください》**に「**0.0**」と表示されていることを確認します。
⑧**《OK》**をクリックします。

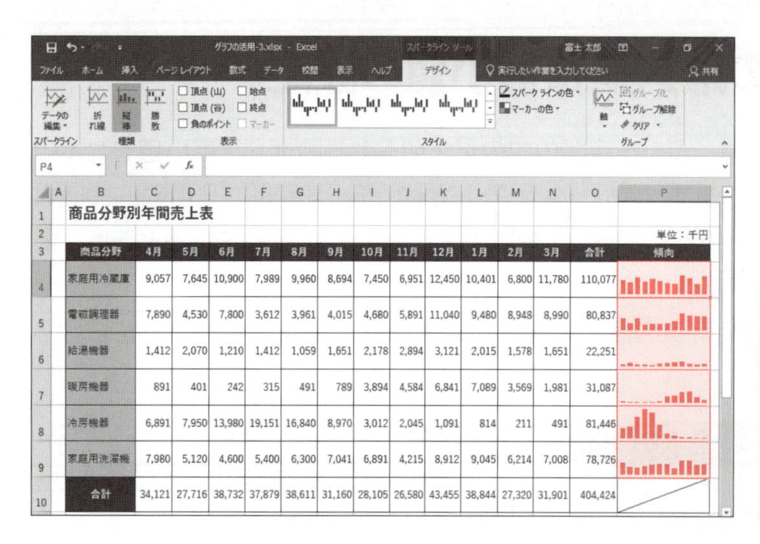

商品分野別年間売上表

単位：千円

商品分野	4月	5月	6月	7月	8月	9月	10月	11月	12月	1月	2月	3月	合計	傾向
家庭用冷蔵庫	9,057	7,645	10,900	7,989	9,960	8,694	7,450	6,951	12,450	10,401	6,800	11,780	110,077	
電磁調理器	7,890	4,530	7,800	3,612	3,961	4,015	4,680	5,891	11,040	9,480	8,948	8,990	80,837	
給湯機器	1,412	2,070	1,210	1,412	1,059	1,651	2,178	2,894	3,121	2,015	1,578	1,651	22,251	
暖房機器	891	401	242	315	491	789	3,894	4,584	6,841	7,089	3,569	1,981	31,087	
冷房機器	6,891	7,950	13,980	19,151	16,840	8,970	3,012	2,045	1,091	814	211	491	81,446	
家庭用洗濯機	7,980	5,120	4,600	5,400	6,300	7,041	6,891	4,215	8,912	9,045	6,214	7,008	78,726	
合計	34,121	27,716	38,732	37,879	38,611	31,160	28,105	26,580	43,455	38,844	27,320	31,901	404,424	

すべてのスパークラインの最大値と最小値が設定されます。

POINT スパークラインのグループ化

作成したスパークラインはグループ化されています。ひとつのスパークラインをクリックすると、すべてのスパークラインを選択できます。

STEP UP スパークラインのグループ解除

作成したスパークラインはグループ化されているため、ひとつのスパークラインの設定を変更すると、そのほかにも自動的に変更が反映されます。ひとつのスパークラインだけに設定する場合は、あらかじめスパークラインのグループ化を解除する必要があります。

グループ化を解除する方法は、次のとおりです。

◆スパークラインのセルを選択→《デザイン》タブ→《グループ》グループの［グループ解除］（選択したスパークラインのグループ解除）

4 データマーカーの強調

「**データマーカー**」とは、スパークラインを構成するデータ系列のことです。

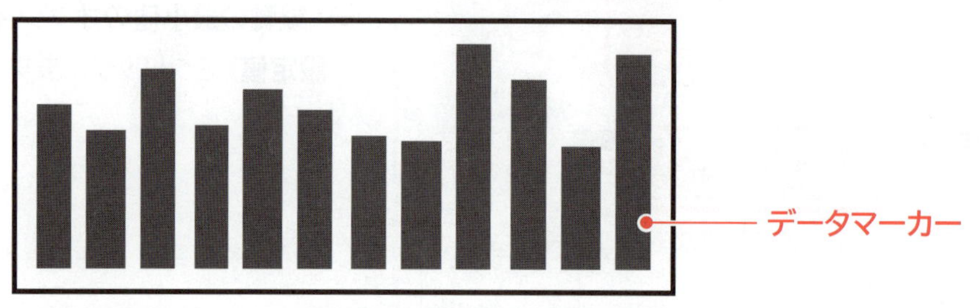

初期の設定でスパークラインは、すべてのデータマーカーが同じ色で表示されますが、最大値や最小値など特定のデータマーカーだけを目立たせることができます。

最大値を強調しましょう。

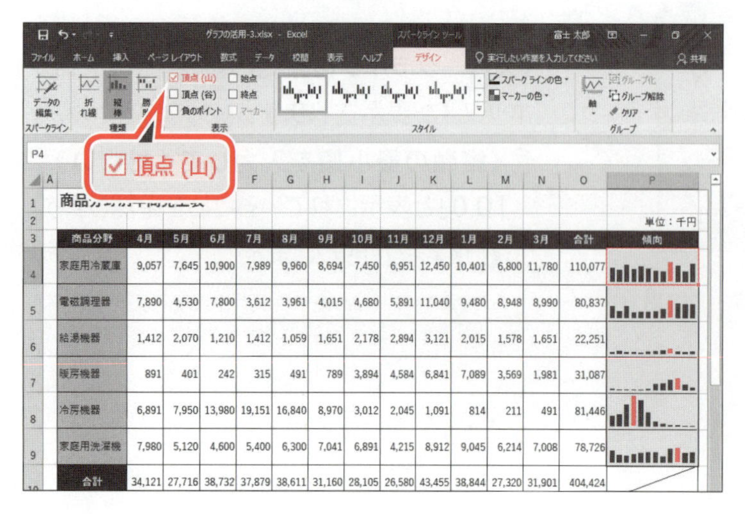

商品分野別年間売上表

単位：千円

商品分野	4月	5月	6月	7月	8月	9月	10月	11月	12月	1月	2月	3月	合計	傾向
家庭用冷蔵庫	9,057	7,645	10,900	7,989	9,960	8,694	7,450	6,951	12,450	10,401	6,800	11,780	110,077	
電磁調理器	7,890	4,530	7,800	3,612	3,961	4,015	4,680	5,891	11,040	9,480	8,948	8,990	80,837	
給湯機器	1,412	2,070	1,210	1,412	1,059	1,651	2,178	2,894	3,121	2,015	1,578	1,651	22,251	
暖房機器	891	401	242	315	491	789	3,894	4,584	6,841	7,089	3,569	1,981	31,087	
冷房機器	6,891	7,950	13,980	19,151	16,840	8,970	3,012	2,045	1,091	814	211	491	81,446	
家庭用洗濯機	7,980	5,120	4,600	5,400	6,300	7,041	6,891	4,215	8,912	9,045	6,214	7,008	78,726	
合計	34,121	27,716	38,732	37,879	38,611	31,160	28,105	26,580	43,455	38,844	27,320	31,901	404,424	

①セル【**P4**】をクリックします。

※セル範囲【P4:P9】内であれば、どこでもかまいません。

②《**デザイン**》タブを選択します。

③《**表示**》グループの《**頂点（山）**》を☑にします。

最大値のデータマーカーの色が変わります。

5 スパークラインのスタイルの設定

スパークラインには、スパークライン本体の色や、最大値のように強調したデータマーカーの色などの組み合わせが**「スタイル」**として用意されています。一覧から選択するだけで、スパークライン全体のデザインを変更できます。スパークラインのスタイルを変更しましょう。

※設定する項目名が一覧にない場合は、任意の項目を選択してください。

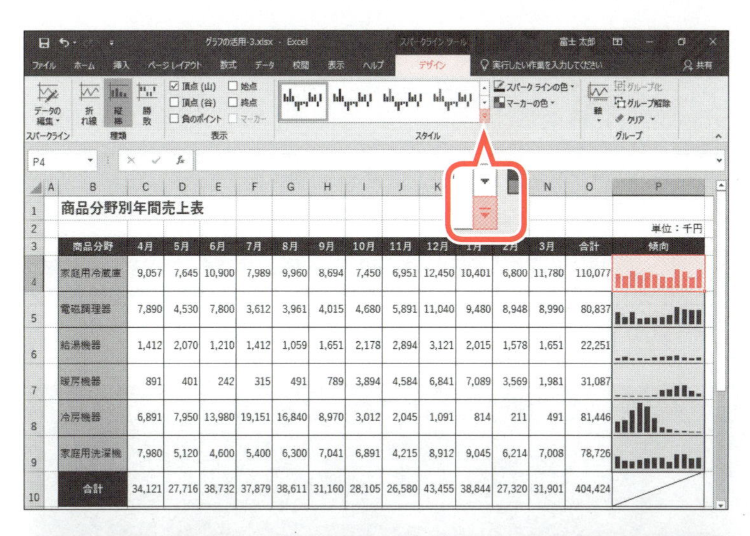

商品分野	4月	5月	6月	7月	8月	9月	10月	11月	12月	1月	2月	3月	合計	傾向
家庭用冷蔵庫	9,057	7,645	10,900	7,989	9,960	8,694	7,450	6,951	12,450	10,401	6,800	11,780	110,077	
電磁調理器	7,890	4,530	7,800	3,612	3,961	4,015	4,680	5,891	11,040	9,480	8,948	8,990	80,837	
給湯機器	1,412	2,070	1,210	1,412	1,059	1,651	2,178	2,894	3,121	2,015	1,578	1,651	22,251	
暖房機器	891	401	242	315	491	789	3,894	4,584	6,841	7,089	3,569	1,981	31,087	
冷房機器	6,891	7,950	13,980	19,151	16,840	8,970	3,012	2,045	1,091	814	211	491	81,446	
家庭用洗濯機	7,980	5,120	4,600	5,400	6,300	7,041	6,891	4,215	8,912	9,045	6,214	7,008	78,726	
合計	34,121	27,716	38,732	37,879	38,611	31,160	28,105	26,580	43,455	38,844	27,320	31,901	404,424	

①セル**【P4】**をクリックします。

※セル範囲【P4:P9】内であれば、どこでもかまいません。

②**《デザイン》**タブを選択します。

③**《スタイル》**グループの（その他）をクリックします。

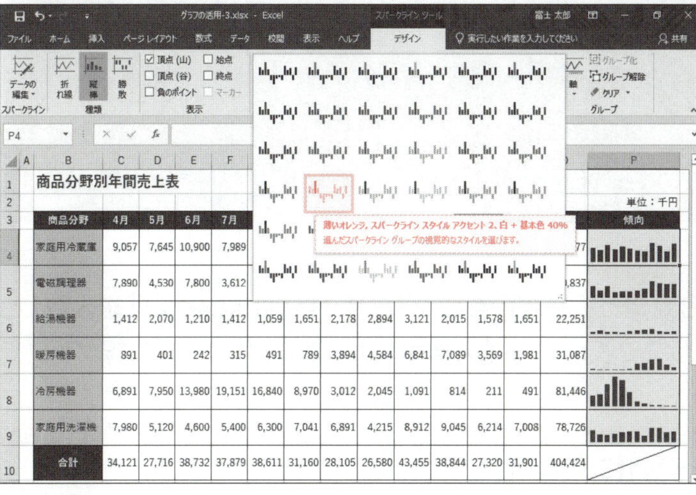

④**《薄いオレンジ，スパークラインスタイル アクセント2、白+基本色40%》**をクリックします。

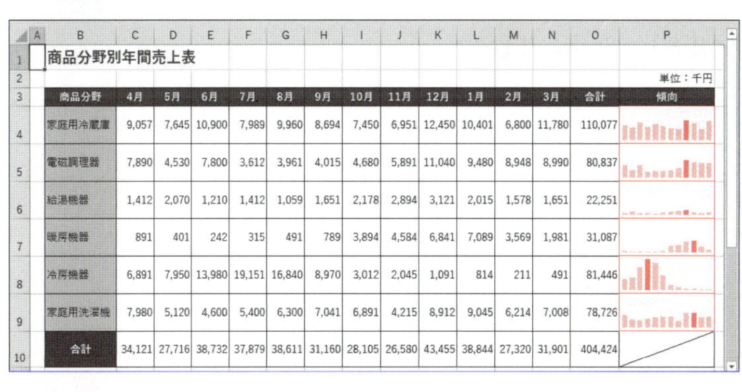

スパークラインにスタイルが設定されます。

※ブックに「グラフの活用-3完成」と名前を付けて、フォルダー「第3章」に保存し、閉じておきましょう。

STEP UP スパークラインやデータマーカーの色の変更

スパークラインの要素ごとに色を設定して、ユーザーが個々に編集することもできます。

スパークラインの色

◆スパークラインのセルを選択→《デザイン》タブ→《スタイル》グループの スパークラインの色（スパークラインの色）

データマーカーの色

◆スパークラインのセルを選択→《デザイン》タブ→《スタイル》グループの マーカーの色（マーカーの色）

1 2 3 4 5 6 7 8 総合問題 付録 索引

練習問題

解答 ► 別冊P.3

完成図のようなグラフを作成しましょう。
※設定する項目名が一覧にない場合は、任意の項目を選択してください。

フォルダー「第3章」のブック「第3章練習問題」を開いておきましょう。

●完成図

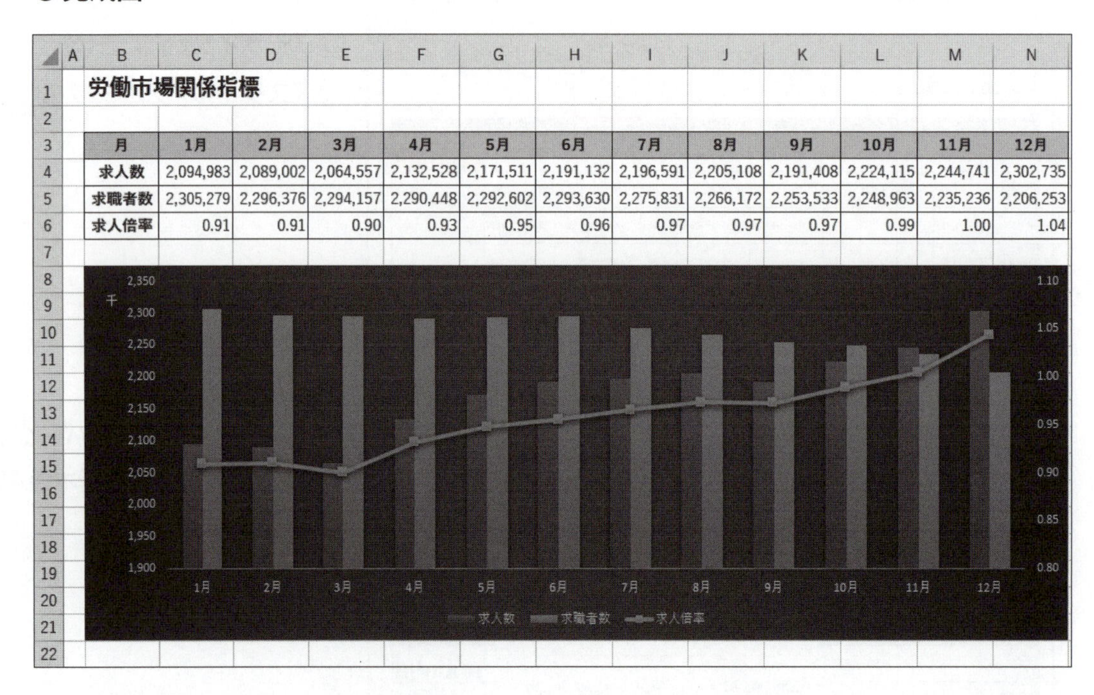

労働市場関係指標

月	1月	2月	3月	4月	5月	6月	7月	8月	9月	10月	11月	12月
求人数	2,094,983	2,089,002	2,064,557	2,132,528	2,171,511	2,191,132	2,196,591	2,205,108	2,191,408	2,224,115	2,244,741	2,302,735
求職者数	2,305,279	2,296,376	2,294,157	2,290,448	2,292,602	2,293,630	2,275,831	2,266,172	2,253,533	2,248,963	2,235,236	2,206,253
求人倍率	0.91	0.91	0.90	0.93	0.95	0.96	0.97	0.97	0.97	0.99	1.00	1.04

① 表のデータをもとに、集合縦棒と折れ線の複合グラフを作成しましょう。**「求人数」**と**「求職者数」**は集合縦棒グラフで表示し、**「求人倍率」**は第2軸を使って折れ線グラフで表示します。

② ①で作成したグラフをセル範囲**【B8：N21】**に配置しましょう。

③ グラフのスタイルを**「スタイル6」**に変更しましょう。

④ 主軸の表示単位を**「千」**に設定し、表示単位のラベルをグラフに表示しましょう。

Hint! 主軸を右クリック→《軸の書式設定》→《軸のオプション》→ (軸のオプション)→《表示単位》を使います。

⑤ ④で表示した表示単位ラベルの文字列の方向を縦書きに設定しましょう。

⑥ グラフタイトルを非表示にしましょう。

⑦**「求人倍率」**のデータ系列の線の幅を**「3pt」**、マーカーのサイズを**「7」**に設定しましょう。

※ブックに「第3章練習問題完成」と名前を付けて、フォルダー「第3章」に保存し、閉じておきましょう。

第4章

グラフィックの利用

第4章 この章で学ぶこと

学習前に習得すべきポイントを理解しておき、
学習後には確実に習得できたかどうかを振り返りましょう。

Step 1 作成するブックを確認する

1 作成するブックの確認

次のようなブックを作成しましょう。

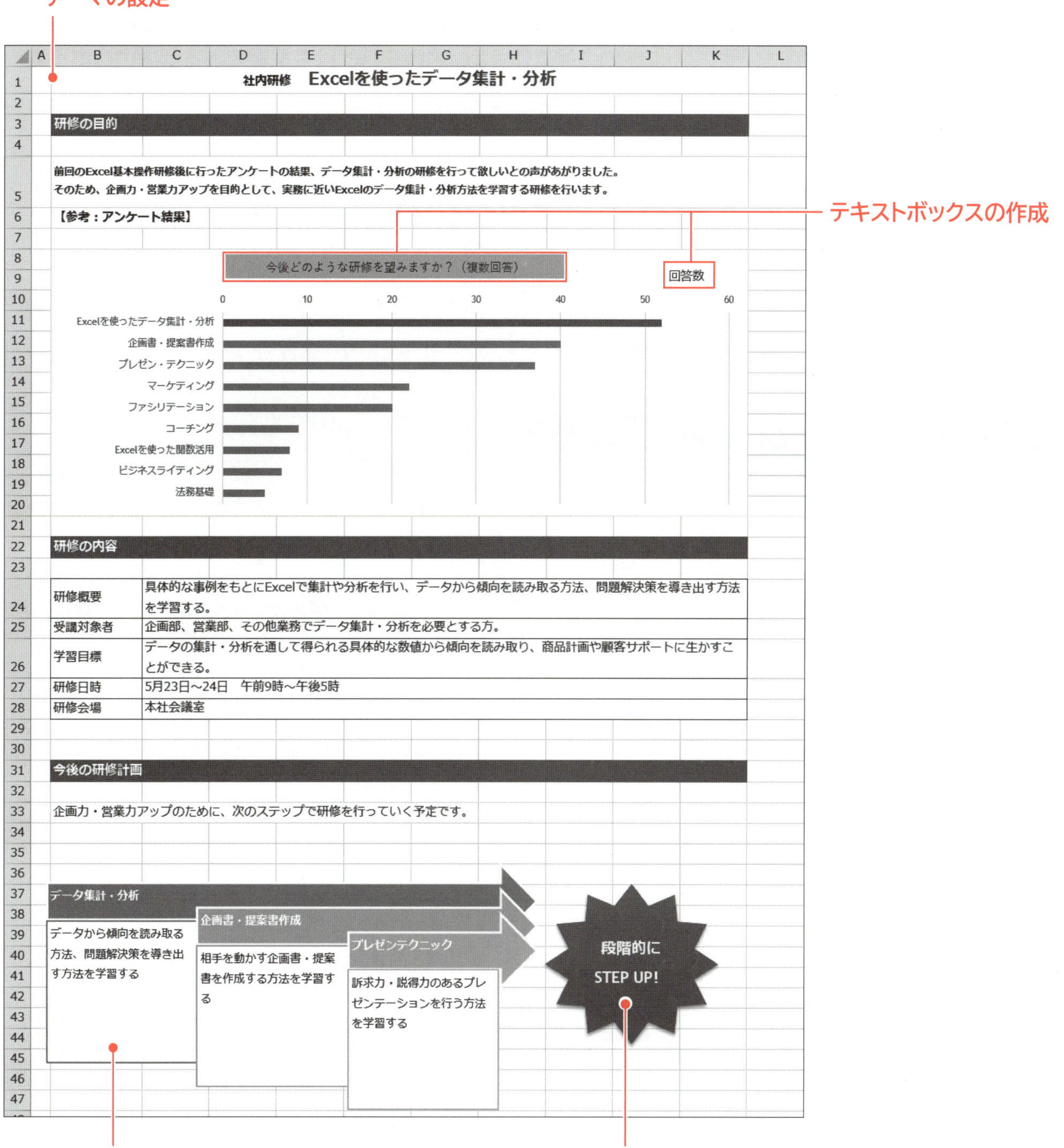

Step2 SmartArtグラフィックを作成する

1 SmartArtグラフィック

「**SmartArtグラフィック**」とは、複数の図形を組み合わせて、情報の相互関係を視覚的にわかりやすく表現したものです。Excelには、あらかじめ様々なレイアウトのSmartArtグラフィックが用意されているので、伝えたい内容を的確に表現できるものを選択しましょう。SmartArtグラフィックを効果的に使うと、内容をひと目で把握できる訴求力のある資料を作成できます。

2 SmartArtグラフィックの作成

SmartArtグラフィックを作成しましょう。

フォルダー「第4章」のブック「グラフィックの利用」のシート「企画書」を開いておきましょう。

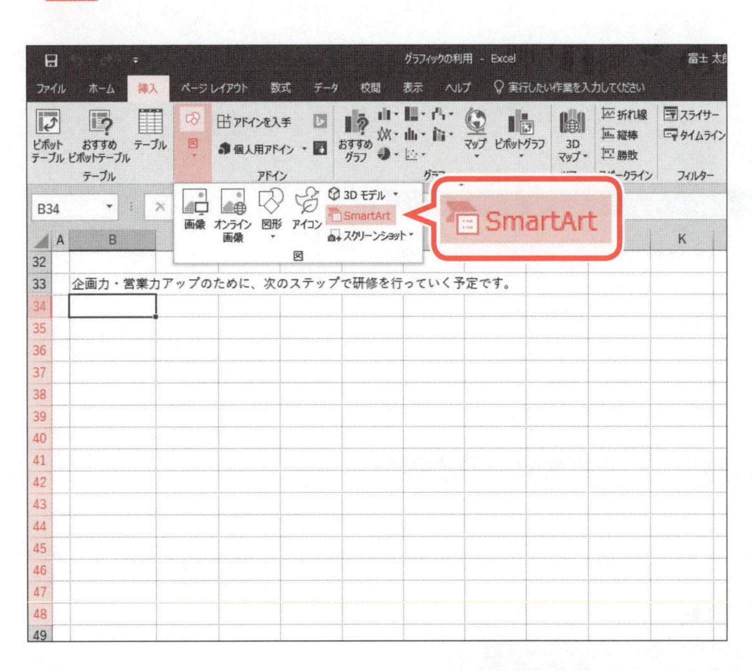

①34～48行目を表示します。

②《**挿入**》タブを選択します。

③《**図**》グループの SmartArt (SmartArtグラフィックの挿入)をクリックします。

※《図》グループが (図)で表示されている場合は、 (図)をクリックすると、《図》グループのボタンが表示されます。

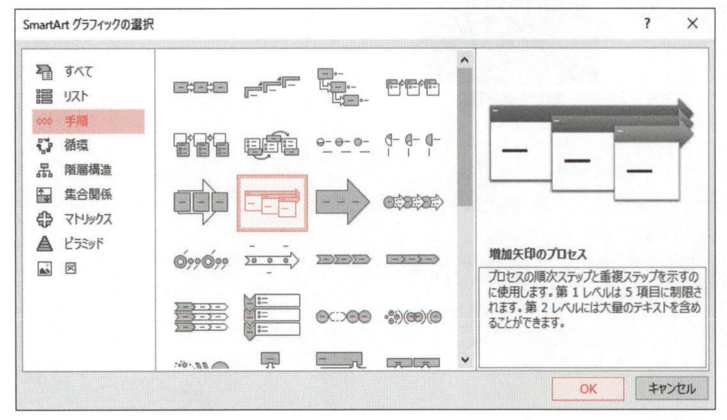

《**SmartArtグラフィックの選択**》ダイアログボックスが表示されます。

④左側の一覧から《**手順**》を選択します。

⑤中央の一覧から《**増加矢印のプロセス**》を選択します。

右側にプレビューが表示されます。

⑥《**OK**》をクリックします。

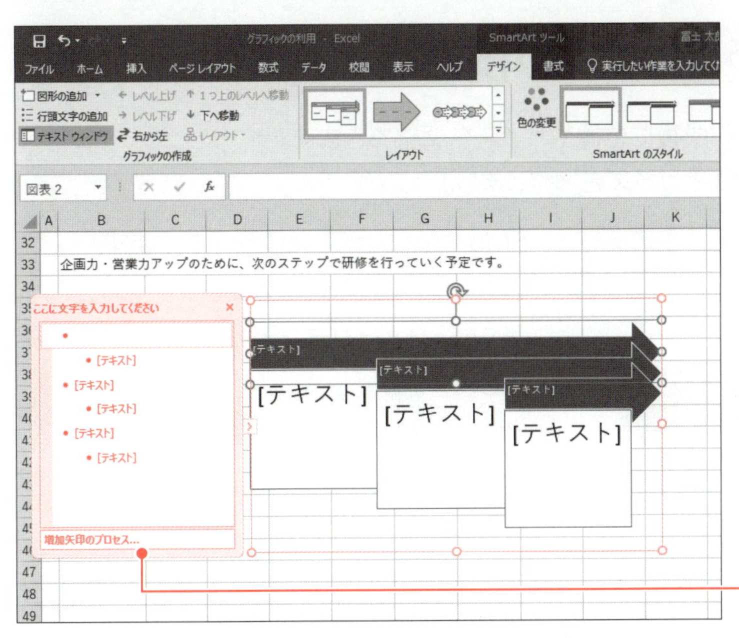

SmartArtグラフィックが作成され、テキストウィンドウが表示されます。

※リボンに《デザイン》タブと《書式》タブが追加され、自動的に《デザイン》タブに切り替わります。

※テキストウィンドウが表示されていない場合は、《デザイン》タブ→《グラフィックの作成》グループの テキスト ウィンドウ (テキストウィンドウ)をクリックします。

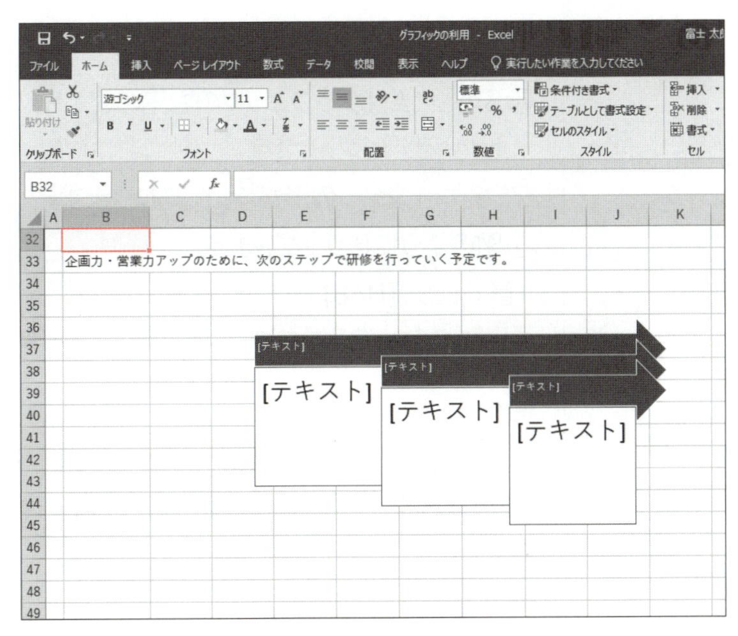

⑦任意のセルをクリックします。

SmartArtグラフィックの選択が解除されます。

※SmartArtグラフィックの選択を解除すると、テキストウィンドウは非表示になります。

STEP UP

SmartArtグラフィックのレイアウトの変更

SmartArtグラフィックを作成したあと、SmartArtグラフィックのレイアウトを変更できます。

SmartArtグラフィックのレイアウトを変更する方法は、次のとおりです。

◆SmartArtグラフィックを選択→《デザイン》タブ→《レイアウト》グループの (その他)→一覧から選択

3 SmartArtグラフィックの移動とサイズ変更

SmartArtグラフィックは、作成後に位置やサイズを調整できます。
SmartArtグラフィックの位置とサイズを調整しましょう。

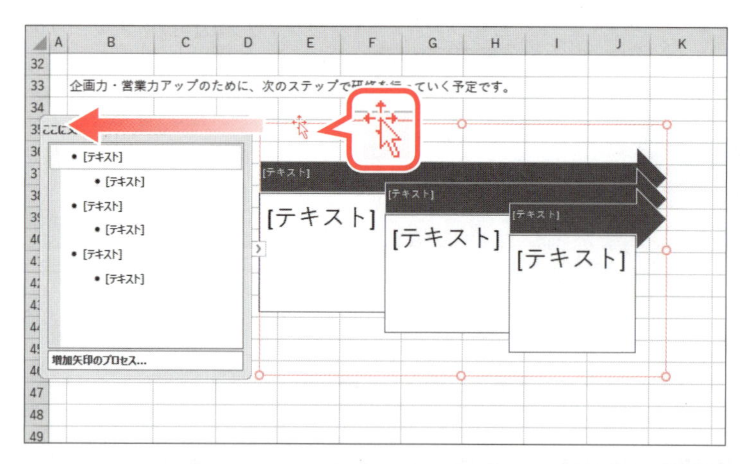

SmartArtグラフィックを選択します。

①SmartArtグラフィックをクリックします。

②SmartArtグラフィックの枠線をポイントします。

マウスポインターの形が✥に変わります。

③図のようにドラッグします。

（目安：セル**【B35】**）

※ドラッグ中、マウスポインターの形が✥に変わり、SmartArtグラフィックの枠線が非表示になります。

SmartArtグラフィックが移動します。

④SmartArtグラフィックの右下の○（ハンドル）をポイントします。

マウスポインターの形が⤡に変わります。

⑤図のようにドラッグします。

（目安:セル**【H48】**）

※ドラッグ中、マウスポインターの形が┼に変わります。

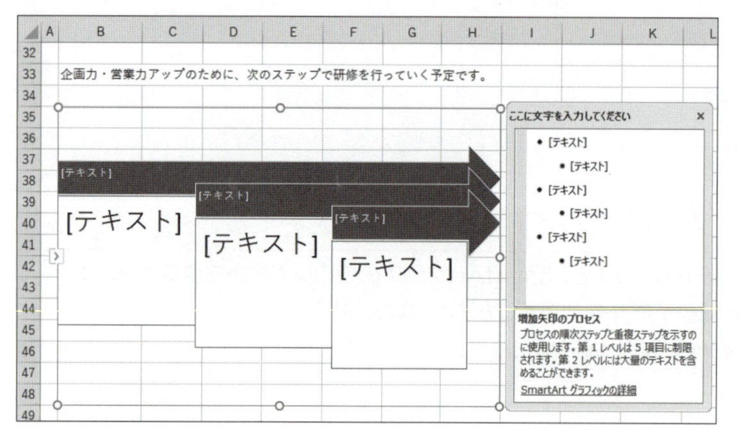

SmartArtグラフィックのサイズが変更されます。

4 箇条書きの入力

SmartArtグラフィックに文字列を追加しましょう。

1 テキストウィンドウで文字列を追加

テキストウィンドウを使って文字列を追加すると、図形の追加や削除、レベルの上げ下げを簡単に行うことができます。
テキストウィンドウを使って文字列を入力しましょう。

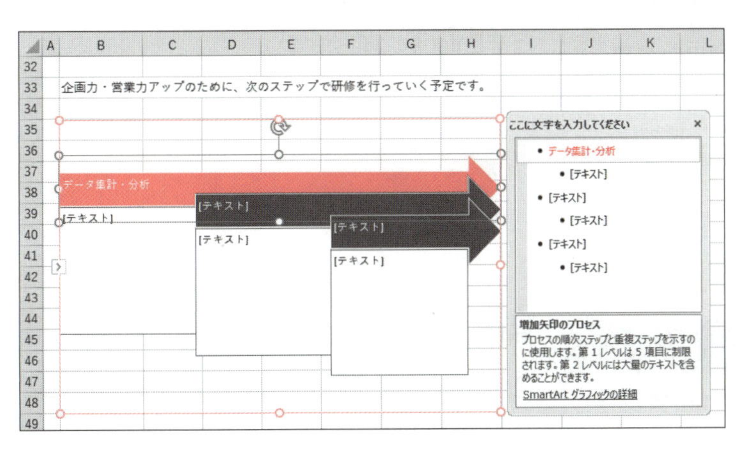

①SmartArtグラフィックが選択されていることを確認します。

②テキストウィンドウが表示されていることを確認します。

※テキストウィンドウが表示されていない場合は、《デザイン》タブ→《グラフィックの作成》グループの テキスト ウィンドウ (テキストウィンドウ)をクリックします。

最上位レベルの文字列を入力します。

③1行目の「**[テキスト]**」をクリックし、「**データ集計・分析**」と入力します。

※ Enter を押すと、同じレベルの項目が後ろに追加されてしまうので注意しましょう。項目が追加されてしまった場合は、 Back Space を押すと戻すことができます。

図形内に文字列が表示されます。

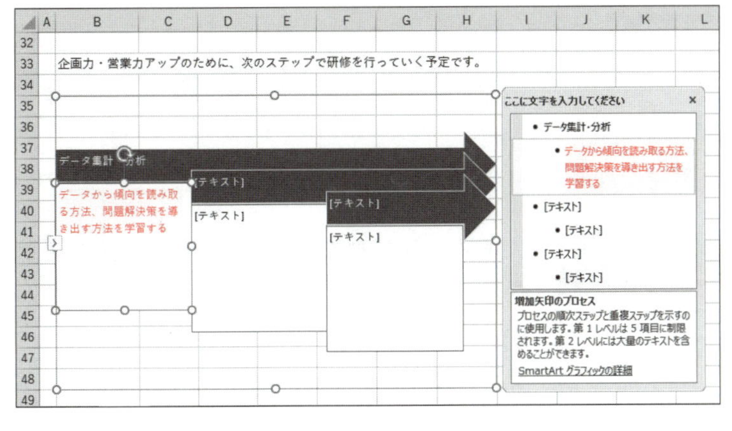

次のレベルに文字列を入力します。

④2行目の「**[テキスト]**」をクリックし、「**データから傾向を読み取る方法、問題解決策を導き出す方法を学習する**」と入力します。

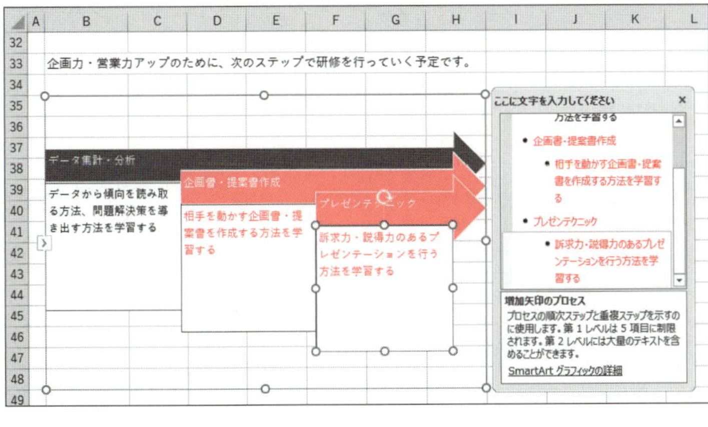

⑤同様に、次のように入力します。

3行目	**：**	**企画書・提案書作成**
4行目	**：**	**相手を動かす企画書・提案書を作成する方法を学習する**
5行目	**：**	**プレゼンテクニック**
6行目	**：**	**訴求力・説得力のあるプレゼンテーションを行う方法を学習する**

2 箇条書きの項目と図形の追加

SmartArtグラフィックは、複数の図形から構成されています。必要に応じて図形を追加したり削除したりできます。また、図形は上位のレベルや下位のレベルなどに分かれている場合があります。必要に応じて、レベルを上げたり下げたりできます。

「訴求力・説得力の…」の下に、箇条書きの項目とそれに対応する図形を追加しましょう。

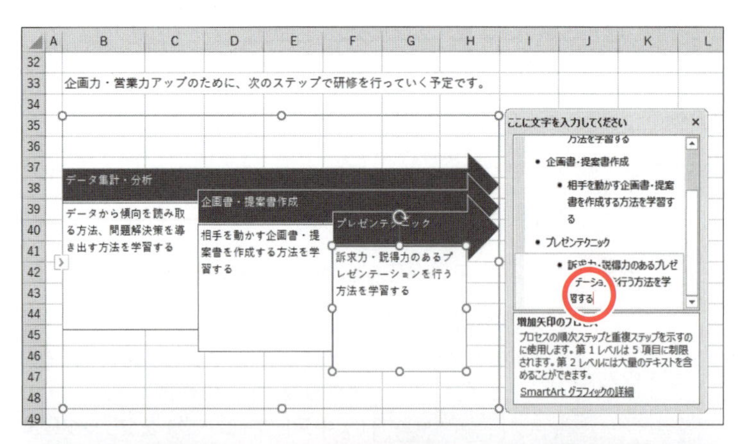

①テキストウィンドウの**「訴求力・説得力の…」**の後ろにカーソルがあることを確認します。

②【Enter】を押します。

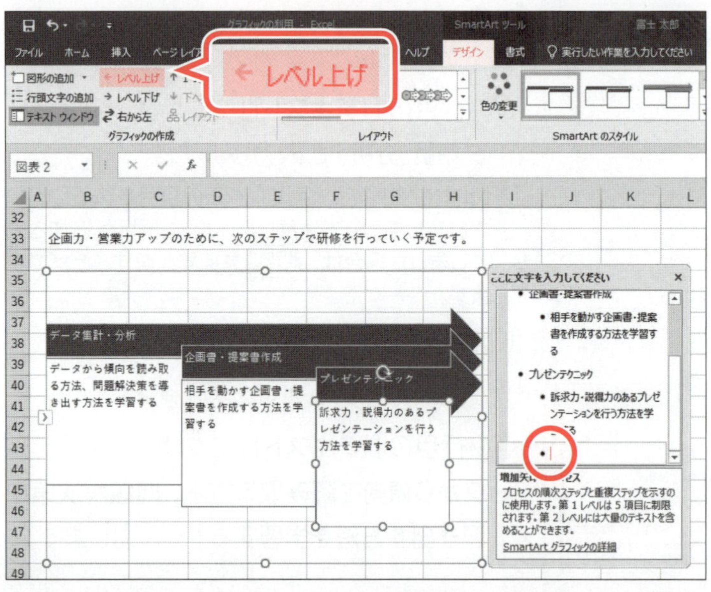

同じレベルの項目が後ろに追加されます。

③追加された項目にカーソルがあることを確認します。

④**《デザイン》**タブを選択します。

⑤**《グラフィックの作成》**グループの レベル上げ （選択対象のレベル上げ）をクリックします。

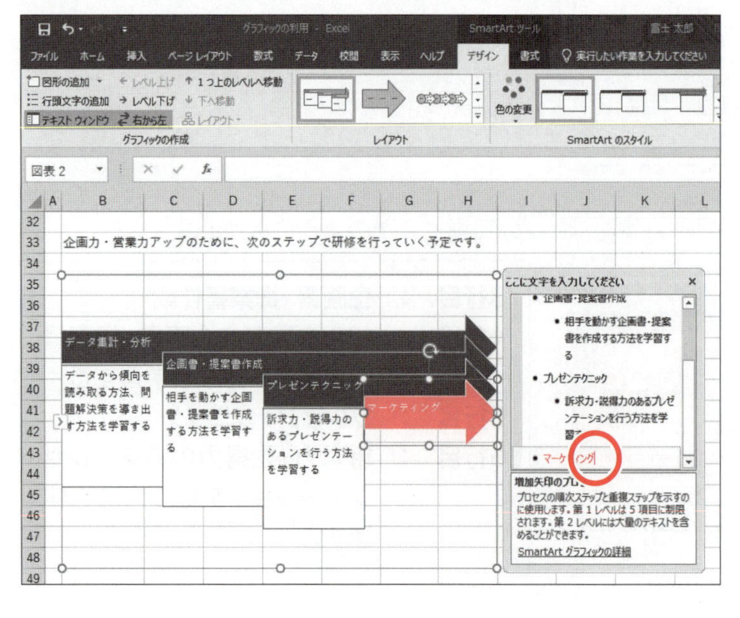

テキストウィンドウの箇条書きのレベルが上がり、SmartArtグラフィックにも図形が追加されます。

⑥**「マーケティング」**と入力します。

⑦**「マーケティング」**の後ろにカーソルがあることを確認します。

⑧【Enter】を押します。

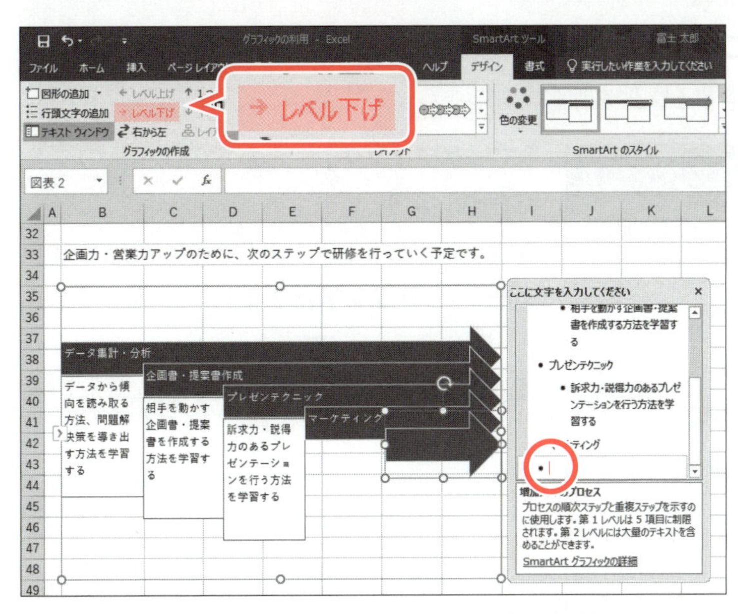

同じレベルの項目が後ろに追加されます。

⑨追加された項目にカーソルがあることを確認します。

⑩**《グラフィックの作成》**グループの レベル下げ (選択対象のレベル下げ)をクリックします。

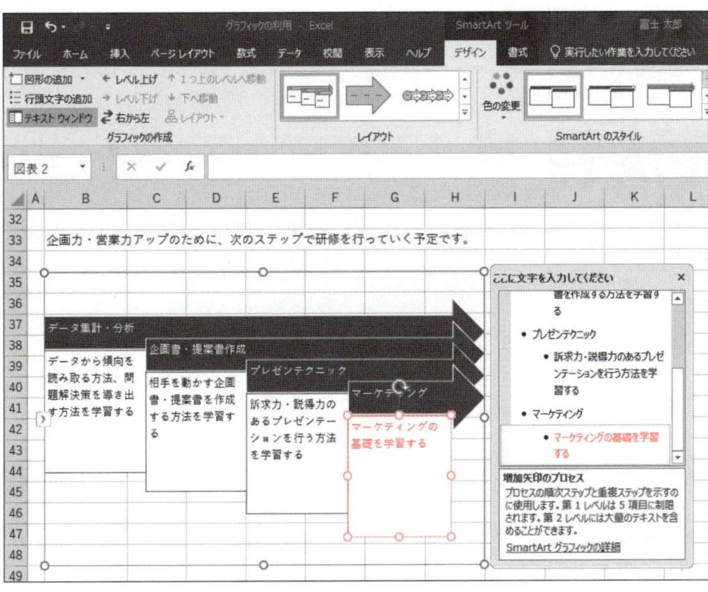

テキストウィンドウの箇条書きのレベルが下がり、SmartArtグラフィックに図形が追加されます。

⑪**「マーケティングの基礎を学習する」**と入力します。

STEP UP その他の方法(箇条書きの項目と図形の追加)

◆SmartArtグラフィックの図形を選択→《デザイン》タブ→《グラフィックの作成》グループの 図形の追加 (図形の追加)

◆SmartArtグラフィックの図形を右クリック→《図形の追加》

STEP UP 文字列の強制改行

ひとつの箇条書きの項目内で改行するには、改行する位置にカーソルを移動し、Shift + Enter を押します。

3 箇条書きの項目と図形の削除

箇条書きの項目とそれに対応する図形を削除しましょう。

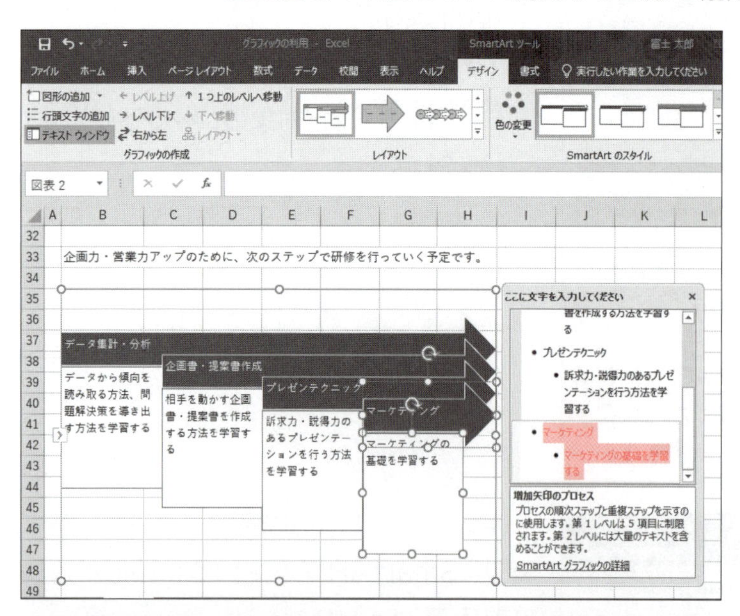

「**マーケティング**」とその下のレベルの文章を削除します。

①テキストウィンドウの「**マーケティング**」から「**…基礎を学習する**」までドラッグします。

② Delete を押します。

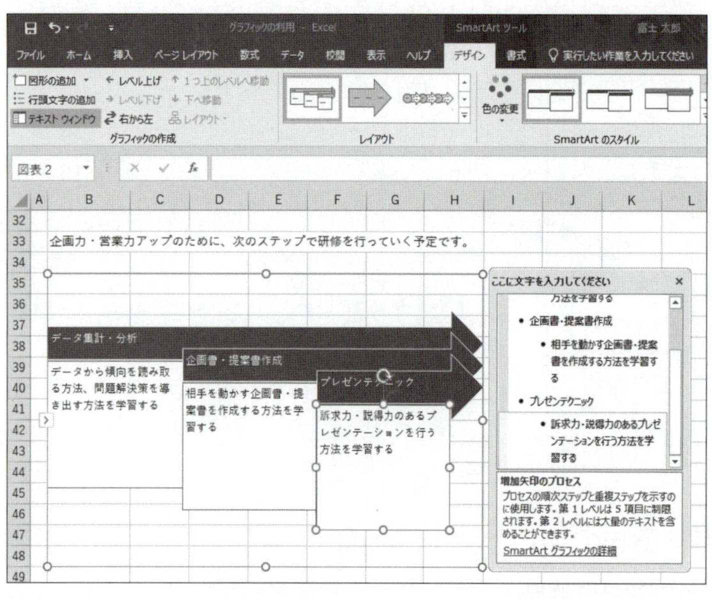

テキストウィンドウから「**マーケティング**」の項目が削除され、SmartArtグラフィックから「**マーケティング**」の図形が削除されます。

STEP UP その他の方法(箇条書きの項目と図形の削除)

◆SmartArtグラフィックの図形を選択→ Delete

5 SmartArtグラフィックの色とスタイルの設定

SmartArtグラフィックには、SmartArtグラフィック全体を装飾するための色とスタイルが用意されています。この色とスタイルを使うとSmartArtグラフィックの見栄えを瞬時に整えることができます。SmartArtグラフィックを配置するとあらかじめ色とスタイルが適用されますが、あとから変更することもできます。

SmartArtグラフィックの色とスタイルを変更しましょう。

※設定する項目名が一覧にない場合は、任意の項目を選択してください。

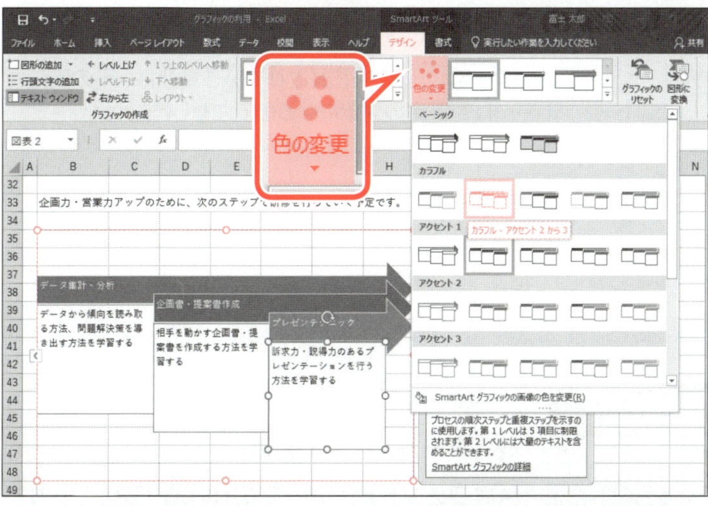

①SmartArtグラフィックが選択されていることを確認します。

②**《デザイン》**タブを選択します。

③**《SmartArtのスタイル》**グループの（色の変更）をクリックします。

④**《カラフル》**の**《カラフル-アクセント2から3》**をクリックします。

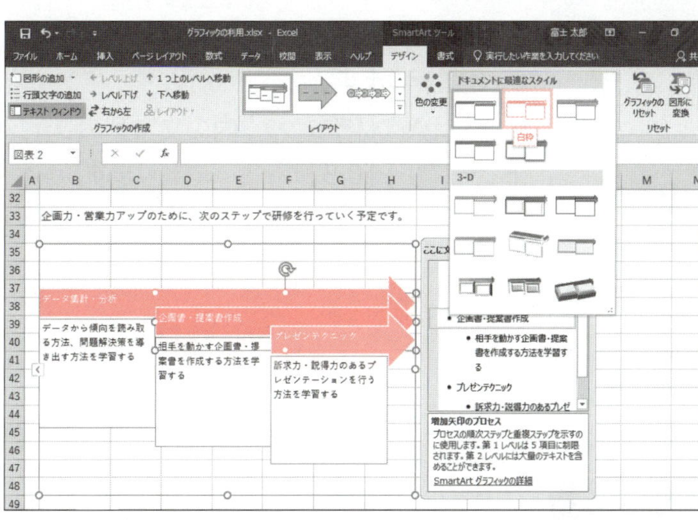

SmartArtグラフィックの色のパターンが変更されます。

⑤**《SmartArtのスタイル》**グループの（その他）をクリックします。

⑥**《ドキュメントに最適なスタイル》**の**《白枠》**をクリックします。

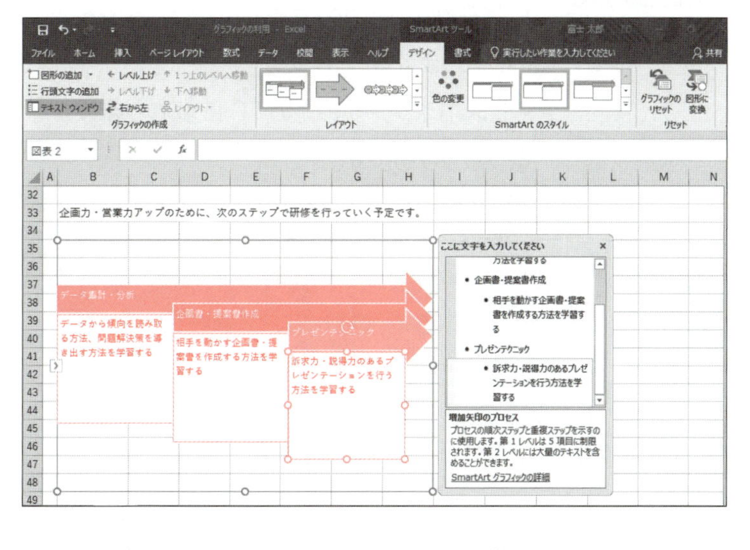

SmartArtグラフィックのスタイルが変更されます。

1 2 3 4 5 6 7 8 総合問題 付録 索引

6 SmartArtグラフィックの書式設定

SmartArtグラフィック内の文字列のフォントサイズを「10.5」ポイントに変更しましょう。
次に、矢印内の図形の文字列に太字を設定しましょう。

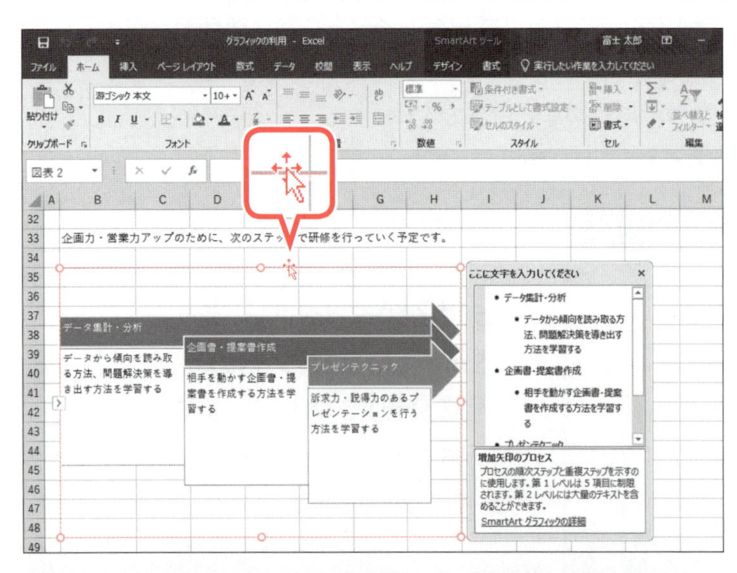

SmartArtグラフィック全体を選択します。

①SmartArtグラフィックの枠線をポイントします。

マウスポインターの形が⇔に変わります。

②クリックします。

※一部の図形が選択されている場合は、その図形だけが設定の対象になるので注意しましょう。

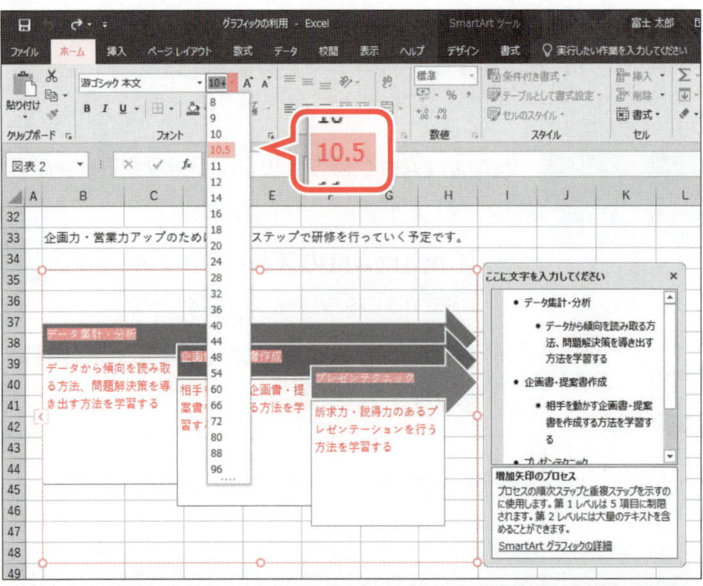

SmartArtグラフィック全体が選択されます。

③《ホーム》タブを選択します。

④《フォント》グループの 10+ （フォントサイズ）の ▾ をクリックし、一覧から《10.5》を選択します。

SmartArtグラフィック内の文字列のフォントサイズが「10.5」ポイントになります。

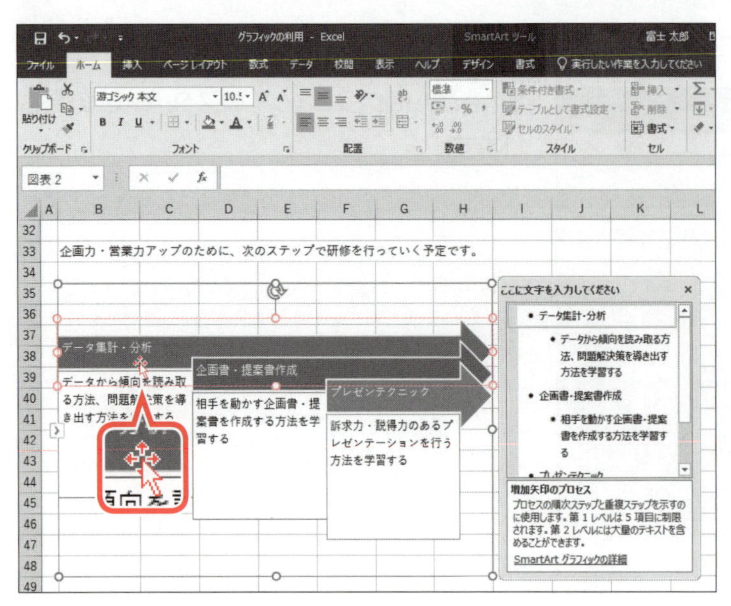

矢印の図形を選択します。

⑤矢印の図形内の文字列以外の場所をポイントします。

マウスポインターの形が⇔に変わります。

⑥クリックします。

※図形内にカーソルが表示されている場合、正しく設定されないので注意しましょう。

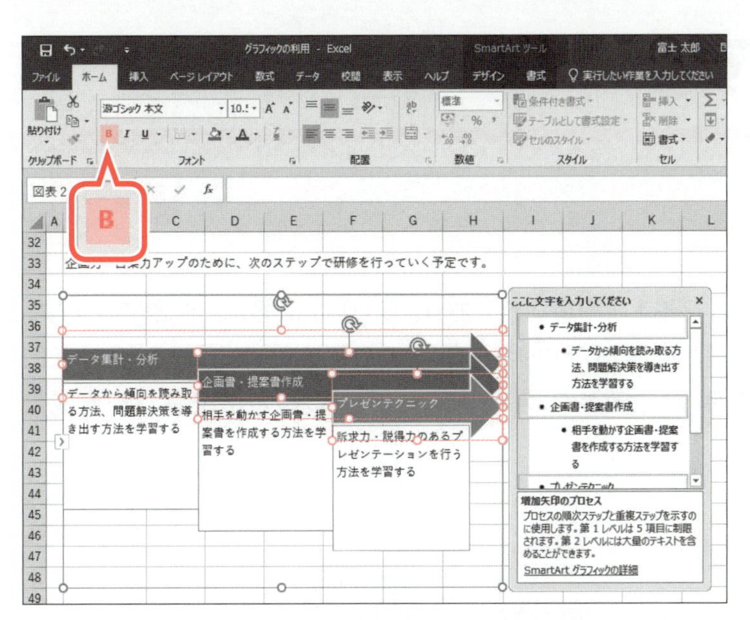

⑦ **Shift** を押しながら、残りの矢印の図形をそれぞれクリックします。

残りの矢印の図形も選択されます。

⑧《**フォント**》グループの B （太字）をクリックします。

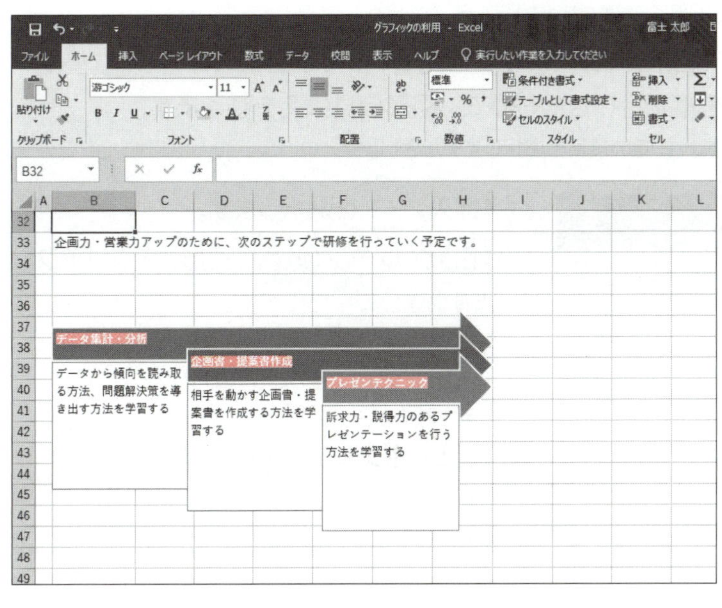

矢印の図形の文字列だけが太字になります。

※SmartArtグラフィック以外の場所をクリックし、選択を解除しておきましょう。

STEP UP 一部の文字列の書式設定

一部の文字列だけに書式を設定するには、その文字列を選択してから書式を設定します。

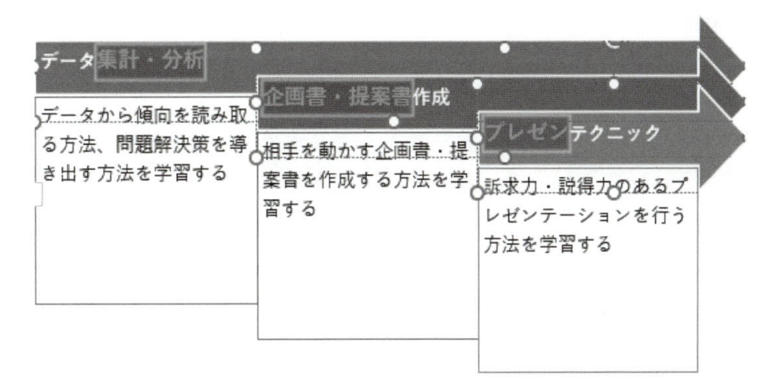

STEP UP SmartArtグラフィックのリセット

SmartArtグラフィックに設定したスタイルや書式をリセットして元に戻す方法は、次のとおりです。

◆SmartArtグラフィックを選択→《デザイン》タブ→《リセット》グループの （グラフィックのリセット）

Step3 図形を作成する

1 図形

Excelにはあらかじめ豊富な**「図形」**が用意されており、シート上に簡単に配置できます。図形は形状によって、**「線」「基本図形」「ブロック矢印」「フローチャート」「吹き出し」**などに分類されています。図形を使うと、表やグラフを装飾して、訴求力のある資料を作成できます。

2 図形の作成

SmartArtグラフィックの右に図形を作成しましょう。
図形を作成すると、自動的に**「図形のスタイル」**が適用されます。図形のスタイルは塗りつぶし・枠線・効果などの書式を組み合わせたもので、図形の見栄えを整えます。
※設定する項目名が一覧にない場合は、任意の項目を選択してください。

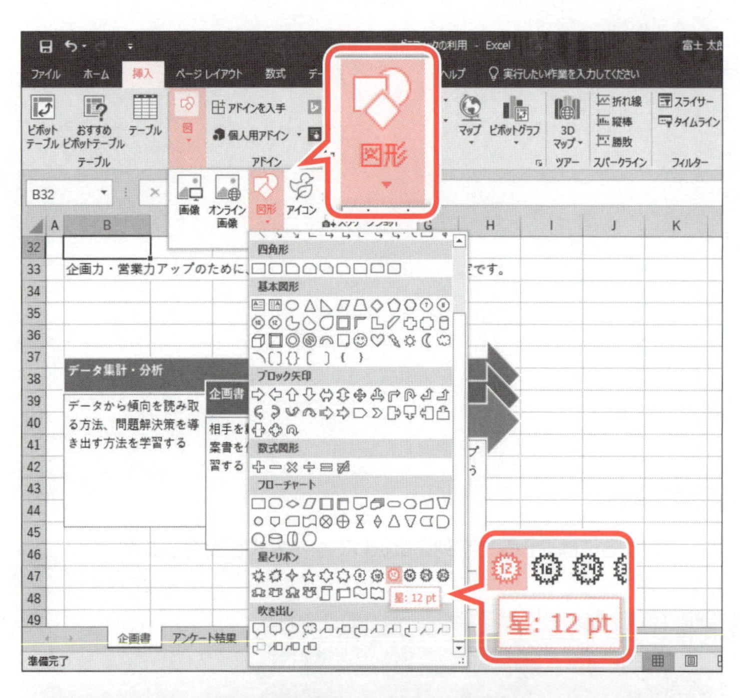

①**《挿入》**タブを選択します。

②**《図》**グループの（図形）をクリックします。

※《図》グループが（図）で表示されている場合は、（図）をクリックすると、《図》グループのボタンが表示されます。

③**《星とリボン》**の（星：12pt）をクリックします。

※表示されていない場合は、スクロールして調整します。

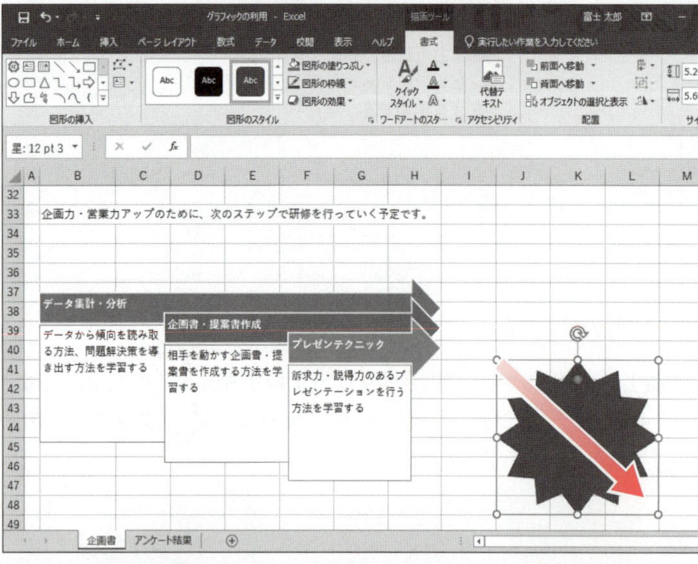

④図のようにドラッグします。

※ドラッグ中、マウスポインターの形が＋に変わります。

図形が作成され、図形にスタイルが適用されます。

※リボンに《書式》タブが追加され、自動的に切り替わります。

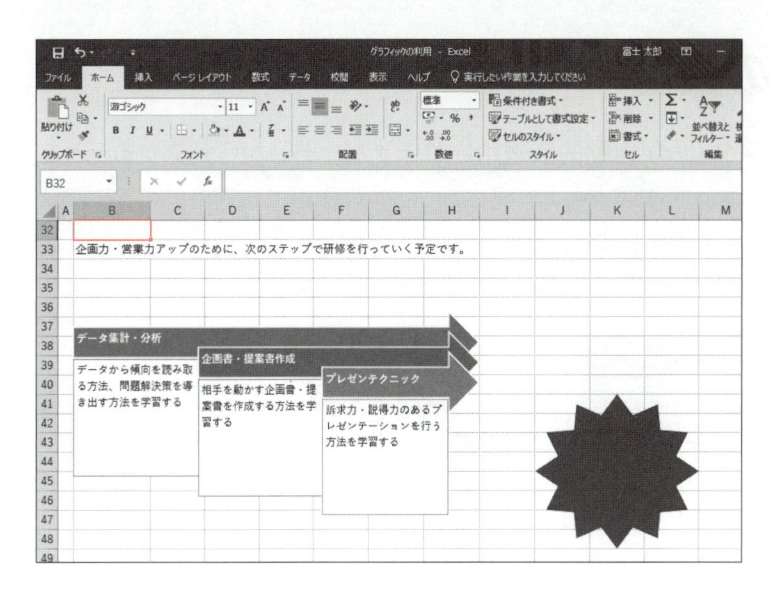

図形の選択を解除します。

⑤図形以外の場所をクリックします。

図形の選択が解除されます。

STEP UP 図形の作成

図形を作成するときは、始点から終点までドラッグします。

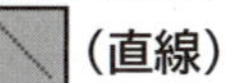（直線）

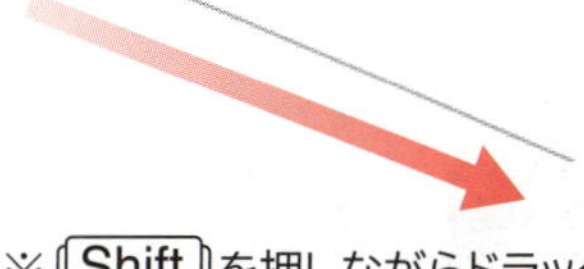

※ Shift を押しながらドラッグすると、水平方向・垂直方向・45度の角度の直線を作成できます。

（正方形/長方形）

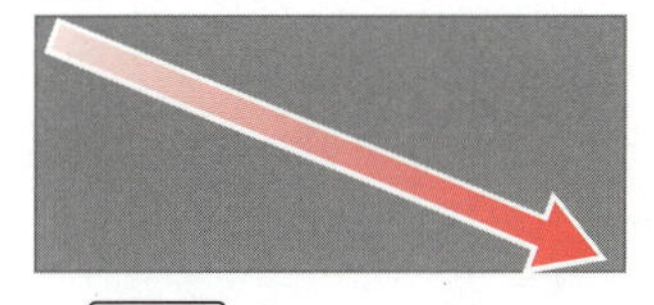

※ Shift を押しながらドラッグすると、正方形を作成できます。

（楕円）

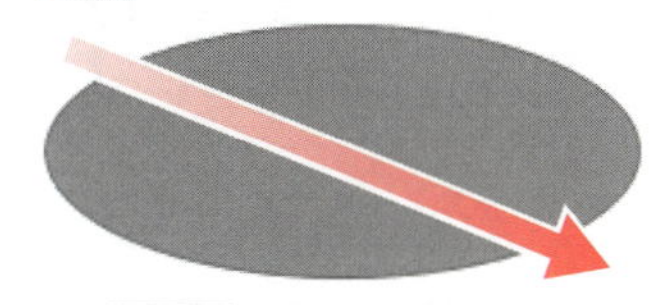

※ Shift を押しながらドラッグすると、真円を作成できます。

3 図形のスタイルの設定

図形を挿入すると、図形のスタイルが自動的に適用されますが、あとから変更することもできます。
図形に適用されているスタイルを変更しましょう。
※設定する項目名が一覧にない場合は、任意の項目を選択してください。

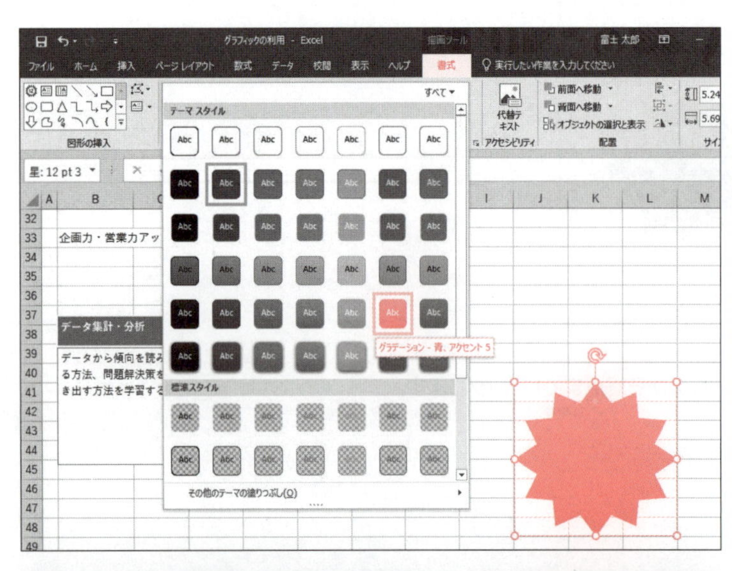

図形を選択します。
①図形をクリックします。
②《書式》タブを選択します。
③《図形のスタイル》グループの（その他）をクリックします。
④《グラデーション-青、アクセント5》をクリックします。

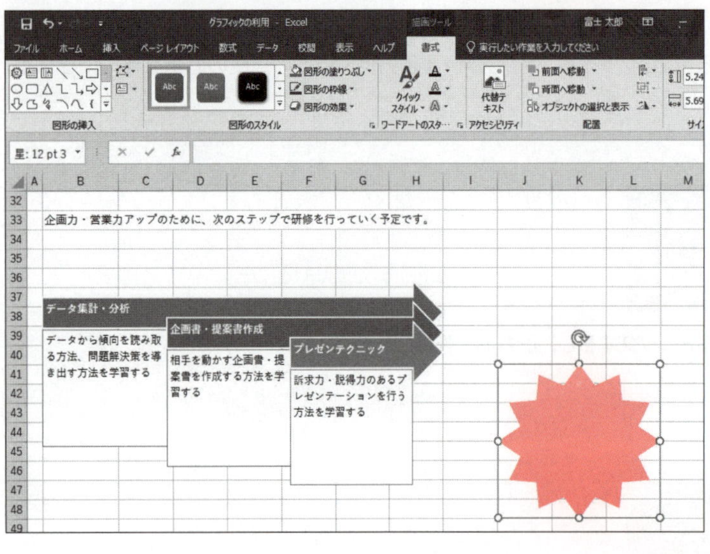

図形のスタイルが変更されます。

POINT 図形の書式設定

図形のスタイルを変更すると、あらかじめ登録されている塗りつぶし・枠線・効果の組み合わせが適用されます。
塗りつぶし・枠線・効果を個別に変更する方法は、次のとおりです。
◆図形を選択→《書式》タブ→《図形のスタイル》グループの 図形の塗りつぶし（図形の塗りつぶし）／ 図形の枠線（図形の枠線）／ 図形の効果（図形の効果）

4 図形への文字列の追加

線や矢印など一部を除いて、図形には文字列を追加できます。
図形内に「**段階的にSTEP UP!**」という文字列を追加しましょう。

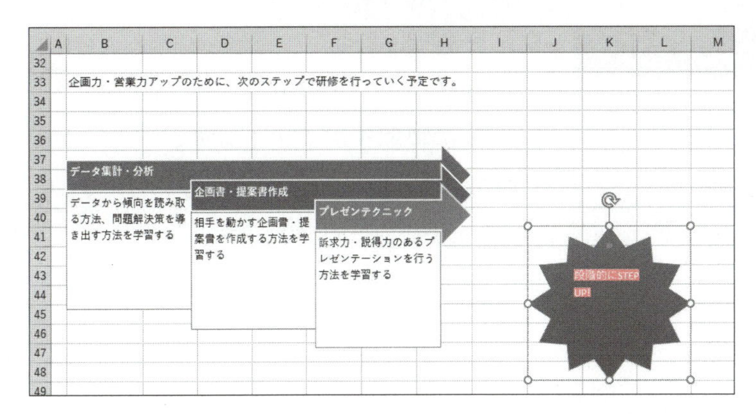

①図形が選択されていることを確認します。
※図形が選択されていない場合は、図形をクリックして選択します。
※この段階では、カーソルは表示されません。
②「**段階的にSTEP UP!**」と入力します。
※文字列を入力するとカーソルが表示されます。

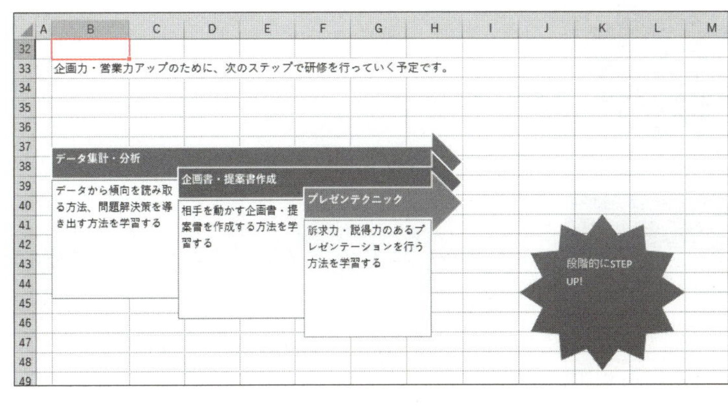

③図形以外の場所をクリックします。
図形の選択が解除され、図形内の文字列が確定します。

POINT 図形の選択

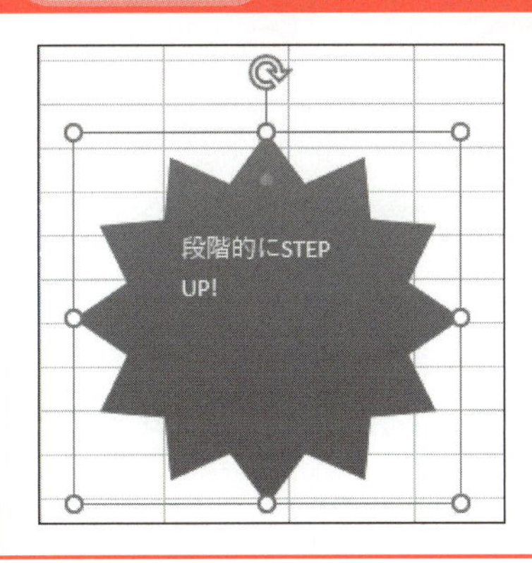

図形を選択するには、図形内の文字列以外の場所をクリックします。
図形を移動したりサイズを変更したりする場合、図形を選択します。

POINT 図形内の文字列の編集

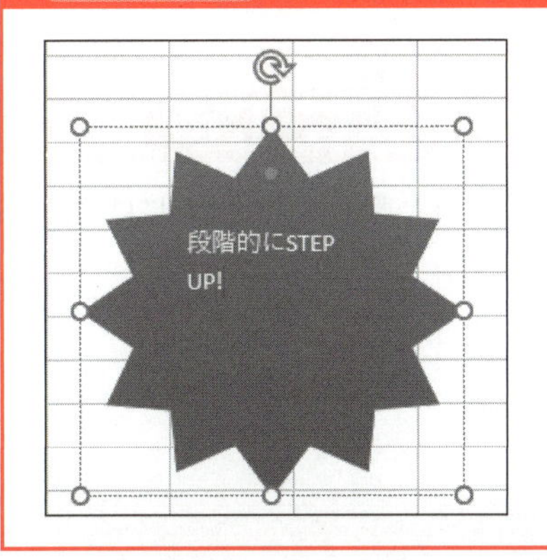

図形内の文字列を編集するには、図形内の文字列をクリックします。カーソルが表示され、文字列が操作対象になります。図形内の文字列が操作対象のとき、図形は点線で囲まれます。

5 図形の移動とサイズ変更

図形は、作成後に位置やサイズを調整できます。
図形の位置とサイズを調整しましょう。

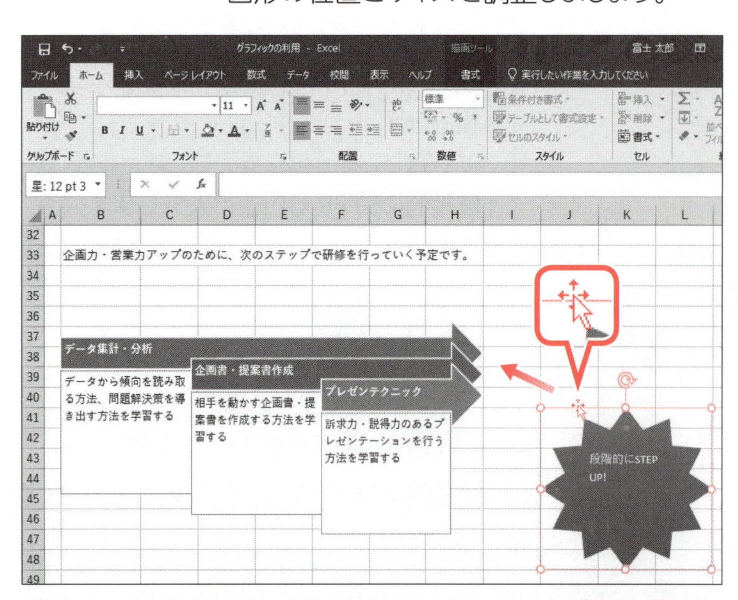

図形を選択します。

①図形をクリックします。

②図形の枠線をポイントします。

マウスポインターの形が✥に変わります。

③図のようにドラッグします。

※ドラッグ中、マウスポインターの形が✥に変わり、図形の枠線が非表示になります。

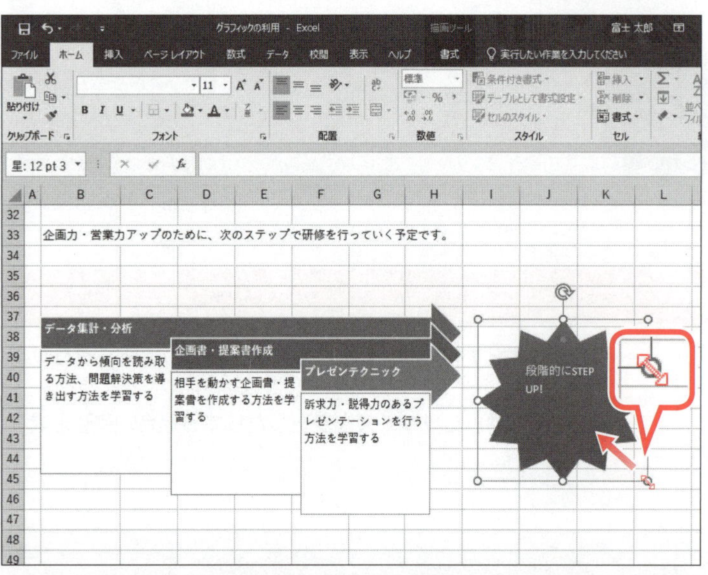

図形が移動します。

④図形の右下の○（ハンドル）をポイントします。

マウスポインターの形が⤡に変わります。

⑤図のようにドラッグします。

※ドラッグ中、マウスポインターの形が＋に変わり、図形の枠線が非表示になります。

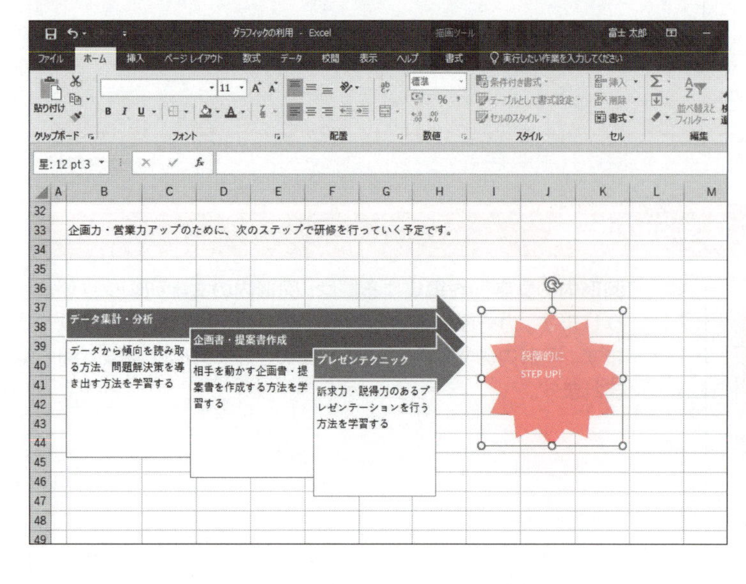

図形のサイズが変更されます。

POINT 図形の回転

図形を回転するには図形を選択し、⟳をドラッグします。
ドラッグ中、マウスポインターの形は⟳に変わります。

6 図形の書式設定

図形内のすべての文字列に対して書式を設定するときは、図形を選択した状態で行います。
図形内の文字列に、次の書式を設定しましょう。

フォントサイズ　：14ポイント 太字 文字列の配置　：上下左右ともに中央揃え

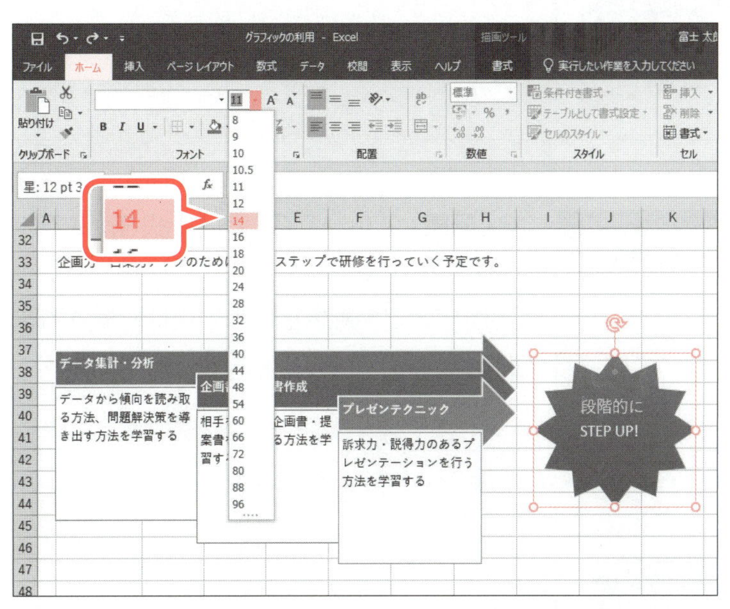

①図形が選択されていることを確認します。

※図形内にカーソルが表示されている場合、正しく設定されないので注意しましょう。

②《ホーム》タブを選択します。

③《フォント》グループの 11 (フォントサイズ)の をクリックし、一覧から《14》を選択します。

図形内の文字列のフォントサイズが「14」ポイントになります。

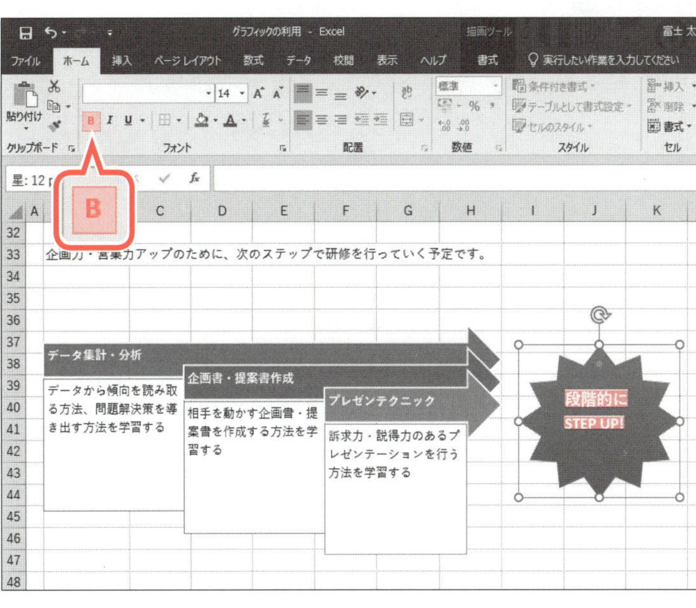

④《フォント》グループの B (太字)をクリックします。

図形内の文字列が太字になります。

※文字列がすべて表示されるように、図形のサイズを調整しておきましょう。

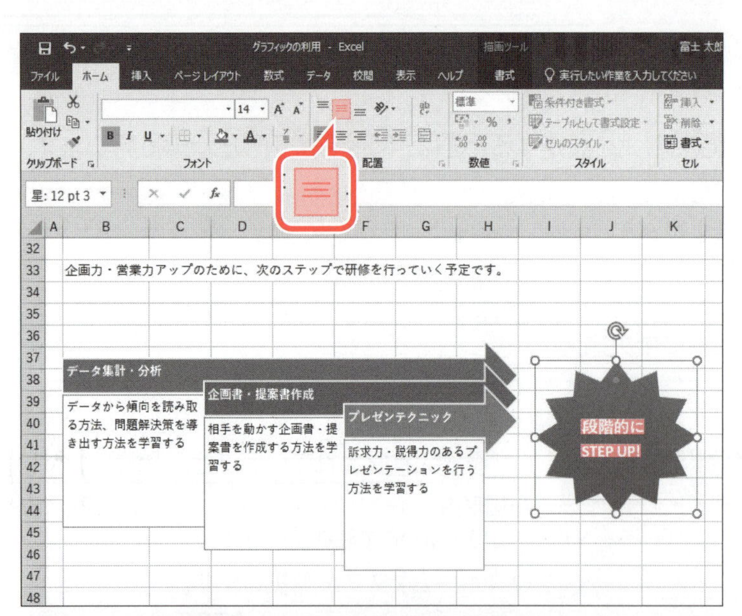

⑤**《配置》**グループの[上下中央揃え]（上下中央揃え）をクリックします。

図形内で文字列が上下の中央に配置されます。

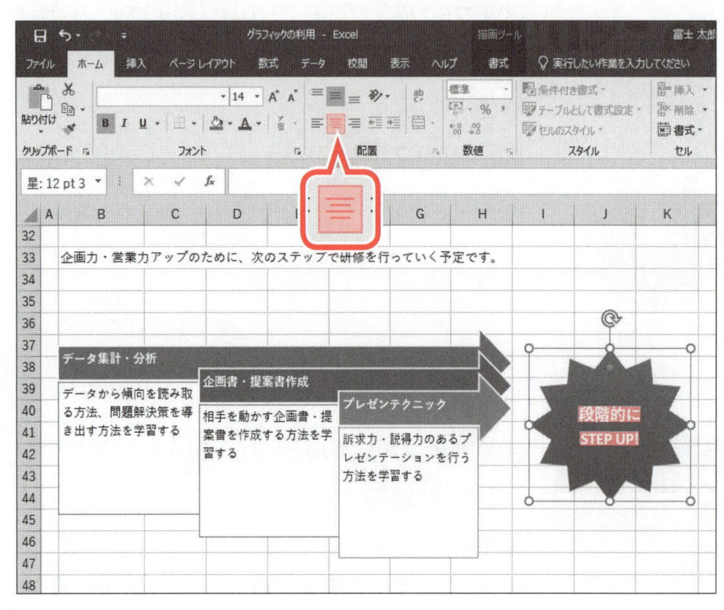

⑥**《配置》**グループの[中央揃え]（中央揃え）をクリックします。

図形内で文字列が左右の中央に配置されます。

Step4 テキストボックスを作成する

1 テキストボックス

「テキストボックス」を使うと、セルとは独立した位置に文字列を配置したり、グラフ上の任意の場所に文字列を配置したりできます。
テキストボックスには、横書きと縦書きがあります。

2 テキストボックスの作成

グラフ上に横書きのテキストボックスを作成し、**「回答数」**という文字列を表示しましょう。

①グラフを表示します。
②グラフを選択します。
※グラフ上にテキストボックスを作成するときは、グラフを選択しておきます。
③**《挿入》**タブを選択します。
④**《テキスト》**グループの（横書きテキストボックスの描画）をクリックします。
※《テキスト》グループが（テキスト）で表示されている場合は、（テキスト）をクリックすると、《テキスト》グループのボタンが表示されます。

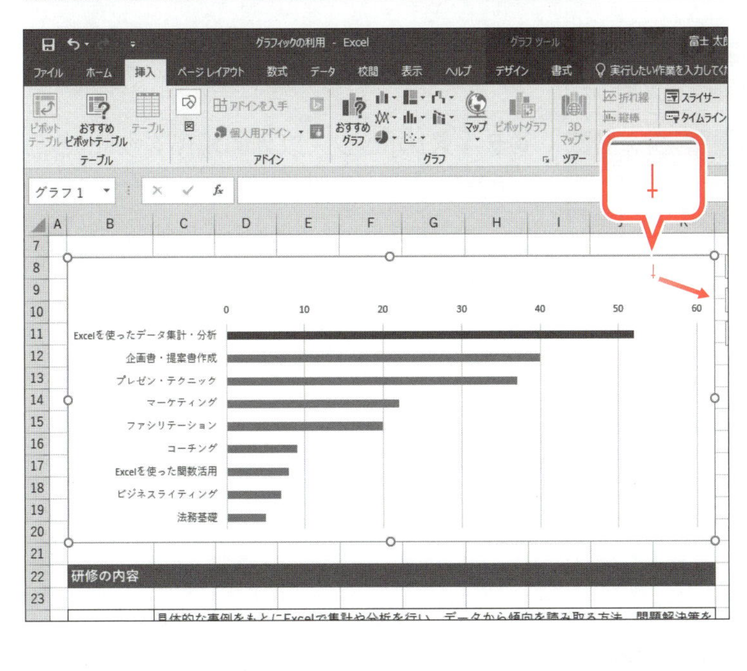

マウスポインターの形が↓に変わります。
⑤図のようにドラッグします。
※ドラッグ中、マウスポインターの形が＋に変わります。

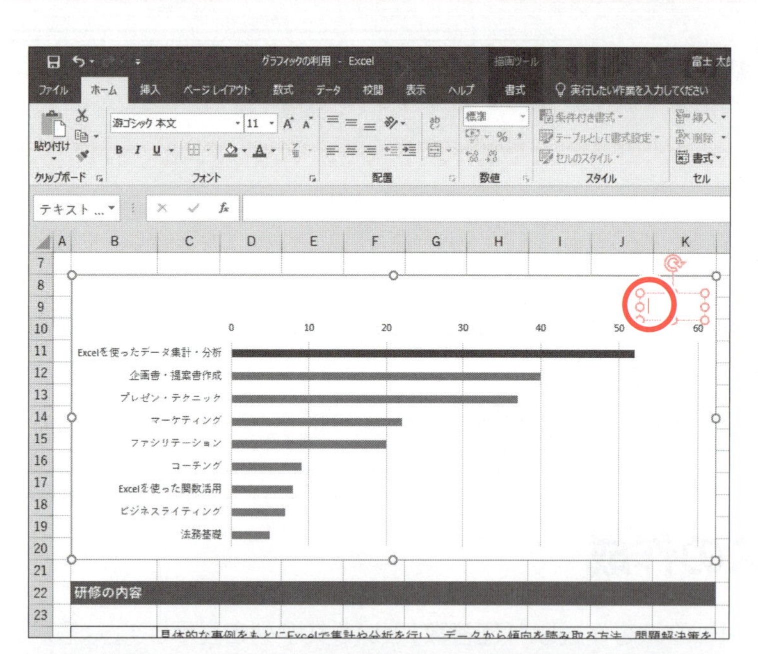

テキストボックスが作成されます。

⑥カーソルが表示されていることを確認します。

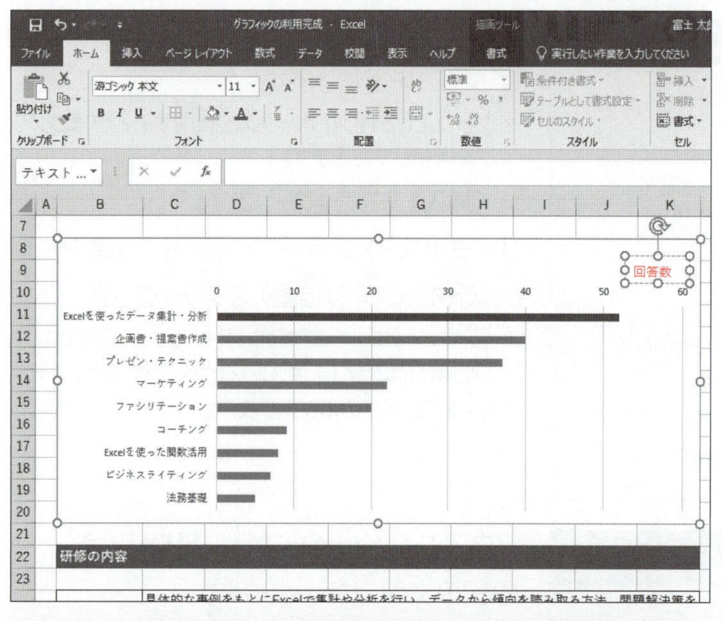

⑦**「回答数」**と入力します。

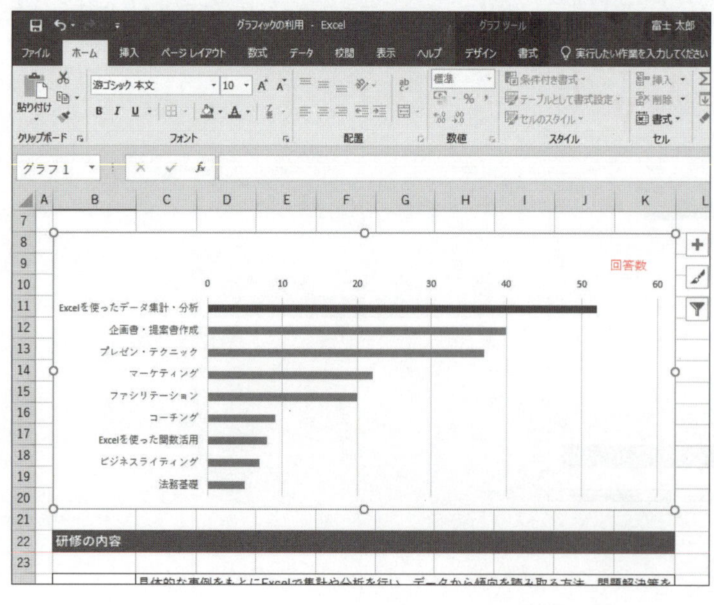

⑧テキストボックス以外の場所をクリックします。

テキストボックスの選択が解除され、テキストボックス内の文字列が確定します。

POINT テキストボックスの選択

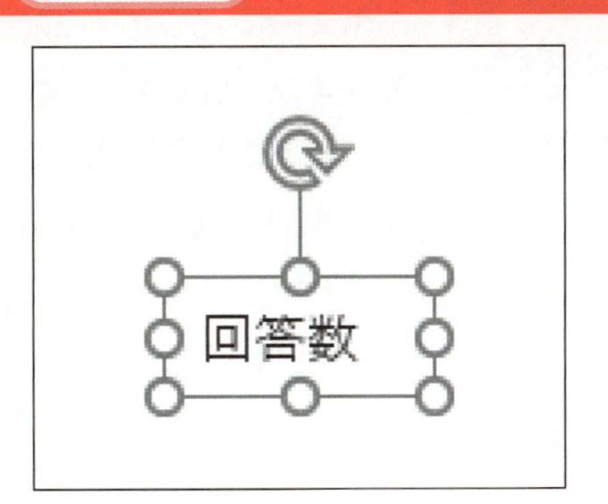

テキストボックスを選択するには、テキストボックス内をクリックし、テキストボックスの枠線をクリックします。テキストボックスを移動したりサイズを変更したりする場合、テキストボックスを選択します。

POINT テキストボックス内の文字列の編集

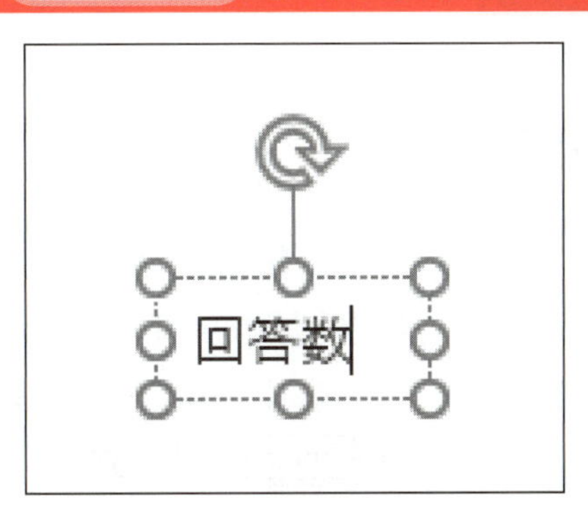

テキストボックス内の文字列を編集するには、テキストボックス内の文字列をクリックします。カーソルが表示され、文字列が操作対象になります。テキストボックス内の文字列が操作対象のとき、テキストボックスは点線で囲まれます。

3 セルの参照

シート上のセルの値を参照して、テキストボックス内に表示できます。
グラフ上に横書きのテキストボックスを作成し、シート「**アンケート結果**」のセル【**B3**】の「**今後どのような研修を望みますか?(複数回答)**」を表示しましょう。

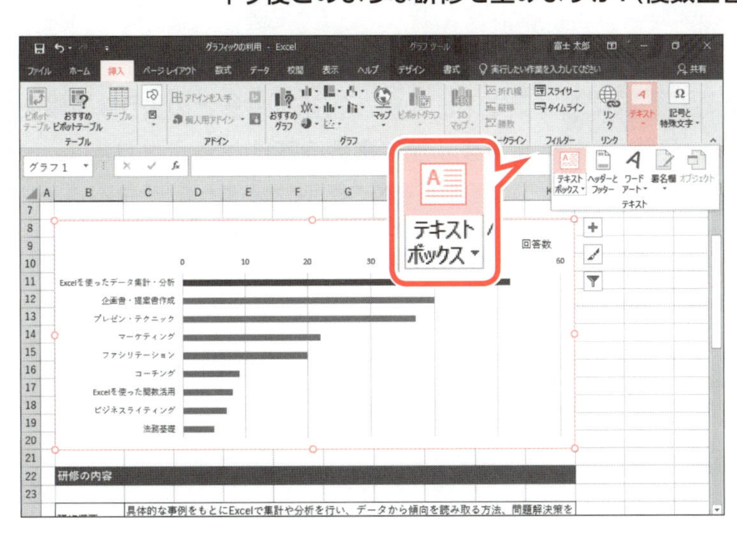

①グラフを選択します。

②《**挿入**》タブを選択します。

③《**テキスト**》グループの (横書きテキストボックスの描画) をクリックします。

※《テキスト》グループが (テキスト) で表示されている場合は、(テキスト) をクリックすると、《テキスト》グループのボタンが表示されます。

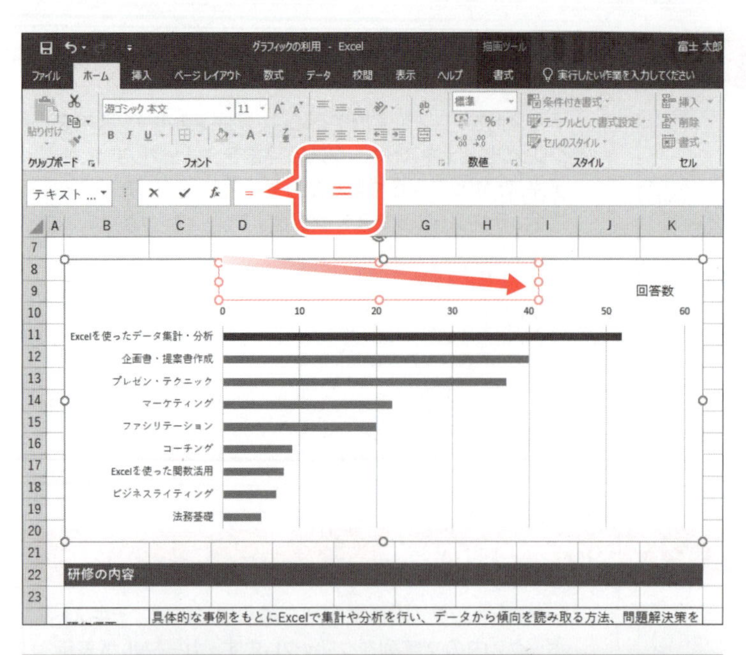

④図のようにドラッグします。

テキストボックスが作成されます。

⑤テキストボックス内にカーソルが表示されていることを確認します。

⑥数式バーをクリックします。

数式バーにカーソルが表示されます。

⑦**「=」**を入力します。

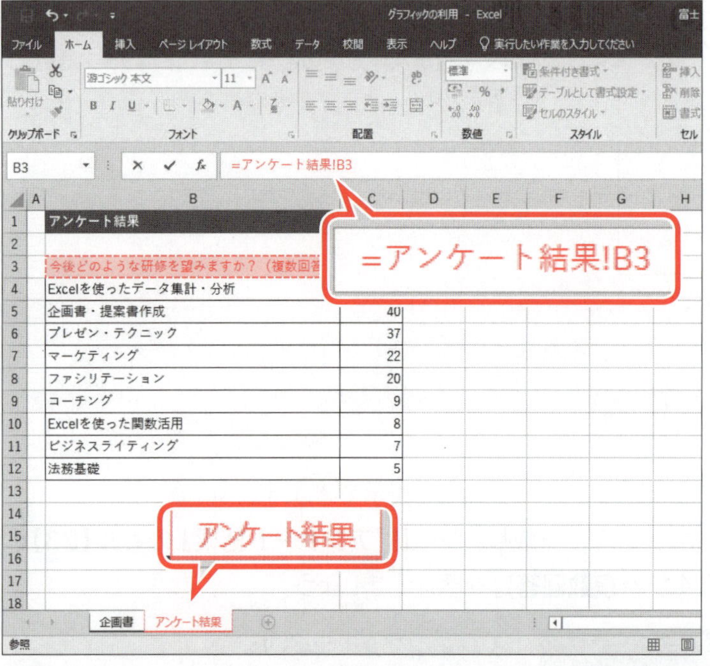

⑧シート**「アンケート結果」**のシート見出しをクリックします。

⑨セル**【B3】**をクリックします。

⑩数式バーに**「=アンケート結果!B3」**と表示されていることを確認します。

⑪ Enter を押します。

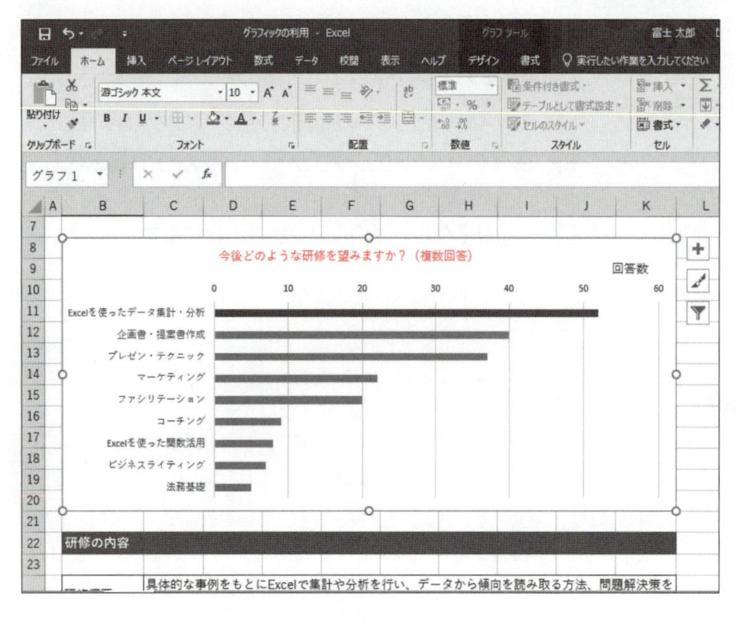

テキストボックス内に**「今後どのような研修を望みますか?(複数回答)」**が表示されます。

※文字列がすべて表示されるように、テキストボックスのサイズを調整しておきましょう。

⑫テキストボックス以外の場所をクリックします。

テキストボックスの選択が解除されます。

4 テキストボックスの書式設定

テキストボックスは、背景の色を塗りつぶしたり、枠線を付けたりして装飾できます。
「今後どのような…」のテキストボックスに、次の書式を設定しましょう。

図形の塗りつぶし	**：青、アクセント5、白+基本色60%**
文字列の配置	**：中央揃え**

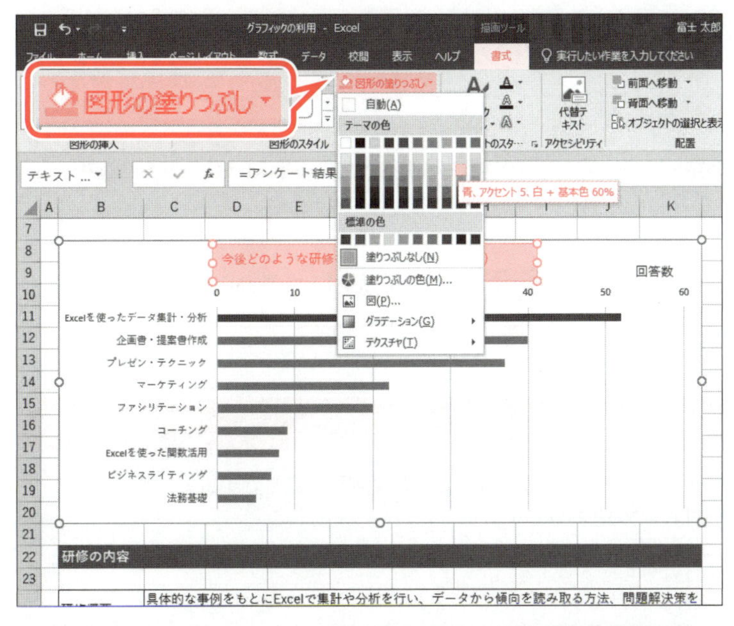

①**「今後どのような…」**のテキストボックスを選択します。

②**《書式》**タブを選択します。

③**《図形のスタイル》**グループの 図形の塗りつぶし （図形の塗りつぶし）をクリックします。

④**《テーマの色》**の**《青、アクセント5、白+基本色60%》**をクリックします。

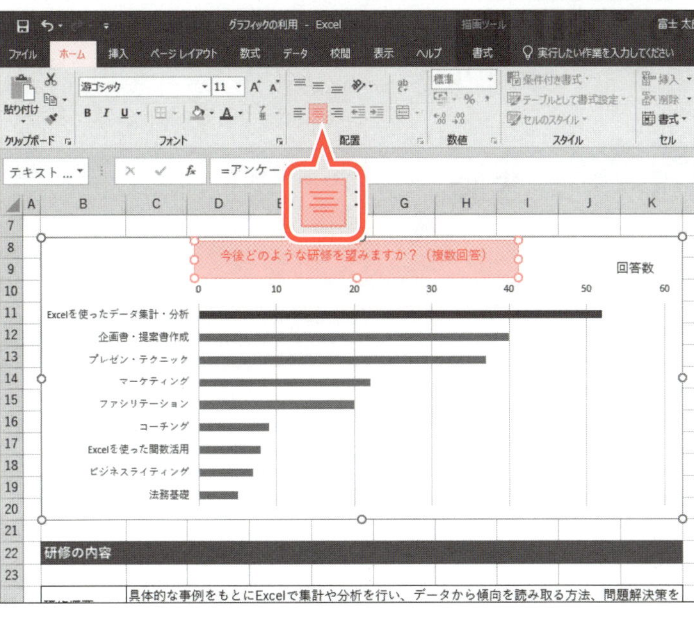

テキストボックスが塗りつぶされます。

⑤**《ホーム》**タブを選択します。

⑥**《配置》**グループの （中央揃え）をクリックします。

テキストボックス内で文字列が左右の中央に配置されます。

※テキストボックス以外の場所をクリックし、選択を解除しておきましょう。

POINT 画像の挿入

写真やイラストをデジタル化してファイルにしたものを「画像」といいます。画像にはGIF、JPEG、BMP、TIFFなどの形式があります。
シートに画像を挿入する方法は、次のとおりです。
◆《挿入》タブ→《図》グループの （ファイルから）→ファイルの場所とファイル名を選択→《挿入》

POINT 画像の編集

シートに挿入した画像は、明るさやコントラストを調整したり、鉛筆やパステルで描いたようにアート効果を付けたりして編集できます。

明るさやコントラストの調整

◆画像を選択→《書式》タブ→《調整》グループの （修整）→《明るさ/コントラスト》の一覧から選択

アート効果の設定

◆画像を選択→《書式》タブ→《調整》グループの アート効果 （アート効果）→一覧から選択

POINT ワードアートの作成

「ワードアート」とは、影・3-D・グラデーションなどの効果を設定した文字列のことです。
シートにワードアートを作成する方法は、次のとおりです。
◆《挿入》タブ→《テキスト》グループの （ワードアートの挿入）→一覧からスタイルを選択→文字列を入力

Step5 テーマを設定する

1 テーマ

「テーマ」とは、ブック全体の配色・フォント・効果を組み合わせたものです。Excelには、あらかじめ豊富なテーマが用意されており、それぞれ**「インテグラル」「オーガニック」「スライス」**などの名称が付いています。テーマを選択するだけで、それぞれの名前が持っているイメージのとおりにブック全体の外観を設定します。初期の設定では、ブックに**「Office」**という名前のテーマが適用されています。

2 テーマの設定

ブックのテーマを**「ファセット」**に変更しましょう。

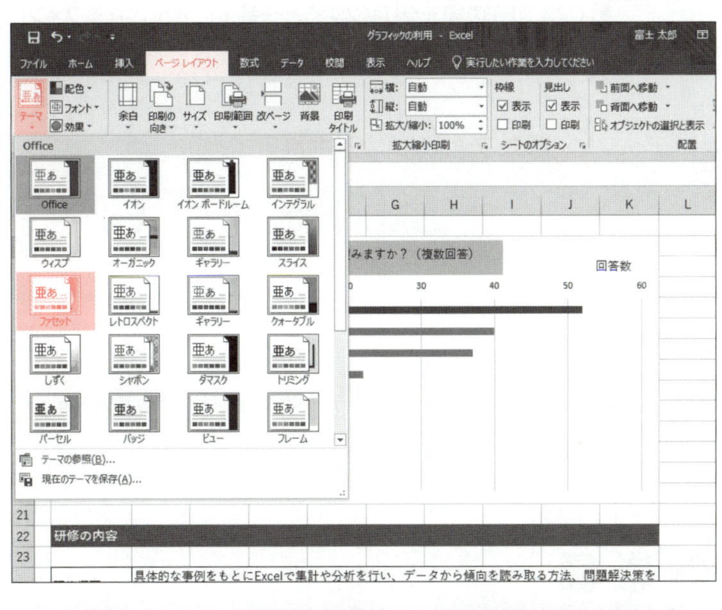

①**《ページレイアウト》**タブを選択します。

②**《テーマ》**グループの（テーマ）をクリックします。

③**《Office》**の**《ファセット》**をクリックします。

ブック全体の配色やフォントなどが変更されます。

※シート「アンケート結果」に切り替えて、配色やフォントなどが変更されていることを確認しておきましょう。

※ブックに「グラフィックの利用完成」と名前を付けて、フォルダー「第4章」に保存し、閉じておきましょう。

STEP UP テーマの構成

テーマは、配色・フォント・効果で構成されています。テーマを適用すると、リボンのボタンの配色・フォント・効果の一覧が変更されます。あらかじめテーマを適用し、そのテーマの色・フォント・効果を使うと、すべてのシートを統一したデザインにできます。

●配色

《ホーム》タブの（塗りつぶしの色）や（フォントの色）などの一覧に表示される色は、テーマの配色に対応しています。

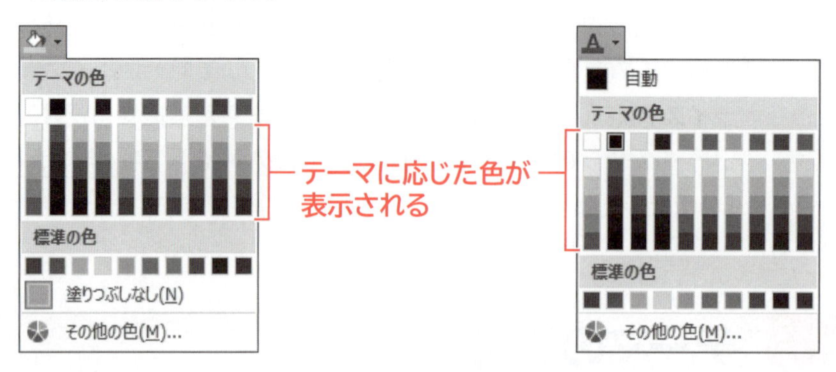

●フォント

《ホーム》タブの（フォント）のをクリックすると一番上に表示されるフォントは、テーマのフォントに対応しています。

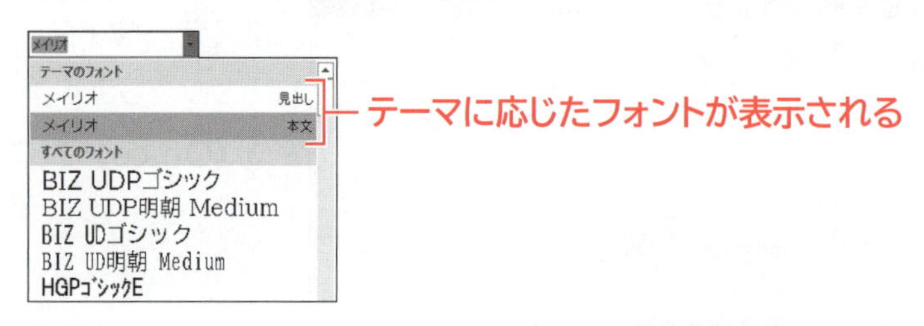

●効果

《デザイン》タブや《書式》タブに表示されるスタイルの一覧は、テーマの効果に対応しています。

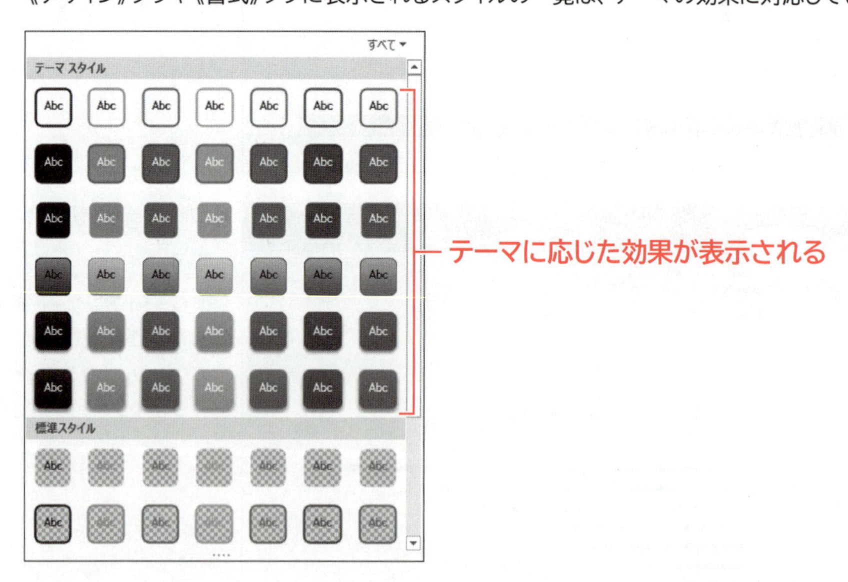

第4章 グラフィックの利用

練習問題

解答 ▶ 別冊P.4

完成図のようなブックを作成しましょう。

※設定する項目名が一覧にない場合は、任意の項目を選択してください。

フォルダー「第4章」のブック「第4章練習問題」を開いておきましょう。

●完成図

カテゴリ別売上推移

単位：千円

カテゴリ	2014年	2015年	2016年	2017年	2018年
AV機器	709,769	805,710	884,560	889,769	959,270
キッチン家電	279,133	321,601	306,038	370,032	235,059
リビング家電	122,093	133,075	124,364	107,440	140,677
季節・空調家電	330,361	203,568	253,790	322,044	393,954
健康家電	93,884	154,679	101,413	119,487	104,890
売上合計	1,833,850	1,808,772	1,535,240	1,618,633	1,670,165

単位：千円

過去5年間の売上推移

8K対応テレビ"HAC"投入

2,000,000
1,800,000
1,600,000
1,400,000
1,200,000
1,000,000
800,000
600,000
400,000
200,000
0

2014年 2015年 2016年 2017年 2018年

■健康家電
■季節・空調家電
■リビング家電
■キッチン家電
■AV機器

過去5年間の販売戦略と主な実績

2014
・猛暑に向けて、エアコンの製造ラインの強化
・販売予定数以上の注文発生
・製造工場の人員強化などで対応し、前年比140%の売上増

2015
・薄型パネルの製造ラインの強化
・安価な液晶テレビシリーズ"JET"投入
・薄型液晶テレビの市場シェア16%獲得

2016
・4K対応テレビの製造強化
・4K対応のテレビシリーズ"FLY"投入
・4K対応テレビの市場シェア11%獲得

2017
・箱型キッチン家電の製造ラインの強化
・ハイブリッドトースター"ブリスタ"投入
・炊飯器の市場シェア10%獲得

2018
・8K対応テレビの製造強化
・8K対応のテレビシリーズ"HAC"投入
・8K対応テレビの市場シェア13%獲得

売上推移

第4章 グラフィックの利用

① グラフに図形の**「吹き出し：角を丸めた四角形」**を作成し、**「8K対応テレビ”HAC”投入」**という文字列を追加しましょう。

② 完成図を参考に、図形の位置とサイズを調整し、文字列を吹き出し内の中央に配置しましょう。

Hint! 吹き出し口の位置を調整するときは、黄色の○（ハンドル）をドラッグします。

③ 図形のスタイルを**「枠線のみ-オレンジ、アクセント2」**に変更しましょう。

④ グラフにテキストボックスを作成し、セル**【G3】**の**「単位：千円」**を参照しましょう。
次に、完成図を参考にサイズと位置を調整しましょう。

⑤ テキストウィンドウを使って、SmartArtグラフィックに次の文字列を追加し、完成図を参考にサイズを調整しましょう。

・2018
　・8K対応テレビの製造の強化
　・8K対応のテレビシリーズ”HAC”投入
　・8K対応テレビの市場シェア13%獲得

⑥ SmartArtグラフィックの全体の配色を**「カラフル-全アクセント」**に変更しましょう。

⑦ ブックのテーマを**「ウィスプ」**に変更しましょう。

※ブックに「第4章練習問題完成」と名前を付けて、フォルダー「第4章」に保存し、閉じておきましょう。

第5章

データベースの活用

第5章 この章で学ぶこと

学習前に習得すべきポイントを理解しておき、
学習後には確実に習得できたかどうかを振り返りましょう。

1	集計の実行手順を理解し、説明できる。	☐☐☐ → P.141
2	表のデータをグループごとに集計できる。	☐☐☐ → P.142
3	集計行が追加されている表に対して、さらに集計行を追加できる。	☐☐☐ → P.145
4	アウトラインを使って、必要な行だけを表示できる。	☐☐☐ → P.147
5	テーブルで何ができるかを説明できる。	☐☐☐ → P.150
6	表をテーブルに変換できる。	☐☐☐ → P.152
7	テーブルに適用されているテーブルスタイルを変更できる。	☐☐☐ → P.154
8	テーブルにフィルターや並べ替えを実行できる。	☐☐☐ → P.155
9	テーブルに集計行を表示できる。	☐☐☐ → P.157

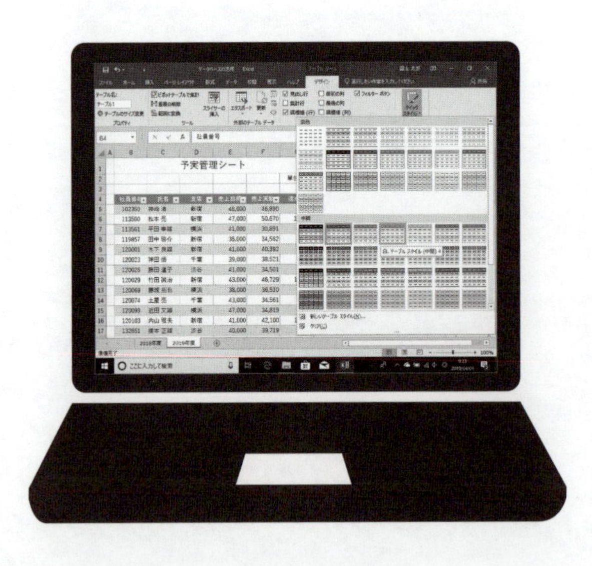

Step 1 操作するデータベースを確認する

1 操作するデータベースの確認

次のようにデータベースを操作しましょう。

予実管理シート

単位:千円

	社員番号	氏名	支店	売上目標	売上実績	達成率
12			銀座 平均	37,571	36,548	
13			銀座 集計	263,000	255,834	
23			渋谷 平均	31,778	31,527	
24			渋谷 集計	286,000	283,745	
34			新宿 平均	40,222	39,632	
35			新宿 集計	362,000	356,691	
45			千葉 平均	32,333	30,836	
46			千葉 集計	291,000	277,527	
53			浜松町 平均	27,167	26,960	
54			浜松町 集計	163,000	161,757	
69			横浜 平均	31,857	32,024	
70			横浜 集計	446,000	448,334	
71			全体の平均	33,537	33,035	
72			総計	1,811,000	1,783,888	

2018年度　2019年度

データの集計

予実管理シート

単位:千円

	社員番号	氏名	支店	売上目標	売上実績	達成率
5	102350	神崎 渚	新宿	48,000	46,890	97.7%
6	113500	松本 亮	新宿	47,000	50,670	107.8%
7	113561	平田 幸雄	横浜	41,000	30,891	75.3%
8	119857	田中 啓介	新宿	35,000	34,562	98.7%
9	120001	木下 良雄	新宿	41,000	40,392	98.5%
10	120023	神田 悟	千葉	39,000	38,521	98.8%
11	120026	藤田 道子	渋谷	41,000	34,501	84.1%
12	120029	竹田 誠治	新宿	43,000	46,729	108.7%
13	120069	藤城 拓也	横浜	38,000	36,510	96.1%
14	120074	土屋 亮	千葉	43,000	34,561	80.4%
15	120099	近田 文雄	横浜	47,000	34,819	74.1%
16	120103	内山 雅夫	新宿	41,000	42,100	102.7%
17	132651	橋本 正雄	渋谷	40,000	39,719	99.3%
18	132659	木内 美子	横浜	46,000	46,710	101.5%
19	133111	曽根 学	千葉	42,000	38,020	90.5%
20	133250	唐沢 利一	横浜	39,000	40,201	103.1%
21	133520	秋野 美江	新宿	35,000	41,290	118.0%
22	133549	中村 仁	新宿	39,000	40,129	102.9%
23	133799	津島 貴子	新宿	40,000	37,626	94.1%
24	135210	佐藤 一郎	銀座	42,000	43,192	102.8%
25	135260	阿部 次郎	渋谷	41,000	30,129	73.5%
26	135294	島田 誠	銀座	42,000	43,790	104.3%
27	135699	佐伯 三郎	銀座	33,000	34,678	105.1%
28	137100	上田 伸二	銀座	39,000	36,784	94.3%
29	137465	島木 敬一	銀座	43,000	43,592	101.4%
30	141200	川崎 理菜	銀座	34,000	23,590	69.4%
31	142151	武田 真	渋谷	35,000	32,708	93.5%
32	142510	中井 拓也	横浜	38,000	40,001	105.3%
33	152000	神原 和也	千葉	35,000	32,760	93.6%
34	156210	小谷 孝司	銀座	34,000	30,127	88.6%
35	163210	江田 京子	浜松町	26,000	28,087	108.0%
36	164120	中野 博	渋谷	31,000	32,160	103.7%
37	164587	鈴木 陽子	渋谷	27,000	33,087	122.5%
38	166541	清水 幸子	横浜	30,000	32,870	109.6%
39	168111	新谷 則夫	渋谷	29,000	32,179	111.0%
40	168251	飯田 太郎	千葉	29,000	28,670	98.9%
41	169521	古賀 正輝	横浜	30,000	32,802	109.3%
42	169524	佐藤 由美	千葉	30,000	25,743	85.8%
43	169555	笹木 進	浜松町	26,000	26,549	102.1%
44	169577	小野 清	浜松町	33,000	31,720	96.1%
45	169874	堀田 隆	横浜	26,000	26,749	102.9%
46	171203	石田 満	横浜	24,000	23,171	96.5%
47	171210	花丘 理央	千葉	27,000	24,256	89.8%
48	171230	斎藤 華子	浜松町	29,000	23,345	80.5%
49	174100	浜田 正人	渋谷	29,000	28,776	99.2%
50	174561	小池 公彦	浜松町	29,000	21,089	72.7%
51	175600	山本 博仁	横浜	27,000	32,879	121.8%
52	176521	久保 正	浜松町	23,000	24,652	107.2%
53	179840	大木 麻里	千葉	23,000	24,509	106.6%
54	184520	田中 知夏	千葉	25,000	23,581	94.3%
55	186540	石田 誠司	横浜	23,000	21,010	91.3%
56	186900	青山 千恵	横浜	24,000	27,340	113.9%
57	190012	高城 健一	渋谷	22,000	23,019	104.6%
58	192155	西村 孝太	横浜	26,000	23,451	90.2%
59	**集計**			**1,849,000**	**1,797,886**	

2018年度　2019年度

テーブルに変換

Step 2 データを集計する

1 集計

「集計」は、表のデータをグループに分類して、グループごとに集計する機能です。集計を使うと、項目ごとの合計を求めたり、平均を求めたりできます。
集計を実行する手順は、次のとおりです。

1 グループごとに並べ替える

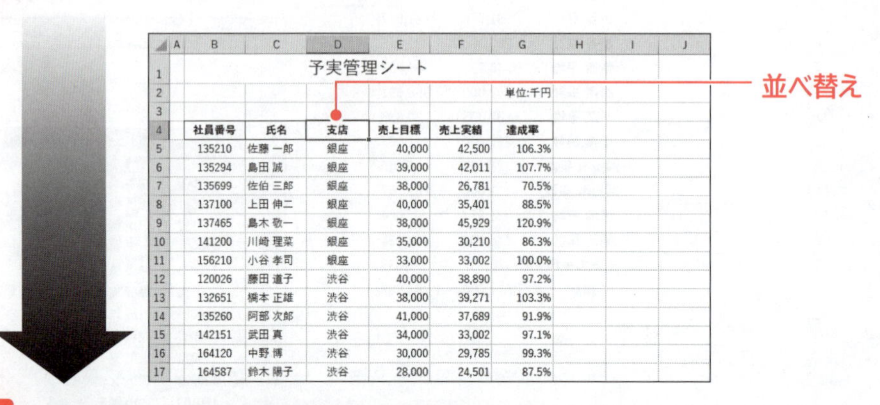

予実管理シート

単位:千円

社員番号	氏名	支店	売上目標	売上実績	達成率
135210	佐藤 一郎	銀座	40,000	42,500	106.3%
135294	島田 誠	銀座	39,000	42,011	107.7%
135699	佐伯 三郎	銀座	38,000	26,781	70.5%
137100	上田 伸二	銀座	40,000	35,401	88.5%
137465	島木 敬一	銀座	38,000	45,929	120.9%
141200	川崎 理菜	銀座	35,000	30,210	86.3%
156210	小谷 孝司	銀座	33,000	33,002	100.0%
120026	藤田 道子	渋谷	40,000	38,890	97.2%
132651	橋本 正雄	渋谷	38,000	39,271	103.3%
135260	阿部 次郎	渋谷	41,000	37,689	91.9%
142151	武田 真	渋谷	34,000	33,002	97.1%
164120	中野 博	渋谷	30,000	29,785	99.3%
164587	鈴木 陽子	渋谷	28,000	24,501	87.5%

2 グループを基準に集計する

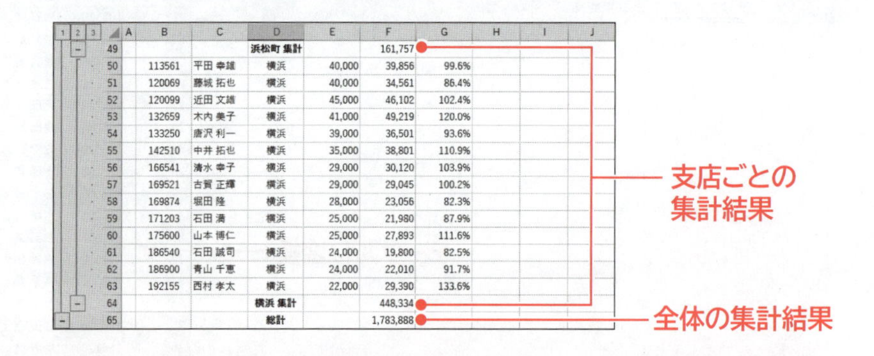

行	社員番号	氏名	支店	売上目標	売上実績	達成率
49			浜松町 集計		161,757	
50	113561	平田 幸雄	横浜	40,000	39,856	99.6%
51	120069	藤城 拓也	横浜	40,000	34,561	86.4%
52	120099	近田 文雄	横浜	45,000	46,102	102.4%
53	132659	木内 美子	横浜	41,000	49,219	120.0%
54	133250	唐沢 利一	横浜	39,000	36,501	93.6%
55	142510	中井 拓也	横浜	35,000	38,801	110.9%
56	166541	清水 幸子	横浜	29,000	30,120	103.9%
57	169521	古賀 正輝	横浜	29,000	29,045	100.2%
58	169874	堀田 隆	横浜	28,000	23,056	82.3%
59	171203	石田 満	横浜	25,000	21,980	87.9%
60	175600	山本 博仁	横浜	25,000	27,893	111.6%
61	186540	石田 誠司	横浜	24,000	19,800	82.5%
62	186900	青山 千恵	横浜	24,000	22,010	91.7%
63	192155	西村 孝太	横浜	22,000	29,390	133.6%
64			横浜 集計		448,334	
65			総計		1,783,888	

POINT データベース用の表

データベース機能を利用するには、データベースを「フィールド」と「レコード」から構成される表にする必要があります。
表に隣接するセルは空白にしておきます。

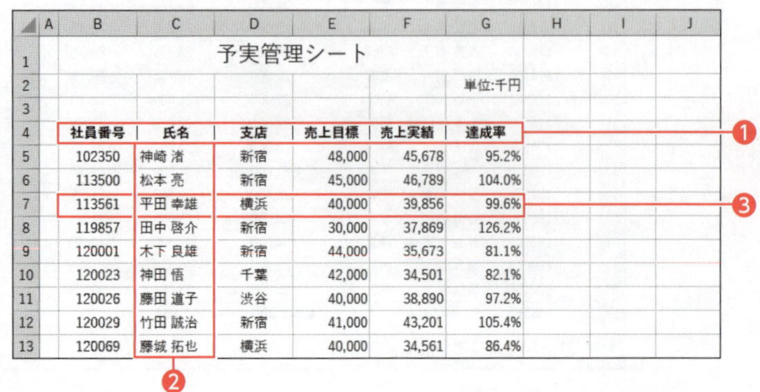

予実管理シート

単位:千円

社員番号	氏名	支店	売上目標	売上実績	達成率
102350	神崎 渚	新宿	48,000	45,678	95.2%
113500	松本 亮	新宿	45,000	46,789	104.0%
113561	平田 幸雄	横浜	40,000	39,856	99.6%
119857	田中 啓介	新宿	30,000	37,869	126.2%
120001	木下 良雄	新宿	44,000	35,673	81.1%
120023	神田 悟	千葉	42,000	34,501	82.1%
120026	藤田 道子	渋谷	40,000	38,890	97.2%
120029	竹田 誠治	新宿	41,000	43,201	105.4%
120069	藤城 拓也	横浜	40,000	34,561	86.4%

❶列見出し(フィールド名)
データを分類する項目名です。列見出しは必ず設定し、レコード部分と異なる書式にします。

❷フィールド
列単位のデータです。
列見出しに対応した同じ種類のデータを入力します。

❸レコード
行単位のデータです。
1件分のデータを入力します。

2 集計の実行

「**支店**」ごとに「**売上目標**」と「**売上実績**」を集計しましょう。

フォルダー「第5章」のブック「データベースの活用」のシート「2018年度」を開いておきましょう。

1 並べ替え

集計を実行するには、あらかじめ集計するグループごとに表を並べ替えておく必要があります。

表を「**支店**」ごとに並べ替えましょう。

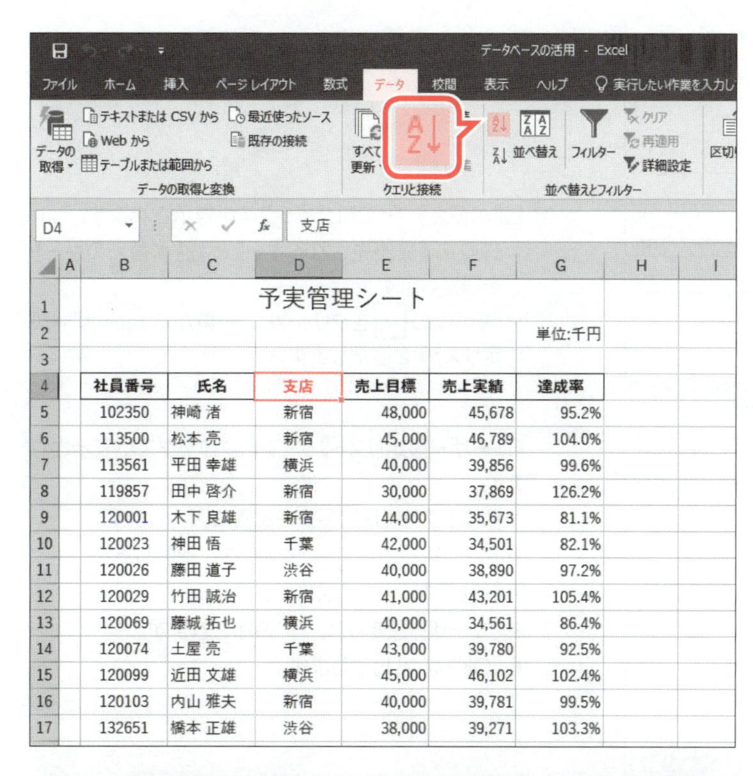

予実管理シート

単位:千円

社員番号	氏名	支店	売上目標	売上実績	達成率
102350	神崎 渚	新宿	48,000	45,678	95.2%
113500	松本 亮	新宿	45,000	46,789	104.0%
113561	平田 幸雄	横浜	40,000	39,856	99.6%
119857	田中 啓介	新宿	30,000	37,869	126.2%
120001	木下 良雄	新宿	44,000	35,673	81.1%
120023	神田 悟	千葉	42,000	34,501	82.1%
120026	藤田 道子	渋谷	40,000	38,890	97.2%
120029	竹田 誠治	新宿	41,000	43,201	105.4%
120069	藤城 拓也	横浜	40,000	34,561	86.4%
120074	土屋 亮	千葉	43,000	39,780	92.5%
120099	近田 文雄	横浜	45,000	46,102	102.4%
120103	内山 雅夫	新宿	40,000	39,781	99.5%
132651	橋本 正雄	渋谷	38,000	39,271	103.3%

①セル【**D4**】をクリックします。

※表内のD列のセルであれば、どこでもかまいません。

②《**データ**》タブを選択します。

③《**並べ替えとフィルター**》グループの（昇順）をクリックします。

予実管理シート

単位:千円

社員番号	氏名	支店	売上目標	売上実績	達成率
135210	佐藤 一郎	銀座	40,000	42,500	106.3%
135294	島田 誠	銀座	39,000	42,011	107.7%
135699	佐伯 三郎	銀座	38,000	26,781	70.5%
137100	上田 伸二	銀座	40,000	35,401	88.5%
137465	島木 敬一	銀座	38,000	45,929	120.9%
141200	川崎 理菜	銀座	35,000	30,210	86.3%
156210	小谷 孝司	銀座	33,000	33,002	100.0%
120026	藤田 道子	渋谷	40,000	38,890	97.2%
132651	橋本 正雄	渋谷	38,000	39,271	103.3%
135260	阿部 次郎	渋谷	41,000	37,689	91.9%
142151	武田 真	渋谷	34,000	33,002	97.1%
164120	中野 博	渋谷	30,000	29,785	99.3%
164587	鈴木 陽子	渋谷	28,000	24,501	87.5%

「**支店**」ごとに並び替わります。

STEP UP ユーザー設定リスト

昇順や降順ではなく、ユーザーが指定した順番に並べ替えるには、「ユーザー設定リスト」を使います。
ユーザーが指定した順番に並べ替える方法は、次のとおりです。

社員番号	氏名	支店	売上目標	売上実績	達成率
102350	神崎 渚	新宿	48,000	45,678	95.2%
113500	松本 亮	新宿	45,000	46,789	104.0%
113561	平田 幸雄	横浜	40,000	39,856	99.6%
119857	田中 啓介	新宿	30,000	37,869	126.2%
120001	木下 良雄	新宿	44,000	35,673	81.1%
120023	神田 悟	千葉	42,000	34,501	82.1%
120026	藤田 道子	渋谷	40,000	38,890	97.2%
120029	竹田 誠治	新宿	41,000	43,201	105.4%
120069	藤城 拓也	横浜	40,000	34,561	86.4%
120074	土屋 亮	千葉	43,000	39,780	92.5%
120099	近田 文雄	横浜	45,000	46,102	102.4%

①表内のセルをクリックします。
②《データ》タブを選択します。
③《並べ替えとフィルター》グループの（並べ替え）をクリックします。

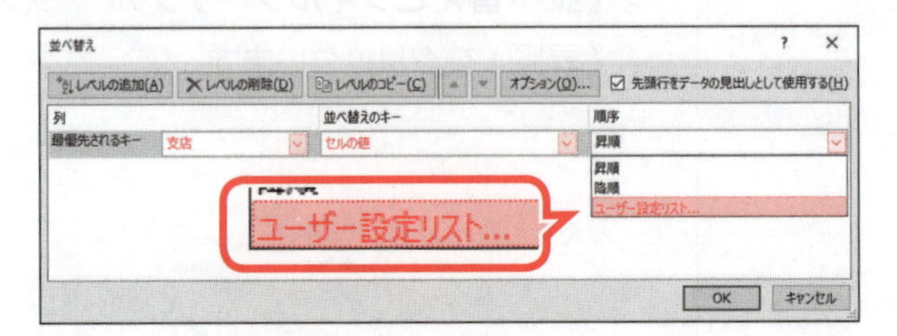

《並べ替え》ダイアログボックスが表示されます。
④《列》の《最優先されるキー》と《並べ替えのキー》を設定します。
⑤《順序》のをクリックし、一覧から《ユーザー設定リスト》を選択します。

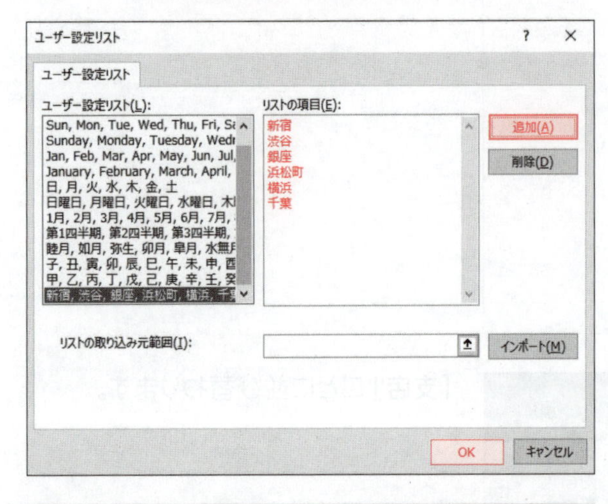

《ユーザー設定リスト》ダイアログボックスが表示されます。
⑥《リストの項目》に項目を順番に入力します。
※項目の後ろで Enter を押して、改行します。
⑦《追加》をクリックします。
※《ユーザー設定リスト》に追加されます。
⑧《OK》をクリックします。

《並べ替え》ダイアログボックスに戻ります。
⑨《OK》をクリックします。

ユーザーが指定した順番に並び替わります。

予実管理シート

単位:千円

社員番号	氏名	支店	売上目標	売上実績	達成率
102350	神崎 渚	新宿	48,000	45,678	95.2%
113500	松本 亮	新宿	45,000	46,789	104.0%
119857	田中 啓介	新宿	30,000	37,869	126.2%
120001	木下 良雄	新宿	44,000	35,673	81.1%
120029	竹田 誠治	新宿	41,000	43,201	105.4%
120103	内山 雅夫	新宿	40,000	39,781	99.5%
133520	秋野 美江	新宿	38,000	30,790	81.0%
133549	中村 仁	新宿	38,000	36,781	96.8%
133799	津島 貴子	新宿	38,000	40,129	105.6%
120026	藤田 道子	渋谷	40,000	38,890	97.2%
132651	橋本 正雄	渋谷	38,000	39,271	103.3%

2 集計の実行

「支店」ごとに「売上目標」と「売上実績」のそれぞれの合計を表示する集計行を追加しましょう。

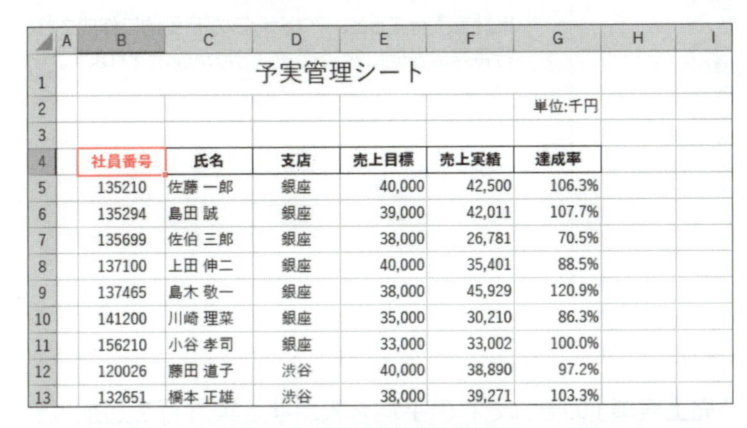

	A	B	C	D	E	F	G	H	I
1				予実管理シート					
2							単位:千円		
3									
4		社員番号	氏名	支店	売上目標	売上実績	達成率		
5		135210	佐藤 一郎	銀座	40,000	42,500	106.3%		
6		135294	島田 誠	銀座	39,000	42,011	107.7%		
7		135699	佐伯 三郎	銀座	38,000	26,781	70.5%		
8		137100	上田 伸二	銀座	40,000	35,401	88.5%		
9		137465	島木 敬一	銀座	38,000	45,929	120.9%		
10		141200	川崎 理菜	銀座	35,000	30,210	86.3%		
11		156210	小谷 孝司	銀座	33,000	33,002	100.0%		
12		120026	藤田 道子	渋谷	40,000	38,890	97.2%		
13		132651	橋本 正雄	渋谷	38,000	39,271	103.3%		

①セル【B4】をクリックします。

※表内のセルであれば、どこでもかまいません。

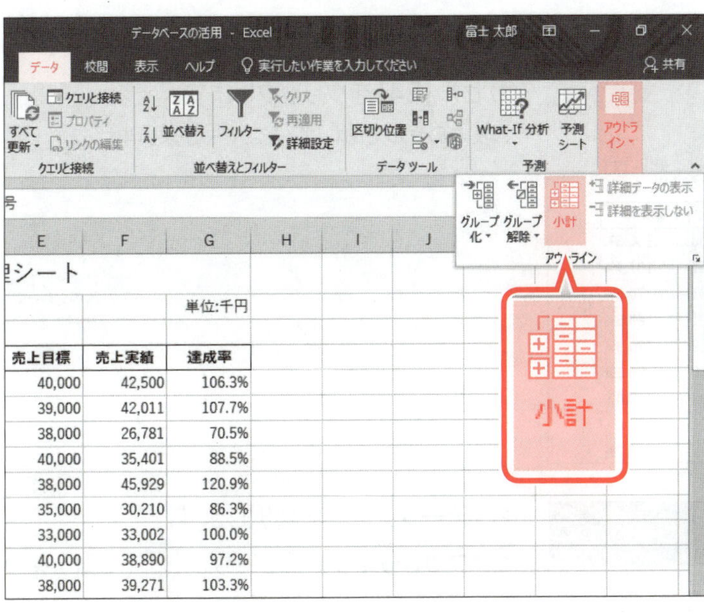

②《データ》タブを選択します。

③《アウトライン》グループの（小計）をクリックします。

※《アウトライン》グループが（アウトライン）で表示されている場合は、（アウトライン）をクリックすると、《アウトライン》グループのボタンが表示されます。

集計の設定　?　×

グループの基準(A):
支店

集計の方法(U):
合計

集計するフィールド(D):
☐ 社員番号
☐ 氏名
☐ 支店
☑ 売上目標
☑ 売上実績
☐ 達成率

☑ 現在の小計をすべて置き換える(C)
☐ グループごとに改ページを挿入する(P)
☑ 集計行をデータの下に挿入する(S)

すべて削除(R)　OK　キャンセル

《集計の設定》ダイアログボックスが表示されます。

④《グループの基準》のをクリックし、一覧から「支店」を選択します。

⑤《集計の方法》が《合計》になっていることを確認します。

⑥《集計するフィールド》の「売上目標」と「売上実績」を☑、「達成率」を☐にします。

⑦《OK》をクリックします。

予実管理シート

単位:千円

社員番号	氏名	支店	売上目標	売上実績	達成率
135210	佐藤 一郎	銀座	40,000	42,500	106.3%
135294	島田 誠	銀座	39,000	42,011	107.7%
135699	佐伯 三郎	銀座	38,000	26,781	70.5%
137100	上田 伸二	銀座	40,000	35,401	88.5%
137465	島木 敬一	銀座	38,000	45,929	120.9%
141200	川崎 理菜	銀座	35,000	30,210	86.3%
156210	小谷 孝司	銀座	33,000	33,002	100.0%
		銀座 集計	263,000	255,834	
120026	藤田 道子	渋谷	40,000	38,890	97.2%
132651	橋本 正雄	渋谷	38,000	39,271	103.3%
135260	阿部 次郎	渋谷	41,000	37,689	91.9%
142151	武田 真	渋谷	34,000	33,002	97.1%
164120	中野 博	渋谷	30,000	29,785	99.3%

「支店」ごとに集計行が追加され、**「売上目標」**と**「売上実績」**の合計が表示されます。

※表の最終行には、全体の合計を表示する集計行「総計」が追加されます。

※集計を実行すると、アウトラインが自動的に作成され、行番号の左側にアウトライン記号が表示されます。

3 集計行の追加

「支店」ごとに**「売上目標」**と**「売上実績」**のそれぞれの平均を表示する集計行を追加しましょう。

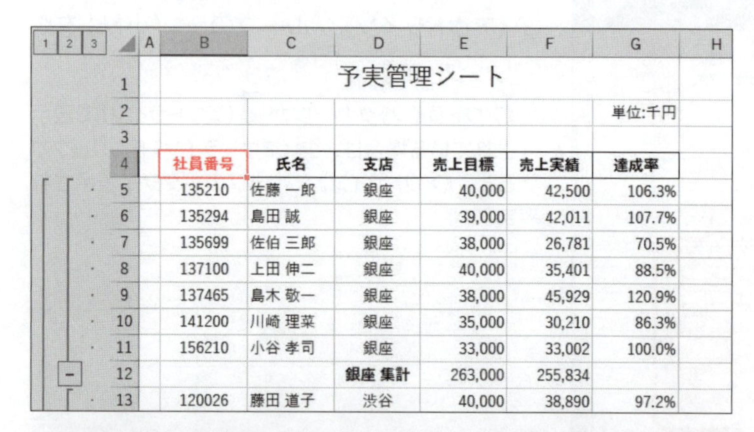

予実管理シート

単位:千円

社員番号	氏名	支店	売上目標	売上実績	達成率
135210	佐藤 一郎	銀座	40,000	42,500	106.3%
135294	島田 誠	銀座	39,000	42,011	107.7%
135699	佐伯 三郎	銀座	38,000	26,781	70.5%
137100	上田 伸二	銀座	40,000	35,401	88.5%
137465	島木 敬一	銀座	38,000	45,929	120.9%
141200	川崎 理菜	銀座	35,000	30,210	86.3%
156210	小谷 孝司	銀座	33,000	33,002	100.0%
		銀座 集計	263,000	255,834	
120026	藤田 道子	渋谷	40,000	38,890	97.2%

①セル**【B4】**をクリックします。

※表内のセルであれば、どこでもかまいません。

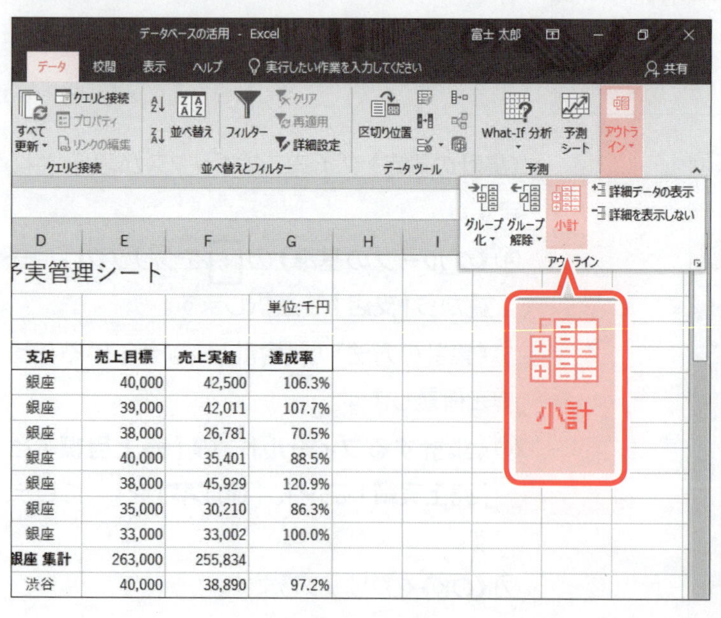

②**《データ》**タブを選択します。

③**《アウトライン》**グループの（小計）をクリックします。

※**《アウトライン》**グループが（アウトライン）で表示されている場合は、（アウトライン）をクリックすると、**《アウトライン》**グループのボタンが表示されます。

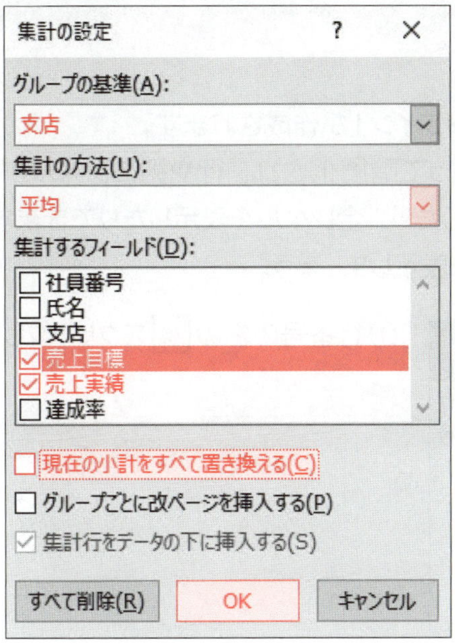

集計の設定

グループの基準(A):
支店
集計の方法(U):
平均
集計するフィールド(D):
☐社員番号
☐氏名
☐支店
☑売上目標
☑売上実績
☐達成率

☐現在の小計をすべて置き換える(C)
☐グループごとに改ページを挿入する(P)
☑集計行をデータの下に挿入する(S)

すべて削除(R)　OK　キャンセル

《集計の設定》ダイアログボックスが表示されます。

④**《グループの基準》**が**「支店」**になっていることを確認します。

⑤**《集計の方法》**の⌄をクリックし、一覧から**《平均》**を選択します。

⑥**《集計するフィールド》**の**「売上目標」**と**「売上実績」**が☑になっていることを確認します。

⑦**《現在の小計をすべて置き換える》**を☐にします。

※☑にすると、既存の集計行が削除され、新規の集計行に置き換わります。☐にすると、既存の集計行に新規の集計行が追加されます。

⑧**《OK》**をクリックします。

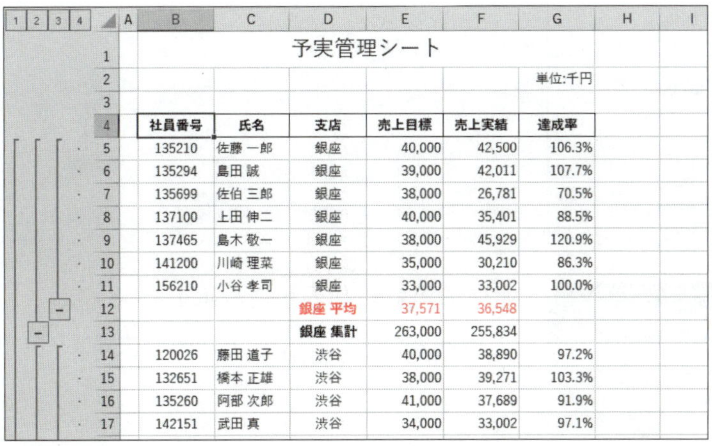

予実管理シート

単位:千円

社員番号	氏名	支店	売上目標	売上実績	達成率
135210	佐藤 一郎	銀座	40,000	42,500	106.3%
135294	島田 誠	銀座	39,000	42,011	107.7%
135699	佐伯 三郎	銀座	38,000	26,781	70.5%
137100	上田 伸二	銀座	40,000	35,401	88.5%
137465	島木 敬一	銀座	38,000	45,929	120.9%
141200	川崎 理菜	銀座	35,000	30,210	86.3%
156210	小谷 孝司	銀座	33,000	33,002	100.0%
		銀座 平均	37,571	36,548	
		銀座 集計	263,000	255,834	
120026	藤田 道子	渋谷	40,000	38,890	97.2%
132651	橋本 正雄	渋谷	38,000	39,271	103.3%
135260	阿部 次郎	渋谷	41,000	37,689	91.9%
142151	武田 真	渋谷	34,000	33,002	97.1%

「支店」ごとに集計行が追加され、**「売上目標」**と**「売上実績」**の平均が表示されます。

※「総計」の上に、全体の平均を表示する集計行「全体の平均」が追加されます。

POINT 集計行の削除

集計行を削除して、もとの表に戻す方法は、次のとおりです。

◆表内のセルを選択→《データ》タブ→《アウトライン》グループの（小計）→《すべて削除》

STEP UP 集計行の数式

集計行のセルには、「SUBTOTAL関数」が自動的に設定されます。

●SUBTOTAL関数

数値を集計します。

=SUBTOTAL（集計方法,参照1,・・・）
　　　　　　　❶　　　❷

❶集計方法
集計方法に応じて関数を番号で指定します。
1：AVERAGE
2：COUNT
3：COUNTA
4：MAX
5：MIN
9：SUM

❷参照1
集計するセル範囲を指定します。

3 アウトラインの操作

集計を実行すると、表に自動的に「**アウトライン**」が作成されます。
アウトラインが作成された表は構造によって階層化され、行や列にレベルが設定されます。必要に応じて、上位レベルだけ表示したり、全レベルを表示したりできます。
アウトライン記号を使って、集計行だけを表示しましょう。

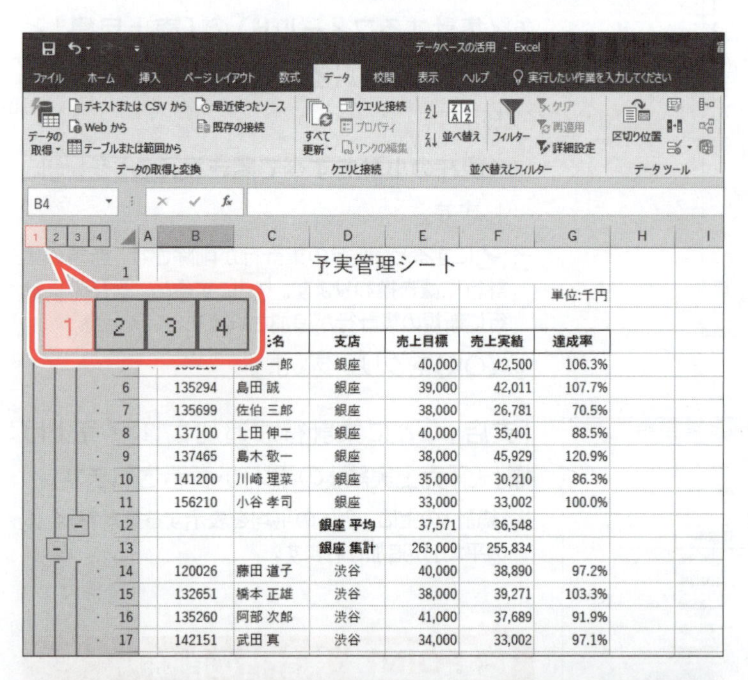

データベースの活用 - Excel
予実管理シート
単位:千円
1 2 3 4
支店 売上目標 売上実績 達成率
6 135294 島田 誠 銀座 39,000 42,011 107.7%
7 135699 佐伯 三郎 銀座 38,000 26,781 70.5%
8 137100 上田 伸二 銀座 40,000 35,401 88.5%
9 137465 島木 敬一 銀座 38,000 45,929 120.9%
10 141200 川崎 理菜 銀座 35,000 30,210 86.3%
11 156210 小谷 孝司 銀座 33,000 33,002 100.0%
12 銀座 平均 37,571 36,548
13 銀座 集計 263,000 255,834
14 120026 藤田 道子 渋谷 40,000 38,890 97.2%
15 132651 横本 正雄 渋谷 38,000 39,271 103.3%
16 135260 阿部 次郎 渋谷 41,000 37,689 91.9%
17 142151 武田 真 渋谷 34,000 33,002 97.1%

①行番号の左の 1 をクリックします。

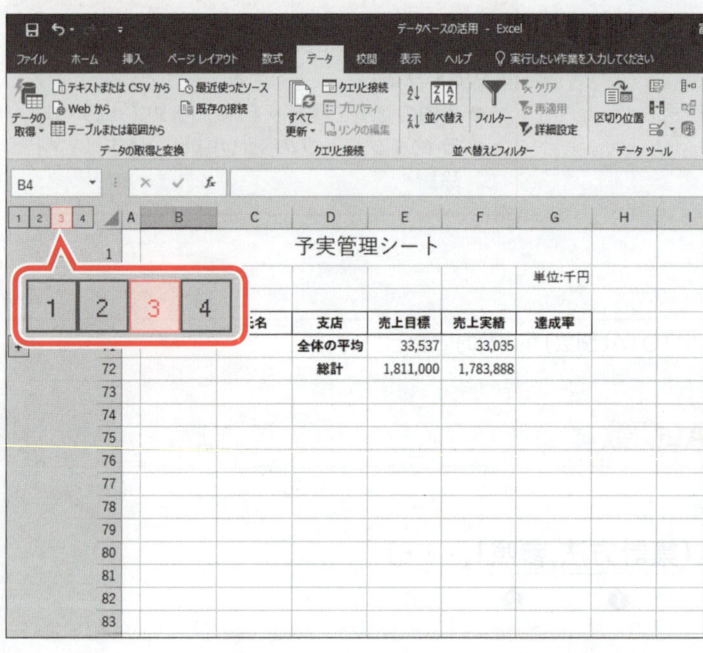

全体の集計行が表示されます。
②行番号の左の 3 をクリックします。

	A	B	C	D	E	F	G	H	I
1		予実管理シート							
2							単位:千円		
3									
4		社員番号	氏名	支店	売上目標	売上実績	達成率		
12				銀座 平均	37,571	36,548			
13				銀座 集計	263,000	255,834			
23				渋谷 平均	31,778	31,527			
24				渋谷 集計	286,000	283,745			
34				新宿 平均	40,222	39,632			
35				新宿 集計	362,000	356,691			
45				千葉 平均	32,333	30,836			
46				千葉 集計	291,000	277,527			
53				浜松町 平均	27,167	26,960			
54				浜松町 集計	163,000	161,757			
69				横浜 平均	31,857	32,024			
70				横浜 集計	446,000	448,334			
71				全体の平均	33,537	33,035			

全体の集計行とグループごとの集計行が表示されます。

STEP UP アウトライン記号

アウトライン記号の役割は、次のとおりです。

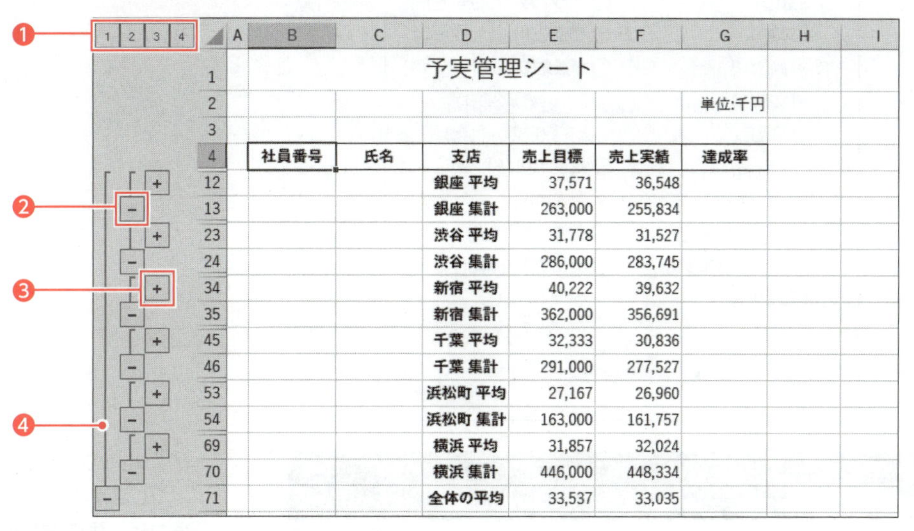

	A	B	C	D	E	F	G	H	I
1		予実管理シート							
2							単位:千円		
3									
4		社員番号	氏名	支店	売上目標	売上実績	達成率		
12				銀座 平均	37,571	36,548			
13				銀座 集計	263,000	255,834			
23				渋谷 平均	31,778	31,527			
24				渋谷 集計	286,000	283,745			
34				新宿 平均	40,222	39,632			
35				新宿 集計	362,000	356,691			
45				千葉 平均	32,333	30,836			
46				千葉 集計	291,000	277,527			
53				浜松町 平均	27,167	26,960			
54				浜松町 集計	163,000	161,757			
69				横浜 平均	31,857	32,024			
70				横浜 集計	446,000	448,334			
71				全体の平均	33,537	33,035			

❶指定したレベルのデータを表示します。
❷グループの詳細データを非表示にします。
❸グループの詳細データを表示します。
❹グループの詳細データを非表示にします。

STEP UP 可視セル

下位レベルを折りたたんだ表や、行や列を一部非表示にした表をコピーしようとすると、配下にあるデータも合わせてコピーされます。

シート上に実際に見えているセル（可視セル）だけをコピーする方法は、次のとおりです。

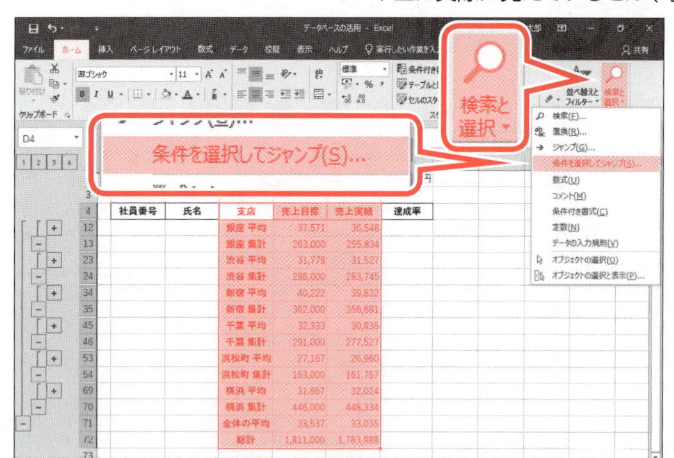

①コピー元のセル範囲を選択します。

②《ホーム》タブを選択します。

③《編集》グループの［検索と選択ボタン］（検索と選択）をクリックします。

④《条件を選択してジャンプ》をクリックします。

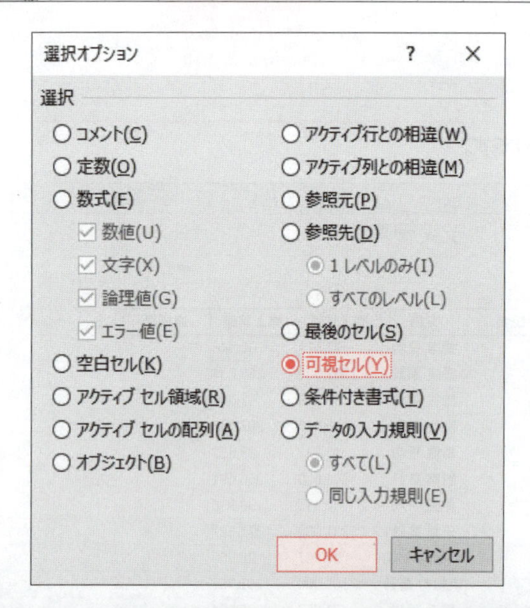

《選択オプション》ダイアログボックスが表示されます。

⑤《可視セル》を◉にします。

⑥《OK》をクリックします。

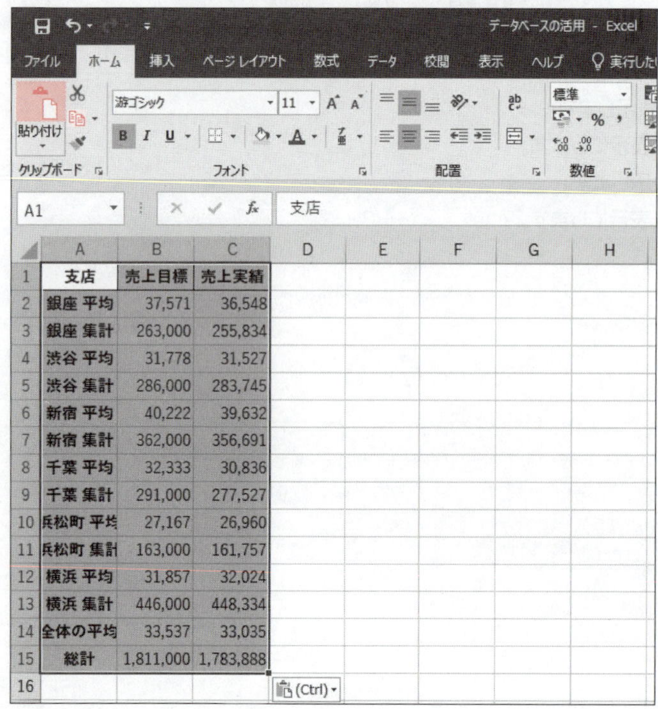

	A	B	C
1	支店	売上目標	売上実績
2	銀座 平均	37,571	36,548
3	銀座 集計	263,000	255,834
4	渋谷 平均	31,778	31,527
5	渋谷 集計	286,000	283,745
6	新宿 平均	40,222	39,632
7	新宿 集計	362,000	356,691
8	千葉 平均	32,333	30,836
9	千葉 集計	291,000	277,527
10	浜松町 平均	27,167	26,960
11	浜松町 集計	163,000	161,757
12	横浜 平均	31,857	32,024
13	横浜 集計	446,000	448,334
14	全体の平均	33,537	33,035
15	総計	1,811,000	1,783,888

⑦《クリップボード》グループの［コピーボタン］（コピー）をクリックします。

⑧コピー先の開始位置のセルを選択します。

⑨《クリップボード》グループの［貼り付けボタン］（貼り付け）をクリックします。

シート上に実際に見えているセルだけがコピーされます。

Step3 表をテーブルに変換する

1 テーブル

表を**「テーブル」**に変換すると、書式設定やデータベース管理が簡単に行えるようになります。

テーブルには、次のような特長があります。

	A	B	C	D	E	F	G	H
1		予実管理シート						
2							単位:千円	
3								
4		社員番号	氏名	支店	売上目標	売上実績	達成率	
5		102350	神崎 渚	新宿	48,000	46,890	97.7%	
6		113500	松本 亮	新宿	47,000	50,670	107.8%	
7		113561	平田 幸雄	横浜	41,000	30,891	75.3%	
8		119857	田中 啓介	新宿	35,000	34,562	98.7%	
9		120001	木下 良雄	新宿	41,000	40,392	98.5%	
10		120023	神田 悟	千葉	39,000	38,521	98.8%	
11		120026	藤田 道子	渋谷	41,000	34,501	84.1%	
12		120029	竹田 誠治	新宿	43,000	46,729	108.7%	
13		120069	藤城 拓也	横浜	38,000	36,510	96.1%	
14		120074	土屋 亮	千葉	43,000	34,561	80.4%	
15		120099	近田 文雄	横浜	47,000	34,819	74.1%	
16		120103	内山 雅夫	新宿	41,000	42,100	102.7%	
17		132651	橋本 正雄	渋谷	40,000	39,719	99.3%	

●テーブルスタイルが適用される

Excelにあらかじめ用意されているテーブルスタイルが適用され、表全体の見栄えを簡単に整えることができます。

	A	B	C	D	E	F	G	H
1		予実管理シート						
2							単位:千円	
3								
4		社員番号	氏名	支店	売上目標	売上実績	達成率	
24		135294	島田 誠	銀座	42,000	43,790	104.3%	
26		137465	島木 敬一	銀座	43,000	43,592	101.4%	
27		135210	佐藤 一郎	銀座	42,000	43,192	102.8%	
28		137100	上田 伸二	銀座	39,000	36,784	94.3%	
29		135699	佐伯 三郎	銀座	33,000	34,678	105.1%	
30		156210	小谷 孝司	銀座	34,000	30,127	88.6%	
34		141200	川崎 理菜	銀座	34,000	23,590	69.4%	
59								
60								
61								
62								
63								
64								

●フィルターモードになる

フィルターモードになり、先頭行に▼が表示されます。

▼をクリックし、一覧からフィルターや並べ替えを実行できます。

	A	社員番号	氏名	支店	売上目標	売上実績	達成率	H
46		171203	石田 満	横浜	24,000	23,171	96.5%	
47		171210	花丘 理央	千葉	27,000	24,256	89.8%	
48		171230	斎藤 華子	浜松町	29,000	23,345	80.5%	
49		174100	浜田 正人	渋谷	29,000	28,776	99.2%	
50		174561	小池 公彦	浜松町	29,000	21,089	72.7%	
51		175600	山本 博仁	横浜	27,000	32,879	121.8%	
52		176521	久保 正	浜松町	23,000	24,652	107.2%	
53		179840	大木 麻里	千葉	23,000	24,509	106.6%	
54		184520	田中 知夏	千葉	25,000	23,581	94.3%	
55		186540	石田 誠司	横浜	23,000	21,010	91.3%	
56		186900	青山 千恵	横浜	24,000	27,340	113.9%	
57		190012	高城 健一	渋谷	22,000	23,019	104.6%	
58		192155	西村 孝太	横浜	26,000	23,451	90.2%	
59								
60								
61								
62								
63								

●列番号が列見出しに置き換わる

シートをスクロールすると、列番号が列見出しに置き換わります。

列見出しには▼が表示されるので、スクロールした状態でもフィルターや並べ替えを実行できます。

	A	B	C	D	E	F	G	H
46		171203	石田 満	横浜	24,000	23,171	96.5%	
47		171210	花丘 理央	千葉	27,000	24,256	89.8%	
48		171230	斎藤 華子	浜松町	29,000	23,345	80.5%	
49		174100	浜田 正人	渋谷	29,000	28,776	99.2%	
50		174561	小池 公彦	浜松町	29,000	21,089	72.7%	
51		175600	山本 博仁	横浜	27,000	32,879	121.8%	
52		176521	久保 正	浜松町	23,000	24,652	107.2%	
53		179840	大木 麻里	千葉	23,000	24,509	106.6%	
54		184520	田中 知夏	千葉	25,000	23,581	94.3%	
55		186540	石田 誠司	横浜	23,000	21,010	91.3%	
56		186900	青山 千恵	横浜	24,000	27,340	113.9%	
57		190012	高城 健一	渋谷	22,000	23,019	104.6%	
58		192155	西村 孝太	横浜	26,000	23,451	90.2%	
59								
60								
61								
62								

●簡単にサイズが変更できる

テーブル右下の▟（サイズ変更ハンドル）をドラッグして、テーブル範囲を簡単に変更できます。

	A	B	C	D	E	F	G	H
1				予実管理シート				
2							単位:千円	
3								
4		社員番号	氏名	支店	売上目標	売上実績	達成率	
5		102350	神崎 渚	新宿	48,000	46,890	97.7%	
6		113500	松本 亮	新宿	47,000	50,670	107.8%	
8		119857	田中 啓介	新宿	35,000	34,562	98.7%	
9		120001	木下 良雄	新宿	41,000	40,392	98.5%	
12		120029	竹田 誠治	新宿	43,000	46,729	108.7%	
16		120103	内山 雅夫	新宿	41,000	42,100	102.7%	
21		133520	秋野 美江	新宿	35,000	41,290	118.0%	
22		133549	中村 仁	新宿	39,000	40,129	102.9%	
23		133799	津島 貴子	新宿	40,000	37,626	94.1%	
59		集計				380,388		
60								
61								
62								
63								
64								
65								
66								

●集計行を表示できる

集計行を表示して、合計や平均などの集計ができます。

2　テーブルへの変換

テーブルに変換すると、自動的に**「テーブルスタイル」**が適用されます。テーブルスタイルは罫線や塗りつぶしの色などの書式を組み合わせたもので、表全体の見栄えを整えます。
表をテーブルに変換しましょう。

シート「2019年度」に切り替えておきましょう。

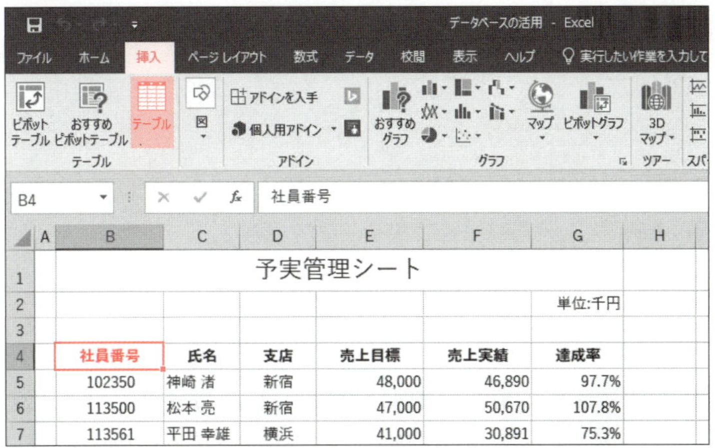

	B	C	D	E	F	G
1	予実管理シート					
2						単位:千円
3						
4	社員番号	氏名	支店	売上目標	売上実績	達成率
5	102350	神崎 渚	新宿	48,000	46,890	97.7%
6	113500	松本 亮	新宿	47,000	50,670	107.8%
7	113561	平田 幸雄	横浜	41,000	30,891	75.3%

①セル**【B4】**をクリックします。
※表内のセルであれば、どこでもかまいません。
②**《挿入》**タブを選択します。
③**《テーブル》**グループの（テーブル）をクリックします。

テーブルの作成
テーブルに変換するデータ範囲を指定してください(W)
=$B$4:$G$58
☑ 先頭行をテーブルの見出しとして使用する(M)
OK　キャンセル

《テーブルの作成》ダイアログボックスが表示されます。
④**《テーブルに変換するデータ範囲を指定してください》**が**「=$B$4:$G$58」**になっていることを確認します。
⑤**《先頭行をテーブルの見出しとして使用する》**を☑にします。
⑥**《OK》**をクリックします。

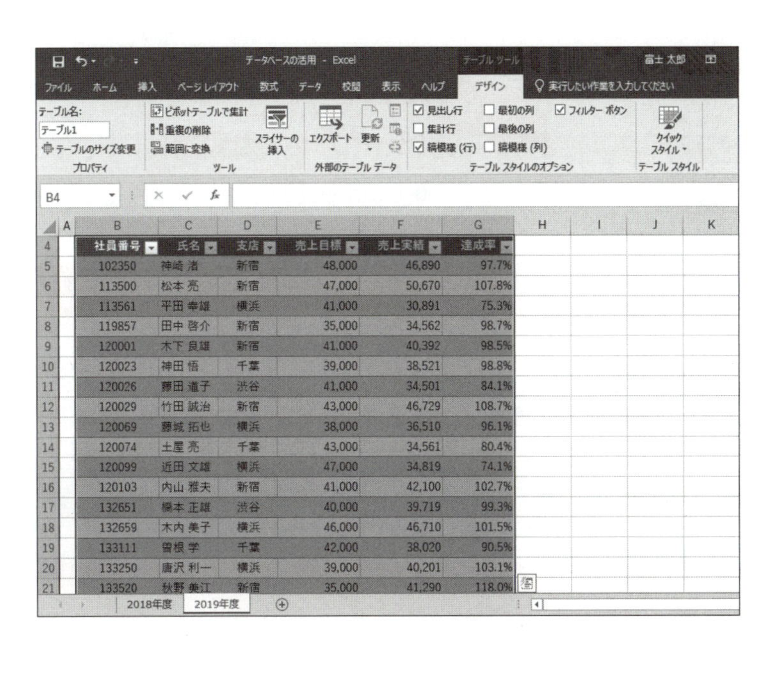

	B	C	D	E	F	G
4	社員番号	氏名	支店	売上目標	売上実績	達成率
5	102350	神崎 渚	新宿	48,000	46,890	97.7%
6	113500	松本 亮	新宿	47,000	50,670	107.8%
7	113561	平田 幸雄	横浜	41,000	30,891	75.3%
8	119857	田中 啓介	新宿	35,000	34,562	98.7%
9	120001	木下 良雄	新宿	41,000	40,392	98.5%
10	120023	神田 悟	千葉	39,000	38,521	98.8%
11	120026	藤田 道子	渋谷	41,000	34,501	84.1%
12	120029	竹田 誠治	新宿	43,000	46,729	108.7%
13	120069	藤城 拓也	横浜	38,000	36,510	96.1%
14	120074	土屋 亮	千葉	43,000	34,561	80.4%
15	120099	近田 文雄	横浜	47,000	34,819	74.1%
16	120103	内山 雅夫	新宿	41,000	42,100	102.7%
17	132651	榎本 正雄	渋谷	40,000	39,719	99.3%
18	132659	木内 美子	横浜	46,000	46,710	101.5%
19	133111	曽根 学	千葉	42,000	38,020	90.5%
20	133250	唐沢 利一	横浜	39,000	40,201	103.1%
21	133520	秋野 美江	新宿	35,000	41,290	118.0%

セル範囲がテーブルに変換され、テーブルスタイルが適用されます。
※リボンに《デザイン》タブが追加され、自動的に切り替わります。

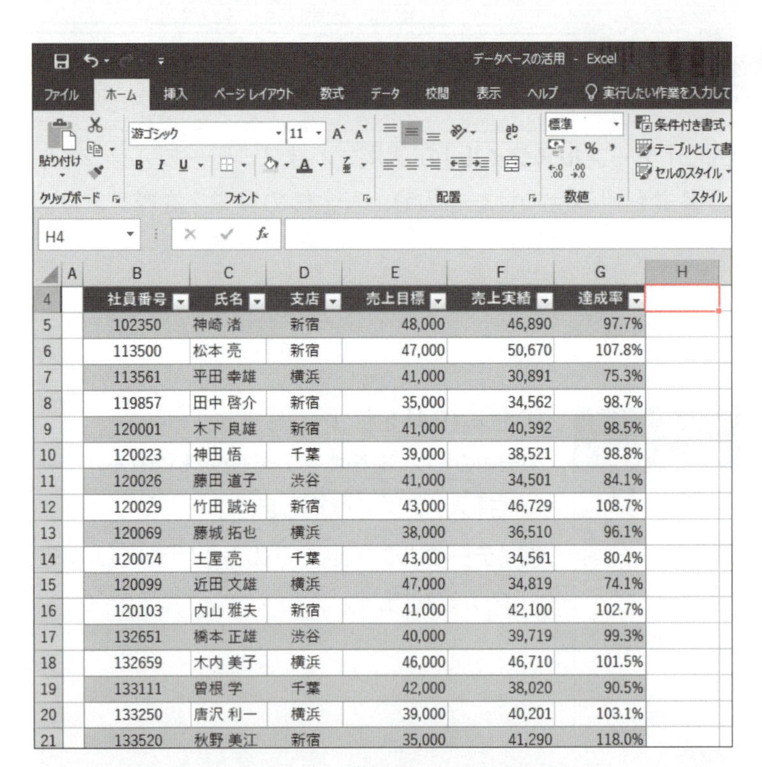

	A	B	C	D	E	F	G	H
4		社員番号	氏名	支店	売上目標	売上実績	達成率	
5		102350	神崎 渚	新宿	48,000	46,890	97.7%	
6		113500	松本 亮	新宿	47,000	50,670	107.8%	
7		113561	平田 幸雄	横浜	41,000	30,891	75.3%	
8		119857	田中 啓介	新宿	35,000	34,562	98.7%	
9		120001	木下 良雄	新宿	41,000	40,392	98.5%	
10		120023	神田 悟	千葉	39,000	38,521	98.8%	
11		120026	藤田 道子	渋谷	41,000	34,501	84.1%	
12		120029	竹田 誠治	新宿	43,000	46,729	108.7%	
13		120069	藤城 拓也	横浜	38,000	36,510	96.1%	
14		120074	土屋 亮	千葉	43,000	34,561	80.4%	
15		120099	近田 文雄	横浜	47,000	34,819	74.1%	
16		120103	内山 雅夫	新宿	41,000	42,100	102.7%	
17		132651	橋本 正雄	渋谷	40,000	39,719	99.3%	
18		132659	木内 美子	横浜	46,000	46,710	101.5%	
19		133111	曽根 学	千葉	42,000	38,020	90.5%	
20		133250	唐沢 利一	横浜	39,000	40,201	103.1%	
21		133520	秋野 美江	新宿	35,000	41,290	118.0%	

⑦任意のセルをクリックします。

テーブルの選択が解除されます。

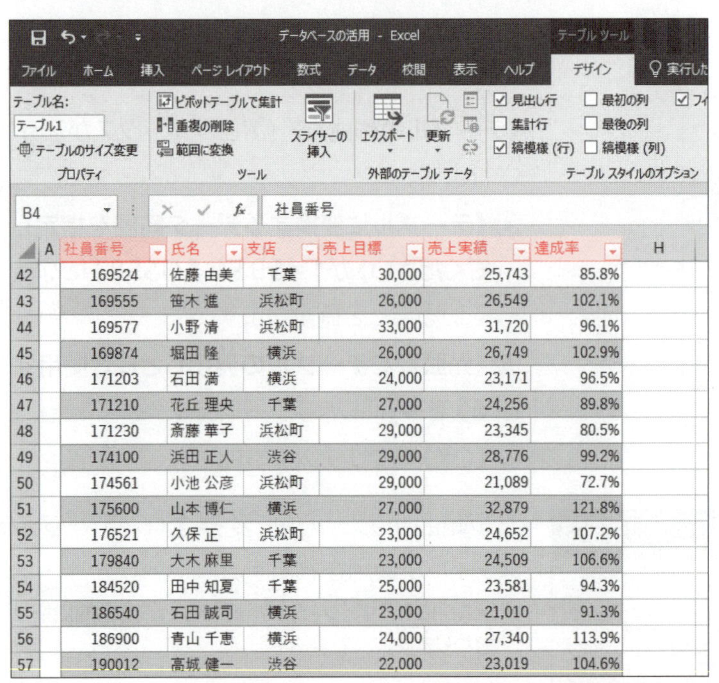

	A	社員番号	氏名	支店	売上目標	売上実績	達成率	H
42		169524	佐藤 由美	千葉	30,000	25,743	85.8%	
43		169555	笹木 進	浜松町	26,000	26,549	102.1%	
44		169577	小野 清	浜松町	33,000	31,720	96.1%	
45		169874	堀田 隆	横浜	26,000	26,749	102.9%	
46		171203	石田 満	横浜	24,000	23,171	96.5%	
47		171210	花丘 理央	千葉	27,000	24,256	89.8%	
48		171230	斎藤 華子	浜松町	29,000	23,345	80.5%	
49		174100	浜田 正人	渋谷	29,000	28,776	99.2%	
50		174561	小池 公彦	浜松町	29,000	21,089	72.7%	
51		175600	山本 博仁	横浜	27,000	32,879	121.8%	
52		176521	久保 正	浜松町	23,000	24,652	107.2%	
53		179840	大木 麻里	千葉	23,000	24,509	106.6%	
54		184520	田中 知夏	千葉	25,000	23,581	94.3%	
55		186540	石田 誠司	横浜	23,000	21,010	91.3%	
56		186900	青山 千恵	横浜	24,000	27,340	113.9%	
57		190012	高城 健一	渋谷	22,000	23,019	104.6%	

⑧セル【B4】をクリックします。

※テーブル内のセルであれば、どこでもかまいません。

⑨シートを下方向にスクロールし、列番号が列見出しに置き換わって、▼が表示されていることを確認します。

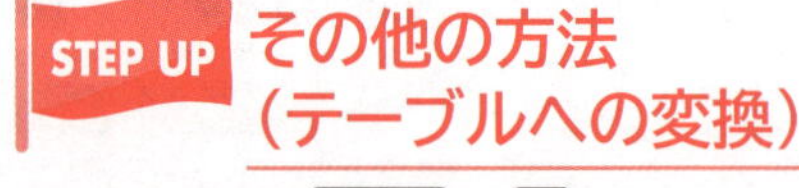

その他の方法（テーブルへの変換）

◆Ctrl+T

POINT テーブルスタイルのクリア

もとになるセル範囲に書式を設定していると、ユーザーが設定した書式とテーブルスタイルの書式が重なって、見栄えが悪くなることがあります。
ユーザーが設定した書式を優先し、テーブルスタイルを適用しない場合は、テーブル変換後にテーブルを選択→《デザイン》タブ→《テーブルスタイル》グループの（テーブルクイックスタイル）→《クリア》を選択しましょう。

POINT 通常のセル範囲への変換

テーブルを、もとのセル範囲に戻す方法は、次のとおりです。

◆テーブルを選択→《デザイン》タブ→《ツール》グループの 範囲に変換（範囲に変換）

※セル範囲に変換しても、テーブルスタイルの設定は残ります。

3 テーブルスタイルの設定

テーブルに適用されているテーブルスタイルを変更しましょう。
※設定する項目名が一覧にない場合は、任意の項目を選択してください。

	A	B	C	D	E	F	G	H
1		予実管理シート						
2							単位:千円	
3								
4		社員番号	氏名	支店	売上目標	売上実績	達成率	
5		102350	神崎 渚	新宿	48,000	46,890	97.7%	
6		113500	松本 亮	新宿	47,000	50,670	107.8%	
7		113561	平田 幸雄	横浜	41,000	30,891	75.3%	
8		119857	田中 啓介	新宿	35,000	34,562	98.7%	
9		120001	木下 良雄	新宿	41,000	40,392	98.5%	
10		120023	神田 悟	千葉	39,000	38,521	98.8%	
11		120026	藤田 道子	渋谷	41,000	34,501	84.1%	
12		120029	竹田 誠治	新宿	43,000	46,729	108.7%	
13		120069	藤城 拓也	横浜	38,000	36,510	96.1%	
14		120074	土屋 亮	千葉	43,000	34,561	80.4%	
15		120099	近田 文雄	横浜	47,000	34,819	74.1%	

①セル【B4】をクリックします。
※テーブル内のセルであれば、どこでもかまいません。

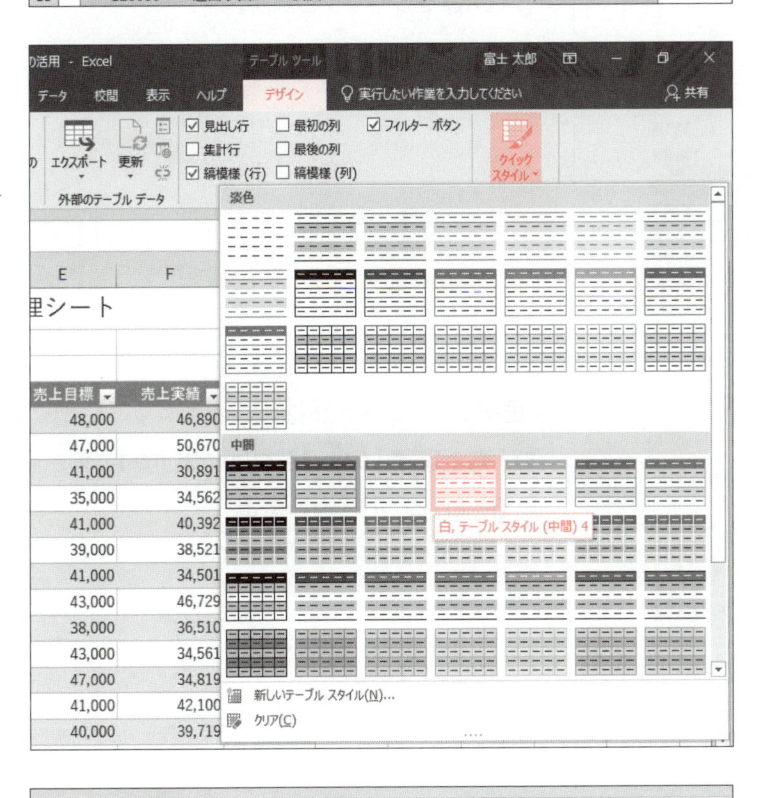

②《デザイン》タブを選択します。
③《テーブルスタイル》グループの（テーブルクイックスタイル）をクリックします。
④《中間》の《白,テーブルスタイル（中間）4》をクリックします。

B4 社員番号

	A	B	C	D	E	F	G	H
1		予実管理シート						
2							単位:千円	
3								
4		社員番号	氏名	支店	売上目標	売上実績	達成率	
5		102350	神崎 渚	新宿	48,000	46,890	97.7%	
6		113500	松本 亮	新宿	47,000	50,670	107.8%	
7		113561	平田 幸雄	横浜	41,000	30,891	75.3%	
8		119857	田中 啓介	新宿	35,000	34,562	98.7%	
9		120001	木下 良雄	新宿	41,000	40,392	98.5%	
10		120023	神田 悟	千葉	39,000	38,521	98.8%	
11		120026	藤田 道子	渋谷	41,000	34,501	84.1%	
12		120029	竹田 誠治	新宿	43,000	46,729	108.7%	
13		120069	藤城 拓也	横浜	38,000	36,510	96.1%	
14		120074	土屋 亮	千葉	43,000	34,561	80.4%	
15		120099	近田 文雄	横浜	47,000	34,819	74.1%	
16		120103	内山 雅夫	新宿	41,000	42,100	102.7%	
17		132651	橋本 正雄	渋谷	40,000	39,719	99.3%	

テーブルスタイルが変更されます。

STEP UP その他の方法（テーブルスタイルの設定）

◆テーブル内のセルを選択→《ホーム》タブ→《スタイル》グループの （テーブルとして書式設定）

1 2 3 4 5 6 7 8 総合問題 付録 索引

4 フィルターの利用

初期の設定で、テーブルはフィルターモードになっています。列見出しの▼をクリックし、一覧からフィルターや並べ替えを実行できます。
フィルターや並べ替えを実行しても、フィルターの抽出結果や並べ替え結果にテーブルスタイルが再適用されるので、表の見栄えがおかしくなることはありません。

1 フィルターと並べ替えの実行

「支店」が**「銀座」**のレコードを抽出し、**「売上実績」**が高い順に並べ替えましょう。

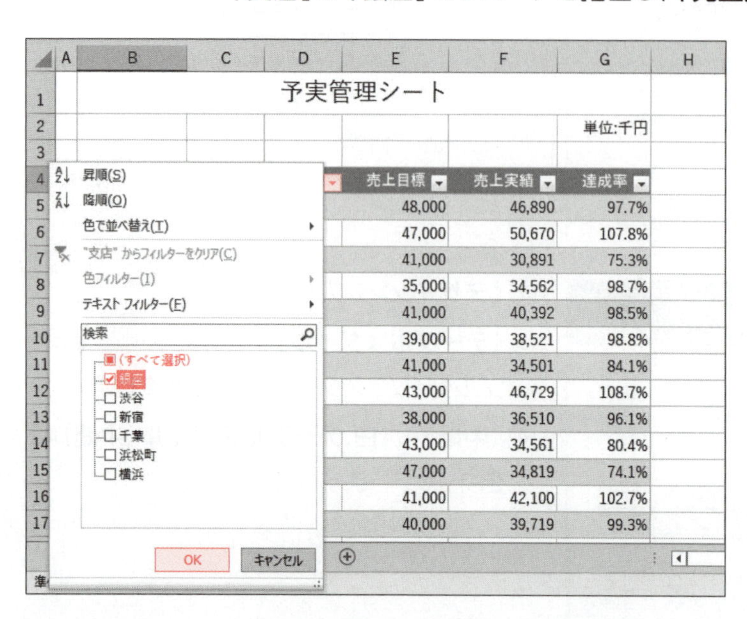

①**「支店」**の▼をクリックします。
②**《(すべて選択)》**を☐にします。
※下位の項目がすべて☐になります。
③**「銀座」**を☑にします。
④**《OK》**をクリックします。

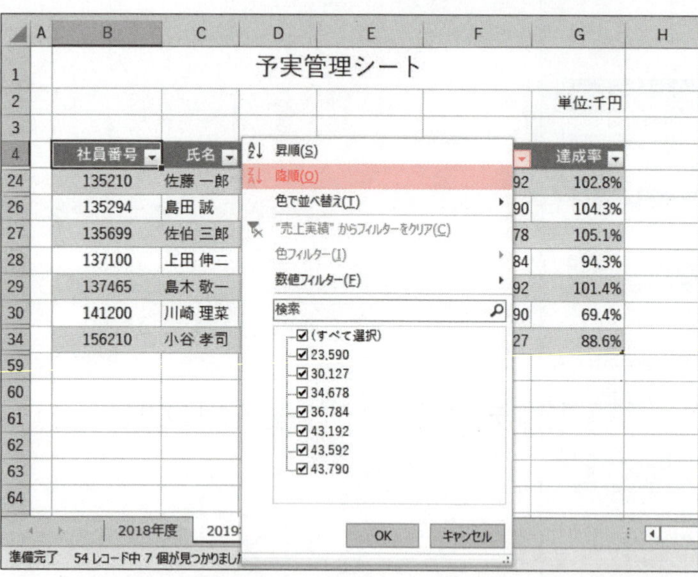

「銀座」のレコードが抽出されます。
⑤**「売上実績」**の▼をクリックします。
⑥**《降順》**をクリックします。

	A	B	C	D	E	F	G	H
1		予実管理シート						
2							単位:千円	
3								
4		社員番号	氏名	支店	売上目標	売上実績	達成率	
24		135294	島田 誠	銀座	42,000	43,790	104.3%	
26		137465	島木 敬一	銀座	43,000	43,592	101.4%	
27		135210	佐藤 一郎	銀座	42,000	43,192	102.8%	
28		137100	上田 伸二	銀座	39,000	36,784	94.3%	
29		135699	佐伯 三郎	銀座	33,000	34,678	105.1%	
30		156210	小谷 孝司	銀座	34,000	30,127	88.6%	
34		141200	川崎 理菜	銀座	34,000	23,590	69.4%	
59								

「売上実績」が高い順に並び替わります。

2 フィルターと並べ替えを元に戻す

すべてのレコードを表示し、元の順番に並べ替えましょう。

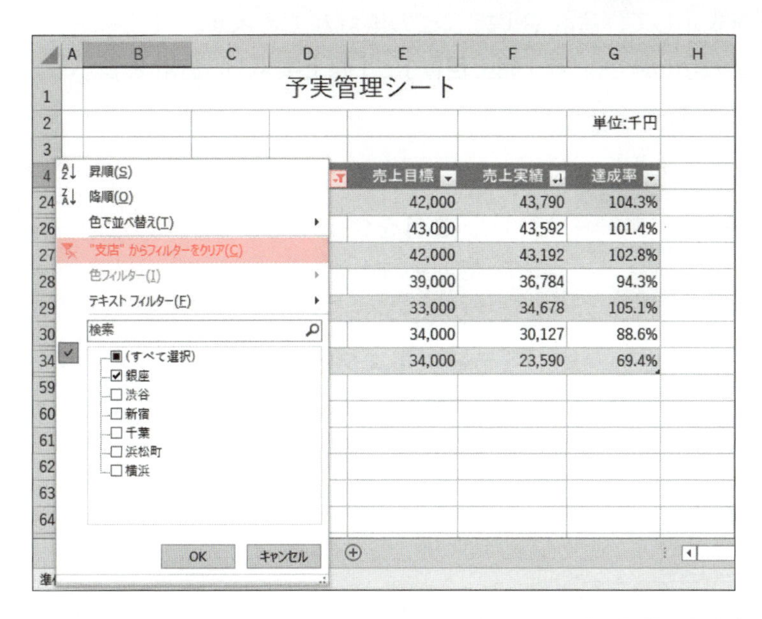

「**支店**」に設定した条件をクリアします。

①「**支店**」の をクリックします。

②《**"支店"からフィルターをクリア**》をクリックします。

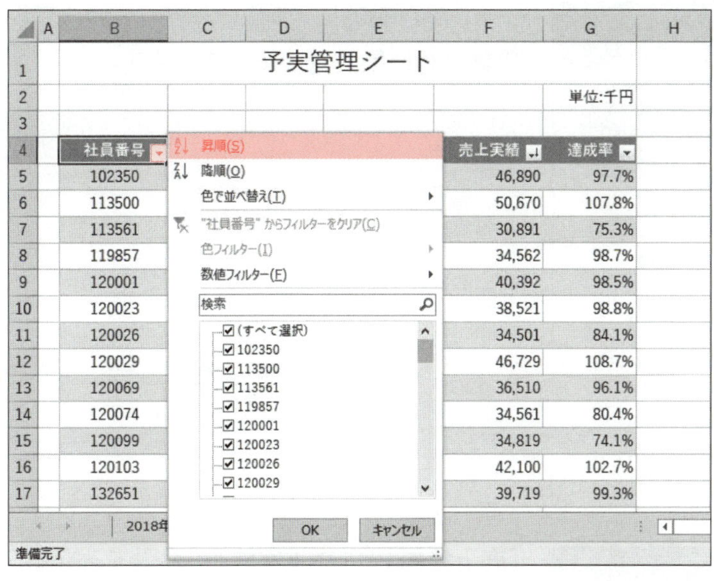

「**支店**」に設定したフィルターの条件がクリアされ、すべてのレコードが表示されます。

「**社員番号**」を昇順で並べ替えます。

※並べ替えを実行したあと、表を元の順序に戻す可能性がある場合、連番を入力したフィールドをあらかじめ用意しておきます。また、並べ替えを実行した直後であれば、 (元に戻す)で元に戻ります。

③「**社員番号**」の をクリックします。

④《**昇順**》をクリックします。

	社員番号	氏名	支店	売上目標	売上実績	達成率
22	133549	中村 仁	新宿	39,000	40,129	102.9%
23	133799	津島 貴子	新宿	40,000	37,626	94.1%
24	135210	佐藤 一郎	銀座	42,000	43,192	102.8%
25	135260	阿部 次郎	渋谷	41,000	30,129	73.5%
26	135294	島田 誠	銀座	42,000	43,790	104.3%
27	135699	佐伯 三郎	銀座	33,000	34,678	105.1%
28	137100	上田 伸二	銀座	39,000	36,784	94.3%
29	137465	島木 敬一	銀座	43,000	43,592	101.4%
30	141200	川崎 理菜	銀座	34,000	23,590	69.4%
31	142151	武田 真	渋谷	35,000	32,708	93.5%
32	142510	中井 拓也	横浜	38,000	40,001	105.3%
33	152000	神原 和也	千葉	35,000	32,760	93.6%
34	156210	小谷 孝司	銀座	34,000	30,127	88.6%
35	163210	江田 京子	浜松町	26,000	28,087	108.0%
36	164120	中野 博	渋谷	31,000	32,160	103.7%
37	164587	鈴木 陽子	渋谷	27,000	33,087	122.5%
38	166541	清水 幸子	横浜	30,000	32,870	109.6%
39	168111	新谷 則夫	渋谷	29,000	32,179	111.0%

2018年度 2019年度
準備完了

「**社員番号**」順に並び替わります。

5 集計行の表示

テーブルの最終行に集計行を表示して、合計や平均などの集計ができます。
テーブルの最終行に集計行を表示しましょう。**「売上目標」**と**「売上実績」**の合計を表示し、**「達成率」**の集計を非表示にします。

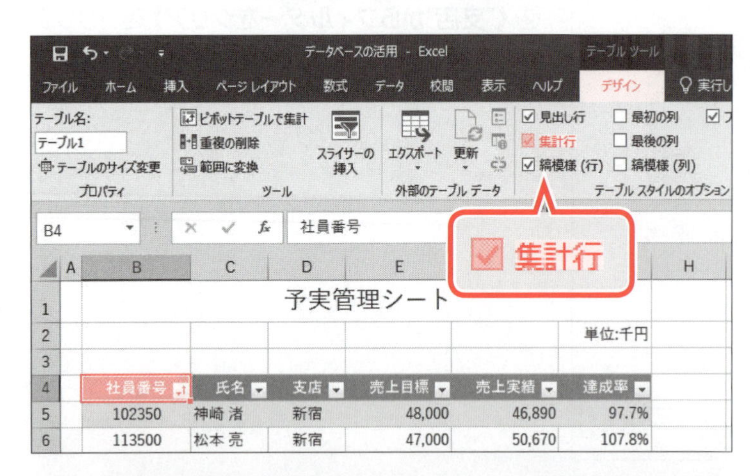

集計行を表示します。

①セル**【B4】**をクリックします。

※テーブル内であれば、どこでもかまいません。

②**《デザイン》**タブを選択します。

③**《テーブルスタイルのオプション》**グループの**《集計行》**を☑にします。

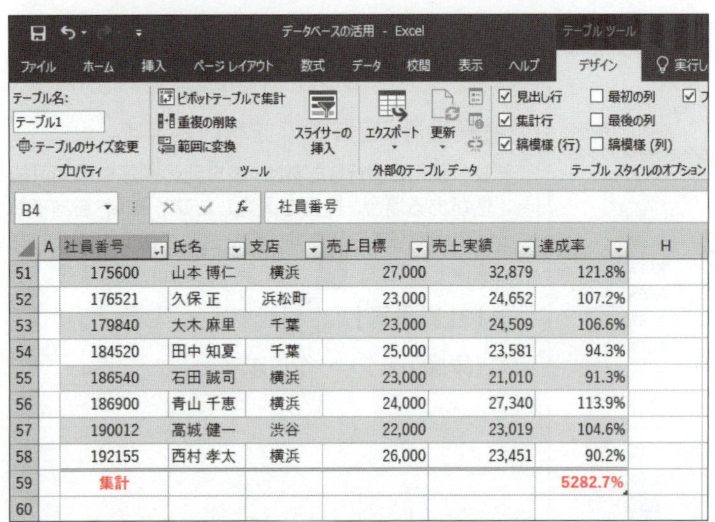

シートが自動的にスクロールされ、テーブルの最終行に集計行が表示されます。

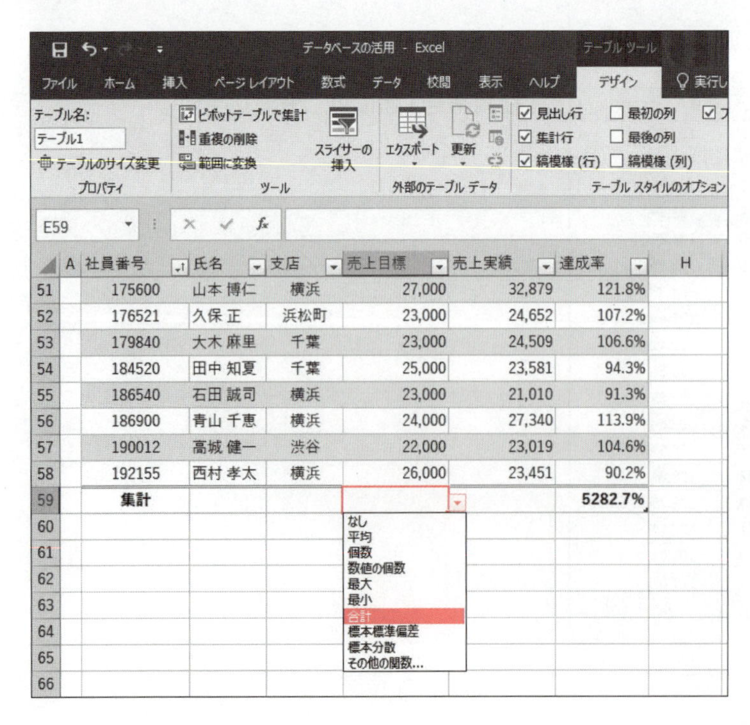

「売上目標」と**「売上実績」**の合計を表示し、**「達成率」**の集計を非表示にします。

④集計行の**「売上目標」**のセル（セル**【E59】**）をクリックします。

⑤▼をクリックし、一覧から**《合計》**を選択します。

	A	社員番号	氏名	支店	売上目標	売上実績	達成率	H
51		175600	山本 博仁	横浜	27,000	32,879	121.8%	
52		176521	久保 正	浜松町	23,000	24,652	107.2%	
53		179840	大木 麻里	千葉	23,000	24,509	106.6%	
54		184520	田中 知夏	千葉	25,000	23,581	94.3%	
55		186540	石田 誠司	横浜	23,000	21,010	91.3%	
56		186900	青山 千恵	横浜	24,000	27,340	113.9%	
57		190012	高城 健一	渋谷	22,000	23,019	104.6%	
58		192155	西村 孝太	横浜	26,000	23,451	90.2%	
59		集計			1,849,000	1,797,886		
60								
61								

「売上目標」の合計が表示されます。

⑥同様に、**「売上実績」**の合計を表示します。

⑦集計行の**「達成率」**のセル（セル**【G59】**）をクリックします。

⑧ ▼ をクリックし、一覧から**《なし》**を選択します。

※ブックに「データベースの活用完成」と名前を付けて、フォルダー「第5章」に保存し、閉じておきましょう。

STEP UP テーブルスタイルのオプション

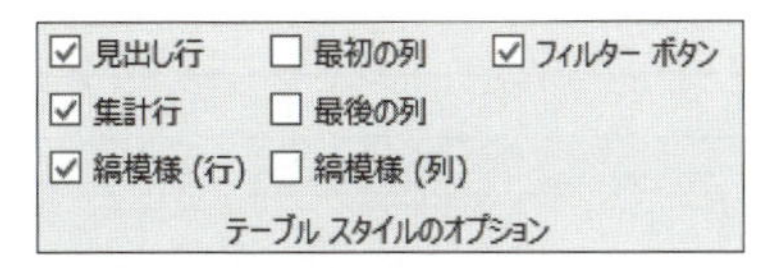

《デザイン》タブの《テーブルスタイルのオプション》グループで、テーブルに表示する列や行、模様などを設定できます。

STEP UP テーブルの利用

テーブルを利用すると、データを追加したときに自動的にテーブルスタイルが適用されたり、テーブル用の数式が入力されたりします。

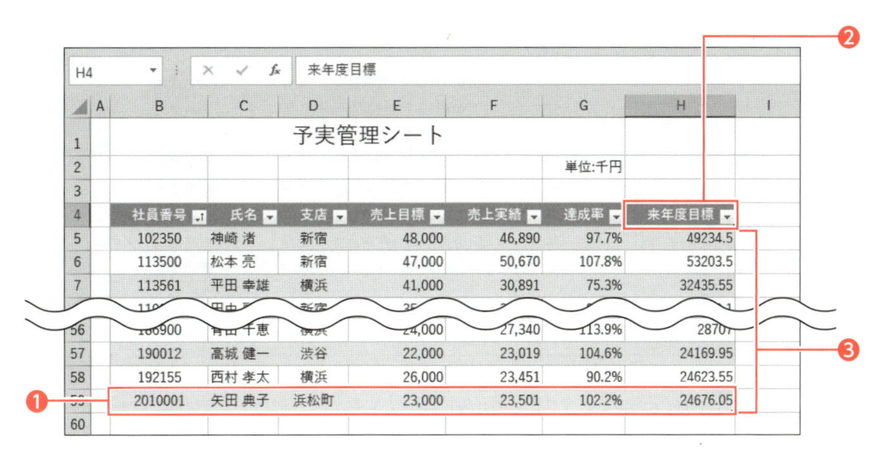

	A	社員番号	氏名	支店	売上目標	売上実績	達成率	来年度目標	I
1		予実管理シート							
2							単位:千円		
3									
5		102350	神崎 渚	新宿	48,000	46,890	97.7%	49234.5	
6		113500	松本 亮	新宿	47,000	50,670	107.8%	53203.5	
7		113561	平田 幸雄	横浜	41,000	30,891	75.3%	32435.55	
57		190012	高城 健一	渋谷	22,000	23,019	104.6%	24169.95	
58		192155	西村 孝太	横浜	26,000	23,451	90.2%	24623.55	
59		2010001	矢田 典子	浜松町	23,000	23,501	102.2%	24676.05	
60									

❶レコードの追加

テーブルの最終行にレコードを追加すると、自動的にテーブル範囲が拡大され、テーブルスタイルが適用されます。

❷列見出しの追加

テーブルの右に列見出しを追加すると、自動的にテーブル範囲が拡大され、テーブルスタイルが適用されます。

❸数式の入力

テーブルに変換後、セルを参照して数式を入力すると、テーブル用の数式になり、フィールド全体に数式が入力されます。

たとえば、セル【H5】にセルを参照して「=F5*1.05」と入力すると、フィールド全体に数式「=[@売上実績]*1.05」が入力されます。

※セルをクリックしてセル位置を入力した場合、テーブル用の数式になります。セル位置を手入力した場合は、通常の数式になります。

練習問題

解答 ► 別冊P.5

次のようにデータベースを操作しましょう。
※設定する項目名が一覧にない場合は、任意の項目を選択してください。

フォルダー「第5章」のブック「第5章練習問題」を開いておきましょう。

●完成図

	A	B	C	D	E	F	G	H
5								
6		No.	計上予定日	部署名	担当者名	顧客名	商談規模	確度
10		4	2019/4/4	第3営業部	榎木	澤田文具	1,200,000	B
18		12	2019/4/12	第3営業部	町田	濱元食品	900,000	B
24		18	2019/4/18	第3営業部	和泉	梅原化学	500,000	B
28		22	2019/4/22	第3営業部	町田	テラダ技術	350,000	B
33		27	2019/4/25	第3営業部	和泉	吉田米菓	750,000	B
41		35	2019/4/29	第3営業部	町田	窪田運送興産	1,100,000	B
45		集計					4,800,000	6

	A	B	C	D	E	F	G	H
1		商談管理表						
2								確度A：確実
3								確度B：ほぼ確実
4								確度C：見込み薄
5								
6		No.	計上予定日	部署名	担当者名	顧客名	商談規模	確度
7		1	2019/4/4	第2営業部	近藤	今井商店	300,000	A
8		2	2019/4/4	第2営業部	吉田	マスタ商社	2,500,000	A
37		[illegible]	/4/29	[illegible]	[illegible]	田運送	1,100,	[illegible]
38							15,350,000	B 集計
39		13	2019/4/15	第3営業部	和泉	舟木運輸	1,400,000	C
40		17	2019/4/15	第1営業部	山田	河内商会	350,000	C
41		19	2019/4/18	第1営業部	大原	楠出版	1,300,000	C
42		28	2019/4/25	第2営業部	近藤	斉木商会	300,000	C
43		29	2019/4/25	第1営業部	斉藤	佐東物産	4,500,000	C
44		33	2019/4/26	第1営業部	斉藤	ブックセンター山田	600,000	C
45		34	2019/4/26	第1営業部	山田	木村情報システム	2,200,000	C
46		37	2019/4/29	第2営業部	木村	斉田商会	1,800,000	C
47							12,450,000	C 集計
48							53,700,000	総計
49								

① 表をテーブルに変換しましょう。
次に、テーブルスタイルを**「緑,テーブルスタイル(中間)7」**に変更しましょう。

② テーブルの最終行に集計行を表示し、**「商談規模」**の合計と**「確度」**のデータ個数をそれぞれ表示しましょう。

③ **「部署名」**が**「第3営業部」**、かつ、**「確度」**が**「B」**のレコードを抽出しましょう。

④ フィルターの条件をすべてクリアしましょう。

⑤ テーブルの集計行と行の縞模様を非表示にしましょう。

⑥ テーブルスタイルの設定は残したまま、テーブルをもとのセル範囲に変換しましょう。

⑦ **「確度」**ごとに**「商談規模」**を合計する集計行を追加しましょう。

※ブックに「第5章練習問題完成」と名前を付けて、フォルダー「第5章」に保存し、閉じておきましょう。

第6章

ピボットテーブルとピボットグラフの作成

第6章 この章で学ぶこと

学習前に習得すべきポイントを理解しておき、
学習後には確実に習得できたかどうかを振り返りましょう。

Step 1 作成するブックを確認する

1 作成するブックの確認

次のようなピボットテーブルとピボットグラフを作成しましょう。

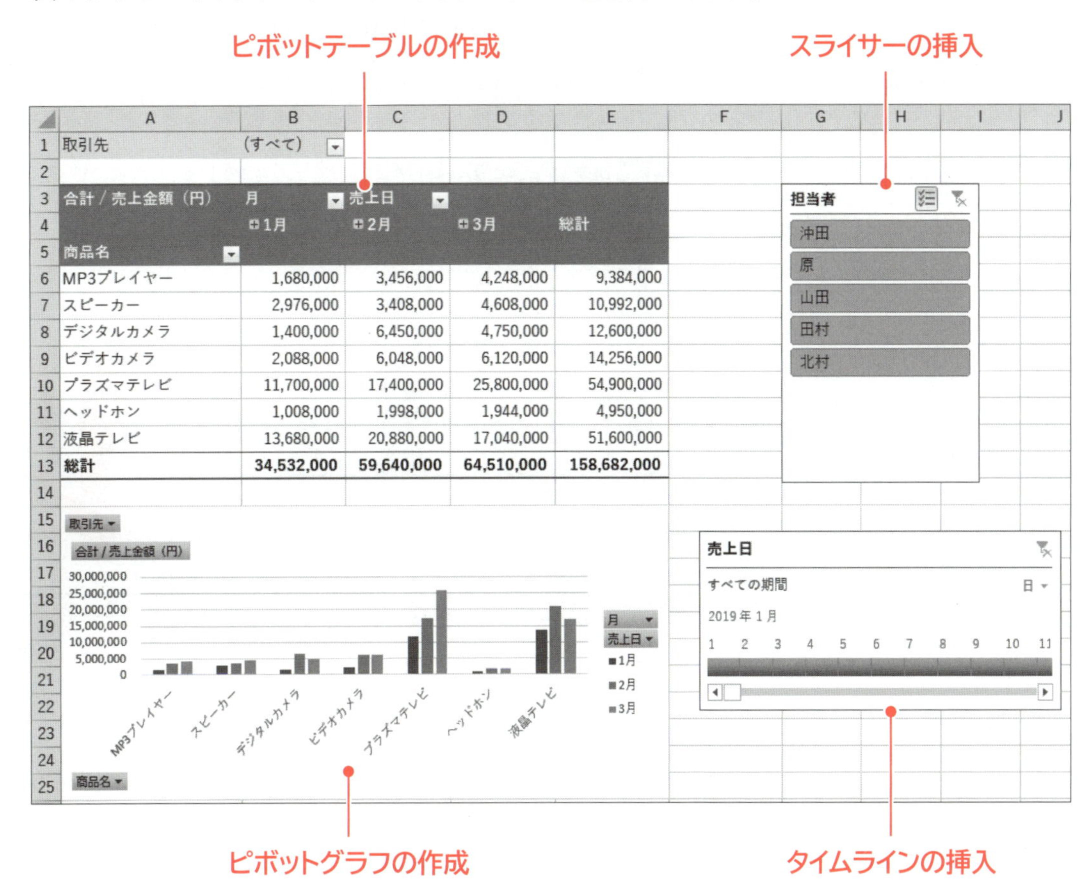

合計 / 売上金額（円）	1月	2月	3月	総計
MP3プレイヤー	1,680,000	3,456,000	4,248,000	9,384,000
スピーカー	2,976,000	3,408,000	4,608,000	10,992,000
デジタルカメラ	1,400,000	6,450,000	4,750,000	12,600,000
ビデオカメラ	2,088,000	6,048,000	6,120,000	14,256,000
プラズマテレビ	11,700,000	17,400,000	25,800,000	54,900,000
ヘッドホン	1,008,000	1,998,000	1,944,000	4,950,000
液晶テレビ	13,680,000	20,880,000	17,040,000	51,600,000
総計	34,532,000	59,640,000	64,510,000	158,682,000

合計 / 売上実績	2017年	2018年	総計
横浜	448,334	449,404	897,738
銀座	255,834	255,753	511,587
渋谷	283,745	286,278	570,023
新宿	356,691	380,388	737,079
千葉	277,527	270,621	548,148
浜松町	161,757	155,442	317,199
総計	1,783,888	1,797,886	3,581,774

おすすめピボットテーブルの作成

Step2 ピボットテーブルを作成する

1 ピボットテーブル

「ピボットテーブル」を使うと、大量のデータを様々な角度から集計したり分析したりできます。表の項目名をドラッグするだけで簡単に目的の集計表を作成できます。

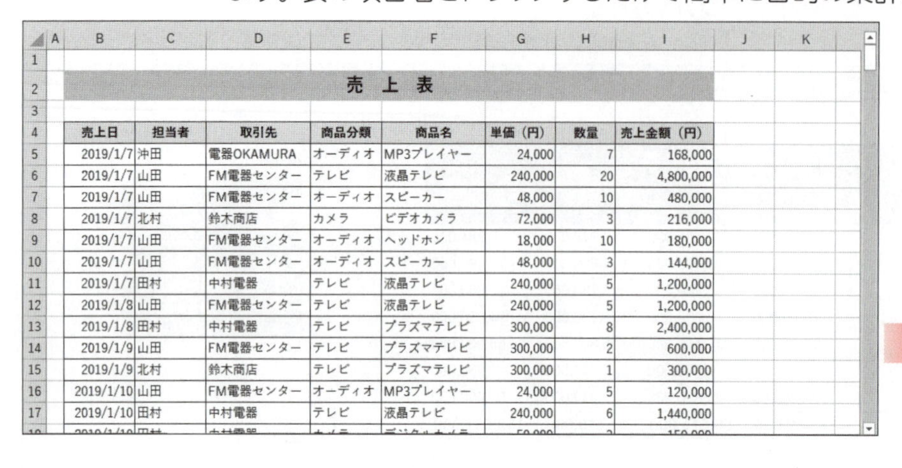

売 上 表

売上日	担当者	取引先	商品分類	商品名	単価（円）	数量	売上金額（円）
2019/1/7	沖田	電器OKAMURA	オーディオ	MP3プレイヤー	24,000	7	168,000
2019/1/7	山田	FM電器センター	テレビ	液晶テレビ	240,000	20	4,800,000
2019/1/7	山田	FM電器センター	オーディオ	スピーカー	48,000	10	480,000
2019/1/7	北村	鈴木商店	カメラ	ビデオカメラ	72,000	3	216,000
2019/1/7	山田	FM電器センター	オーディオ	ヘッドホン	18,000	10	180,000
2019/1/7	山田	FM電器センター	オーディオ	スピーカー	48,000	3	144,000
2019/1/7	田村	中村電器	テレビ	液晶テレビ	240,000	5	1,200,000
2019/1/8	山田	FM電器センター	テレビ	液晶テレビ	240,000	5	1,200,000
2019/1/8	田村	中村電器	テレビ	プラズマテレビ	300,000	8	2,400,000
2019/1/9	山田	FM電器センター	テレビ	プラズマテレビ	300,000	2	600,000
2019/1/9	北村	鈴木商店	テレビ	プラズマテレビ	300,000	1	300,000
2019/1/10	山田	FM電器センター	オーディオ	MP3プレイヤー	24,000	5	120,000
2019/1/10	田村	中村電器	テレビ	液晶テレビ	240,000	6	1,440,000

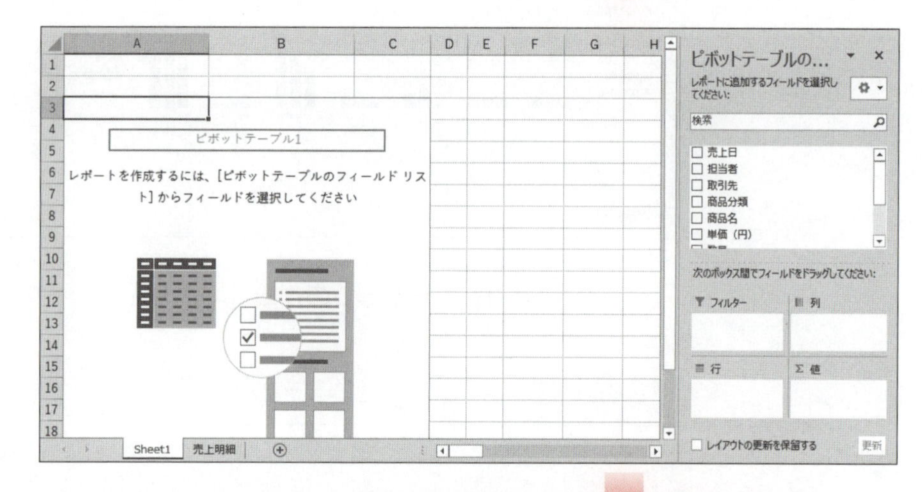

配置した項目名をもとに、ピボットテーブルが作成される

表の項目名を配置

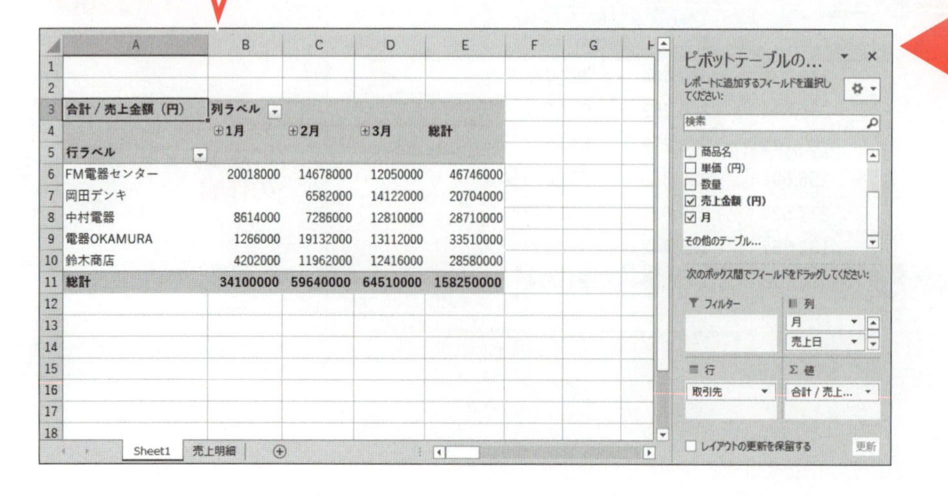

合計 / 売上金額（円）	列ラベル			
	⊞1月	⊞2月	⊞3月	総計
行ラベル				
FM電器センター	20018000	14678000	12050000	46746000
岡田デンキ		6582000	14122000	20704000
中村電器	8614000	7286000	12810000	28710000
電器OKAMURA	1266000	19132000	13112000	33510000
鈴木商店	4202000	11962000	12416000	28580000
総計	34100000	59640000	64510000	158250000

2　ピボットテーブルの構成要素

ピボットテーブルには、次の要素があります。

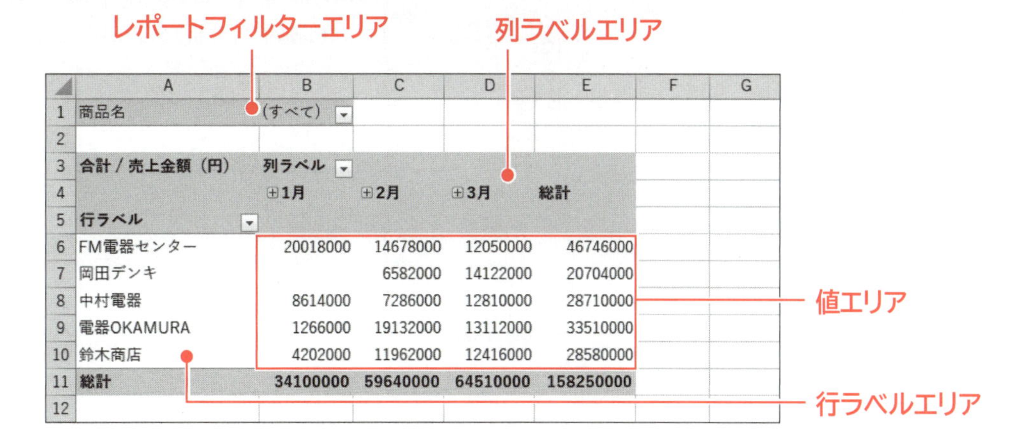

	A	B	C	D	E	F	G
1	商品名	(すべて)					
2							
3	合計 / 売上金額（円）	列ラベル					
4		⊞1月	⊞2月	⊞3月	総計		
5	行ラベル						
6	FM電器センター	20018000	14678000	12050000	46746000		
7	岡田デンキ		6582000	14122000	20704000		
8	中村電器	8614000	7286000	12810000	28710000		
9	電器OKAMURA	1266000	19132000	13112000	33510000		
10	鈴木商店	4202000	11962000	12416000	28580000		
11	総計	34100000	59640000	64510000	158250000		
12							

3　ピボットテーブルの作成

表のデータをもとに、次のようなピボットテーブルを作成しましょう。

行ラベルエリア	：取引先
列ラベルエリア	：売上日
値エリア	：売上金額（円）

フォルダー「第6章」のブック「ピボットテーブルとピボットグラフの作成-1」を開いておきましょう。

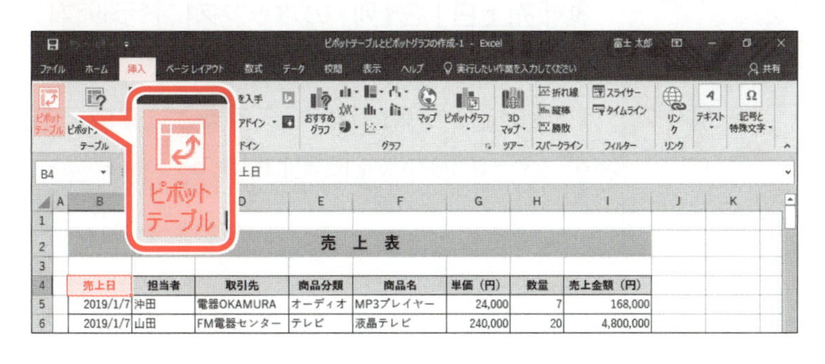

①セル【B4】をクリックします。

※表内のセルであれば、どこでもかまいません。

②《挿入》タブを選択します。

③《テーブル》グループの（ピボットテーブル）をクリックします。

ピボットテーブルの作成

分析するデータを選択してください。

◉テーブルまたは範囲を選択(S)

テーブル/範囲(T):　売上明細!$B$4:$I$233

○外部データ ソースを使用(U)

接続の選択(C)...

接続名:

○このブックのデータ モデルを使用する(D)

ピボットテーブル レポートを配置する場所を選択してください。

◉新規ワークシート(N)

○既存のワークシート(E)

場所(L):

複数のテーブルを分析するかどうかを選択

□このデータをデータ モデルに追加する(M)

OK　キャンセル

《ピボットテーブルの作成》ダイアログボックスが表示されます。

④《テーブルまたは範囲を選択》を◉にします。

⑤《テーブル／範囲》に「売上明細!$B$4:$I$233」と表示されていることを確認します。

⑥《新規ワークシート》を◉にします。

⑦《OK》をクリックします。

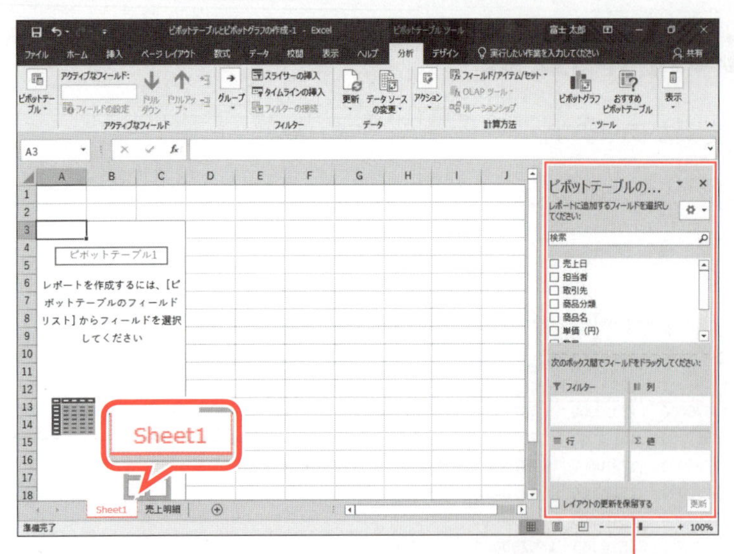

《ピボットテーブルのフィールド》作業ウィンドウ

シート「**Sheet1**」が挿入され、**《ピボットテーブルのフィールド》**作業ウィンドウが表示されます。

※リボンに《分析》タブと《デザイン》タブが追加され、自動的に《分析》タブに切り替わります。

ピボットテーブルのレイアウトを指定します。

⑧**《ピボットテーブルのフィールド》**作業ウィンドウの**「取引先」**を**《行》**のボックスにドラッグします。

《行》のボックスにドラッグすると、マウスポインターの形がに変わります。

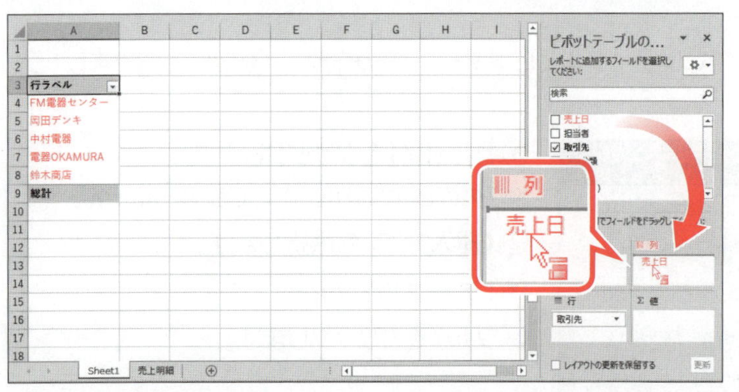

行ラベルエリアに**「取引先」**のデータが表示されます。

⑨**「売上日」**を**《列》**のボックスにドラッグします。

《列》のボックスにドラッグすると、マウスポインターの形がに変わります。

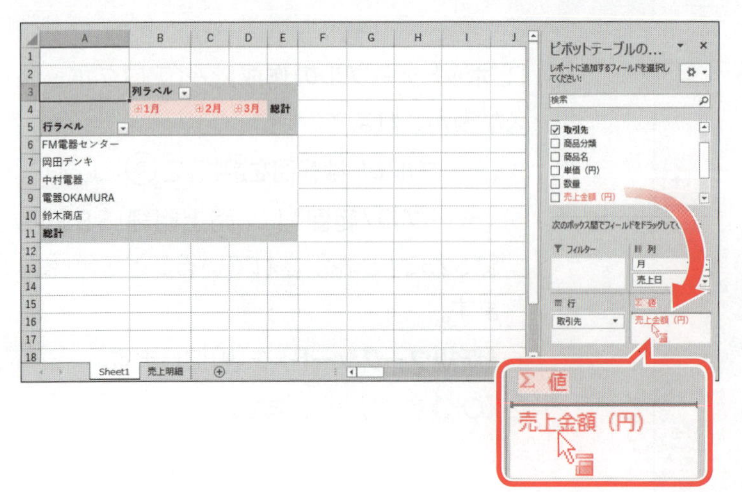

列ラベルエリアに**「売上日」**が月単位でグループ化されて表示されます。

⑩**「売上金額（円）」**を**《値》**のボックスにドラッグします。

※表示されていない場合は、スクロールして調整します。

《値》のボックスにドラッグすると、マウスポインターの形がに変わります。

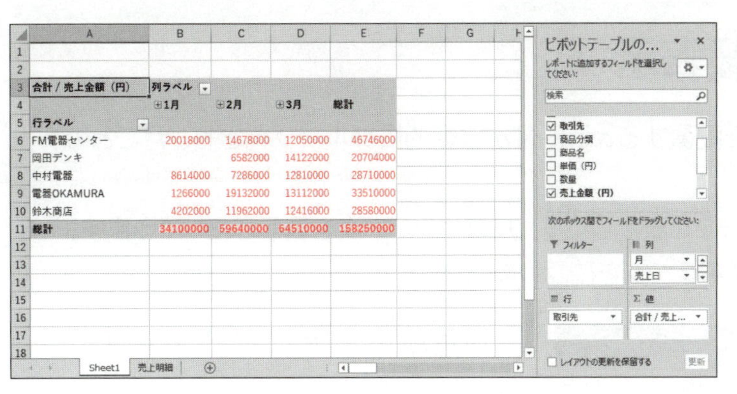

合計 / 売上金額（円）	列ラベル			
	⊞1月	⊞2月	⊞3月	総計
行ラベル				
FM電器センター	20018000	14678000	12050000	46746000
岡田デンキ		6582000	14122000	20704000
中村電器	8614000	7286000	12810000	28710000
電器OKAMURA	1266000	19132000	13112000	33510000
鈴木商店	4202000	11962000	12416000	28580000
総計	34100000	59640000	64510000	158250000

値エリアに**「売上金額(円)」**の集計結果が表示されます。

取引先別と売上日別に売上金額を集計するピボットテーブルが作成されます。

POINT 値エリアの集計方法

値エリアの集計方法は、値エリアに配置するフィールドのデータの種類によって異なります。
初期の設定では、次のように集計されますが、集計方法はあとから変更できます。

データの種類	集計方法
数値	合計
文字列	データの個数
日付	データの個数

STEP UP フィールドの検索

フィールドがたくさんある場合は、《ピボットテーブルのフィールド》作業ウィンドウの検索ボックスにフィールド名を入力すると、目的のフィールドをすぐに表示することができます。

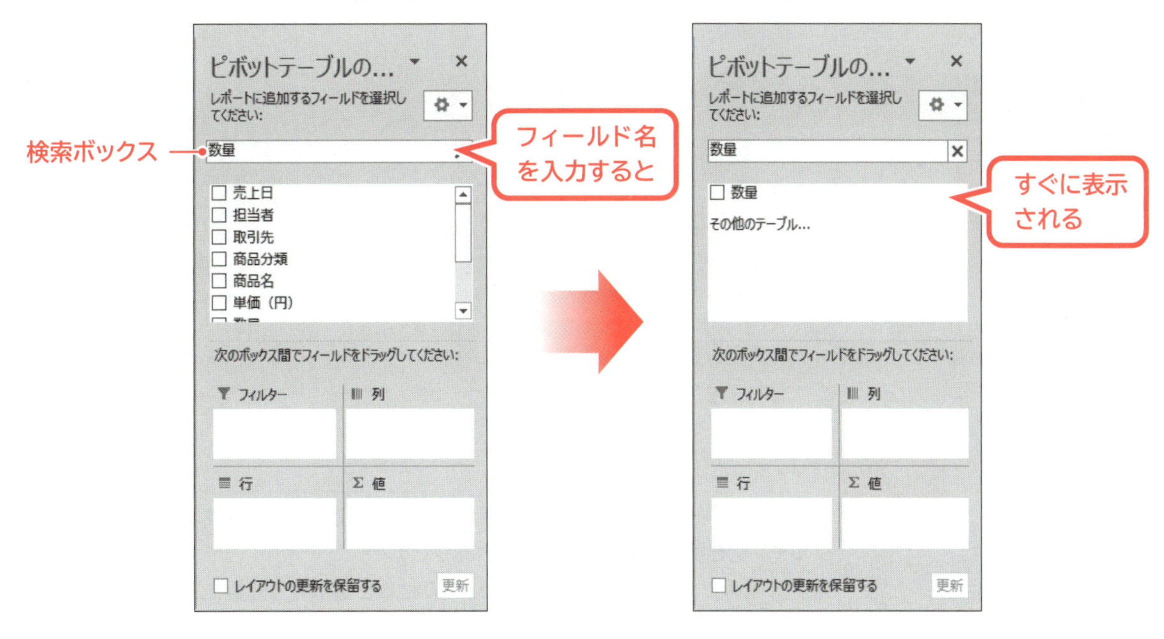

4 フィールドの詳細表示

フィールドに日付のデータを配置すると、日付が自動的にグループ化され、月ごとのデータが表示されます。
必要に応じて、日ごとのデータを表示したり、月ごとのデータを表示したりできます。
1月を日ごとの表示にし、詳細データを確認しましょう。

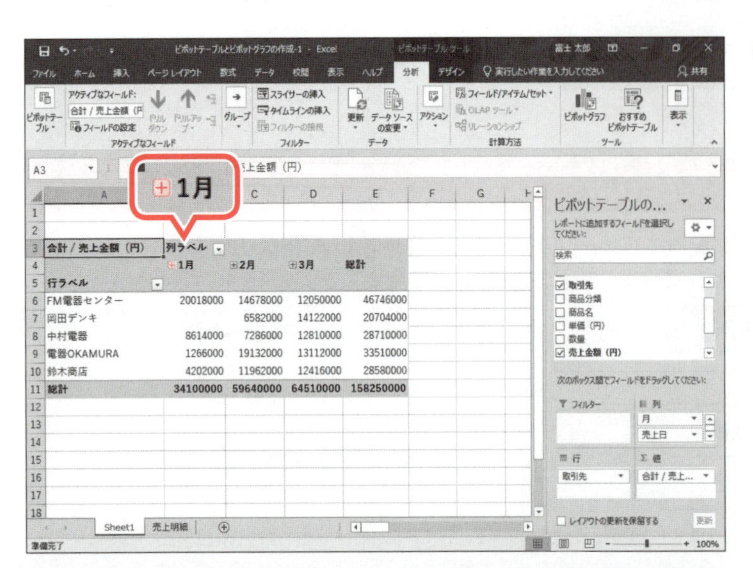

①**「1月」**の左の[+]をクリックします。

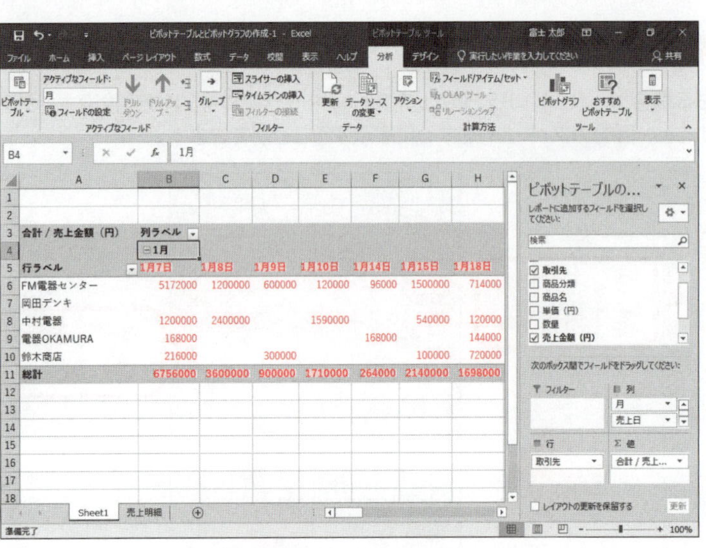

1月の詳細データが表示されます。

※「1月」の左の[－]をクリックし、月ごとの表示にしておきましょう。

STEP UP グループ化の解除

自動的にグループ化された日付は、手動で解除することができます。
グループ化を解除する方法は、次のとおりです。

◆列ラベルエリアまたは行ラベルエリアのセルを選択→《分析》タブ→《グループ》グループの[グループ解除]（グループ解除）

5 表示形式の設定

値エリアの数値に、3桁区切りのカンマを付けましょう。

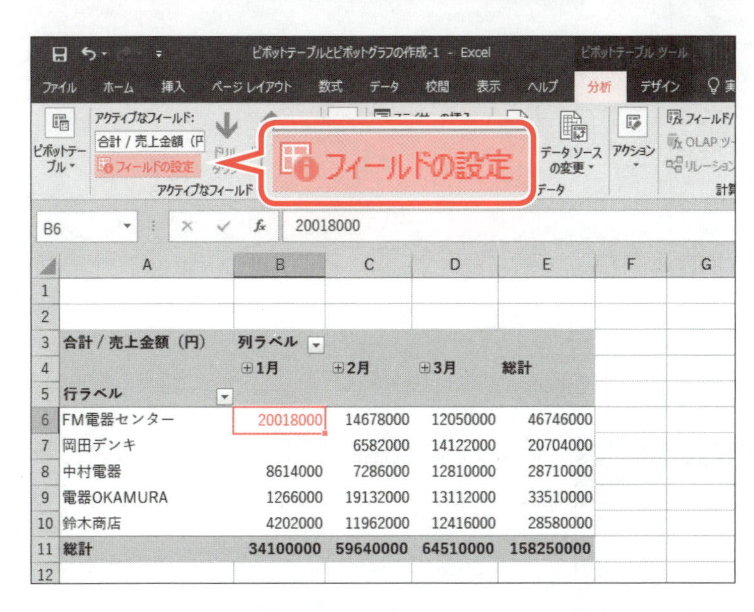

	A	B	C	D	E
3	合計 / 売上金額（円）	列ラベル			
4		⊞1月	⊞2月	⊞3月	総計
5	行ラベル				
6	FM電器センター	20018000	14678000	12050000	46746000
7	岡田デンキ		6582000	14122000	20704000
8	中村電器	8614000	7286000	12810000	28710000
9	電器OKAMURA	1266000	19132000	13112000	33510000
10	鈴木商店	4202000	11962000	12416000	28580000
11	総計	34100000	59640000	64510000	158250000

値エリアのセルを選択します。

①セル【B6】をクリックします。

※値エリアのセルであれば、どこでもかまいません。

②《分析》タブを選択します。

③《アクティブなフィールド》グループの フィールドの設定 （フィールドの設定）をクリックします。

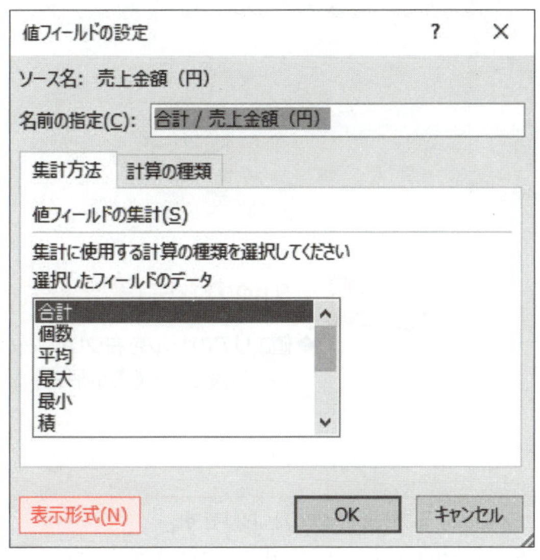

《値フィールドの設定》ダイアログボックスが表示されます。

④《表示形式》をクリックします。

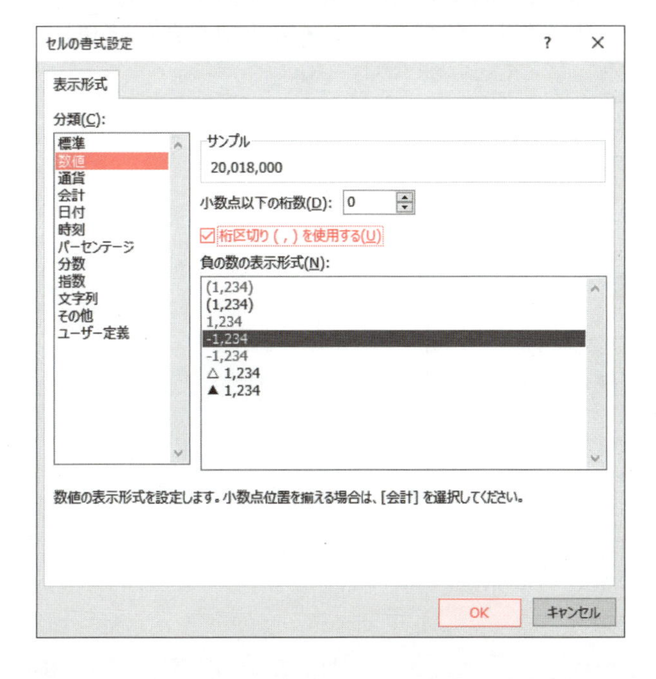

《セルの書式設定》ダイアログボックスが表示されます。

⑤《分類》の一覧から《数値》を選択します。

⑥《桁区切り(,)を使用する》を☑にします。

⑦《OK》をクリックします。

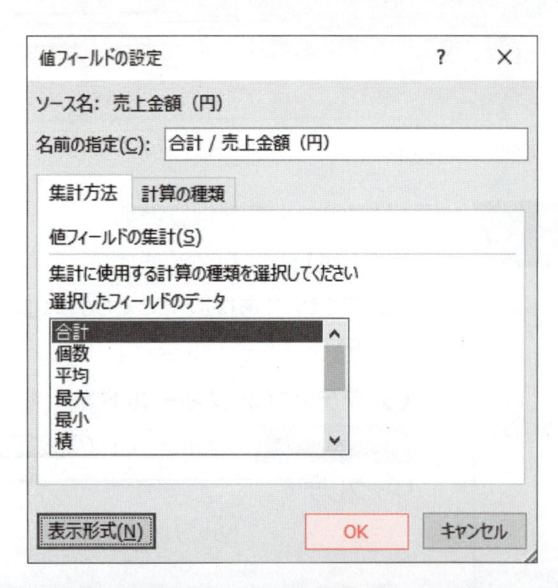

《値フィールドの設定》ダイアログボックスに戻ります。

⑧《OK》をクリックします。

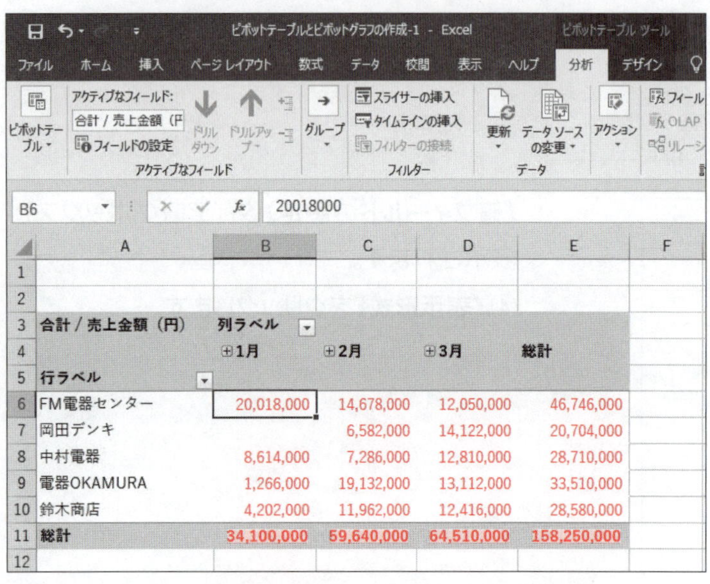

	A	B	C	D	E
3	合計 / 売上金額(円)	列ラベル			
4		⊞1月	⊞2月	⊞3月	総計
5	行ラベル				
6	FM電器センター	20,018,000	14,678,000	12,050,000	46,746,000
7	岡田デンキ		6,582,000	14,122,000	20,704,000
8	中村電器	8,614,000	7,286,000	12,810,000	28,710,000
9	電器OKAMURA	1,266,000	19,132,000	13,112,000	33,510,000
10	鈴木商店	4,202,000	11,962,000	12,416,000	28,580,000
11	総計	34,100,000	59,640,000	64,510,000	158,250,000

値エリアの数値に3桁区切りのカンマが付きます。

STEP UP その他の方法(表示形式の設定)

◆値エリアのセルを右クリック→《値フィールドの設定》→《表示形式》

STEP UP 空白セルに値を表示

値エリアの空白セルに、「0(ゼロ)」を表示する方法は、次のとおりです。

◆ピボットテーブル内のセルを選択→《分析》タブ→《ピボットテーブル》グループの オプション (ピボットテーブルオプション)→《レイアウトと書式》タブ→《☑空白セルに表示する値》に「0」と入力

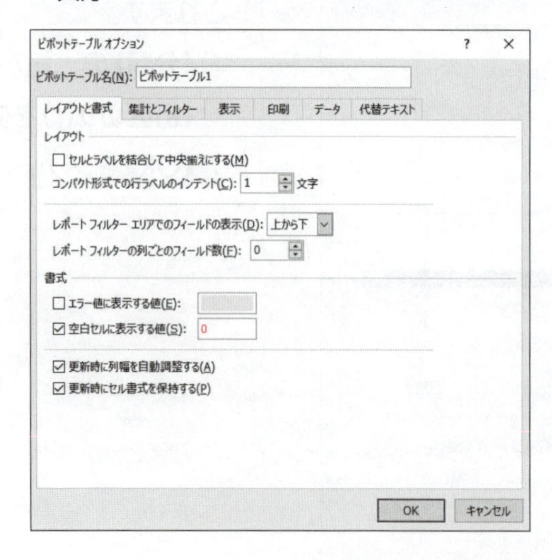

6 データの更新

作成したピボットテーブルは、もとの表のデータと連動しています。表のデータを変更した場合には、ピボットテーブルのデータを更新して、最新の集計結果を表示します。
シート「**売上明細**」のセル【**H7**】を「**10**」に変更し、ピボットテーブルのデータを更新しましょう。

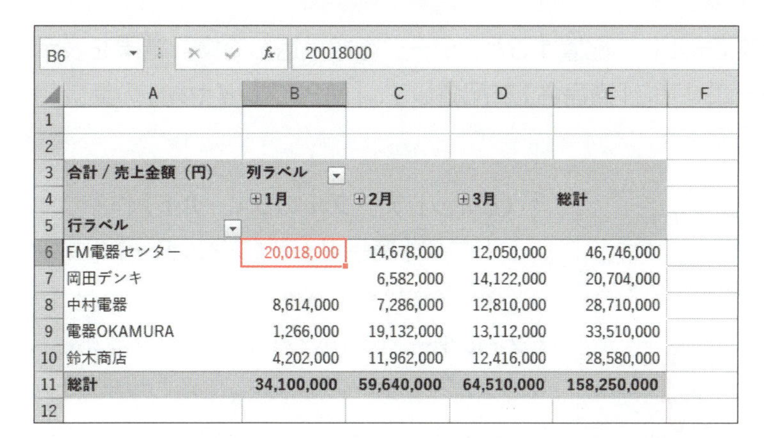

	A	B	C	D	E
3	合計 / 売上金額（円）	列ラベル			
4		⊞1月	⊞2月	⊞3月	総計
5	行ラベル				
6	FM電器センター	20,018,000	14,678,000	12,050,000	46,746,000
7	岡田デンキ		6,582,000	14,122,000	20,704,000
8	中村電器	8,614,000	7,286,000	12,810,000	28,710,000
9	電器OKAMURA	1,266,000	19,132,000	13,112,000	33,510,000
10	鈴木商店	4,202,000	11,962,000	12,416,000	28,580,000
11	総計	34,100,000	59,640,000	64,510,000	158,250,000

現在の集計結果を確認します。

①ピボットテーブルのセル【**B6**】が「**20,018,000**」になっていることを確認します。

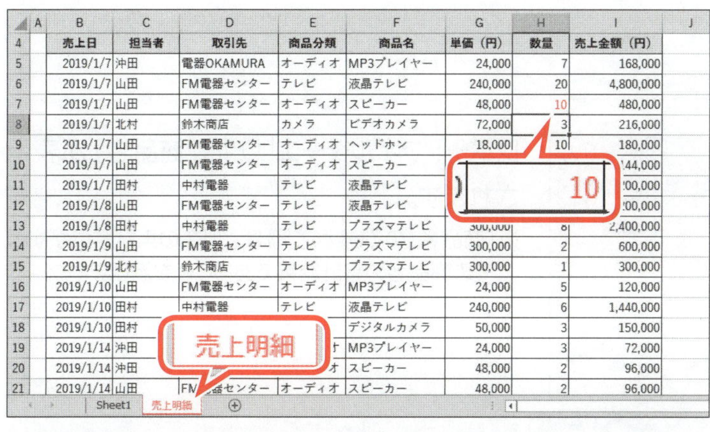

②シート「**売上明細**」のシート見出しをクリックします。

③セル【**H7**】に「**10**」と入力します。

	A	B	C	D	E
3	合計 / 売上金額（円）	列ラベル			
4		⊞1月	⊞2月	⊞3月	総計
5	行ラベル				
6	FM電器センター	20,450,000	14,678,000	12,050,000	47,178,000
7	岡田デンキ		6,582,000	14,122,000	20,704,000
8	中村電器	8,614,000	7,286,000	12,810,000	28,710,000
9	電器OKAMURA	1,266,000	19,132,000	13,112,000	33,510,000
10	鈴木商店	4,202,000	11,962,000	12,416,000	28,580,000
11	総計	34,532,000	59,640,000	64,510,000	158,682,000

④シート「**Sheet1**」のシート見出しをクリックします。

⑤セル【**B6**】が選択されていることを確認します。

※ピボットテーブル内のセルであれば、どこでもかまいません。

⑥《**分析**》タブを選択します。

⑦《**データ**》グループの（更新）をクリックします。

⑧セル【**B6**】が「**20,450,000**」に変更されることを確認します。

STEP UP データの更新

データの更新は手動で更新する以外に、ブックを開くときに常に最新のデータに更新されるように設定することもできます。

◆ピボットテーブル内のセルを選択→《分析》タブ→《ピボットテーブル》グループの オプション （ピボットテーブルオプション）→《データ》タブ→《✓ファイルを開くときにデータを更新する》

Step3 ピボットテーブルを編集する

1 レポートフィルターの追加

レポートフィルターエリアにフィールドを配置すると、データを絞り込んで集計結果を表示できます。レポートフィルターエリアに**「商品名」**を配置して、**「MP3プレイヤー」**の集計結果を表示しましょう。

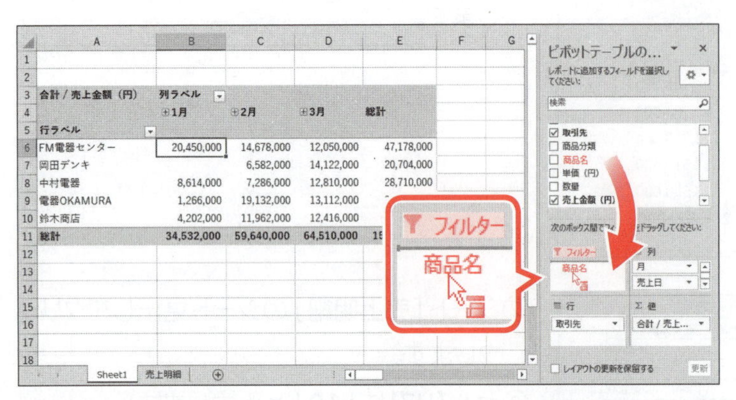

①**《ピボットテーブルのフィールド》**作業ウィンドウの**「商品名」**を**《フィルター》**のボックスにドラッグします。

《フィルター》のボックスにドラッグすると、マウスポインターの形が に変わります。

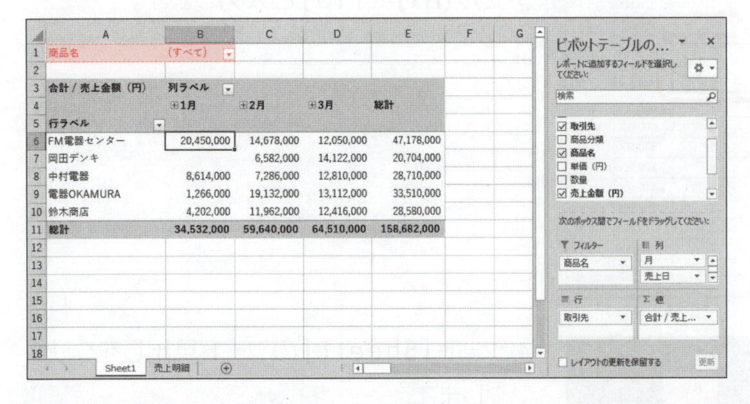

レポートフィルターエリアに**「商品名」**が表示されます。

※「商品名」の《(すべて)》は、現在の集計結果がすべての商品名の集計結果であることを示します。

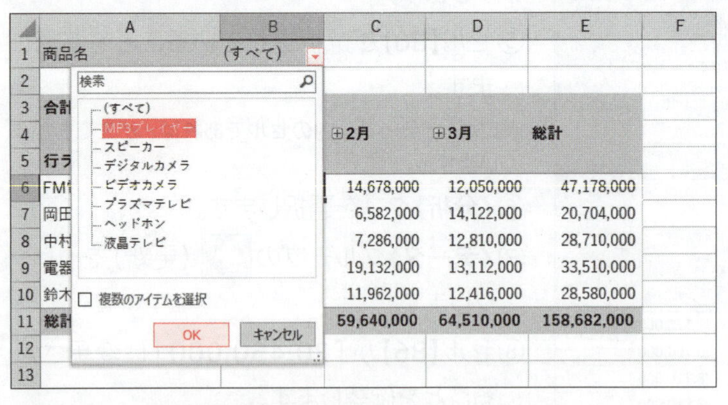

「MP3プレイヤー」の集計結果を表示します。

②レポートフィルターエリアの**「商品名」**の をクリックし、一覧から**「MP3プレイヤー」**を選択します。

③**《OK》**をクリックします。

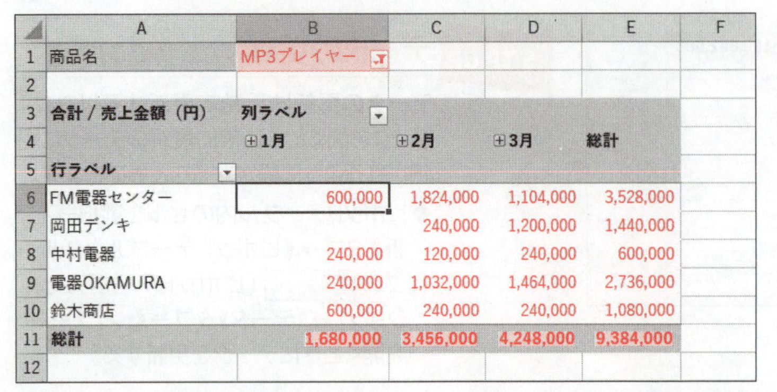

「MP3プレイヤー」の集計結果が表示されます。

※「商品名」の が に変わります。

	A	B	C	D	E	F
1	商品名	(すべて)				
2						
3	合計 / 売上金額（円）	列ラベル				
4		⊞1月	⊞2月	⊞3月	総計	
5	行ラベル					
6	FM電器センター	20,450,000	14,678,000	12,050,000	47,178,000	
7	岡田デンキ		6,582,000	14,122,000	20,704,000	
8	中村電器	8,614,000	7,286,000	12,810,000	28,710,000	
9	電器OKAMURA	1,266,000	19,132,000	13,112,000	33,510,000	
10	鈴木商店	4,202,000	11,962,000	12,416,000	28,580,000	
11	総計	34,532,000	59,640,000	64,510,000	158,682,000	
12						

④レポートフィルターエリアをもとに戻します。

※「商品名」の[▼]→《(すべて)》→《OK》を選択します。

STEP UP 行ラベルエリア・列ラベルエリアのフィルター

行ラベルエリアや列ラベルエリアにも[▼]が表示されます。クリックして一覧からデータを絞り込むことができます。

2 フィールドの変更

ピボットテーブルは、作成後にフィールドを入れ替えたり、フィールドを追加したりして簡単にレイアウトを変更できます。

1 フィールドの入れ替え

レポートフィルターエリアの**「商品名」**と行ラベルエリアの**「取引先」**を入れ替えましょう。

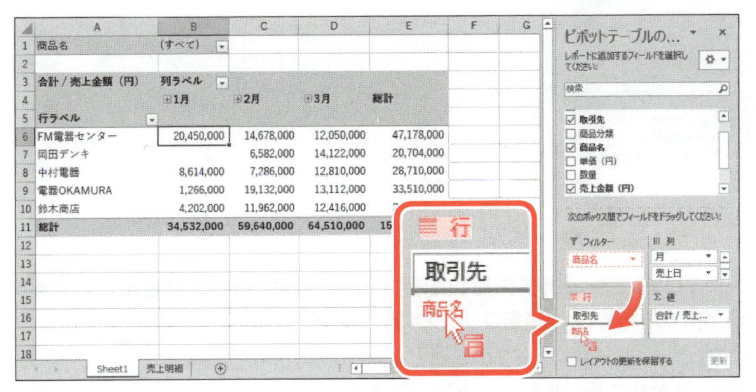

①**《フィルター》**のボックスの**「商品名」**を**《行》**のボックスにドラッグします。

《行》のボックスにドラッグすると、マウスポインターの形が に変わります。

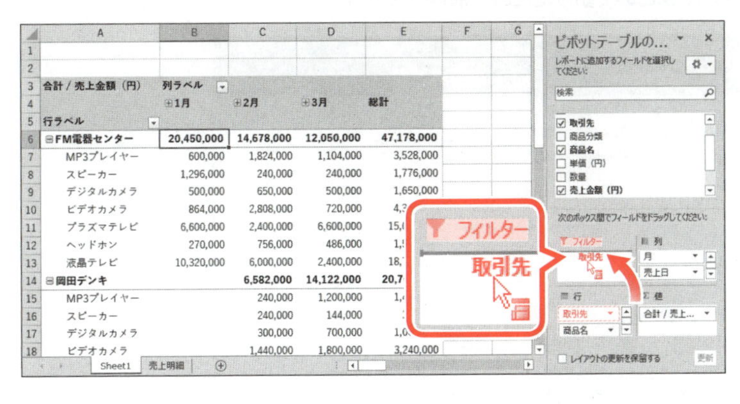

②**《行》**のボックスの**「取引先」**を**《フィルター》**のボックスにドラッグします。

《フィルター》のボックスにドラッグすると、マウスポインターの形が に変わります。

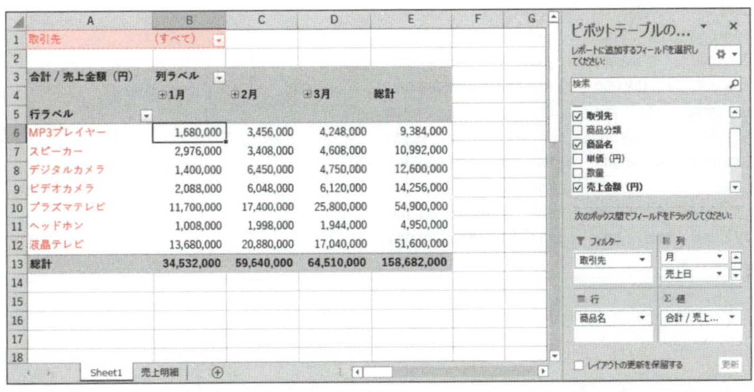

「商品名」と**「取引先」**が入れ替わり、値エリアの数値が変わります。

2 フィールドの追加

各エリアには、複数のフィールドを配置できます。
行ラベルエリアに「**商品分類**」を追加しましょう。

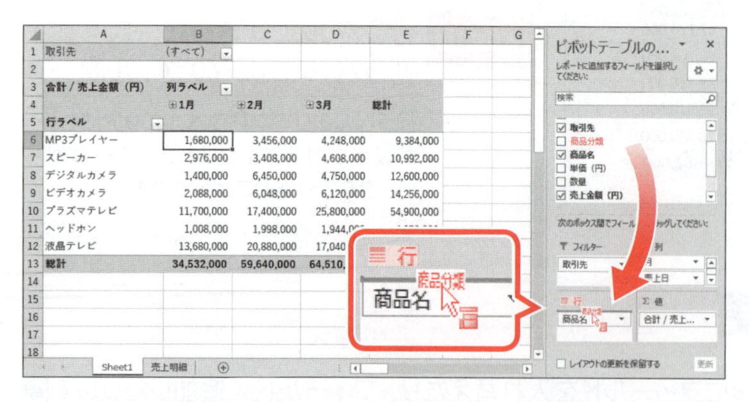

①《**ピボットテーブルのフィールド**》作業ウィンドウの「**商品分類**」を《**行**》のボックスの「**商品名**」の上にドラッグします。

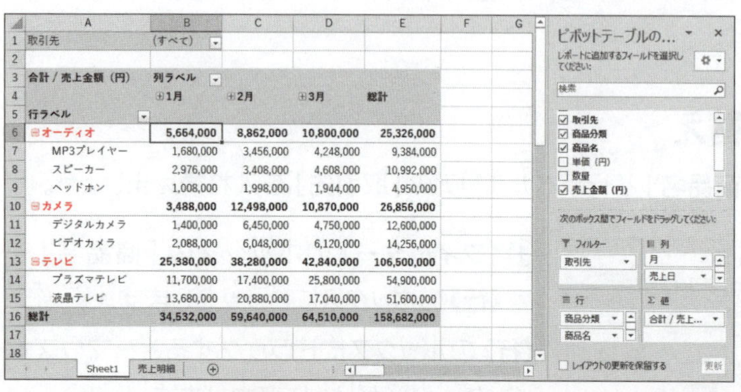

行ラベルエリアに「**商品分類**」のデータが追加されます。

STEP UP フィールドの展開/折りたたみ

列ラベルエリアや行ラベルエリアにフィールドを複数配置すると、自動的に⊟が表示されます。⊟をクリックすると詳細が折りたたまれ、⊞をクリックすると展開されます。
《分析》タブ→《アクティブなフィールド》グループの (フィールドの折りたたみ)や (フィールドの展開)をクリックすると、まとめて折りたたみや展開ができます。

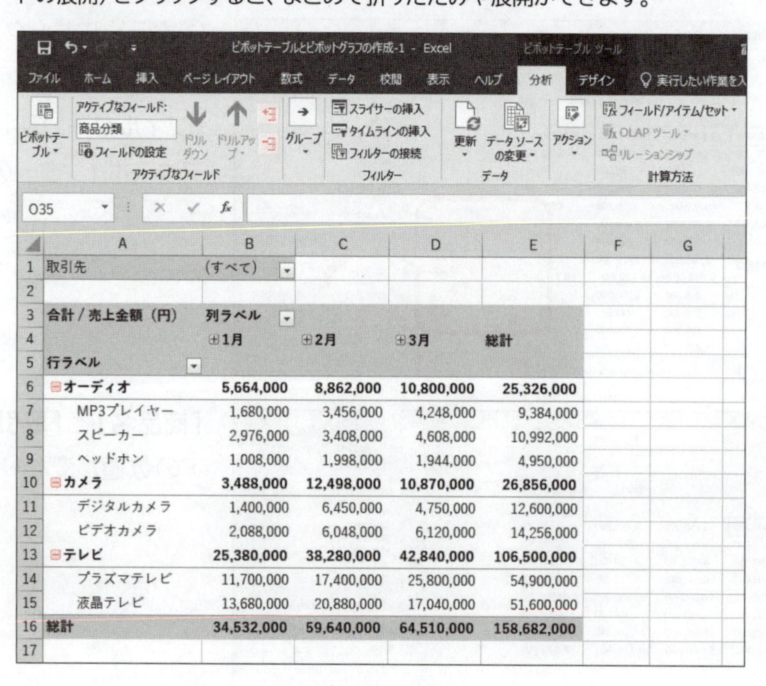

取引先	(すべて)			
合計 / 売上金額 (円)	列ラベル			
	⊞1月	⊞2月	⊞3月	総計
行ラベル				
⊟オーディオ	5,664,000	8,862,000	10,800,000	25,326,000
MP3プレイヤー	1,680,000	3,456,000	4,248,000	9,384,000
スピーカー	2,976,000	3,408,000	4,608,000	10,992,000
ヘッドホン	1,008,000	1,998,000	1,944,000	4,950,000
⊟カメラ	3,488,000	12,498,000	10,870,000	26,856,000
デジタルカメラ	1,400,000	6,450,000	4,750,000	12,600,000
ビデオカメラ	2,088,000	6,048,000	6,120,000	14,256,000
⊟テレビ	25,380,000	38,280,000	42,840,000	106,500,000
プラズマテレビ	11,700,000	17,400,000	25,800,000	54,900,000
液晶テレビ	13,680,000	20,880,000	17,040,000	51,600,000
総計	34,532,000	59,640,000	64,510,000	158,682,000

3 フィールドの削除

不要なフィールドは、削除できます。
行ラベルエリアから**「商品名」**を削除しましょう。

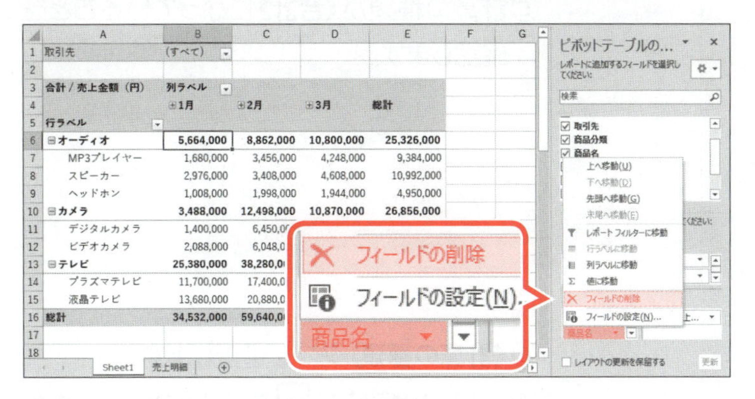

①《行》のボックスの**「商品名」**をクリックします。
②**《フィールドの削除》**をクリックします。

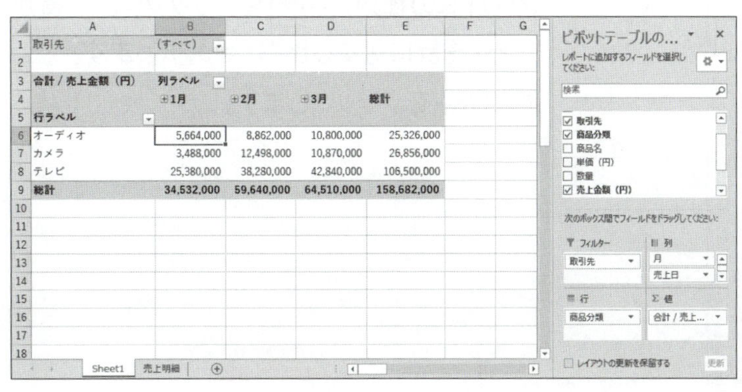

行ラベルエリアから**「商品名」**が削除されます。

STEP UP その他の方法（フィールドの削除）

◆《ピボットテーブルのフィールド》作業ウィンドウのフィールド名を□にする
◆ボックス内のフィールド名を作業ウィンドウ以外の場所にドラッグ

3 集計方法の変更

値エリアの集計方法を**「平均」「最大値」「最小値」**などに変更できます。また、全体の合計に対する比率や、列や行の合計に対する比率に変更することもできます。
全体の総計を100%とした場合の、売上構成比が表示されるように集計方法を変更しましょう。

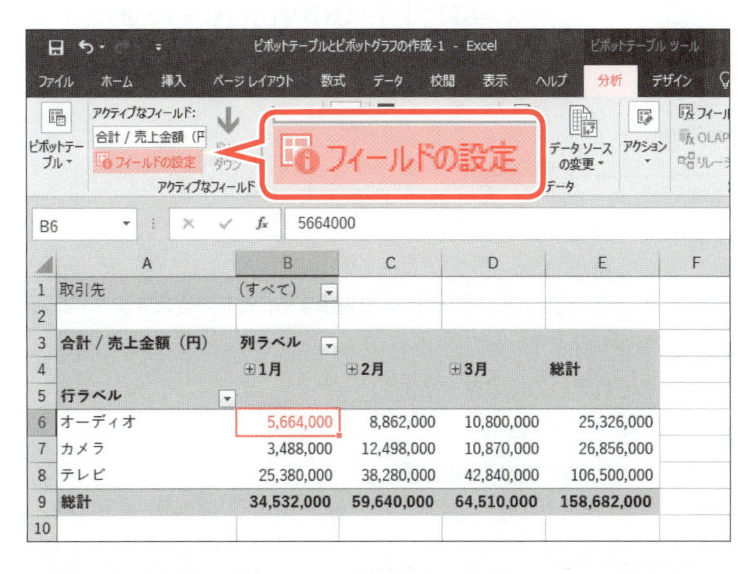

値エリアのセルを選択します。
①セル**【B6】**をクリックします。
※値エリアのセルであれば、どこでもかまいません。
②**《分析》**タブを選択します。
③**《アクティブなフィールド》**グループの フィールドの設定 （フィールドの設定）をクリックします。

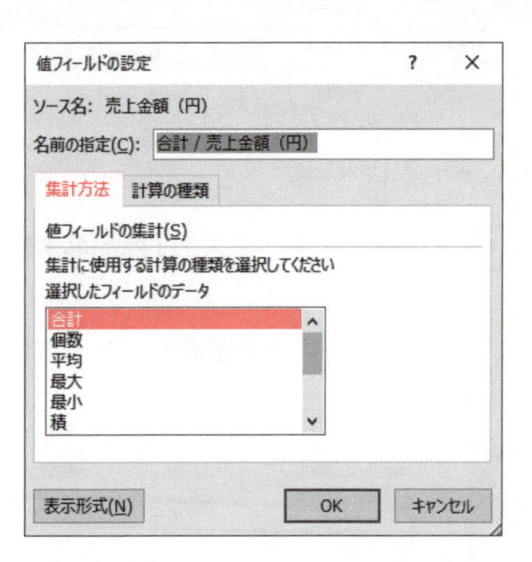

《**値フィールドの設定**》ダイアログボックスが表示されます。

④《**集計方法**》タブを選択します。

⑤計算の種類が《**合計**》になっていることを確認します。

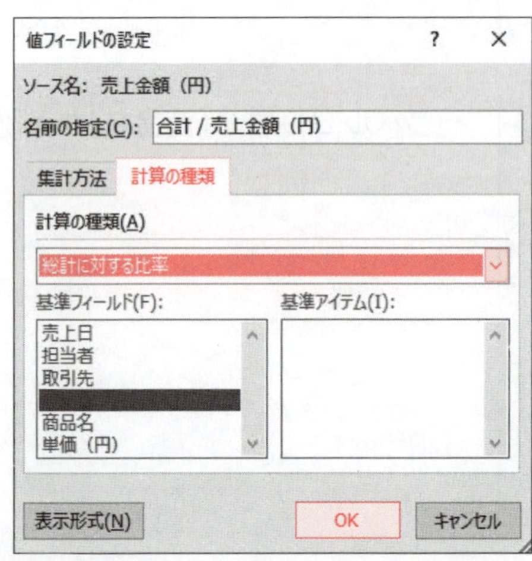

⑥《**計算の種類**》タブを選択します。

⑦《**計算の種類**》の ⌄ をクリックし、一覧から《**総計に対する比率**》を選択します。

⑧《**OK**》をクリックします。

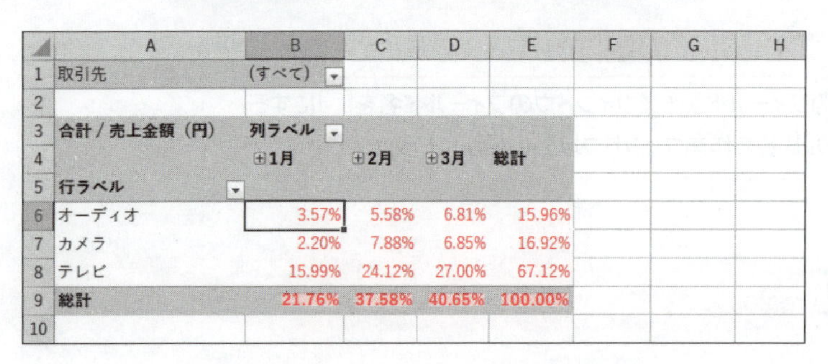

	A	B	C	D	E	F	G	H
1	取引先	(すべて)						
2								
3	合計 / 売上金額（円）	列ラベル						
4		⊞1月	⊞2月	⊞3月	総計			
5	行ラベル							
6	オーディオ	3.57%	5.58%	6.81%	15.96%			
7	カメラ	2.20%	7.88%	6.85%	16.92%			
8	テレビ	15.99%	24.12%	27.00%	67.12%			
9	総計	21.76%	37.58%	40.65%	100.00%			
10								

全体の総計を100%とした場合の、それぞれの売上構成比が表示されます。

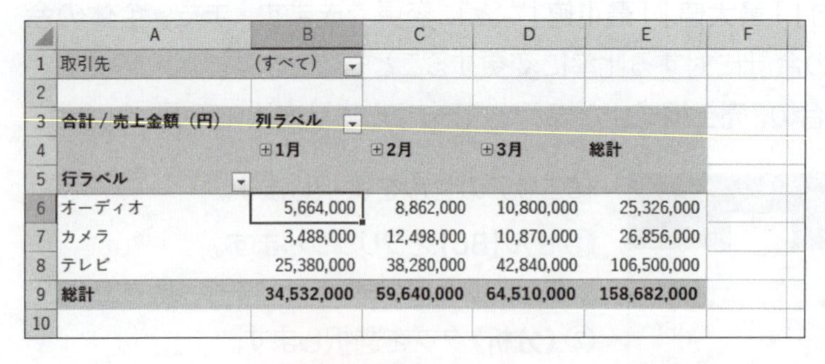

	A	B	C	D	E	F
1	取引先	(すべて)				
2						
3	合計 / 売上金額（円）	列ラベル				
4		⊞1月	⊞2月	⊞3月	総計	
5	行ラベル					
6	オーディオ	5,664,000	8,862,000	10,800,000	25,326,000	
7	カメラ	3,488,000	12,498,000	10,870,000	26,856,000	
8	テレビ	25,380,000	38,280,000	42,840,000	106,500,000	
9	総計	34,532,000	59,640,000	64,510,000	158,682,000	
10						

⑨集計方法をもとに戻します。

※《アクティブなフィールド》グループの フィールドの設定 （フィールドの設定）→《計算の種類》タブ→《計算の種類》の ⌄ →《計算なし》→《OK》を選択します。

STEP UP 計算の種類

全体に対する比率だけでなく、列方向や行方向に対する比率を表示することもできます。

●列集計に対する比率

各列の総計を100%にした場合のそれぞれの比率を求めます。

●行集計に対する比率

各行の総計を100%にした場合のそれぞれの比率を求めます。

4 ピボットテーブルスタイルの設定

ピボットテーブルを作成すると、自動的に**「ピボットテーブルスタイル」**が設定されます。
ピボットテーブルスタイルは自由に変更できます。
ピボットテーブルに適用されているピボットテーブルスタイルを変更しましょう。
※設定する項目名が一覧にない場合は、任意の項目を選択してください。

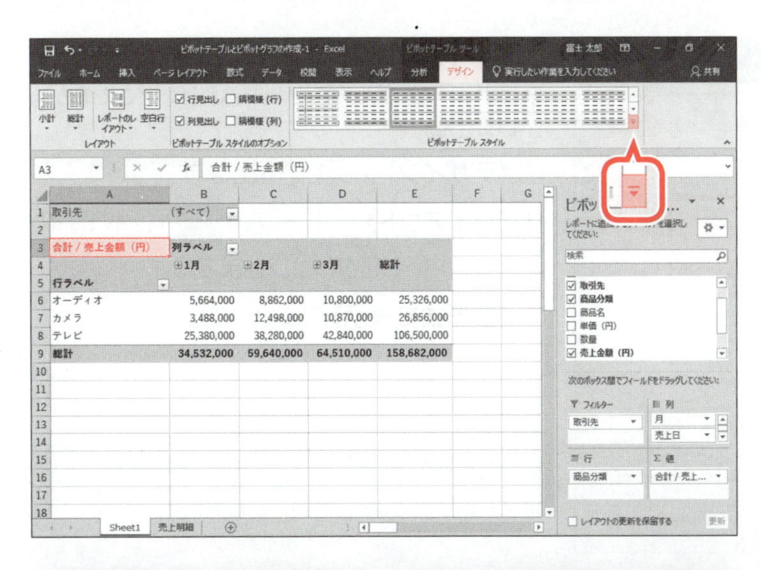

①セル**【A3】**をクリックします。
※ピボットテーブル内のセルであれば、どこでもかまいません。
②**《デザイン》**タブを選択します。
③**《ピボットテーブルスタイル》**グループの（その他）をクリックします。

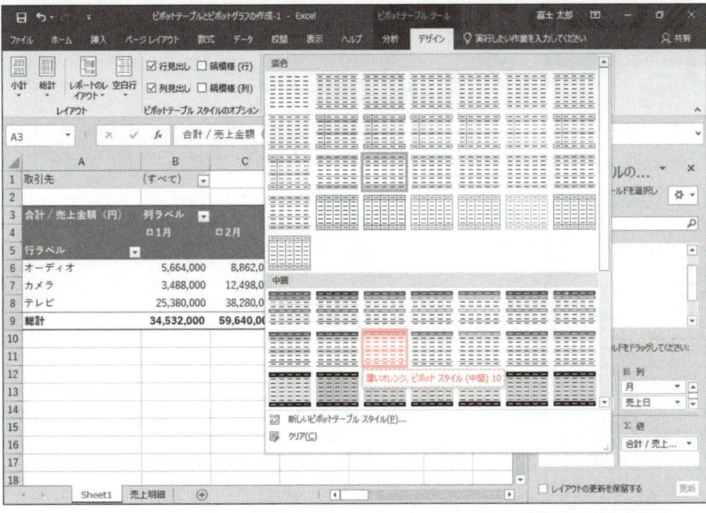

④**《中間》**の**《薄いオレンジ，ピボットスタイル（中間）10》**をクリックします。

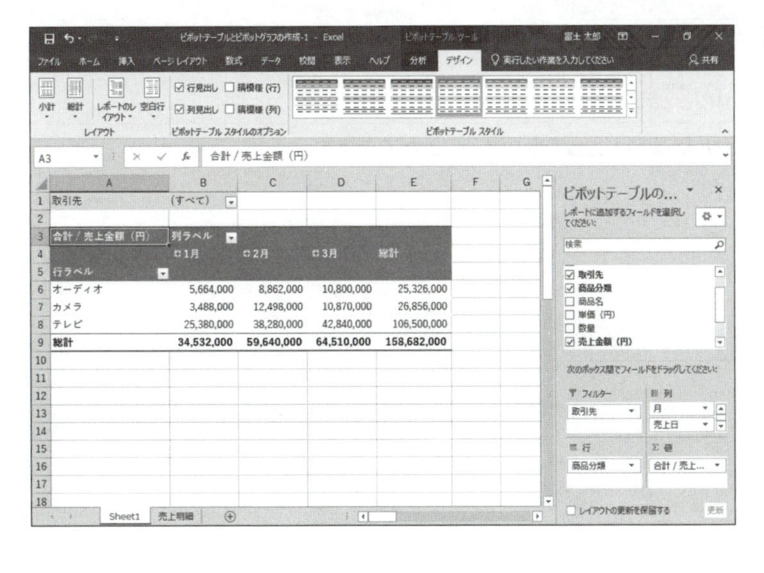

ピボットテーブルスタイルが変更されます。

5 ピボットテーブルのレイアウトの設定

ピボットテーブルのレイアウトを、**「コンパクト形式」「アウトライン形式」「表形式」**のレイアウトに変更できます。
ピボットテーブルのレイアウトを**「表形式」**に変更しましょう。表形式に変更すると、フィールド名と罫線が表示され、見やすくなります。

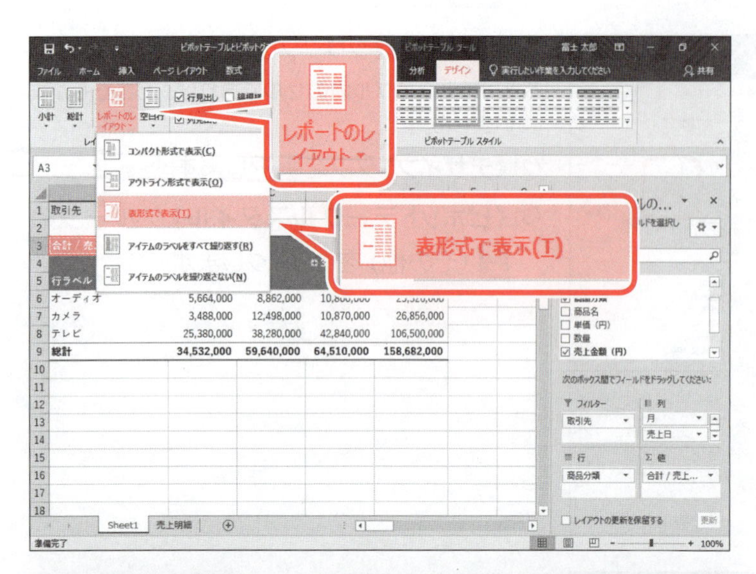

①セル**【A3】**をクリックします。
※ピボットテーブル内のセルであれば、どこでもかまいません。
②**《デザイン》**タブを選択します。
③**《レイアウト》**グループの（レポートのレイアウト）をクリックします。
④**《表形式で表示》**をクリックします。

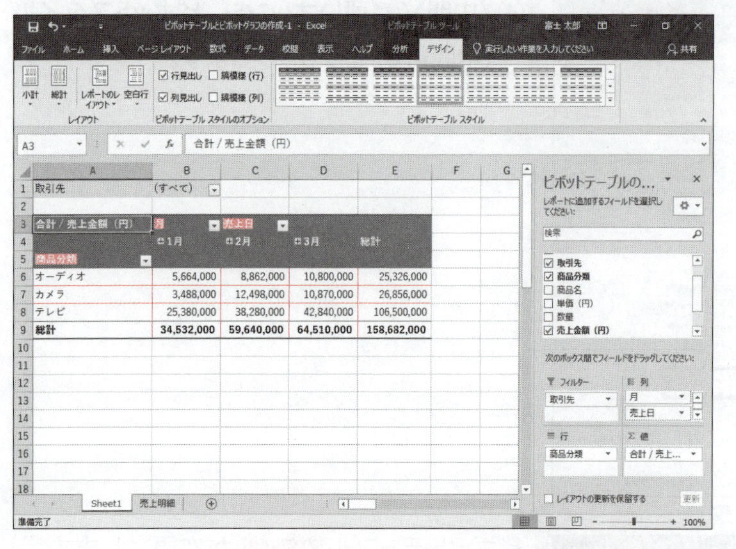

⑤レイアウトが表形式になり、フィールド名と罫線が表示されます。

STEP UP エリアの見出し名の変更

各エリアの見出し名は、セルに直接入力して変更することができます。

STEP UP 既定のレイアウトの編集

ピボットテーブルのレイアウトを変更し、使いやすいレイアウトが作成できたら、ピボットテーブルの既定のレイアウトに設定することができます。既定のレイアウトに設定すると、新しくピボットテーブルを作成したときに、設定したレイアウトで表示されます。

既定のレイアウトを設定する方法は、次のとおりです。

◆ピボットテーブル内をクリック→《ファイル》→《オプション》→左側の一覧から《データ》を選択→《既定のレイアウトの編集》→《インポート》

※既定のレイアウトをもとに戻すには、《ファイル》→《オプション》→左側の一覧から《データ》を選択→《既定のレイアウトの編集》→《Excelの既定値にリセット》をクリックします。

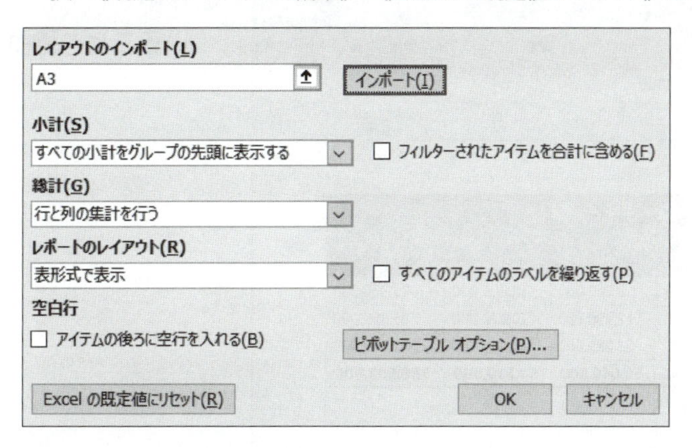

6 詳細データの表示

値エリアの詳細データを新しいシートに表示できます。

「オーディオ」の**「1月」**の詳細データを、新しいシートに表示しましょう。

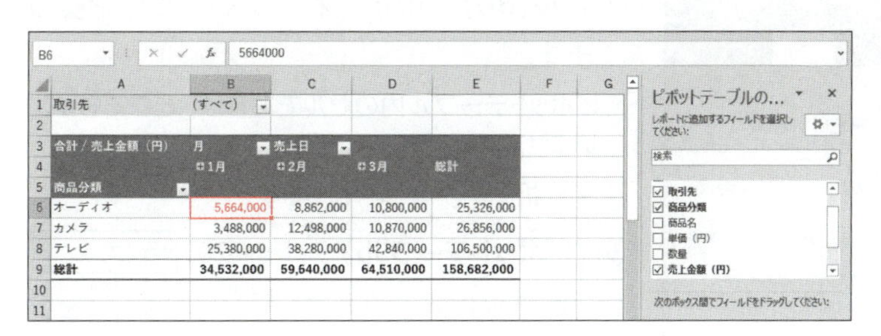

取引先	(すべて)			
合計 / 売上金額（円）	月	売上日		
	1月	2月	3月	総計
商品分類				
オーディオ	5,664,000	8,862,000	10,800,000	25,326,000
カメラ	3,488,000	12,498,000	10,870,000	26,856,000
テレビ	25,380,000	38,280,000	42,840,000	106,500,000
総計	34,532,000	59,640,000	64,510,000	158,682,000

①セル**【B6】**をダブルクリックします。

売上日	担当者	取引先	商品分類	商品名	単価（円）	数量	売上金額（円）
2019/1/7	沖田	電器OKAMURA	オーディオ	MP3プレイヤー	24000	7	168000
2019/1/7	山田	FM電器センター	オーディオ	スピーカー	48000	10	480000
2019/1/7	山田	FM電器センター	オーディオ	ヘッドホン	18000	10	180000
2019/1/7	山田	FM電器センター	オーディオ	スピーカー	48000	3	144000
2019/1/10	山田	FM電器センター	オーディオ	MP3プレイヤー	24000	5	120000
2019/1/14	沖田	電器OKAMURA	オーディオ	MP3プレイヤー	24000	3	72000
2019/1/14	沖田	電器OKAMURA	オーディオ	スピーカー	48000	2	96000
2019/1/14	山田	FM電器センター	オーディオ	スピーカー	48000	2	96000
2019/1/15	田村	中村電器	オーディオ	ヘッドホン	18000	30	540000
2019/1/18	山田	FM電器センター	オーディオ	MP3プレイヤー	24000	20	480000
2019/1/18	沖田	電器OKAMURA	オーディオ	スピーカー	48000	3	144000
2019/1/1			オーディオ	ヘッドホン	18000	5	90000
2019/1/1			オーディオ	MP3プレイヤー	24000	5	120000
2019/1/2			オーディオ	スピーカー	48000	15	720000
2019/1/2			オーディオ	スピーカー	48000	5	240000
2019/1/21	沖田	電器OKAMURA	オーディオ	スピーカー	48000	7	336000
2019/1/25	北村	鈴木商店	オーディオ	MP3プレイヤー	24000	15	360000

シート**「Sheet2」**が挿入され、詳細データが表示されます。

②列番号**【A】**から列番号**【H】**の列幅を自動調整します。

※列番号【A：H】を選択し、選択している列番号の境界をダブルクリックします。

STEP UP その他の方法（詳細データの表示）

◆値エリアのセルを右クリック→《詳細の表示》

POINT 詳細データの更新

詳細データは、もとの表の数値が変更されても更新されません。更新が必要な場合は、再度、詳細データのシートを作成します。

7 レポートフィルターページの表示

レポートフィルターエリアに配置したフィールドは、項目ごとにシートを分けて表示できます。取引先別のピボットテーブルを、それぞれ新しいシートに作成しましょう

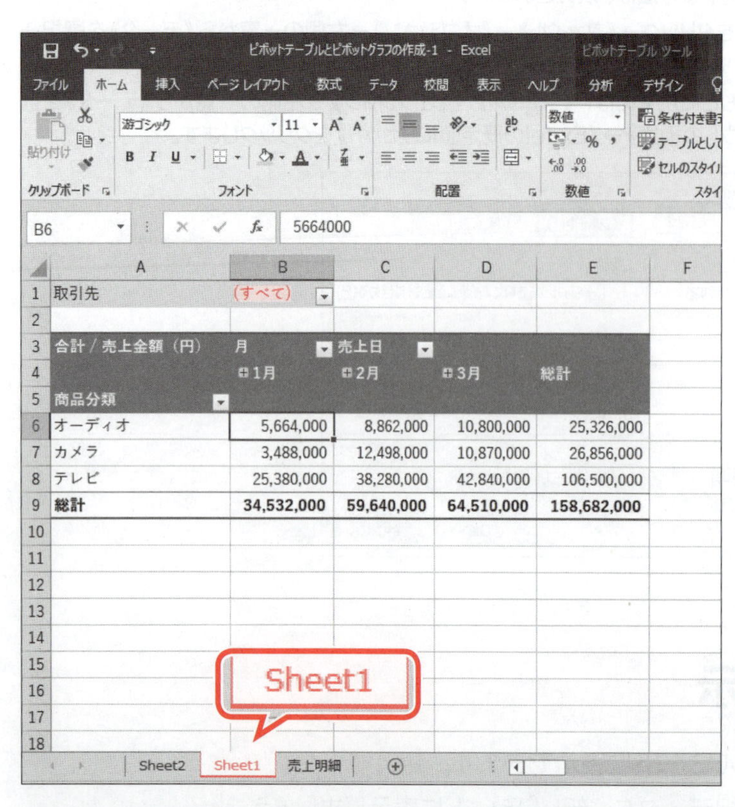

①シート「**Sheet1**」のシート見出しをクリックします。

②レポートフィルターが「**(すべて)**」になっていることを確認します。

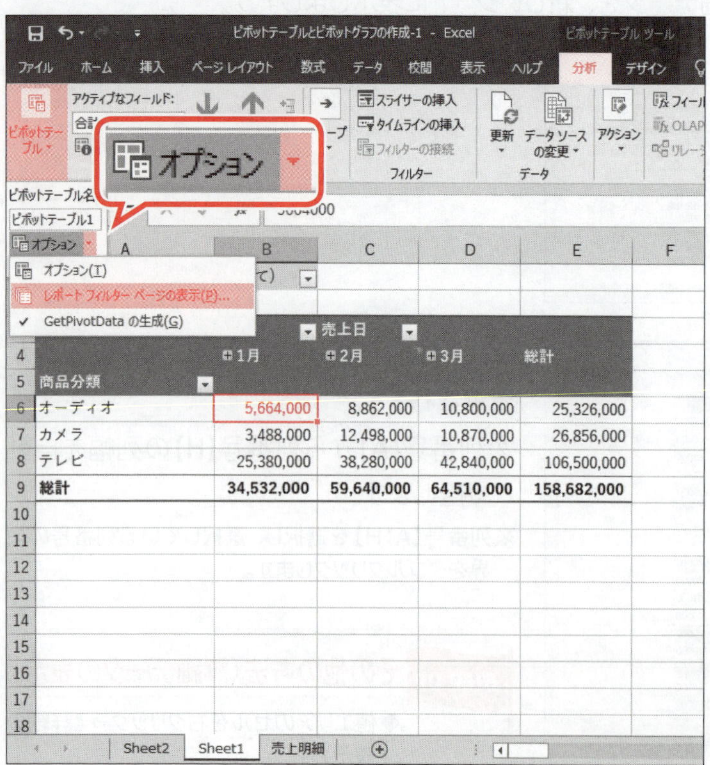

③セル【**B6**】が選択されていることを確認します。

※ピボットテーブル内のセルであれば、どこでもかまいません。

④《**分析**》タブを選択します。

⑤《**ピボットテーブル**》グループの オプション (ピボットテーブルオプション)の をクリックします。

※《ピボットテーブル》グループが (ピボットテーブル)で表示されている場合は、 (ピボットテーブル)をクリックすると、《ピボットテーブル》グループのボタンが表示されます。

⑥《**レポートフィルターページの表示**》をクリックします。

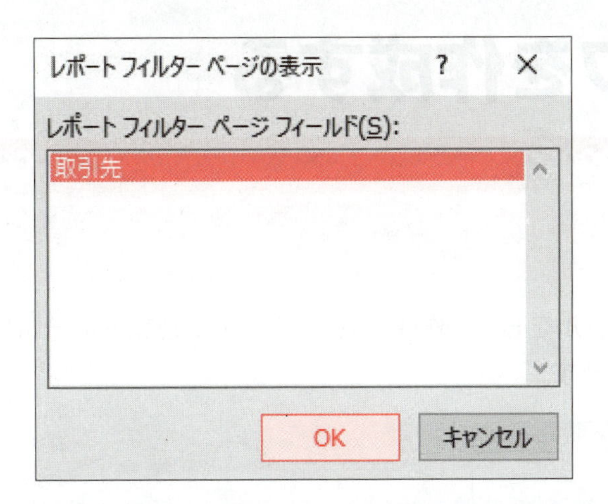

《レポートフィルターページの表示》ダイアログボックスが表示されます。

⑦「**取引先**」が選択されていることを確認します。

⑧《OK》をクリックします。

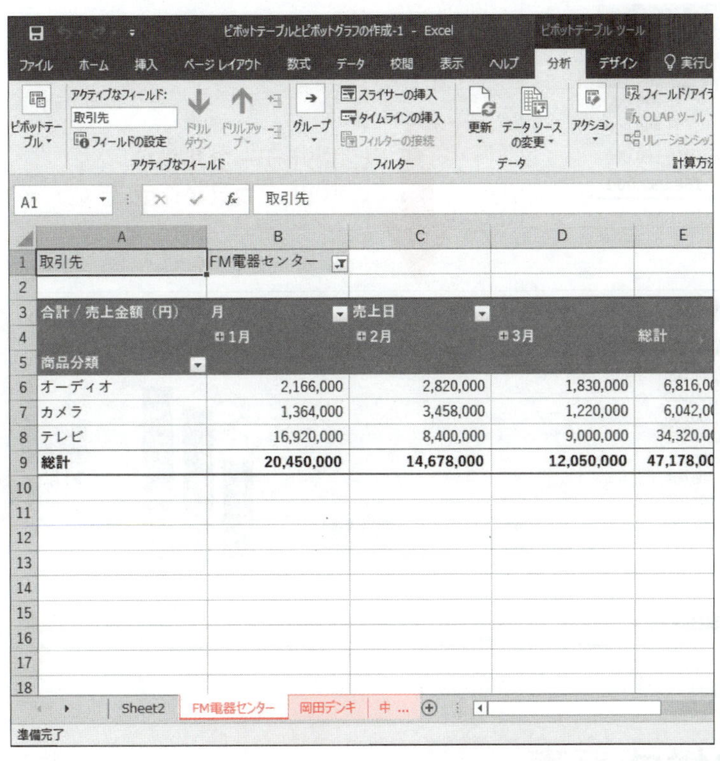

シートが5枚挿入され、取引先別のピボットテーブルが作成されます。

※シートを切り替えて確認しておきましょう。

STEP UP シート見出しの選択

見出しスクロールボタンを右クリックすると、《シートの選択》ダイアログボックスが表示されます。ブックに含まれるシートの一覧から選択し、シートを切り替えることができます。

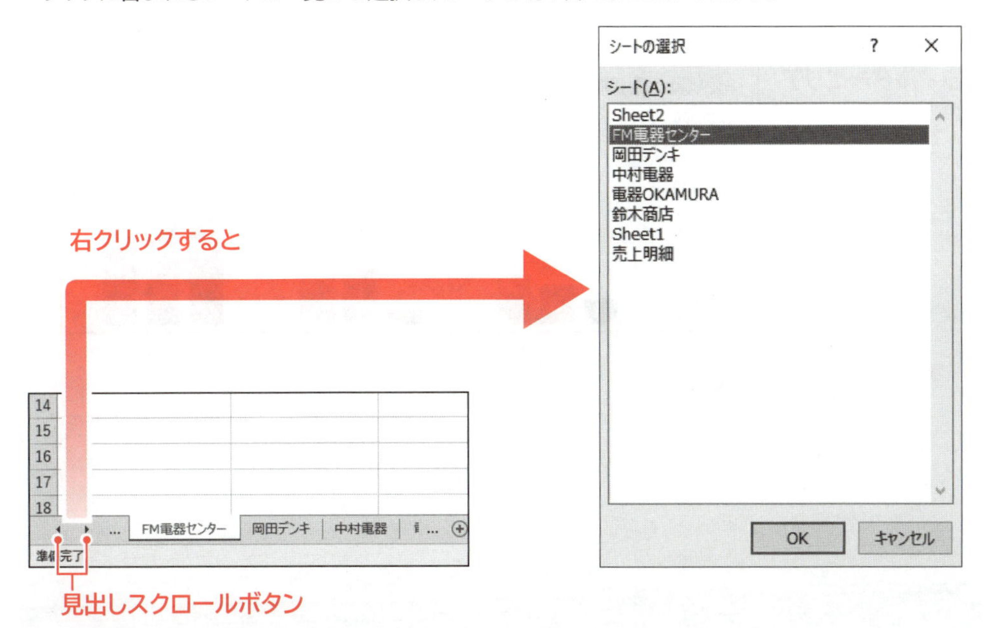

Step4 ピボットグラフを作成する

1 ピボットグラフ

「ピボットグラフ」とはピボットテーブルをもとに作成するグラフです。視覚的に分析したい場合には、ピボットグラフを作成します。

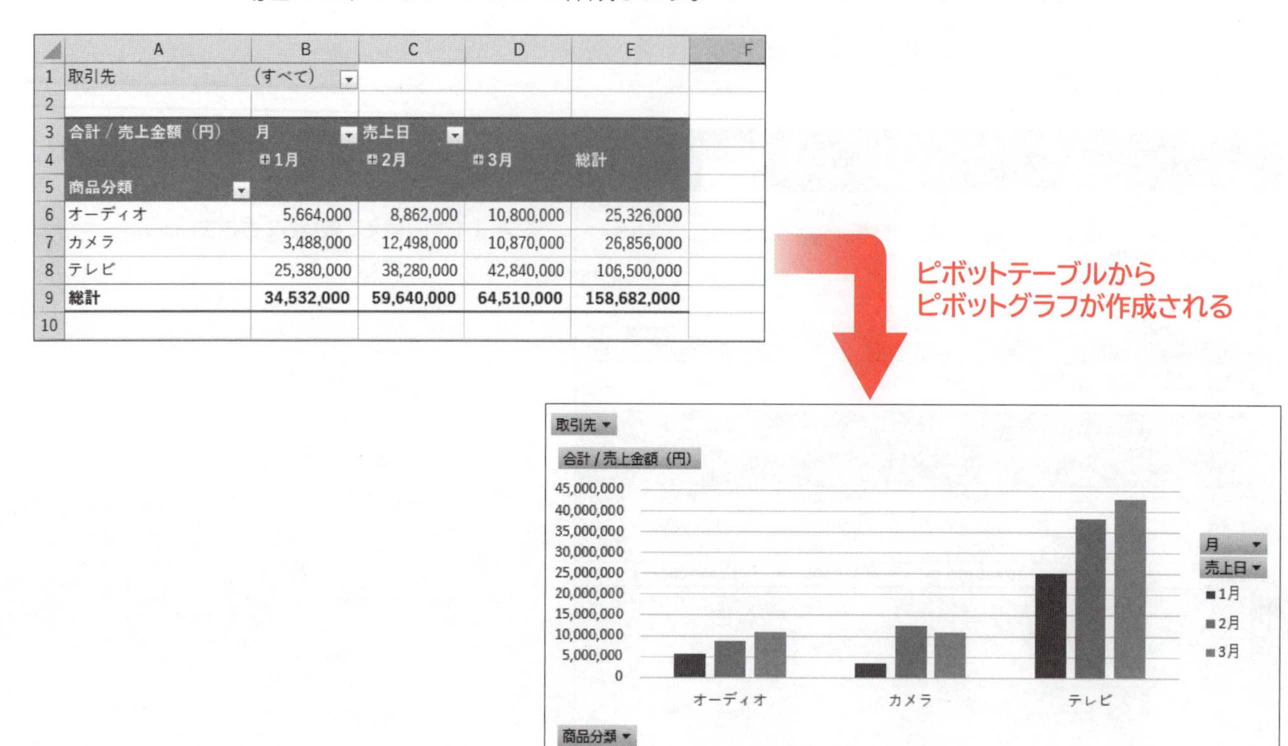

	A	B	C	D	E	F
1	取引先	(すべて)				
2						
3	合計 / 売上金額(円)	月	売上日			
4		1月	2月	3月	総計	
5	商品分類					
6	オーディオ	5,664,000	8,862,000	10,800,000	25,326,000	
7	カメラ	3,488,000	12,498,000	10,870,000	26,856,000	
8	テレビ	25,380,000	38,280,000	42,840,000	106,500,000	
9	総計	34,532,000	59,640,000	64,510,000	158,682,000	
10						

2 ピボットグラフの構成要素

ピボットグラフには、次の要素があります。各エリアには、フィールドに対応したフィールドボタンがあります。

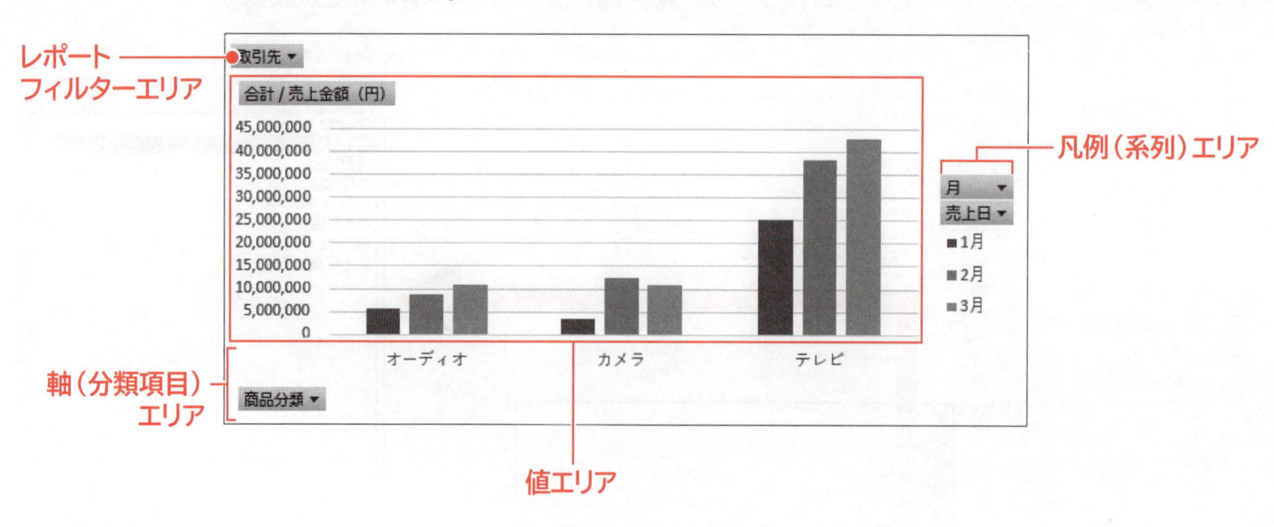

3 ピボットグラフの作成

ピボットテーブルをもとにピボットグラフを作成しましょう。

File OPEN シート「Sheet1」に切り替えておきましょう。

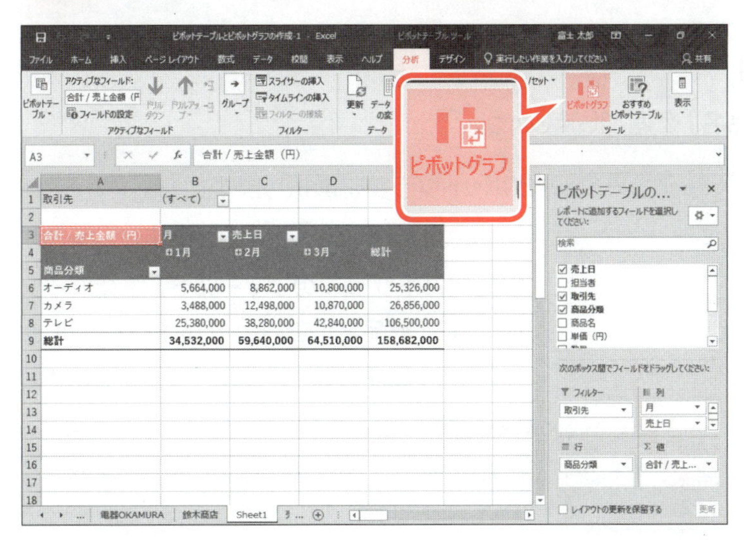

ピボットテーブルを選択します。

①セル【A3】をクリックします。

※ピボットテーブル内のセルであれば、どこでもかまいません。

②《分析》タブを選択します。

③《ツール》グループの（ピボットグラフ）をクリックします。

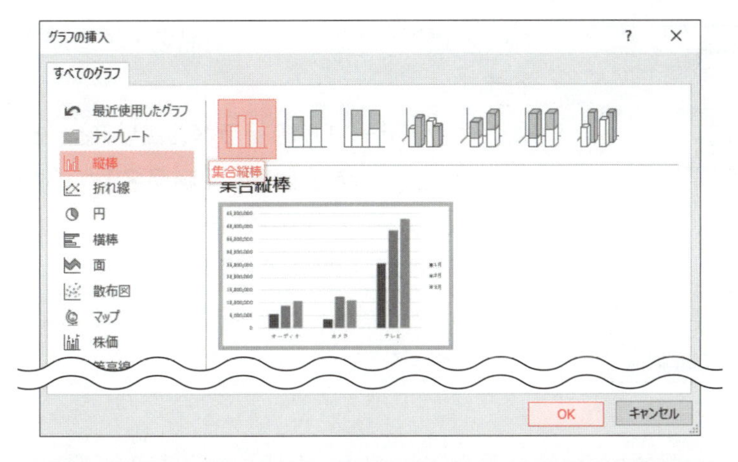

《グラフの挿入》ダイアログボックスが表示されます。

④左側の一覧から《縦棒》を選択します。

⑤右側の一覧から《集合縦棒》を選択します。

⑥《OK》をクリックします。

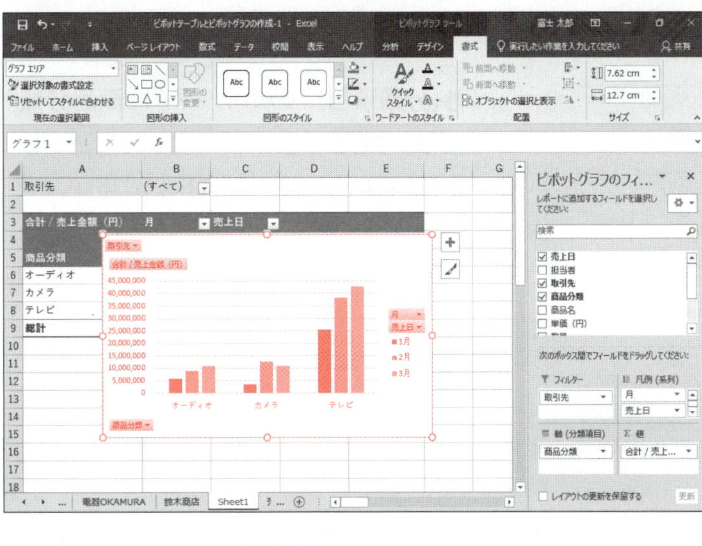

ピボットグラフが作成されます。

※リボンに《分析》タブ・《デザイン》タブ・《書式》タブが追加され、自動的に《書式》タブに切り替わります。

※作業ウィンドウのタイトルが「ピボットグラフのフィールド」に変わります。

POINT ピボットグラフの編集

ピボットグラフは、通常のグラフと同様に編集できます。

STEP UP ピボットテーブルとピボットグラフを同時に作成する

表のデータをもとに、ピボットテーブルとピボットグラフを同時に作成できます。

作成する方法は、次のとおりです。

◆表内のセルを選択→《挿入》タブ→《グラフ》グループの（ピボットグラフ）の→《ピボットグラフとピボットテーブル》

4 フィールドの変更

ピボットグラフもピボットテーブルと同様に、フィールドを追加したり、削除したりできます。ピボットグラフの変更は、自動的にピボットテーブルに反映されます。また、ピボットテーブルの変更もピボットグラフに反映されます。

1 フィールドの追加

軸（分類項目）エリアに**「商品名」**を追加しましょう。

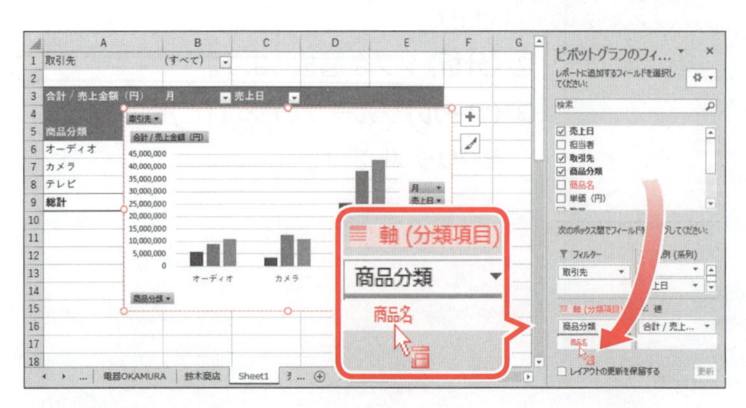

ピボットグラフを選択します。

①ピボットグラフをクリックします。

②**《ピボットグラフのフィールド》**作業ウィンドウの**「商品名」**を**《軸（分類項目）》**のボックスの**「商品分類」**の下にドラッグします。

《軸（分類項目）》のボックスにドラッグすると、マウスポインターの形が に変わります。

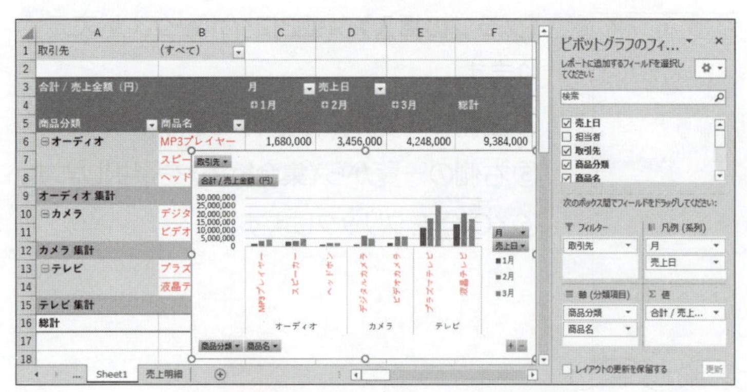

軸（分類項目）エリアに**「商品名」**が追加されます。

③ピボットテーブルの行ラベルエリアと、ピボットグラフの項目軸に**「商品名」**が追加されていることを確認します。

※グラフを移動して確認しておきましょう。

2 フィールドの削除

軸（分類項目）エリアから**「商品分類」**を削除しましょう。

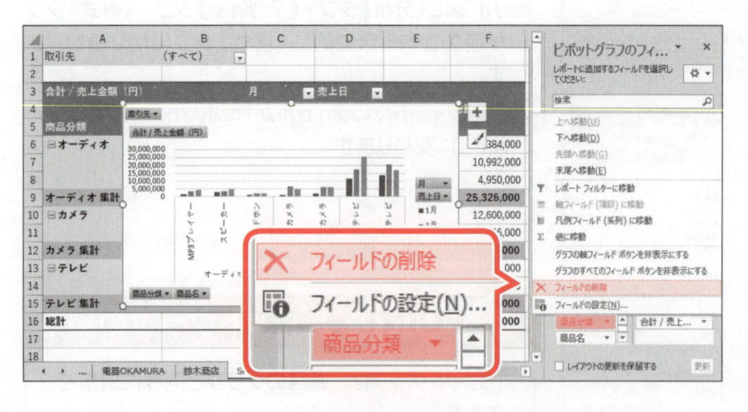

①**《軸（分類項目）》**のボックスの**「商品分類」**をクリックします。

②**《フィールドの削除》**をクリックします。

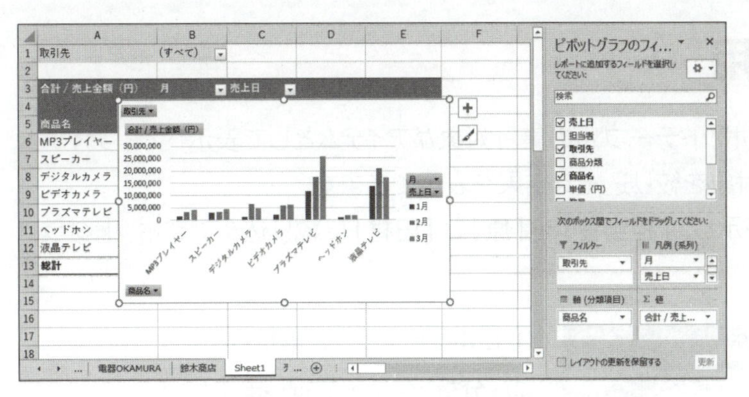

軸（分類項目）エリアから**「商品分類」**が削除されます。

③ピボットテーブルの行ラベルエリアと、ピボットグラフの項目軸から**「商品分類」**が削除されていることを確認します。

5 データの絞り込み

ピボットグラフのフィールドボタンを使うと、一部の項目に絞り込んで表示できます。
「取引先」を**「中村電器」**のデータに絞り込んでピボットグラフに表示しましょう。

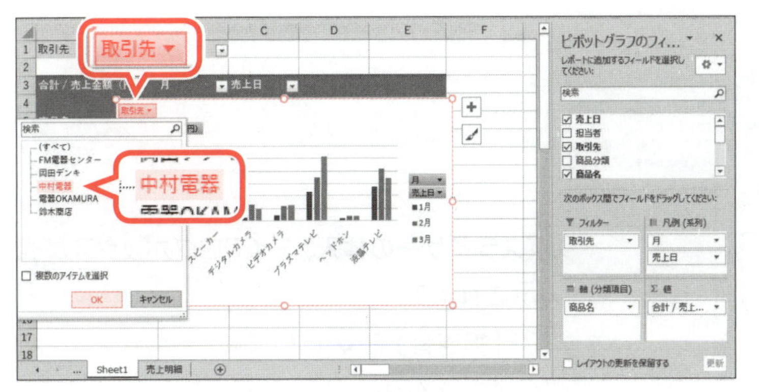

①ピボットグラフを選択します。
② 取引先 をクリックします。
③**《中村電器》**をクリックします。
④**《OK》**をクリックします。

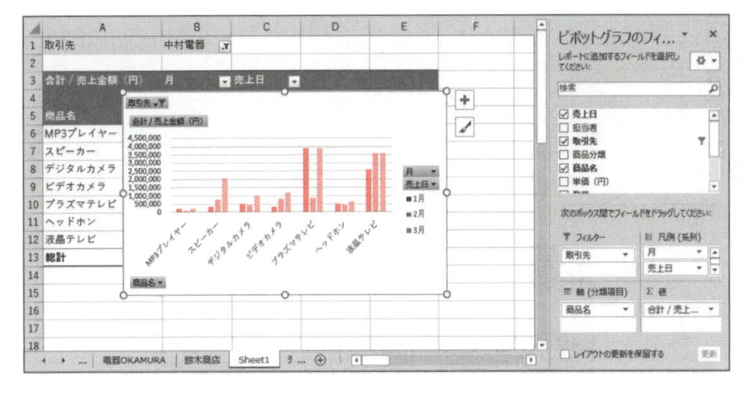

ピボットグラフに中村電器のデータだけが表示されます。

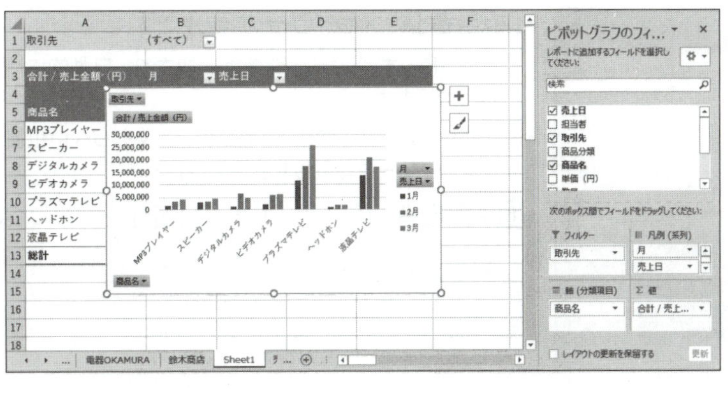

⑤すべてのデータを表示します。

※ 取引先 →《（すべて）》→《OK》を選択し、すべてのデータを選択します。

6 スライサーの利用

「スライサー」を使うと、ピボットテーブルの集計対象がアイテムとして表示され、アイテムをクリックするだけで集計対象を絞り込んで結果を表示できます。
「担当者」のスライサーを表示し、**「担当者」**を**「原」**と**「田村」**に絞り込んでピボットグラフに表示しましょう。

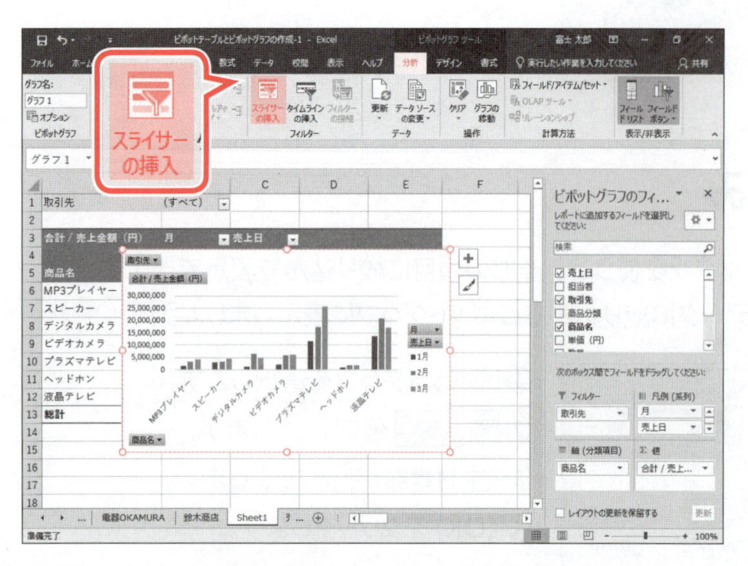

①ピボットグラフを選択します。
②**《分析》**タブを選択します。
③**《フィルター》**グループの（スライサーの挿入）をクリックします。

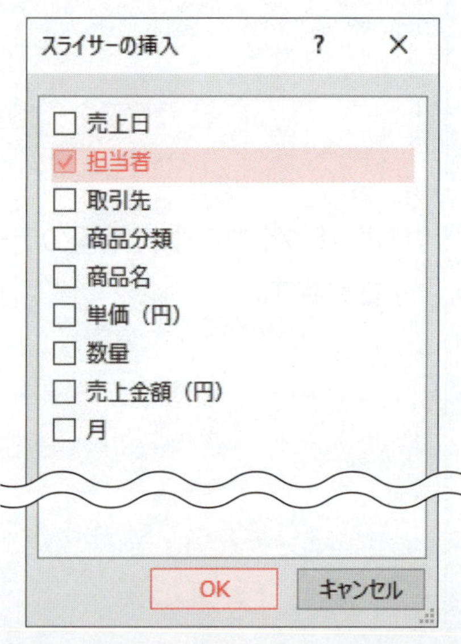

《スライサーの挿入》ダイアログボックスが表示されます。
④**「担当者」**を☑にします。
⑤**《OK》**をクリックします。

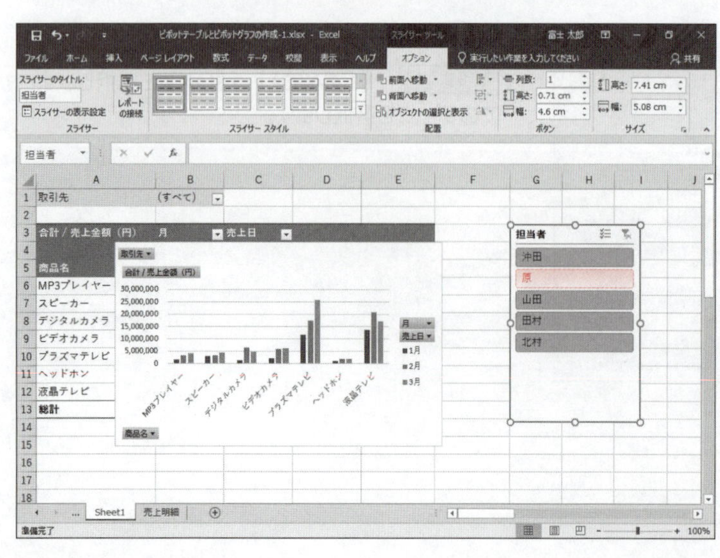

「担当者」のスライサーが表示されます。
※リボンに《オプション》タブが追加され、自動的に切り替わります。
※ピボットテーブルやピボットグラフと重ならない位置にスライサーを移動しておきましょう。
⑥**「担当者」**のスライサーの**「原」**をクリックします。

⑦ (複数選択)をクリックします。

※ボタンが黄色くなり、オンになります。

⑧**「担当者」**のスライサーの**「田村」**をクリックします。

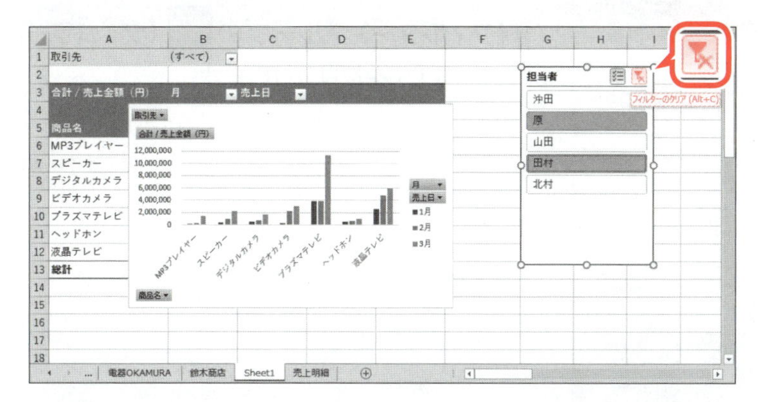

「担当者」が**「原」**と**「田村」**のデータだけがピボットグラフに表示されます。

すべてのデータを表示します。

⑨スライサーの (フィルターのクリア)をクリックします。

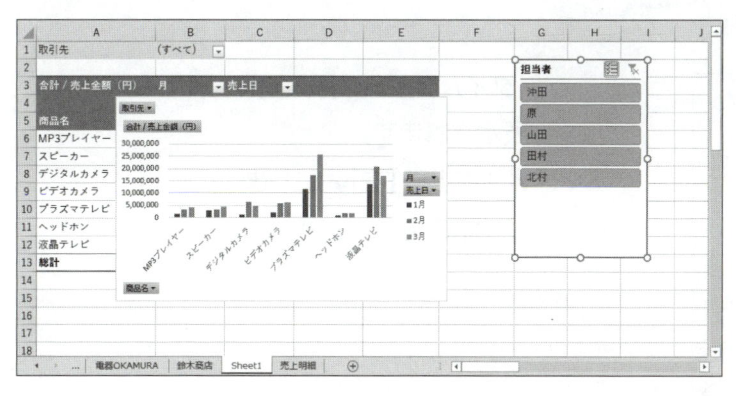

すべてのデータが表示されます。

POINT スライサーの削除

スライサーを削除する方法は、次のとおりです。

◆スライサーを選択→Delete

STEP UP スライサーのスタイル

ピボットテーブルやピボットグラフのデザインに合わせて、スライサーのスタイルも変更できます。

スライサーのスタイルを変更する方法は、次のとおりです。

◆スライサーを選択→《オプション》タブ→《スライサースタイル》グループの (その他)→一覧から選択

Let's Try ためしてみよう

ピボットグラフをセル範囲【A15:E25】に配置しましょう。

① グラフエリアをドラッグし、移動(目安:セル【A15】)

② グラフエリアの右下をドラッグし、サイズを変更(目安:セル【E25】)

7 タイムラインの利用

日付データを含む表から作成したピボットテーブルやピボットグラフは、**「タイムライン」**を使うと、集計対象となる期間を簡単に絞り込むことができます。
タイムラインを表示し、**「売上日」**を**「1月1日～1月10日」**に絞り込んでピボットグラフに表示しましょう。

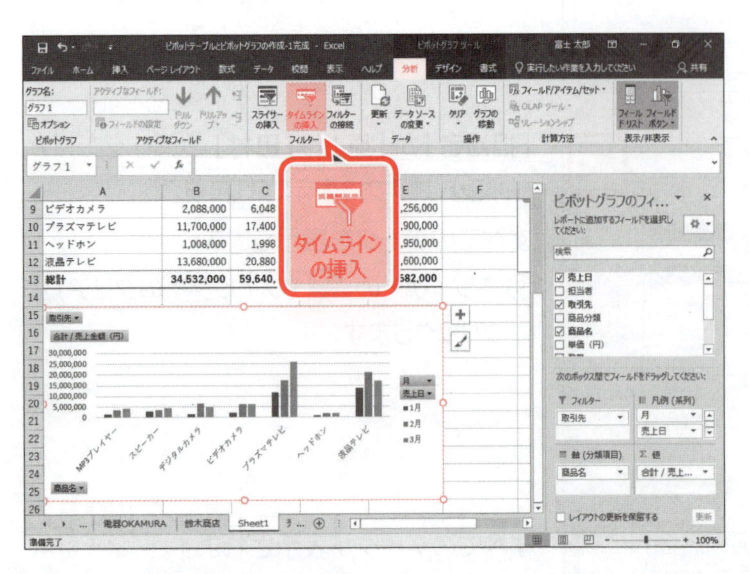

①ピボットグラフを選択します。
②**《分析》**タブを選択します。
③**《フィルター》**グループの（タイムラインの挿入）をクリックします。

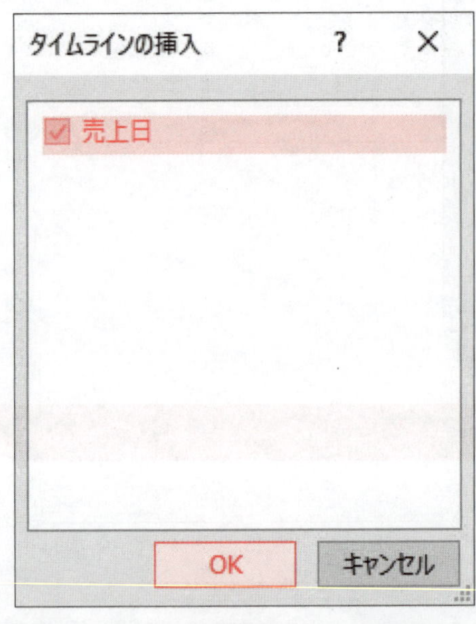

《タイムラインの挿入》ダイアログボックスが表示されます。
④**「売上日」**を☑にします。
⑤**《OK》**をクリックします。

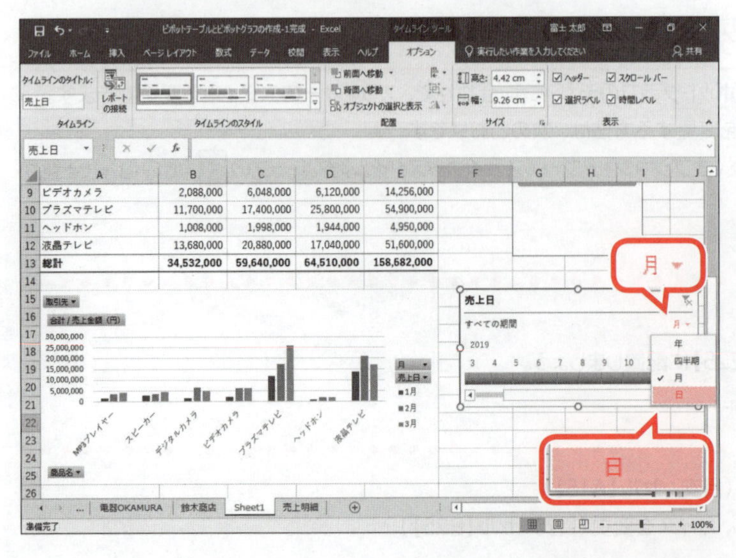

「売上日」のタイムラインが表示されます。
※リボンに《オプション》タブが追加され、自動的に切り替わります。
※ピボットテーブルやピボットグラフと重ならない位置にタイムラインを移動しておきましょう。
タイムラインを日ごとの表示にします。
⑥**《月》**をクリックします。
⑦**《日》**をクリックします。

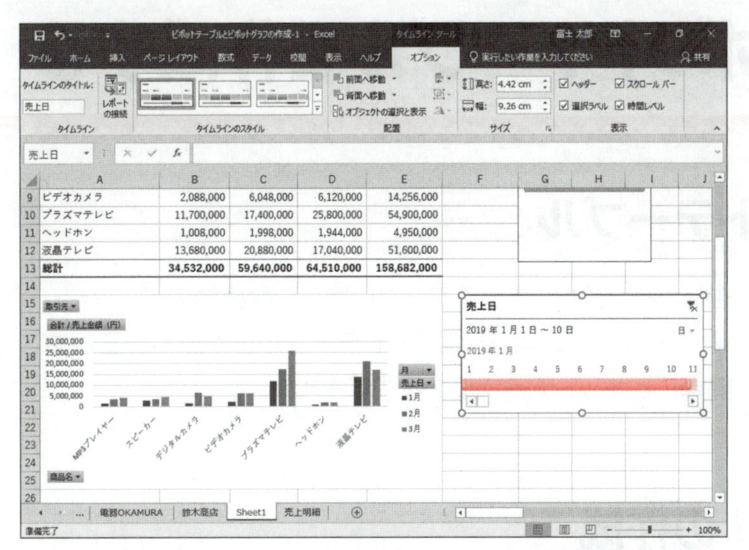

タイムラインが日ごとの表示になります。

⑧**「2019年1月」**の**「1」**から**「10」**をドラッグします。

※タイムライン内のスクロールバーを使って、2019年1月を表示しましょう。

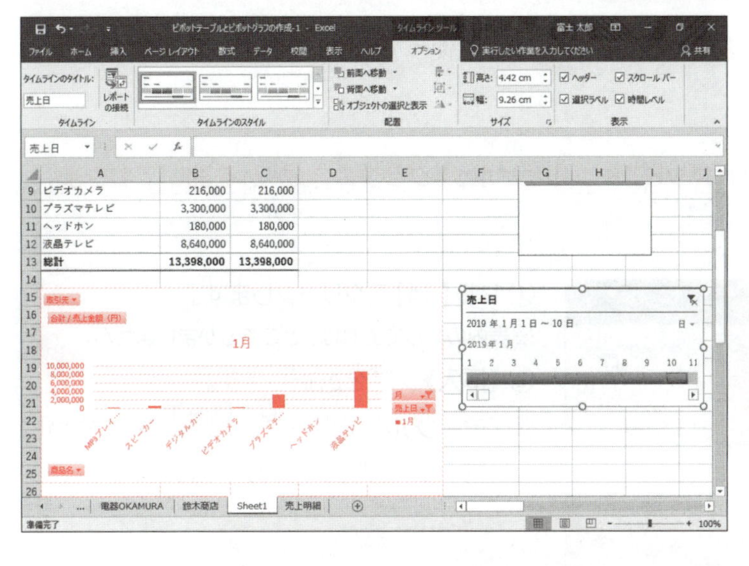

「売上日」が2019年1月1日から10日のデータがピボットグラフに表示されます。

※ブックに「ピボットテーブルとピボットグラフの作成-1完成」と名前を付けて、フォルダー「第6章」に保存し、閉じておきましょう。

POINT タイムラインの削除

タイムラインを削除する方法は、次のとおりです。

◆タイムラインを選択→【Delete】

POINT フィルターのクリア

タイムラインの［フィルターのクリア］（フィルターのクリア）をクリックすると、フィルターが解除され、すべてのデータが表示されます。

STEP UP タイムラインのスタイル

ピボットテーブルやピボットグラフのデザインに合わせて、タイムラインのスタイルも変更できます。

タイムラインのスタイルを変更する方法は、次のとおりです。

◆タイムラインを選択→《オプション》タブ→《タイムラインのスタイル》グループの［▼］（その他）→一覧から選択

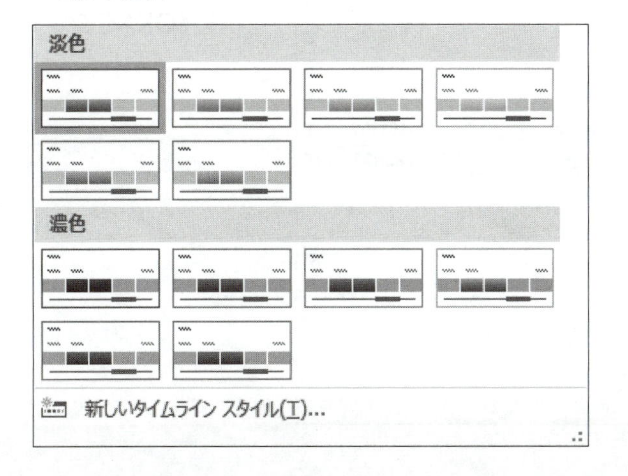

参考学習 おすすめピボットテーブルを作成する

1 おすすめピボットテーブル

「おすすめピボットテーブル」を使うと、選択しているデータに適した数種類のピボットテーブルが表示されます。選択したデータでどのようなピボットテーブルを作成できるかあらかじめ確認することができ、簡単にピボットテーブルを作成できます。

2 ピボットテーブルの作成

表のデータをもとに、おすすめピボットテーブルを使って、**「支店および年度別の売上実績」**を集計しましょう。

フォルダー「第6章」のブック「ピボットテーブルとピボットグラフの作成-2」を開いておきましょう。

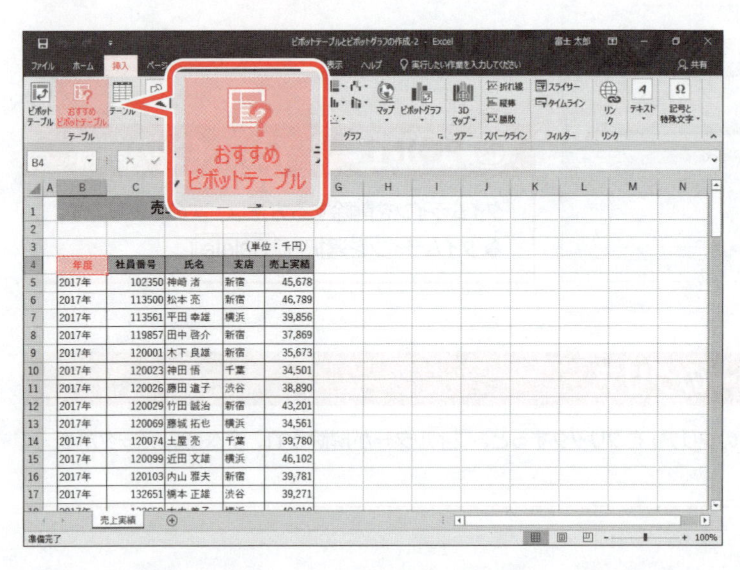

①セル**【B4】**をクリックします。

※表内のセルであれば、どこでもかまいません。

②**《挿入》**タブを選択します。

③**《テーブル》**グループの（おすすめピボットテーブル）をクリックします。

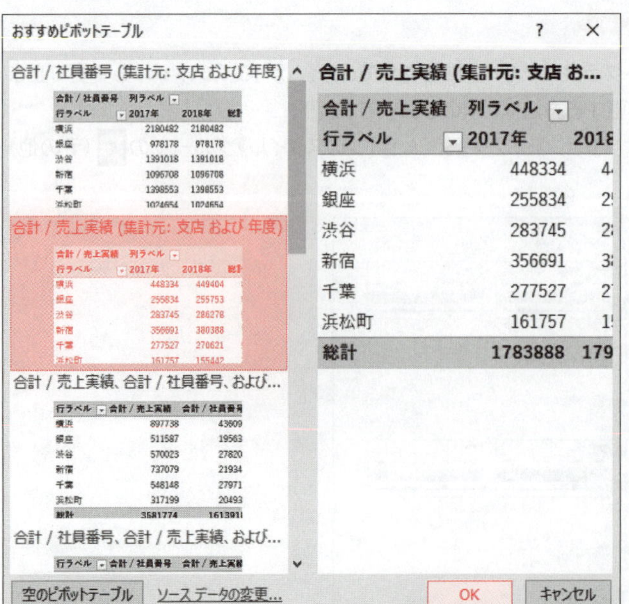

《おすすめピボットテーブル》ダイアログボックスが表示されます。

④左側の一覧から**「合計/売上実績（集計元：支店および年度）」**を選択します。

⑤**《OK》**をクリックします。

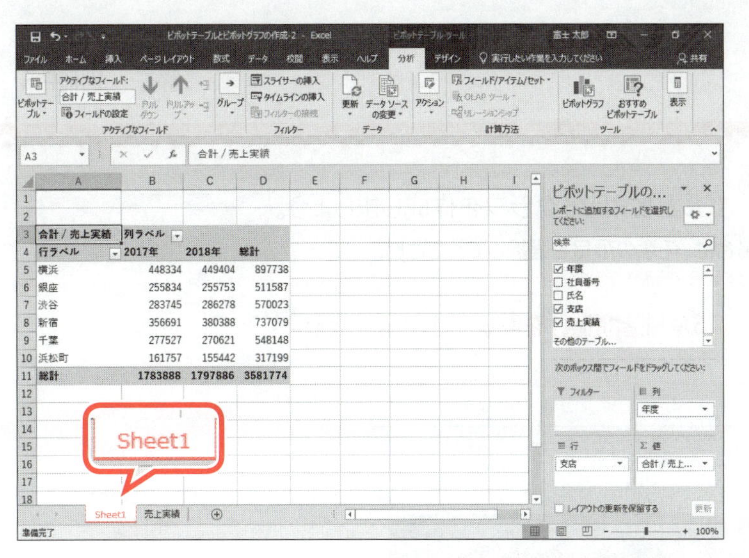

シート「Sheet1」が挿入され、ピボットテーブルが作成されます。

Let's Try ためしてみよう

①ピボットテーブルのレイアウトを「表形式」にしましょう。
②値エリアの数値に、3桁区切りのカンマを付けましょう。

	A	B	C	D	E	F
1						
2						
3	合計 / 売上実績	年度				
4	支店	2017年	2018年	総計		
5	横浜	448,334	449,404	897,738		
6	銀座	255,834	255,753	511,587		
7	渋谷	283,745	286,278	570,023		
8	新宿	356,691	380,388	737,079		
9	千葉	277,527	270,621	548,148		
10	浜松町	161,757	155,442	317,199		
11	総計	1,783,888	1,797,886	3,581,774		
12						

Let's Try Answer

①

①セル【A3】をクリック
※ピボットテーブル内のセルであれば、どこでもかまいません。
②《デザイン》タブを選択
③《レイアウト》グループの（レポートのレイアウト）をクリック
④《表形式で表示》をクリック

②

①セル【B5】をクリック
※値エリアのセルであれば、どこでもかまいません。
②《分析》タブを選択
③《アクティブなフィールド》グループの フィールドの設定 （フィールドの設定）をクリック
④《表示形式》をクリック
⑤《分類》の一覧から《数値》を選択
⑥《桁区切り（,）を使用する》を☑にする
⑦《OK》をクリック
⑧《OK》をクリック

※ブックに「ピボットテーブルとピボットグラフの作成-2完成」と名前を付けて、フォルダー「第6章」に保存し、閉じておきましょう。

練習問題

解答 ► 別冊P.6

完成図のようなピボットテーブルとピボットグラフを作成しましょう。
※設定する項目名が一覧にない場合は、任意の項目を選択してください。

フォルダー「第6章」のブック「第6章練習問題」を開いておきましょう。

●完成図

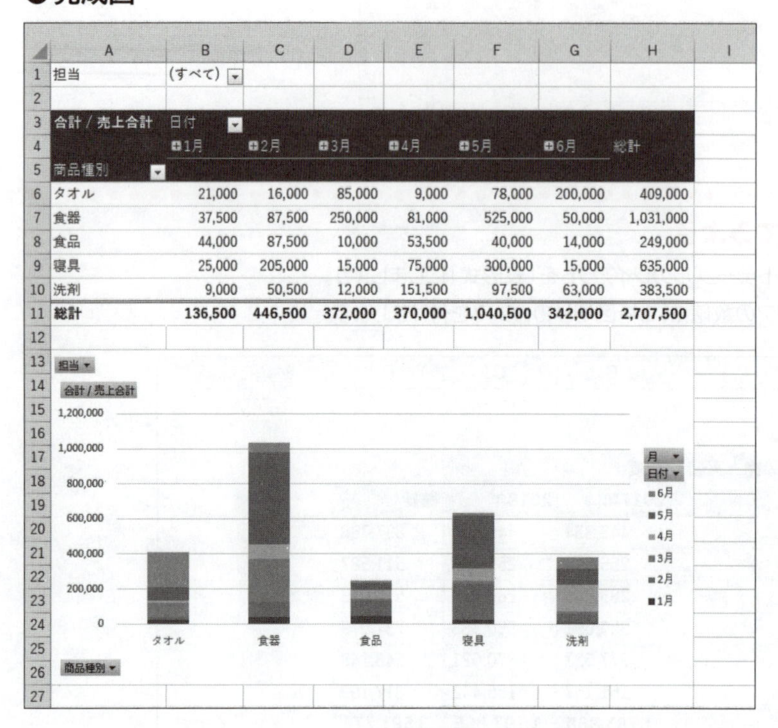

担当	(すべて)						
合計 / 売上合計	日付						
	1月	2月	3月	4月	5月	6月	総計
商品種別							
タオル	21,000	16,000	85,000	9,000	78,000	200,000	409,000
食器	37,500	87,500	250,000	81,000	525,000	50,000	1,031,000
食品	44,000	87,500	10,000	53,500	40,000	14,000	249,000
寝具	25,000	205,000	15,000	75,000	300,000	15,000	635,000
洗剤	9,000	50,500	12,000	151,500	97,500	63,000	383,500
総計	136,500	446,500	372,000	370,000	1,040,500	342,000	2,707,500

① 表のデータをもとに、次のようなピボットテーブルを新しいシートに作成しましょう。

レポートフィルターエリア	：担当
行ラベルエリア	：商品種別
列ラベルエリア	：日付
値エリア	：売上合計

② 値エリアの数値に、3桁区切りのカンマを付けましょう。

③ ピボットテーブルスタイルを**「薄い青，ピボットスタイル（中間）2」**に変更しましょう。

④ 行ラベルエリアの見出し名を**「商品種別」**、列ラベルエリアの見出し名を**「日付」**に変更しましょう。

Hint! セルに直接入力します。

⑤ シート**「売上表」**のセル**【G6】**を**「5」**に変更し、ピボットテーブルを更新しましょう。

⑥ ピボットテーブルをもとにピボットグラフを作成し、セル範囲**【A13：H26】**に配置しましょう。グラフの種類は**「積み上げ縦棒」**にします。

※ブックに「第6章練習問題完成」と名前を付けて、フォルダー「第6章」に保存し、閉じておきましょう。

第7章

マクロの作成

第7章 この章で学ぶこと

学習前に習得すべきポイントを理解しておき、
学習後には確実に習得できたかどうかを振り返りましょう。

1 マクロの作成手順を理解し、説明できる。 □□□ →P.195

2 マクロを作成するための準備ができる。 □□□ →P.196

3 マクロを作成できる。 □□□ →P.198

4 マクロを実行できる。 □□□ →P.205

5 マクロを実行するためのボタンを作成し、マクロを実行できる。 □□□ →P.206

6 Excelマクロ有効ブックの形式でブックを保存できる。 □□□ →P.209

7 マクロを含むブックを開いてマクロを有効にできる。 □□□ →P.210

Step 1 作成するマクロを確認する

1 作成するマクロの確認

次のようなマクロを作成しましょう。

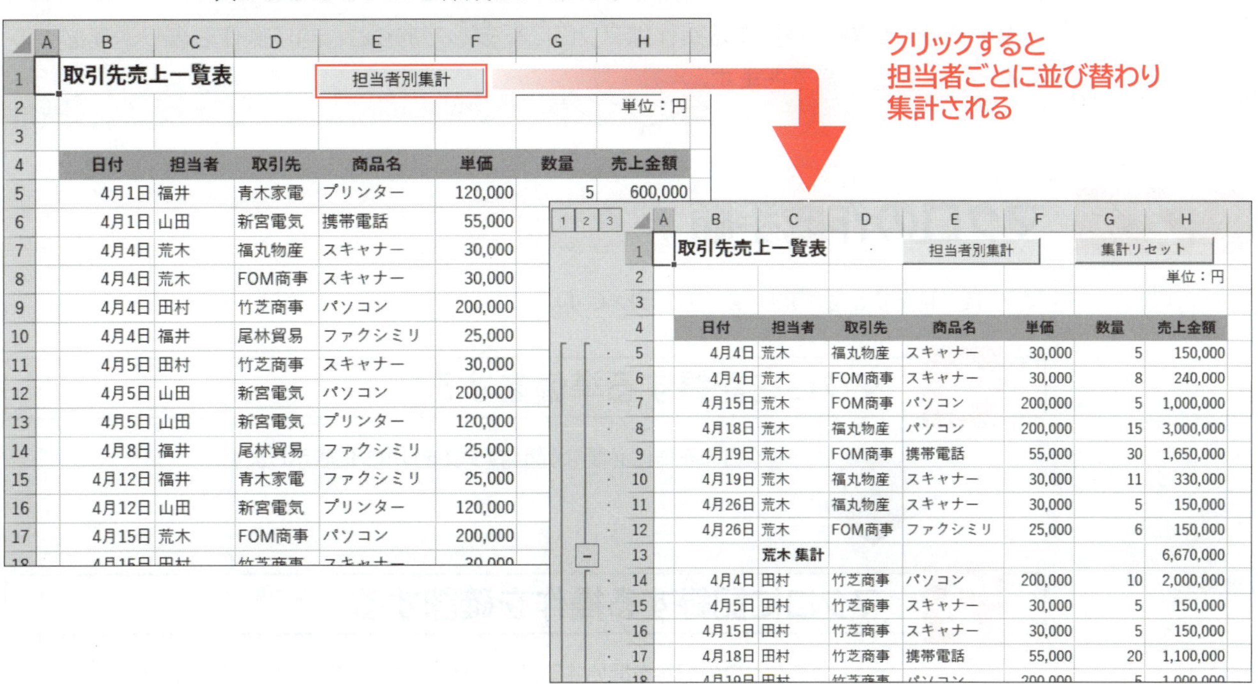

	日付	担当者	取引先	商品名	単価	数量	売上金額
5	4月1日	福井	青木家電	プリンター	120,000	5	600,000
6	4月1日	山田	新宮電気	携帯電話	55,000		
7	4月4日	荒木	福丸物産	スキャナー	30,000		
8	4月4日	荒木	FOM商事	スキャナー	30,000		
9	4月4日	田村	竹芝商事	パソコン	200,000		
10	4月4日	福井	尾林貿易	ファクシミリ	25,000		
11	4月5日	田村	竹芝商事	スキャナー	30,000		
12	4月5日	山田	新宮電気	パソコン	200,000		
13	4月5日	山田	新宮電気	プリンター	120,000		
14	4月8日	福井	尾林貿易	ファクシミリ	25,000		
15	4月12日	福井	青木家電	ファクシミリ	25,000		
16	4月12日	山田	新宮電気	プリンター	120,000		
17	4月15日	荒木	FOM商事	パソコン	200,000		

	日付	担当者	取引先	商品名	単価	数量	売上金額
5	4月4日	荒木	福丸物産	スキャナー	30,000	5	150,000
6	4月4日	荒木	FOM商事	スキャナー	30,000	8	240,000
7	4月15日	荒木	FOM商事	パソコン	200,000	5	1,000,000
8	4月18日	荒木	福丸物産	パソコン	200,000	15	3,000,000
9	4月19日	荒木	FOM商事	携帯電話	55,000	30	1,650,000
10	4月19日	荒木	福丸物産	スキャナー	30,000	11	330,000
11	4月26日	荒木	福丸物産	スキャナー	30,000	5	150,000
12	4月26日	荒木	FOM商事	ファクシミリ	25,000	6	150,000
13		荒木 集計					6,670,000
14	4月4日	田村	竹芝商事	パソコン	200,000	10	2,000,000
15	4月5日	田村	竹芝商事	スキャナー	30,000	5	150,000
16	4月15日	田村	竹芝商事	スキャナー	30,000	5	150,000
17	4月18日	田村	竹芝商事	携帯電話	55,000	20	1,100,000

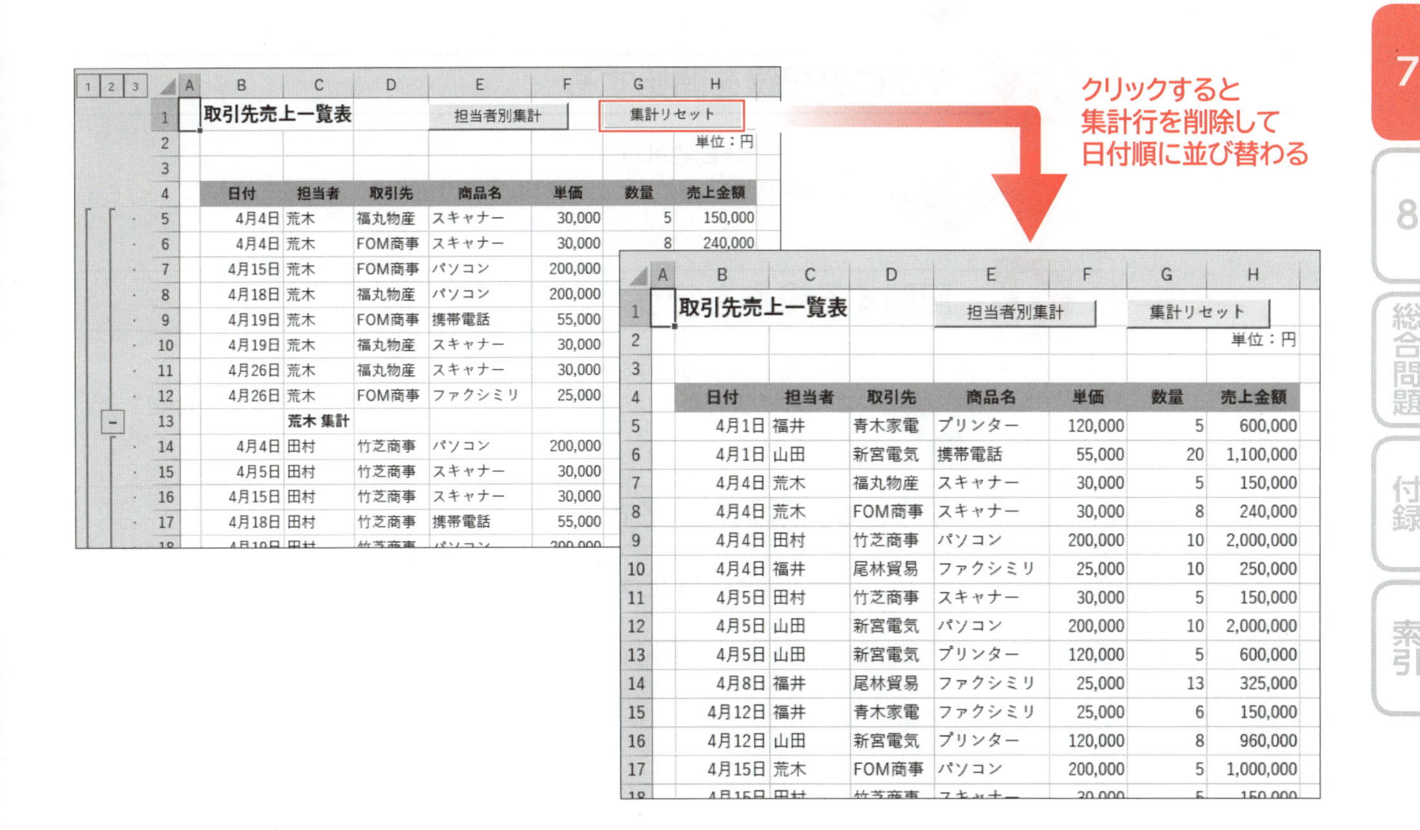

	日付	担当者	取引先	商品名	単価	数量	売上金額
5	4月4日	荒木	福丸物産	スキャナー	30,000	5	150,000
6	4月4日	荒木	FOM商事	スキャナー	30,000	8	240,000
7	4月15日	荒木	FOM商事	パソコン	200,000		
8	4月18日	荒木	福丸物産	パソコン	200,000		
9	4月19日	荒木	FOM商事	携帯電話	55,000		
10	4月19日	荒木	福丸物産	スキャナー	30,000		
11	4月26日	荒木	福丸物産	スキャナー	30,000		
12	4月26日	荒木	FOM商事	ファクシミリ	25,000		
13		荒木 集計					
14	4月4日	田村	竹芝商事	パソコン	200,000		
15	4月5日	田村	竹芝商事	スキャナー	30,000		
16	4月15日	田村	竹芝商事	スキャナー	30,000		
17	4月18日	田村	竹芝商事	携帯電話	55,000		

	日付	担当者	取引先	商品名	単価	数量	売上金額
5	4月1日	福井	青木家電	プリンター	120,000	5	600,000
6	4月1日	山田	新宮電気	携帯電話	55,000	20	1,100,000
7	4月4日	荒木	福丸物産	スキャナー	30,000	5	150,000
8	4月4日	荒木	FOM商事	スキャナー	30,000	8	240,000
9	4月4日	田村	竹芝商事	パソコン	200,000	10	2,000,000
10	4月4日	福井	尾林貿易	ファクシミリ	25,000	10	250,000
11	4月5日	田村	竹芝商事	スキャナー	30,000	5	150,000
12	4月5日	山田	新宮電気	パソコン	200,000	10	2,000,000
13	4月5日	山田	新宮電気	プリンター	120,000	5	600,000
14	4月8日	福井	尾林貿易	ファクシミリ	25,000	13	325,000
15	4月12日	福井	青木家電	ファクシミリ	25,000	6	150,000
16	4月12日	山田	新宮電気	プリンター	120,000	8	960,000
17	4月15日	荒木	FOM商事	パソコン	200,000	5	1,000,000

Step2 マクロの概要

1 マクロ

「マクロ」とは、一連の操作を記録しておき、記録した操作をまとめて実行できるようにしたものです。頻繁に発生する操作はマクロに記録しておくと、同じ操作を繰り返す必要がなく、効率的に作業できます。

2 マクロの作成手順

マクロを作成する手順は、次のとおりです。

1 マクロを記録する準備をする

マクロの操作に必要な《開発》タブをリボンに表示します。

2 マクロに記録する操作を確認する

マクロの記録を開始する前に、マクロに記録する操作を確認します。

3 マクロの記録を開始する

マクロの記録を開始します。
マクロの記録を開始すると、それ以降の操作はすべて記録されます。

4 記録する操作を行う

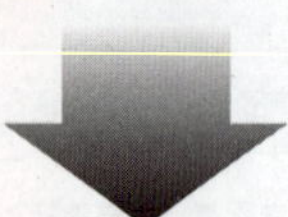

マクロに記録する操作を行います。
コマンドの実行やセルの選択、キーボードからの入力などが記録の対象になります。

5 マクロの記録を終了する

マクロの記録を終了します。

Step3 マクロを作成する

1 記録の準備

マクロに関する操作を効率よく行うためには、リボンに《開発》タブを表示します。
《開発》タブには、マクロの記録や実行、編集などに便利なボタンが用意されています。
リボンに《開発》タブを表示しましょう。

File OPEN フォルダー「第7章」のブック「マクロの作成」を開いておきましょう。

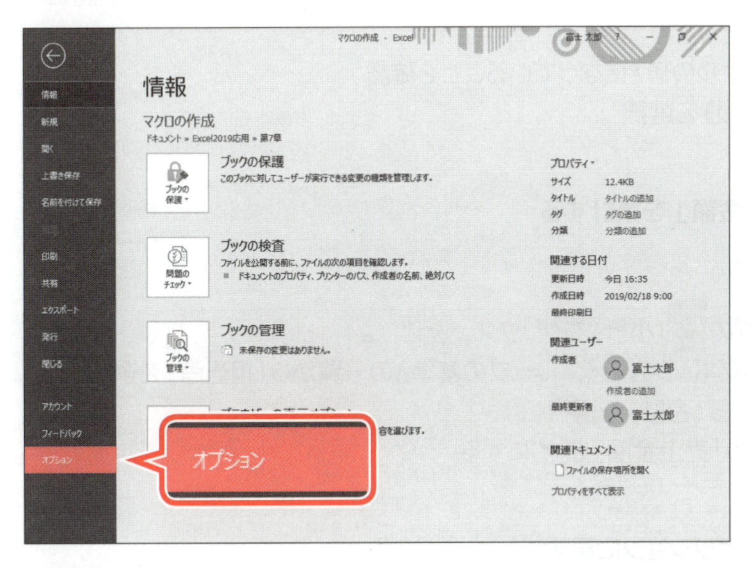

①《ファイル》タブを選択します。
②《オプション》をクリックします。

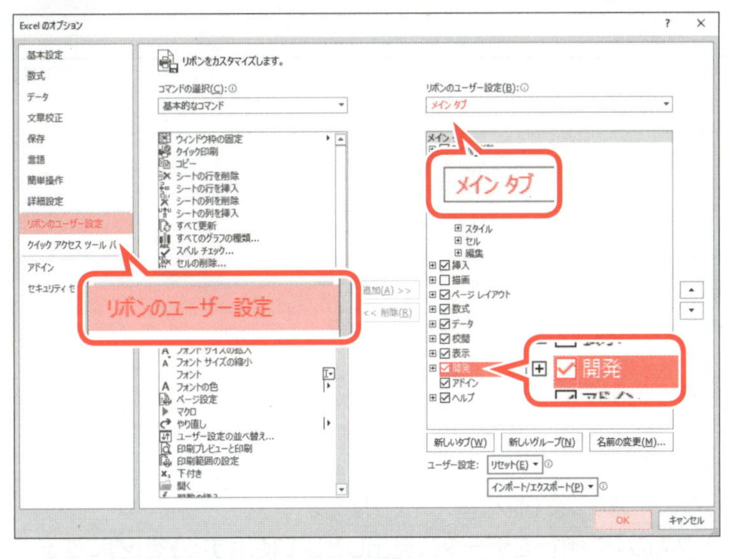

《Excelのオプション》ダイアログボックスが表示されます。
③左側の一覧から《リボンのユーザー設定》を選択します。
④《リボンのユーザー設定》が《メインタブ》になっていることを確認します。
⑤《開発》を☑にします。
⑥《OK》をクリックします。

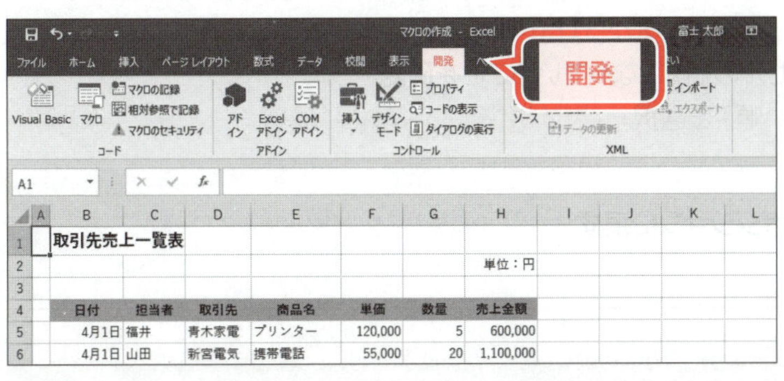

《開発》タブが表示されます。
⑦《開発》タブを選択します。
⑧マクロに関するボタンが表示されていることを確認します。

2 記録するマクロの確認

マクロの記録を開始すると、記録を終了するまでに行ったすべての操作が記録されます。誤った操作も記録されてしまうため、あらかじめ操作手順を確認しましょう。

●マクロ名:担当者別集計

1.「担当者」を昇順で並べ替える

①表内のセルをクリック
②《データ》タブを選択
③《並べ替えとフィルター》グループの（並べ替え）をクリック
④《先頭行をデータの見出しとして使用する》を☑にする
⑤《並べ替え》ダイアログボックスの《最優先されるキー》の《列》の一覧から「担当者」を選択
⑥《並べ替えのキー》が《セルの値》になっていることを確認
⑦《順序》の一覧から《昇順》を選択
⑧《OK》をクリック

2.「担当者」ごとに「売上金額」を集計する

①表内のセルをクリック
②《データ》タブを選択
③《アウトライン》グループの（小計）をクリック
④《集計の設定》ダイアログボックスの《グループの基準》の一覧から「担当者」を選択
⑤《集計の方法》の一覧から《合計》を選択
⑥《集計するフィールド》の「売上金額」を☑にする
⑦《OK》をクリック

3.アクティブセルをホームポジションに戻す

①セル【A1】をクリック

●マクロ名:集計リセット

1.集計行を削除する

①表内のセルをクリック
②《データ》タブを選択
③《アウトライン》グループの（小計）をクリック
④《集計の設定》ダイアログボックスの《すべて削除》をクリック

2.「日付」を昇順で並べ替える

①表内のセルをクリック
②《データ》タブを選択
③《並べ替えとフィルター》グループの（並べ替え）をクリック
④《並べ替え》ダイアログボックスの《先頭行をデータの見出しとして使用する》を☑にする
⑤《最優先されるキー》の《列》の一覧から「日付」を選択
⑥《並べ替えのキー》が《セルの値》になっていることを確認
⑦《順序》の一覧から《古い順》を選択
⑧《OK》をクリック

3.アクティブセルをホームポジションに戻す

①セル【A1】をクリック

3 マクロ「担当者別集計」の作成

マクロ「**担当者別集計**」を作成しましょう。

1 マクロの記録開始

マクロ「**担当者別集計**」の記録を開始しましょう。

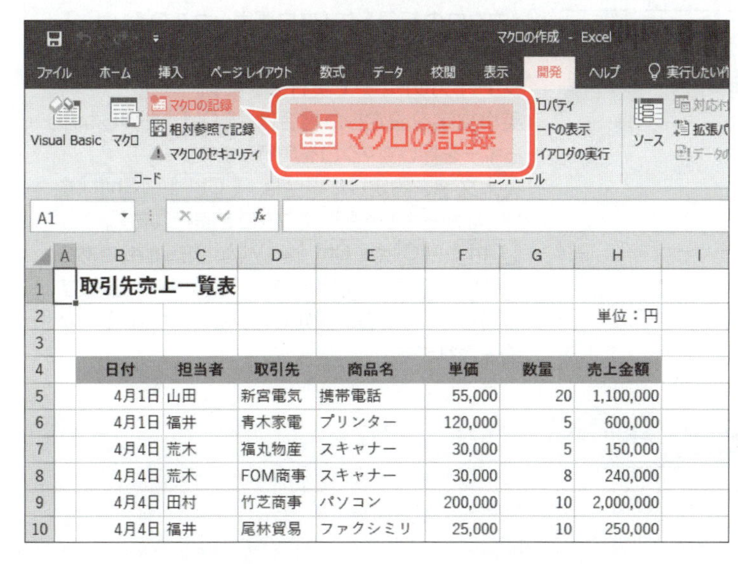

	A	B	C	D	E	F	G	H
1		取引先売上一覧表						
2								単位：円
3								
4		日付	担当者	取引先	商品名	単価	数量	売上金額
5		4月1日	山田	新宮電気	携帯電話	55,000	20	1,100,000
6		4月1日	福井	青木家電	プリンター	120,000	5	600,000
7		4月4日	荒木	福丸物産	スキャナー	30,000	5	150,000
8		4月4日	荒木	FOM商事	スキャナー	30,000	8	240,000
9		4月4日	田村	竹芝商事	パソコン	200,000	10	2,000,000
10		4月4日	福井	尾林貿易	ファクシミリ	25,000	10	250,000

①**《開発》**タブを選択します。

②**《コード》**グループの マクロの記録 （マクロの記録）をクリックします。

マクロの記録　?　×
マクロ名(M):
担当者別集計
ショートカット キー(K):
Ctrl+
マクロの保存先(I):
作業中のブック
説明(D):
OK　キャンセル

《マクロの記録》ダイアログボックスが表示されます。

③**《マクロ名》**に「**担当者別集計**」と入力します。

④**《マクロの保存先》**が**《作業中のブック》**になっていることを確認します。

⑤**《OK》**をクリックします。

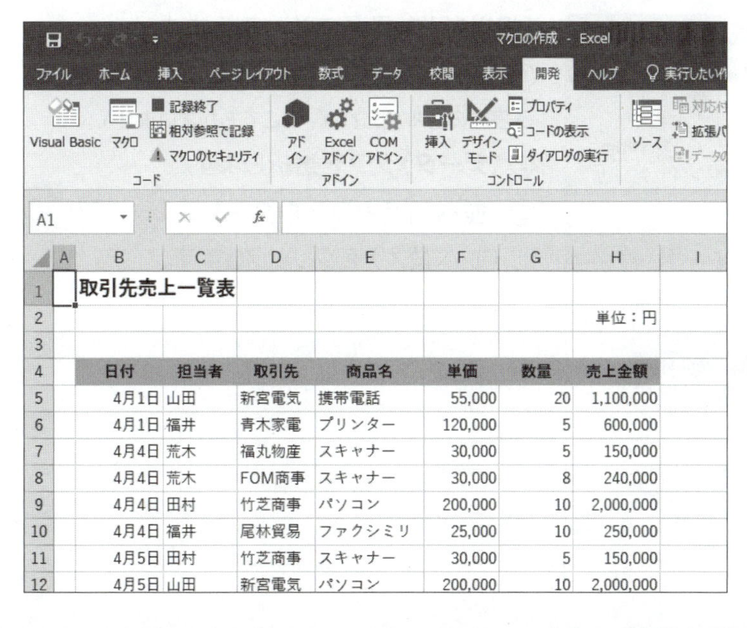

	A	B	C	D	E	F	G	H
1		取引先売上一覧表						
2								単位：円
3								
4		日付	担当者	取引先	商品名	単価	数量	売上金額
5		4月1日	山田	新宮電気	携帯電話	55,000	20	1,100,000
6		4月1日	福井	青木家電	プリンター	120,000	5	600,000
7		4月4日	荒木	福丸物産	スキャナー	30,000	5	150,000
8		4月4日	荒木	FOM商事	スキャナー	30,000	8	240,000
9		4月4日	田村	竹芝商事	パソコン	200,000	10	2,000,000
10		4月4日	福井	尾林貿易	ファクシミリ	25,000	10	250,000
11		4月5日	田村	竹芝商事	スキャナー	30,000	5	150,000
12		4月5日	山田	新宮電気	パソコン	200,000	10	2,000,000

マクロの記録が開始されます。

※ マクロの記録 （マクロの記録）が 記録終了 （記録終了）に切り替わります。

※これから先の操作はすべて記録されます。不要な操作をしないようにしましょう。

STEP UP　その他の方法（マクロの記録開始）

◆《表示》タブ→《マクロ》グループの （マクロの表示）の →《マクロの記録》

◆ステータスバーの

※マクロの記録を実行すると に切り替わります。

1
2
3
4
5
6
7
8
総合問題
付録
索引

POINT マクロ名

マクロ名の先頭は文字列にします。2文字目以降は、文字列、数値、「_(アンダースコア)」が使用できます。スペースは使用できません。

POINT ショートカットキー

マクロの記録 ? ×
マクロ名(M):
担当者別集計
ショートカット キー(K):
Ctrl+ s
マクロの保存先(I):
作業中のブック
説明(D):
OK キャンセル

《マクロの記録》ダイアログボックスの《ショートカットキー》を設定すると、作成したマクロをショートカットキーで実行できます。
英小文字を設定した場合は、[Ctrl]を押しながらキーを押してマクロを実行します。
英大文字を設定した場合は、[Ctrl]+[Shift]を押しながらキーを押してマクロを実行します。
[Ctrl]+[C]や[Ctrl]+[V]などExcelであらかじめ設定されているショートカットキーと重複する場合は、マクロで設定したショートカットキーが優先されます。

STEP UP マクロの保存先

マクロの保存先には、次の3つがあります。

●作業中のブック
現在作業しているブックだけでマクロを使う場合に選択します。

●個人用マクロブック
すべてのブックでマクロを使う場合に選択します。

●新しいブック
新しいブックでマクロを使う場合に選択します。

2 マクロの記録

実際に操作してマクロを記録しましょう。

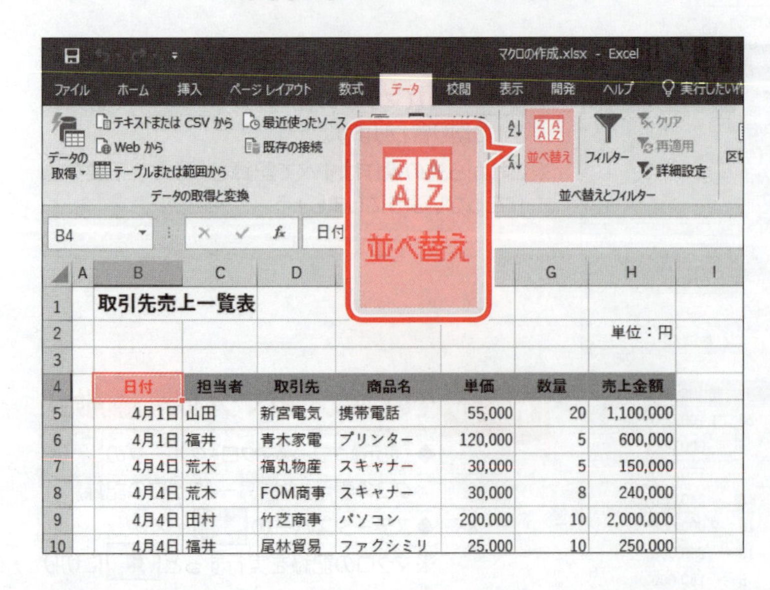

「**担当者**」を昇順で並べ替えます。

①セル【**B4**】をクリックします。

※表内のセルであれば、どこでもかまいません。

②《**データ**》タブを選択します。

③《**並べ替えとフィルター**》グループの (並べ替え)をクリックします。

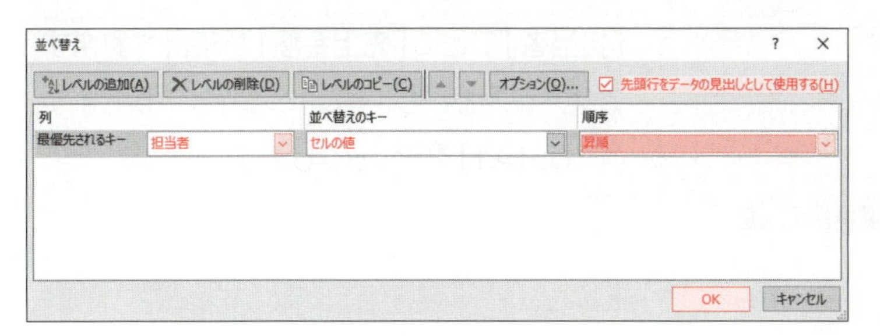

《並べ替え》ダイアログボックスが表示されます。

④**《先頭行をデータの見出しとして使用する》**を☑にします。

⑤**《最優先されるキー》**の**《列》**の▼をクリックし、一覧から**「担当者」**を選択します。

⑥**《並べ替えのキー》**が**《セルの値》**になっていることを確認します。

⑦**《順序》**の▼をクリックし、一覧から**《昇順》**を選択します。

⑧**《OK》**をクリックします。

商品名	単価	数量	売上金額
スキャナー	30,000	5	150,000
スキャナー	30,000	8	240,000
パソコン	200,000	5	1,000,000
パソコン	200,000	15	3,000,000
携帯電話	55,000	30	1,650,000
スキャナー	30,000	11	330,000
スキャナー	30,000	5	150,000
ファクシミリ	25,000	6	150,000
パソコン	200,000	10	2,000,000
スキャナー	30,000	5	150,000
スキャナー	30,000	5	150,000
携帯電話	55,000	20	1,100,000
パソコン	200,000	5	1,000,000

「担当者」ごとに昇順で並び替わります。

「担当者」ごとに**「売上金額」**を集計します。

⑨**《アウトライン》**グループの（小計）をクリックします。

※《アウトライン》グループが（アウトライン）で表示されている場合は、（アウトライン）をクリックすると、《アウトライン》グループのボタンが表示されます。

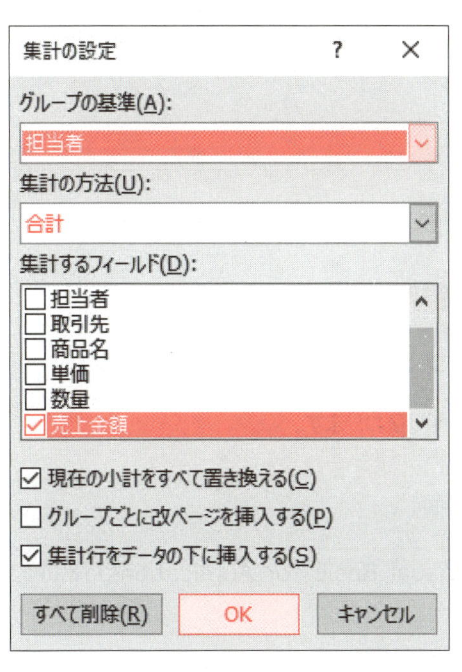

《集計の設定》ダイアログボックスが表示されます。

⑩**《グループの基準》**の▼をクリックし、一覧から**「担当者」**を選択します。

⑪**《集計の方法》**が**《合計》**になっていることを確認します。

⑫**《集計するフィールド》**の**「売上金額」**を☑にします。

⑬**《OK》**をクリックします。

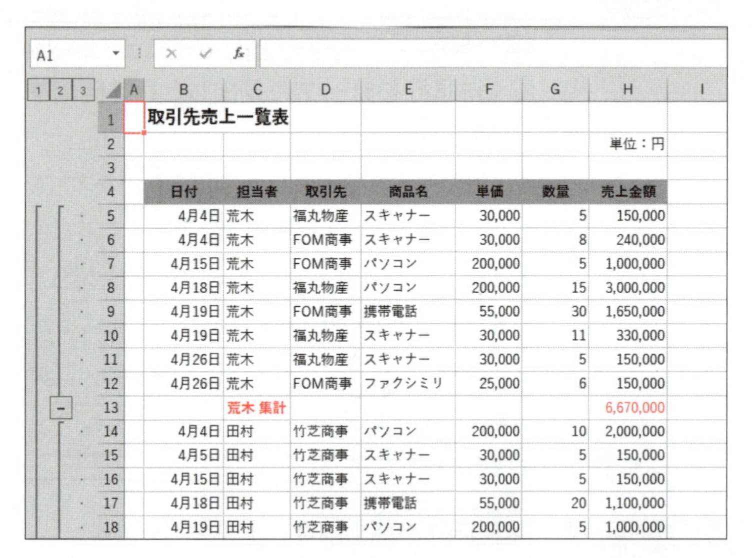

	A	B	C	D	E	F	G	H
1	取引先売上一覧表							
2								単位：円
3								
4		日付	担当者	取引先	商品名	単価	数量	売上金額
5		4月4日	荒木	福丸物産	スキャナー	30,000	5	150,000
6		4月4日	荒木	FOM商事	スキャナー	30,000	8	240,000
7		4月15日	荒木	FOM商事	パソコン	200,000	5	1,000,000
8		4月18日	荒木	福丸物産	パソコン	200,000	15	3,000,000
9		4月19日	荒木	FOM商事	携帯電話	55,000	30	1,650,000
10		4月19日	荒木	福丸物産	スキャナー	30,000	11	330,000
11		4月26日	荒木	福丸物産	スキャナー	30,000	5	150,000
12		4月26日	荒木	FOM商事	ファクシミリ	25,000	6	150,000
13			荒木 集計					6,670,000
14		4月4日	田村	竹芝商事	パソコン	200,000	10	2,000,000
15		4月5日	田村	竹芝商事	スキャナー	30,000	5	150,000
16		4月15日	田村	竹芝商事	スキャナー	30,000	5	150,000
17		4月18日	田村	竹芝商事	携帯電話	55,000	20	1,100,000
18		4月19日	田村	竹芝商事	パソコン	200,000	5	1,000,000

「担当者」ごとに**「売上金額」**が集計されます。

アクティブセルをホームポジションに戻します。

⑭セル**【A1】**をクリックします。

3 マクロの記録終了

マクロの記録を終了しましょう。

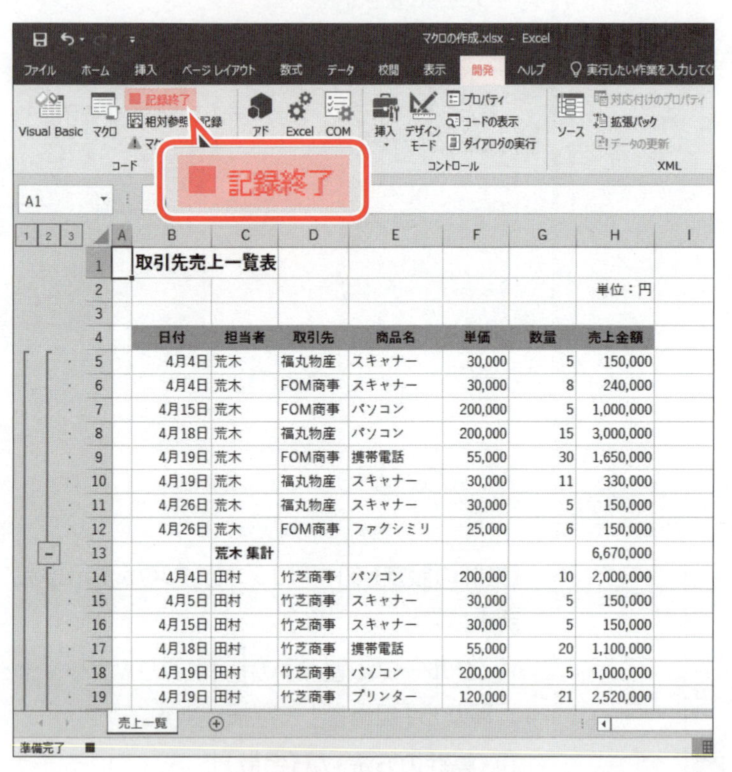

	A	B	C	D	E	F	G	H
1	取引先売上一覧表							
2								単位：円
3								
4		日付	担当者	取引先	商品名	単価	数量	売上金額
5		4月4日	荒木	福丸物産	スキャナー	30,000	5	150,000
6		4月4日	荒木	FOM商事	スキャナー	30,000	8	240,000
7		4月15日	荒木	FOM商事	パソコン	200,000	5	1,000,000
8		4月18日	荒木	福丸物産	パソコン	200,000	15	3,000,000
9		4月19日	荒木	FOM商事	携帯電話	55,000	30	1,650,000
10		4月19日	荒木	福丸物産	スキャナー	30,000	11	330,000
11		4月26日	荒木	福丸物産	スキャナー	30,000	5	150,000
12		4月26日	荒木	FOM商事	ファクシミリ	25,000	6	150,000
13			荒木 集計					6,670,000
14		4月4日	田村	竹芝商事	パソコン	200,000	10	2,000,000
15		4月5日	田村	竹芝商事	スキャナー	30,000	5	150,000
16		4月15日	田村	竹芝商事	スキャナー	30,000	5	150,000
17		4月18日	田村	竹芝商事	携帯電話	55,000	20	1,100,000
18		4月19日	田村	竹芝商事	パソコン	200,000	5	1,000,000
19		4月19日	田村	竹芝商事	プリンター	120,000	21	2,520,000

①**《開発》**タブを選択します。

②**《コード》**グループの ■記録終了 （記録終了）をクリックします。

マクロの記録が終了します。

STEP UP その他の方法（マクロの記録終了）

◆《表示》タブ→《マクロ》グループの（マクロの表示）の →《記録終了》

◆ステータスバーの ■

※マクロの記録を終了すると に切り替わります。

STEP UP VBA

記録したマクロは、自動的に「VBA（Visual Basic for Applications）」というプログラミング言語で記述されます。

4　マクロ「集計リセット」の作成

マクロ「**集計リセット**」を作成しましょう。

1 マクロの記録開始

マクロ「**集計リセット**」の記録を開始しましょう。

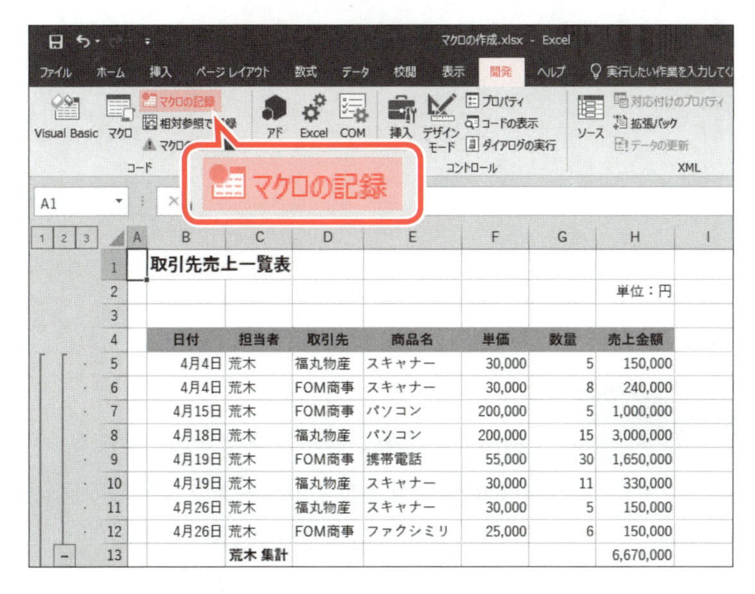

①《**開発**》タブを選択します。

②《**コード**》グループの マクロの記録 （マクロの記録）をクリックします。

マクロの記録
マクロ名(M):
集計リセット
ショートカット キー(K):
Ctrl+
マクロの保存先(I):
作業中のブック
説明(D):
OK　キャンセル

《**マクロの記録**》ダイアログボックスが表示されます。

③《**マクロ名**》に「**集計リセット**」と入力します。

④《**マクロの保存先**》が《**作業中のブック**》になっていることを確認します。

⑤《**OK**》をクリックします。

マクロの記録が開始されます。

2 マクロの記録

実際に操作してマクロを記録しましょう。

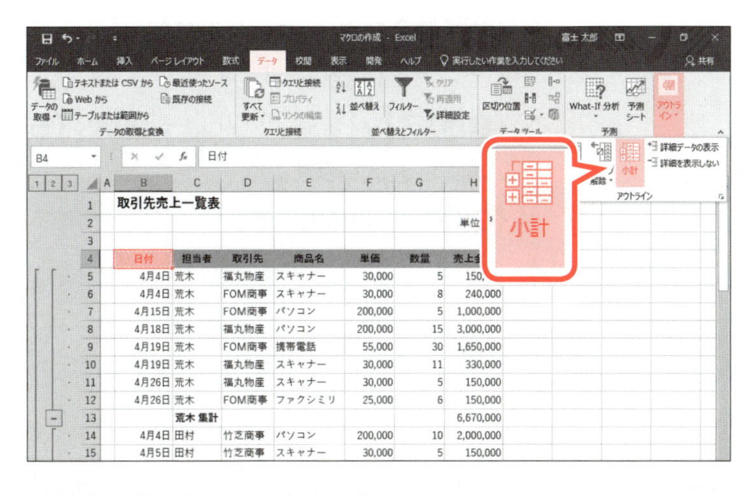

集計行を削除します。

①セル【**B4**】をクリックします。

※表内のセルであれば、どこでもかまいません。

②《**データ**》タブを選択します。

③《**アウトライン**》グループの （小計）をクリックします。

※《アウトライン》グループが （アウトライン）で表示されている場合は、 （アウトライン）をクリックすると、《アウトライン》グループのボタンが表示されます。

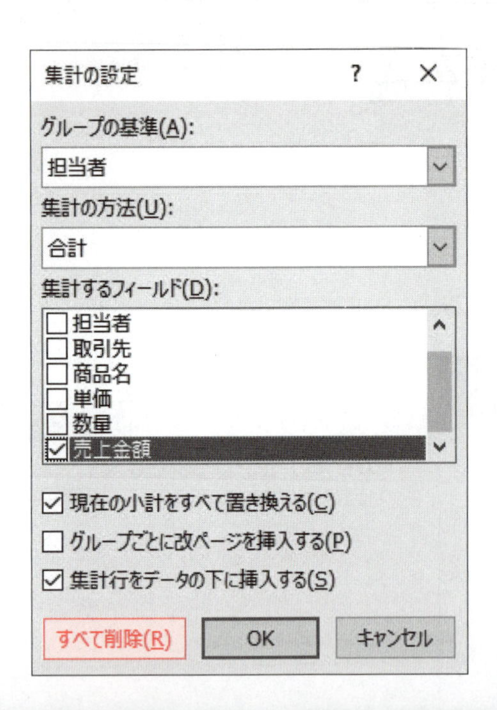

《集計の設定》ダイアログボックスが表示されます。

④《すべて削除》をクリックします。

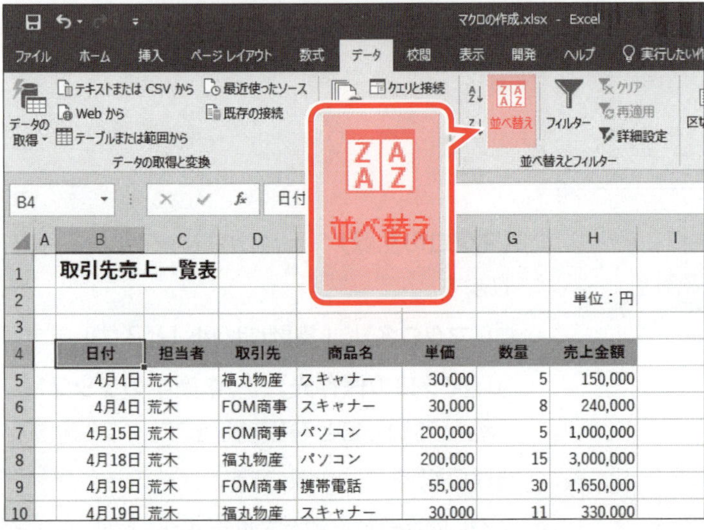

集計行が削除されます。

「日付」を昇順で並べ替えます。

⑤《並べ替えとフィルター》グループの（並べ替え）をクリックします。

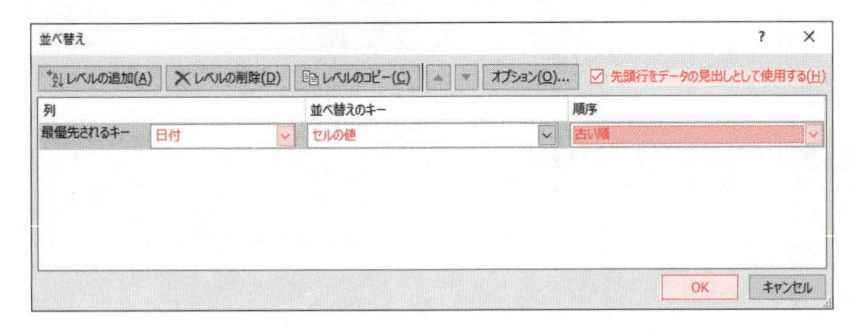

《並べ替え》ダイアログボックスが表示されます。

⑥《先頭行をデータの見出しとして使用する》を☑にします。

⑦《最優先されるキー》の《列》の をクリックし、一覧から「日付」を選択します。

⑧《並べ替えのキー》が《セルの値》になっていることを確認します。

⑨《順序》の をクリックし、一覧から《古い順》を選択します。

⑩《OK》をクリックします。

	A	B	C	D	E	F	G	H
1		取引先売上一覧表						
2								単位：円
3								
4		日付	担当者	取引先	商品名	単価	数量	売上金額
5		4月1日	福井	青木家電	プリンター	120,000	5	600,000
6		4月1日	山田	新宮電気	携帯電話	55,000	20	1,100,000
7		4月4日	荒木	福丸物産	スキャナー	30,000	5	150,000
8		4月4日	荒木	FOM商事	スキャナー	30,000	8	240,000
9		4月4日	田村	竹芝商事	パソコン	200,000	10	2,000,000
10		4月4日	福井	尾林貿易	ファクシミリ	25,000	10	250,000
11		4月5日	田村	竹芝商事	スキャナー	30,000	5	150,000
12		4月5日	山田	新宮電気	パソコン	200,000	10	2,000,000
13		4月5日	山田	新宮電気	プリンター	120,000	5	600,000
14		4月8日	福井	尾林貿易	ファクシミリ	25,000	13	325,000
15		4月12日	福井	青木家電	ファクシミリ	25,000	6	150,000

「**日付**」が昇順に並び替わります。

アクティブセルをホームポジションに戻します。

⑪セル**【A1】**をクリックします。

3 マクロの記録終了

マクロの記録を終了しましょう。

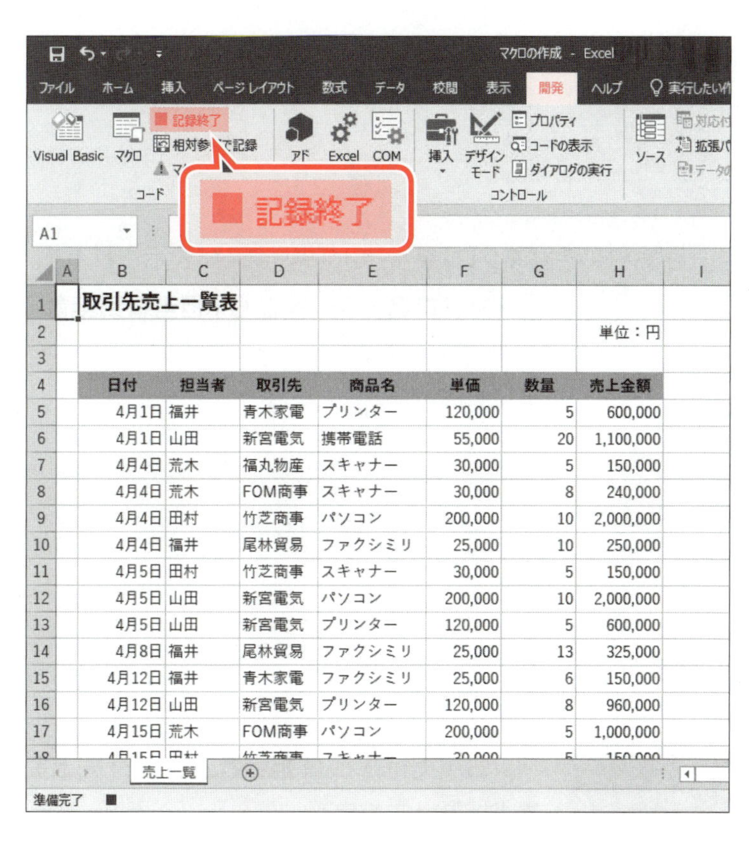

	A	B	C	D	E	F	G	H
1		取引先売上一覧表						
2								単位：円
3								
4		日付	担当者	取引先	商品名	単価	数量	売上金額
5		4月1日	福井	青木家電	プリンター	120,000	5	600,000
6		4月1日	山田	新宮電気	携帯電話	55,000	20	1,100,000
7		4月4日	荒木	福丸物産	スキャナー	30,000	5	150,000
8		4月4日	荒木	FOM商事	スキャナー	30,000	8	240,000
9		4月4日	田村	竹芝商事	パソコン	200,000	10	2,000,000
10		4月4日	福井	尾林貿易	ファクシミリ	25,000	10	250,000
11		4月5日	田村	竹芝商事	スキャナー	30,000	5	150,000
12		4月5日	山田	新宮電気	パソコン	200,000	10	2,000,000
13		4月5日	山田	新宮電気	プリンター	120,000	5	600,000
14		4月8日	福井	尾林貿易	ファクシミリ	25,000	13	325,000
15		4月12日	福井	青木家電	ファクシミリ	25,000	6	150,000
16		4月12日	山田	新宮電気	プリンター	120,000	8	960,000
17		4月15日	荒木	FOM商事	パソコン	200,000	5	1,000,000

①**《開発》**タブを選択します。

②**《コード》**グループの ■記録終了 （記録終了）をクリックします。

マクロの記録が終了します。

POINT マクロの削除

作成したマクロを削除する方法は、次のとおりです。

◆《開発》タブ→《コード》グループの （マクロの表示）→マクロ名を選択→《削除》

Step4 マクロを実行する

1 マクロの実行

作成したマクロ「**担当者別集計**」を実行しましょう。

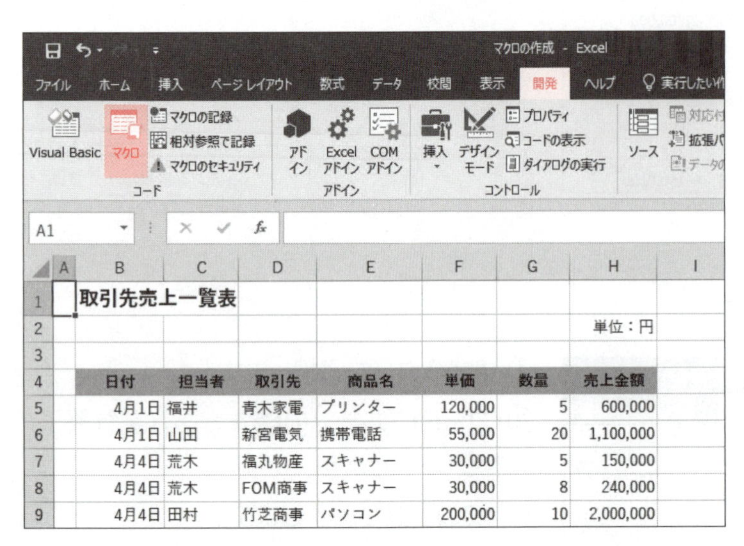

①《**開発**》タブを選択します。

②《**コード**》グループの （マクロの表示）をクリックします。

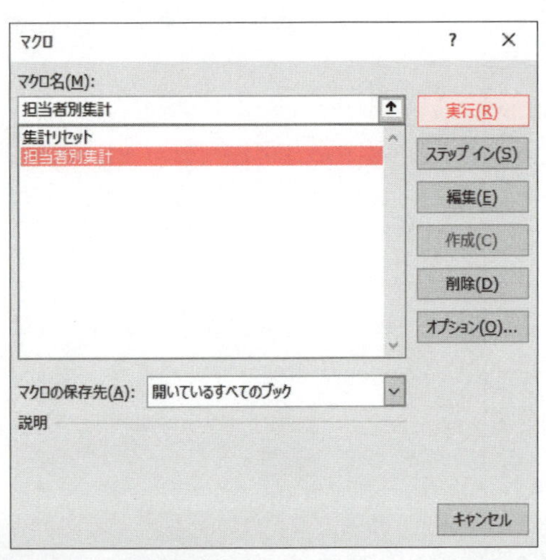

《**マクロ**》ダイアログボックスが表示されます。

③《**マクロ名**》の一覧から「**担当者別集計**」を選択します。

④《**実行**》をクリックします。

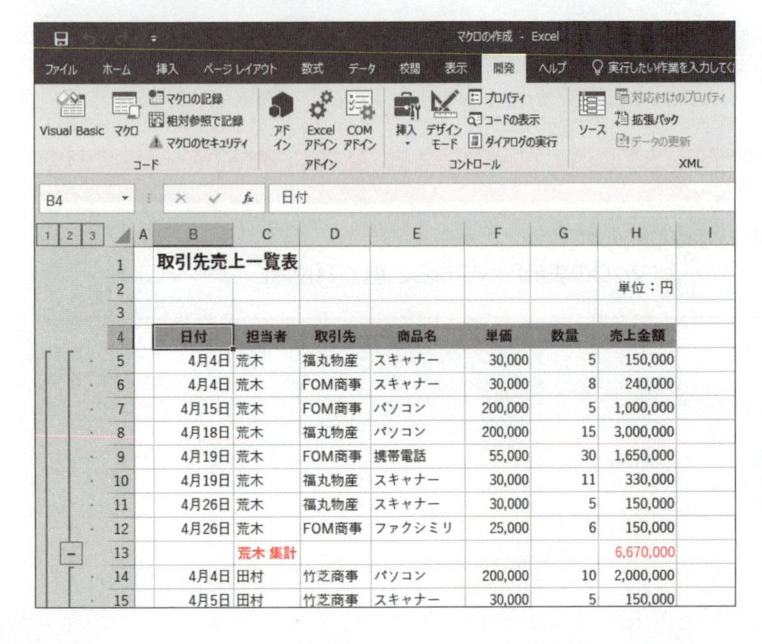

マクロが実行され、「**担当者**」ごとに「**売上金額**」が集計されます。

※マクロ「集計リセット」を実行しておきましょう。

STEP UP その他の方法（マクロの表示）

◆《表示》タブ→《マクロ》グループの （マクロの表示）

◆ Alt + F8

2 ボタンを作成して実行

シート上にボタンを作成してマクロを登録すると、ボタンをクリックするだけで簡単にマクロを実行できます。

1 ボタンの作成

Excelには簡単にマクロを登録できる**「ボタン」**が用意されています。ボタンを作成し、マクロ**「担当者別集計」**を登録しましょう。

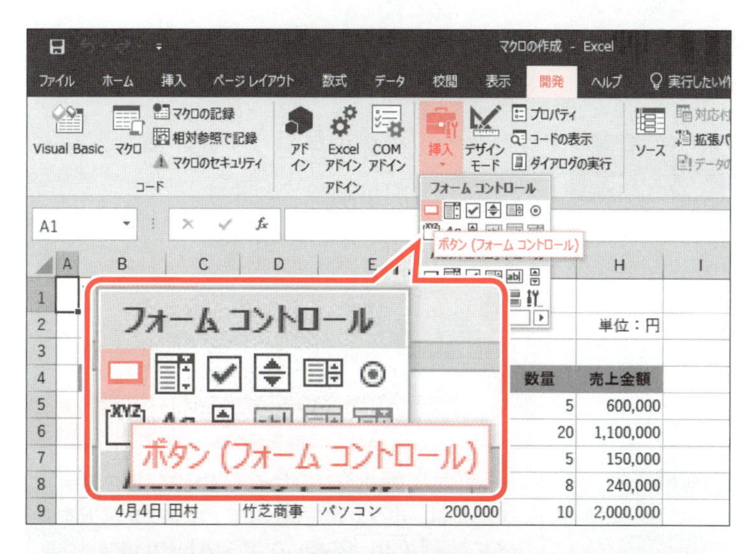

①**《開発》**タブを選択します。

②**《コントロール》**グループの［挿入］（コントロールの挿入）をクリックします。

③**《フォームコントロール》**の［ボタン］（ボタン（フォームコントロール））をクリックします。

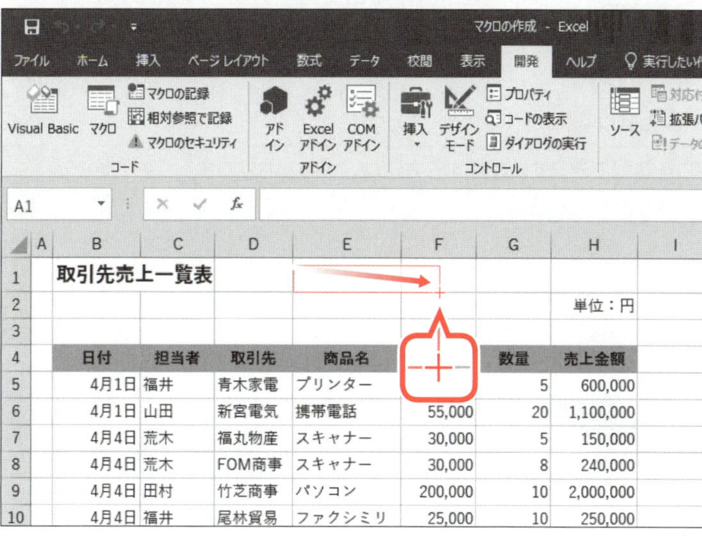

マウスポインターの形が＋に変わります。

④図のようにドラッグします。

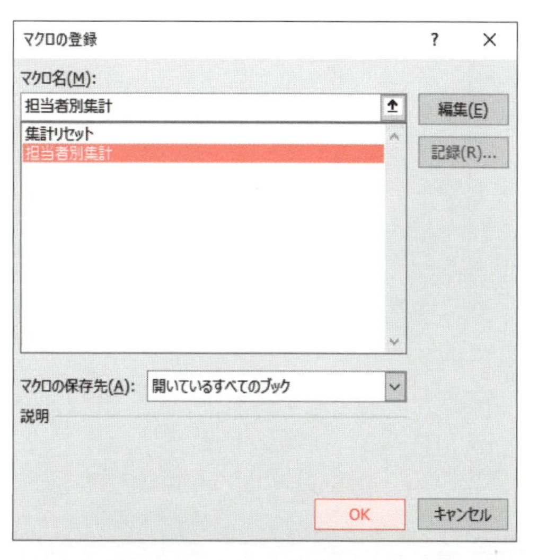

《マクロの登録》ダイアログボックスが表示されます。

ボタンに登録するマクロを選択します。

⑤**《マクロ名》**の一覧から**「担当者別集計」**を選択します。

⑥**《OK》**をクリックします。

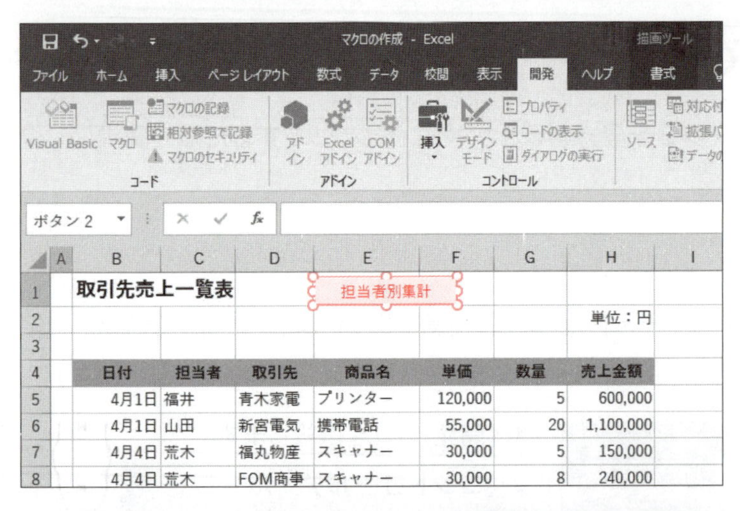

「**ボタン1**」が作成されます。

ボタン名を入力します。

⑦ボタンが選択されていることを確認します。

⑧「**担当者別集計**」と入力します。

※確定後に【Enter】を押すと、改行されるので注意しましょう。

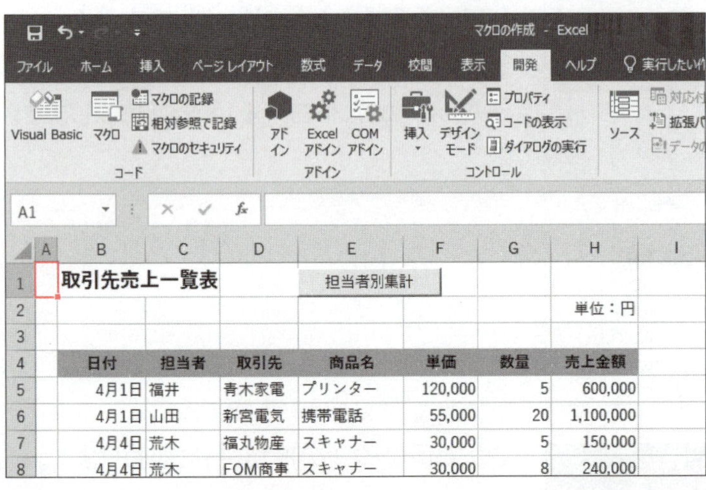

⑨ボタン以外の場所をクリックします。

ボタンの選択が解除されます。

POINT ボタンの選択

一度作成したボタンのサイズやボタン名を変更するには、ボタンを選択します。ボタンを選択するには、【Ctrl】を押しながらクリックします。

STEP UP 図形や画像へのマクロの登録

図形や画像などにもマクロを登録できます。登録する方法は、次のとおりです。

◆図形や画像を右クリック→《マクロの登録》

2 ボタンから実行

マクロ「**担当者別集計**」をボタンから実行しましょう。

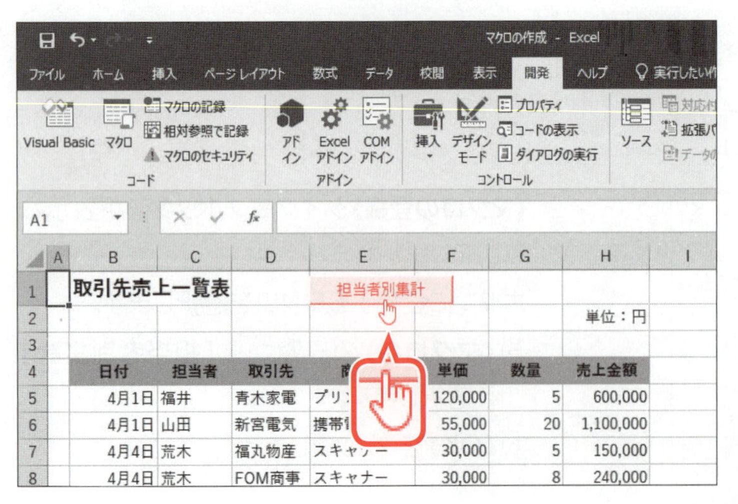

①ボタンをポイントします。

マウスポインターの形が👆に変わります。

②クリックします。

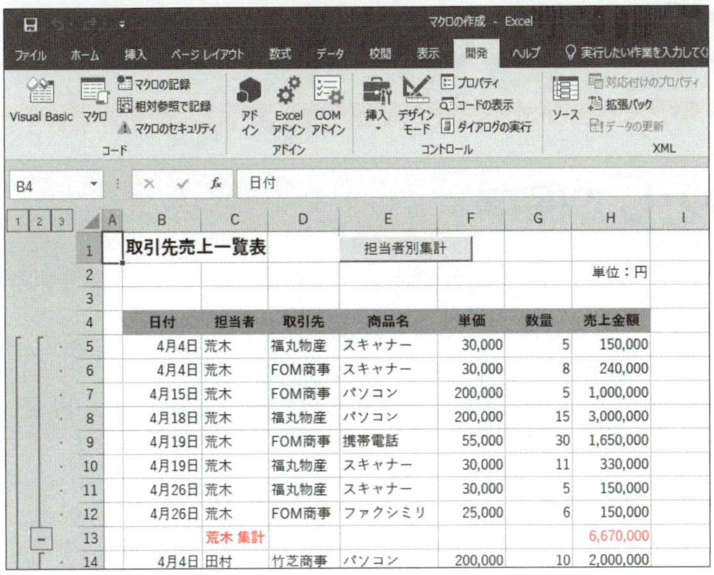

	A	B	C	D	E	F	G	H	I
1		取引先売上一覧表			担当者別集計				
2								単位：円	
3									
4		日付	担当者	取引先	商品名	単価	数量	売上金額	
5		4月4日	荒木	福丸物産	スキャナー	30,000	5	150,000	
6		4月4日	荒木	FOM商事	スキャナー	30,000	8	240,000	
7		4月15日	荒木	FOM商事	パソコン	200,000	5	1,000,000	
8		4月18日	荒木	福丸物産	パソコン	200,000	15	3,000,000	
9		4月19日	荒木	FOM商事	携帯電話	55,000	30	1,650,000	
10		4月19日	荒木	福丸物産	スキャナー	30,000	11	330,000	
11		4月26日	荒木	福丸物産	スキャナー	30,000	5	150,000	
12		4月26日	荒木	FOM商事	ファクシミリ	25,000	6	150,000	
13			荒木 集計					6,670,000	
14		4月4日	田村	竹芝商事	パソコン	200,000	10	2,000,000	

マクロ「**担当者別集計**」が実行され、「**担当者**」ごとに「**売上金額**」が集計されます。

Let's Try ためしてみよう

①担当者別集計のボタンの右側にボタンを作成し、マクロ「集計リセット」を登録しましょう。
ボタン名は「集計リセット」にします。

②マクロ「集計リセット」をボタンから実行しましょう。

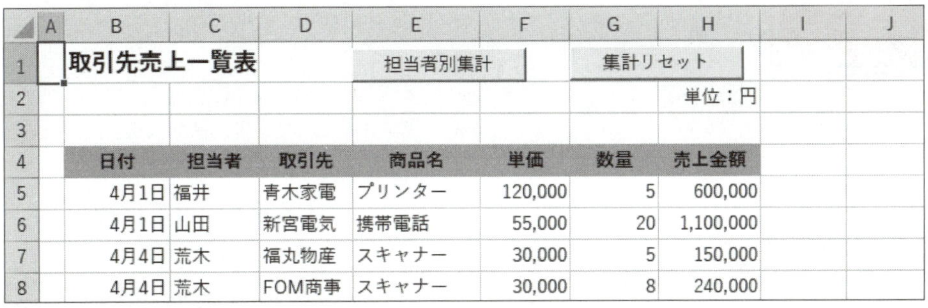

	A	B	C	D	E	F	G	H	I	J
1		取引先売上一覧表			担当者別集計		集計リセット			
2								単位：円		
3										
4		日付	担当者	取引先	商品名	単価	数量	売上金額		
5		4月1日	福井	青木家電	プリンター	120,000	5	600,000		
6		4月1日	山田	新宮電気	携帯電話	55,000	20	1,100,000		
7		4月4日	荒木	福丸物産	スキャナー	30,000	5	150,000		
8		4月4日	荒木	FOM商事	スキャナー	30,000	8	240,000		

Let's Try Answer

①

①《開発》タブを選択

②《コントロール》グループの（コントロールの挿入）をクリック

③《フォームコントロール》の（ボタン（フォームコントロール））（左から1番目、上から1番目）をクリック

④始点から終点までドラッグし、ボタンを作成

⑤《マクロ名》の一覧から「集計リセット」を選択

⑥《OK》をクリック

⑦ボタンが選択されていることを確認

⑧「集計リセット」と入力

⑨ボタン以外の場所をクリック

②

①ボタン「集計リセット」をクリック

Step5 マクロ有効ブックとして保存する

1 マクロ有効ブックとして保存

記録したマクロは、通常の**「Excelブック」**の形式で保存できません。マクロを利用するためには、**「Excelマクロ有効ブック」**の形式で保存する必要があります。
ブックに**「マクロの作成完成」**という名前を付けて、Excelマクロ有効ブックとしてフォルダー**「第7章」**に保存しましょう。

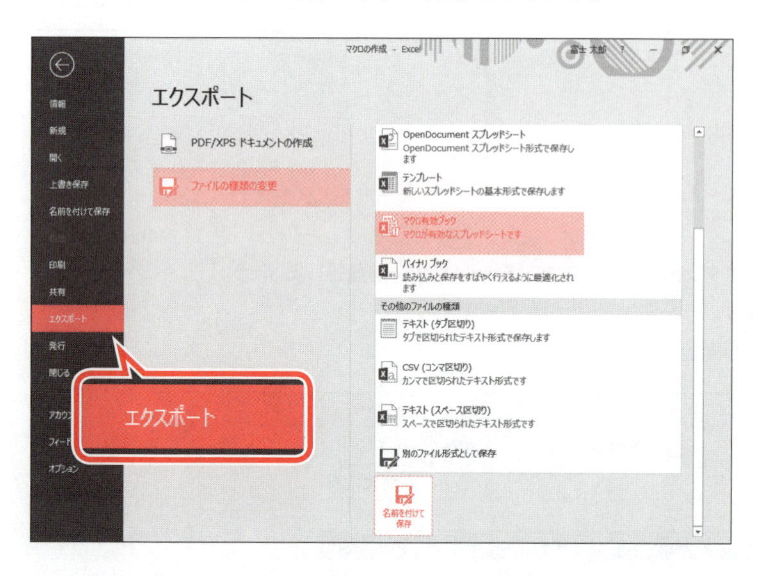

①**《ファイル》**タブを選択します。
②**《エクスポート》**をクリックします。
③**《ファイルの種類の変更》**をクリックします。
④**《ブックファイルの種類》**の**《マクロ有効ブック》**を選択します。
⑤**《名前を付けて保存》**をクリックします。
※表示されていない場合は、スクロールして調整します。

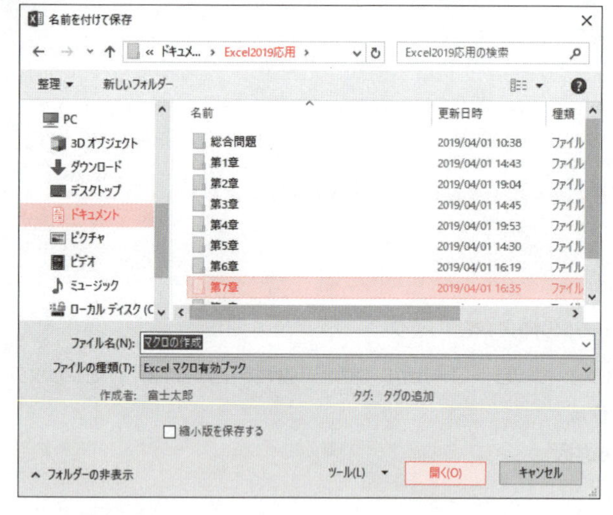

《名前を付けて保存》ダイアログボックスが表示されます。
ブックを保存する場所を選択します。
⑥左側の一覧から**《ドキュメント》**を選択します。
※《ドキュメント》が表示されていない場合は、《PC》をダブルクリックします。
⑦右側の一覧から**「Excel2019応用」**を選択します。
⑧**《開く》**をクリックします。
⑨一覧から**「第7章」**を選択します。
⑩**《開く》**をクリックします。

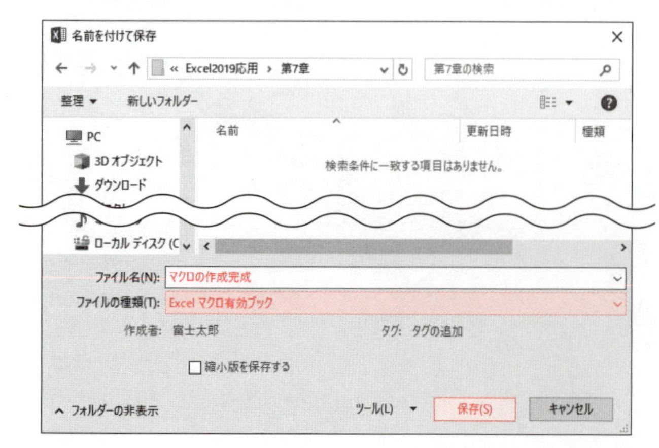

⑪**《ファイル名》**に**「マクロの作成完成」**と入力します。
⑫**《ファイルの種類》**が**《Excelマクロ有効ブック》**になっていることを確認します。
⑬**《保存》**をクリックします。
ブックが保存されます。
※ブックを閉じておきましょう。

2 マクロを含むブックを開く

マクロを含むブックを開くと、マクロは無効になっています。セキュリティの警告に関するメッセージが表示されるので、ブックの発行元が信頼できることを確認してマクロを有効にします。

ブック「**マクロの作成完成**」を開いて、マクロを有効にしましょう。

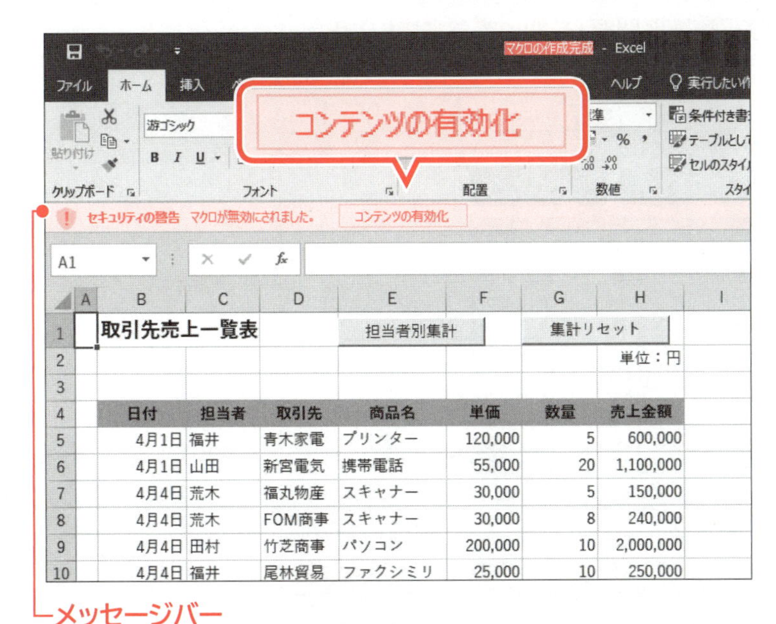

①ブック「**マクロの作成完成**」を開きます。

②メッセージバーにセキュリティの警告が表示されていることを確認します。

③**《コンテンツの有効化》**をクリックします。

※ブックを閉じておきましょう。

※《開発》タブを非表示にしておきましょう。

《ファイル》タブ→《オプション》→左側の一覧から《リボンのユーザー設定》を選択→《リボンのユーザー設定》の ▼ →一覧から《メインタブ》を選択→《□開発》→《OK》を選択します。

STEP UP コンテンツの有効化

《コンテンツの有効化》をクリックして開いたブックは、同じパソコンで再度開いた場合、セキュリティの警告に関するメッセージは表示されません。

STEP UP セキュリティの警告

初期の設定では、マクロを含むブックを開こうとすると、セキュリティの警告を表示してマクロを無効にします。マクロの有効・無効を設定する方法は、次のとおりです。

◆《ファイル》タブ→《オプション》→左側の一覧から《セキュリティセンター》を選択→《セキュリティセンターの設定》→左側の一覧から《マクロの設定》を選択→《マクロの設定》の一覧から選択

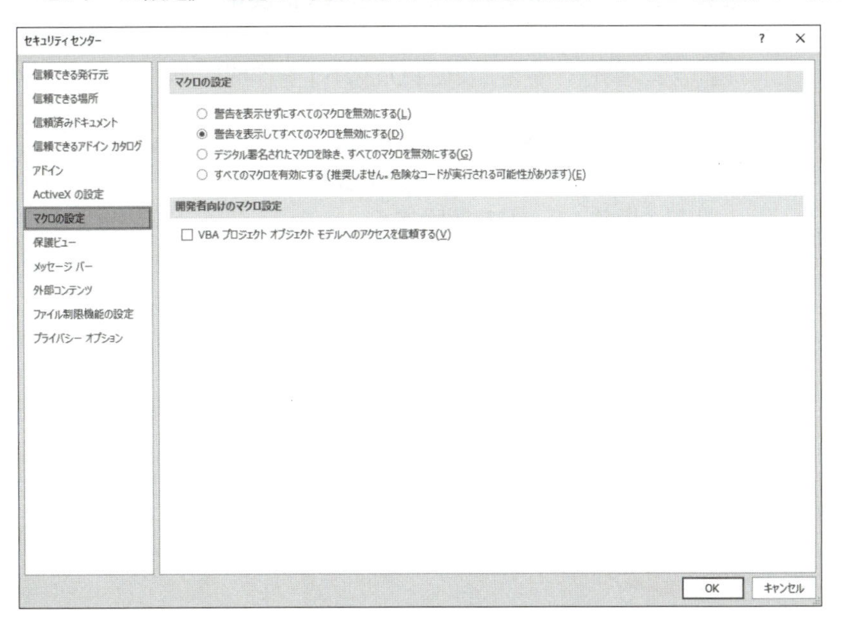

STEP UP ステータスバーのボタン

マクロの記録を実行すると、ステータスバーに ▦ が表示されます。

一度表示された ▦ は、《開発》タブを非表示にしても表示されたままになります。

▦ の表示・非表示を切り替える方法は、次のとおりです。

◆ステータスバーを右クリック→《マクロの記録》

練習問題

解答 ▶ 別冊P.7

マクロを作成し、図形にマクロを登録しましょう。
※設定する項目名が一覧にない場合は、任意の項目を選択してください。

フォルダー「第7章」のブック「第7章練習問題」を開いておきましょう。

●完成図

	A	B	C	D	E	F	G	H	I	J
1		商品売上管理			売上トップ5	リセット				
2										
3		注文日	販売先	商品名	単価	数量	金額			
4		5月2日	アケムラ	ガーゼ掛け布団カバー	4,000	15	60,000			
5		5月2日	フワフワランド	ガーゼ敷き布団カバー	4,500	20	90,000			
6		5月3日	大阪デパート	ガーゼパジャマ	4,200	10	42,000			
7		5月3日	アケムラ	ガーゼ敷き布団カバー	4,500	20	90,000			
8		5月3日	アケムラ	ガーゼバスタオル	2,500	15	37,500			
9		5月3日	京都デパート	ガーゼケット	3,500	25	87,500			
10		5月3日	フワフワランド	ガーゼ掛け布団カバー	4,000	15	60,000			
11		5月6日	ナカニシふとん	ガーゼパジャマ	4,200	10	42,000			
12		5月6日	大阪デパート	ガーゼタオル	1,500	10	15,000			
13		5月6日	コットンハザマ	ガーゼ掛け布団カバー	4,000	35	140,000			
14		5月6日	ユニオンコットン	ガーゼ敷き布団カバー	4,500	10	45,000			
15		5月6日	ナカニシふとん	ガーゼケット	3,500	30	105,000			
16		5月9日	フワフワランド	ガーゼバスタオル	2,500	50	125,000			
17		5月9日	ナカニシふとん	ガーゼバスローブ	5,500	10	55,000			

① 次の動作をするマクロ「**売上トップ5**」を作成しましょう。

1 フィルターモードを設定する
2「金額」の上位5件のレコードを抽出する
3 抽出結果のレコードを「金額」の降順で並べ替える
4 アクティブセルをホームポジションに戻す

② 次の動作をするマクロ「**リセット**」を作成しましょう。

1 フィルターの条件をクリアする
2「注文日」を昇順で並べ替える
3 フィルターモードを解除する
4 アクティブセルをホームポジションに戻す

③ 完成図を参考に、図形「**四角形：角を丸くする**」を2つ作成しましょう。

④ 図形に「**売上トップ5**」と「**リセット**」という文字列をそれぞれ追加し、中央揃えにしましょう。

⑤ 図形にマクロ「**売上トップ5**」と「**リセット**」をそれぞれ登録しましょう。

Hint! 図形を右クリック→《マクロの登録》を使います。

⑥ マクロ「**売上トップ5**」と「**リセット**」をそれぞれ実行しましょう。

⑦ 作成したブックに「**第7章練習問題完成**」という名前を付けて、Excelマクロ有効ブックとしてフォルダー「**第7章**」に保存しましょう。

※ブックを閉じておきましょう。

第8章

便利な機能

第8章 この章で学ぶこと

学習前に習得すべきポイントを理解しておき、
学習後には確実に習得できたかどうかを振り返りましょう。

1 複数のブックを開いて、ウィンドウを切り替えたり、整列させたりできる。 → P.214

2 異なるブックのセルの値を参照できる。 → P.217

3 クイック分析で何ができるか説明できる。 → P.221

4 クイック分析を利用できる。 → P.222

5 ブックのプロパティを設定できる。 → P.225

6 プロパティに含まれる個人情報や隠しデータを必要に応じて削除できる。 → P.226

7 アクセシビリティチェックを実行できる。 → P.228

8 ブックを最終版として保存できる。 → P.231

9 ブックをテンプレートとして保存できる。 → P.232

Step 1 ブック間で集計する

1 複数のブックを開く

複数のブックを開くと、ブックごとに《Microsoft Excel》ウィンドウが開かれます。《Microsoft Excel》ウィンドウを切り替えたり、並べて表示したり、使いやすく表示して複数のブックを操作します。

1 複数のブックを開く

複数のブックを一度に開くことができます。
フォルダー**「第8章」**のブック**「丸の内本店」「新宿支店」「東京地区集計」**を一度に開きましょう。

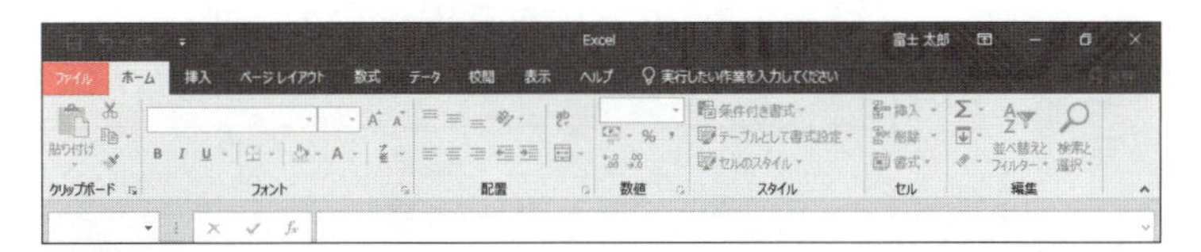

①**《ファイル》**タブを選択します。

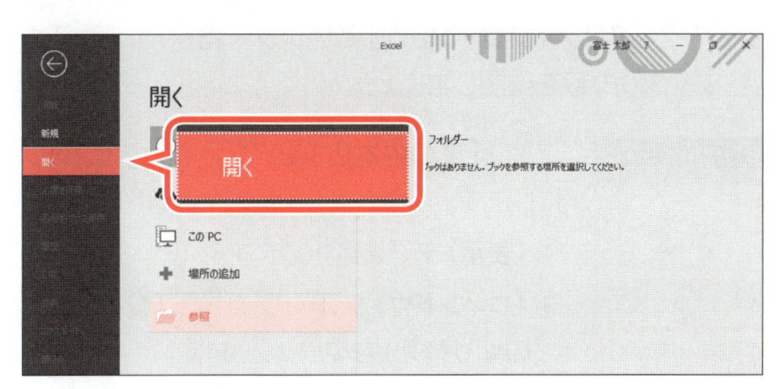

②**《開く》**をクリックします。
③**《参照》**をクリックします。

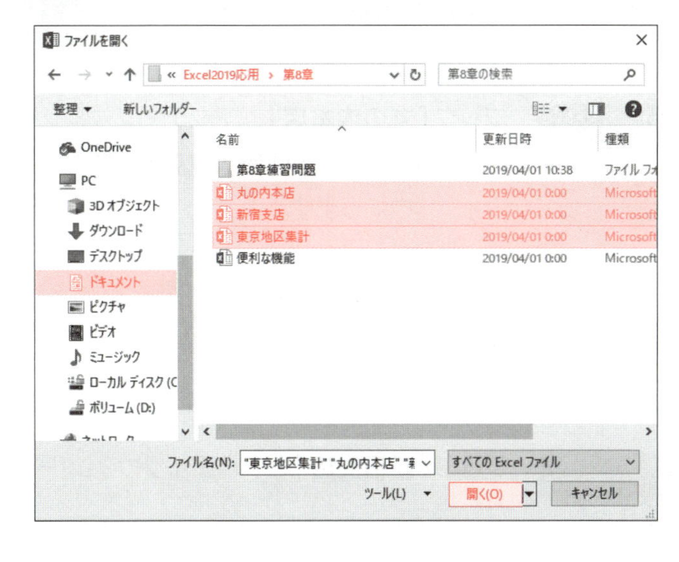

《ファイルを開く》ダイアログボックスが表示されます。
④左側の一覧から**《ドキュメント》**を選択します。
※《ドキュメント》が表示されていない場合は、《PC》をダブルクリックします。
⑤右側の一覧から**「Excel2019応用」**を選択します。
⑥**《開く》**をクリックします。
⑦一覧から**「第8章」**を選択します。
⑧**《開く》**をクリックします。
開くブックを選択します。
⑨一覧から**「丸の内本店」**を選択します。
⑩ Shift を押しながら、一覧から**「東京地区集計」**を選択します。
⑪**《開く》**をクリックします。

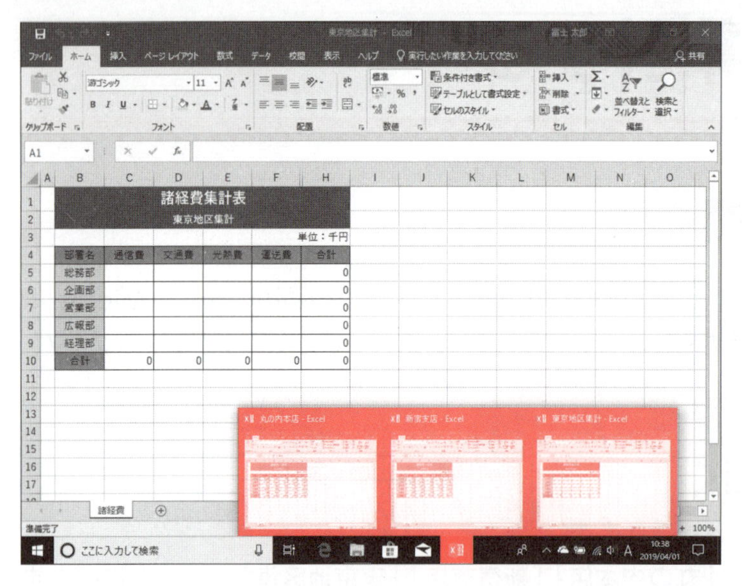

3つのブックが開かれます。

⑫タスクバーの[Excelアイコン]をポイントします。

ブックのサムネイルが表示されます。

※環境によっては、一番手前に表示されるブックやタスクバーに表示されるブックの順番が異なる場合があります。

POINT　複数ブックの選択

《ファイルを開く》ダイアログボックスで複数のブックを選択する方法は、次のとおりです。

連続するブックの選択

◆先頭のブックを選択→[Shift]を押しながら、最終のブックを選択

連続しないブックの選択

◆1つ目のブックを選択→[Ctrl]を押しながら、2つ目以降のブックを選択

2 ブックの切り替え

処理の対象となっているウィンドウを「**アクティブウィンドウ**」といい、一番手前に表示されます。ブックを切り替えて、各ブックの内容を確認しましょう。

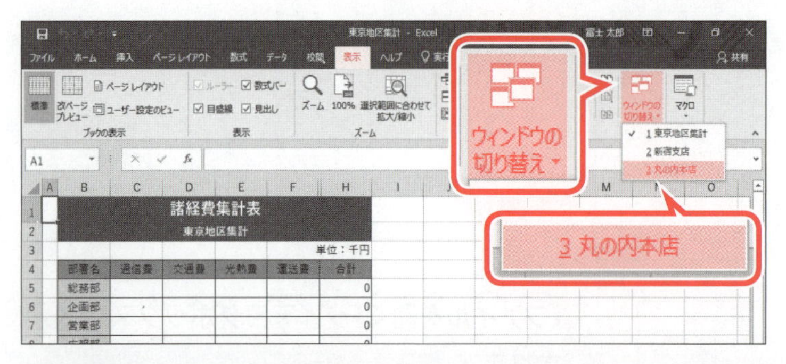

ブック「**丸の内本店**」をアクティブウィンドウにします。

①《**表示**》タブを選択します。

②《**ウィンドウ**》グループの[ウィンドウの切り替え]（ウィンドウの切り替え）をクリックします。

③《**丸の内本店**》をクリックします。

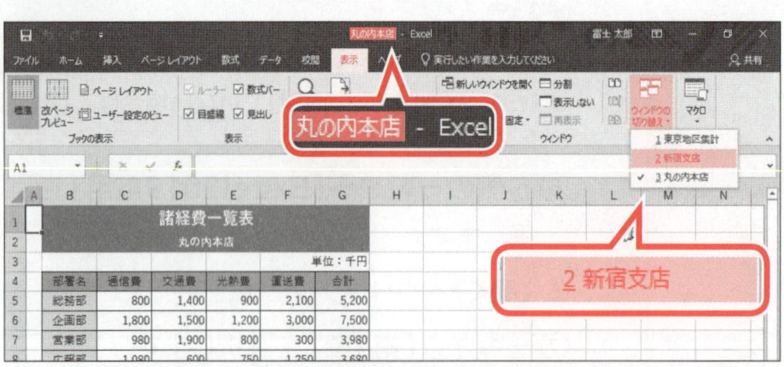

ブック「**丸の内本店**」がアクティブウィンドウになります。ブック「**新宿支店**」をアクティブウィンドウにします。

④《**表示**》タブを選択します。

⑤《**ウィンドウ**》グループの[ウィンドウの切り替え]（ウィンドウの切り替え）をクリックします。

⑥《**新宿支店**》をクリックします。

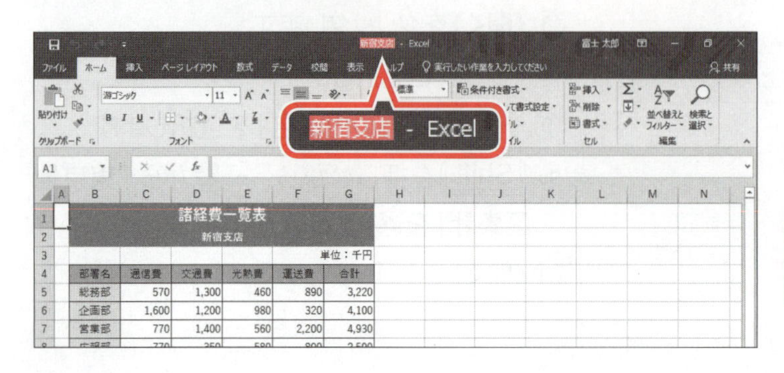

ブック「**新宿支店**」がアクティブウィンドウになります。

STEP UP　その他の方法（ブックの切り替え）

◆タスクバーの[Excelアイコン]をポイント→ブックのサムネイルをクリック

3 並べて表示

複数のブックを開いている場合、ウィンドウのサイズを自動的に調整して並べて表示できます。

開いている3つのブックを並べて表示しましょう。

※ブック「東京地区集計」をアクティブウィンドウにしておきましょう。

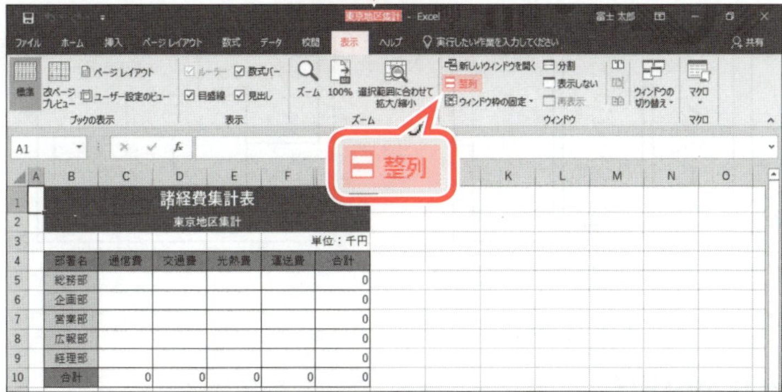

①ブック**「東京地区集計」**がアクティブウィンドウになっていることを確認します。

②**《表示》**タブを選択します。

③**《ウィンドウ》**グループの 整列 （整列）をクリックします。

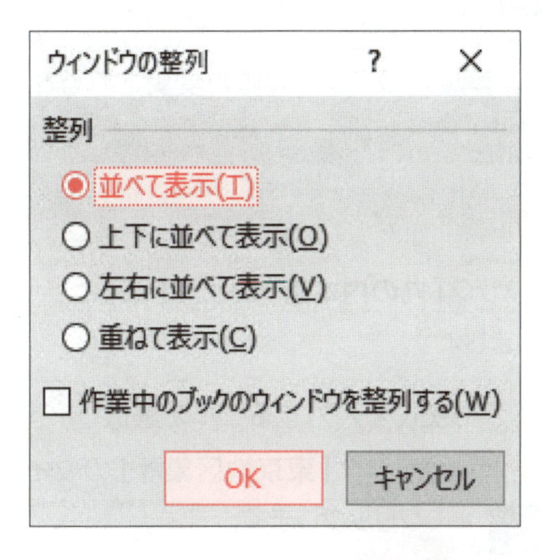

《ウィンドウの整列》ダイアログボックスが表示されます。

④**《並べて表示》**を◉にします。

⑤**《OK》**をクリックします。

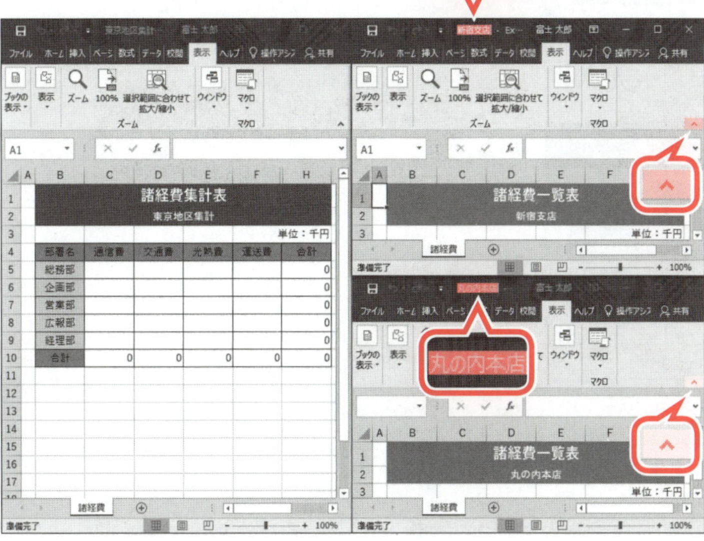

ブックが並べて表示されます。

⑥右側に表示されるブック**「新宿支店」**と**「丸の内本店」**の ^ （リボンを折りたたむ）をクリックします。

リボンが折りたたまれます。

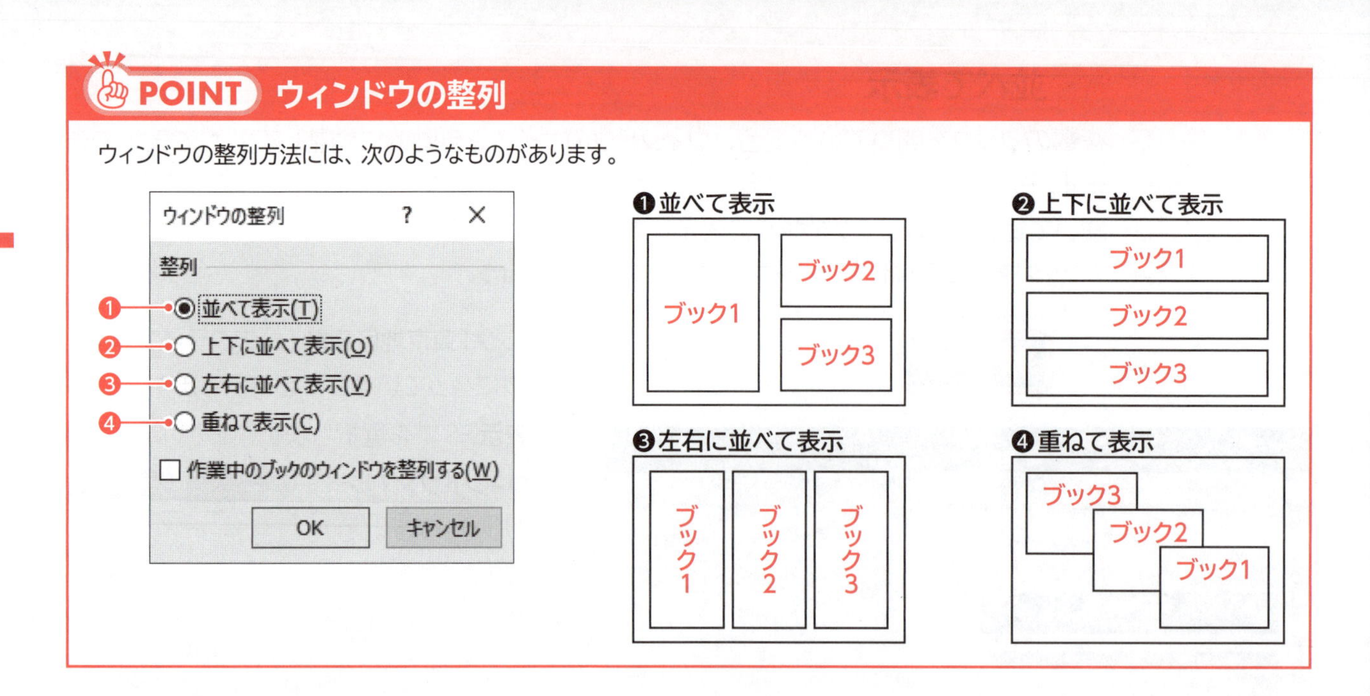

2 異なるブックのセル参照

異なるブックのセルの値を参照できます。参照元のブックの値が変更されると、参照先のブックも再計算されます。

1 ブック間の集計

ブック「**東京地区集計**」のセル【C5】に、ブック「**丸の内本店**」のセル【C5】とブック「**新宿支店**」のセル【C5】を合計する数式を入力しましょう。

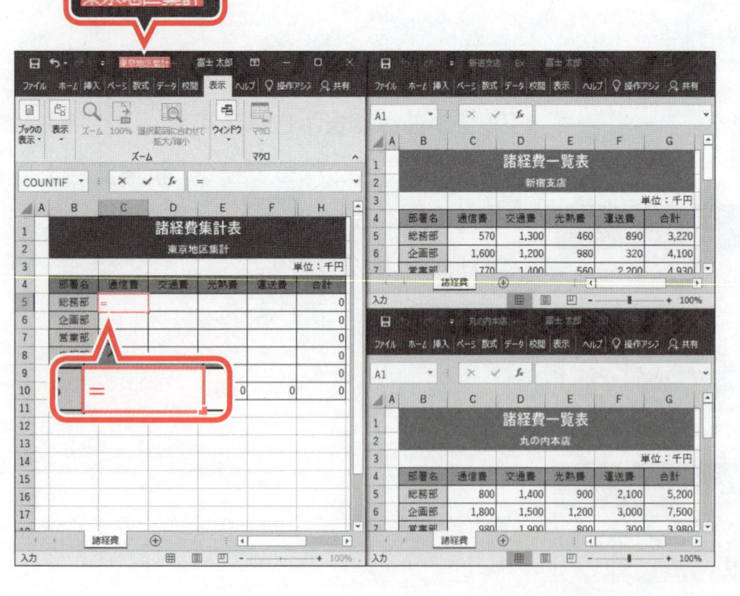

数式を入力するセルを選択します。

①ブック「**東京地区集計**」のウィンドウ内をクリックします。

②セル【C5】をクリックします。

③「=」を入力します。

④ブック「**丸の内本店**」のウィンドウ内をクリックします。

⑤セル【**C5**】をクリックします。

⑥ブック「**東京地区集計**」のセル【**C5**】に「**=[丸の内本店.xlsx]諸経費!$C$5**」と表示されていることを確認します。

※「=」を入力したあとに、ブックを切り替えてセルを選択すると、自動的に「[ブック名]シート名!セル位置」が入力されます。

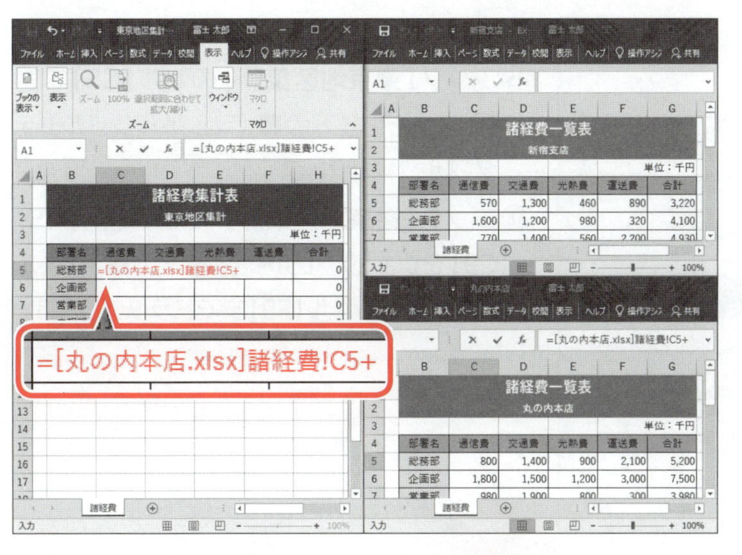

⑦ F4 を3回押します。

⑧ブック「**東京地区集計**」のセル【**C5**】に「**=[丸の内本店.xlsx]諸経費!C5**」と表示されていることを確認します。

※数式を入力後にコピーするので、セルは相対参照にします。

⑨「**=[丸の内本店.xlsx]諸経費!C5**」に続けて、「**+**」を入力します。

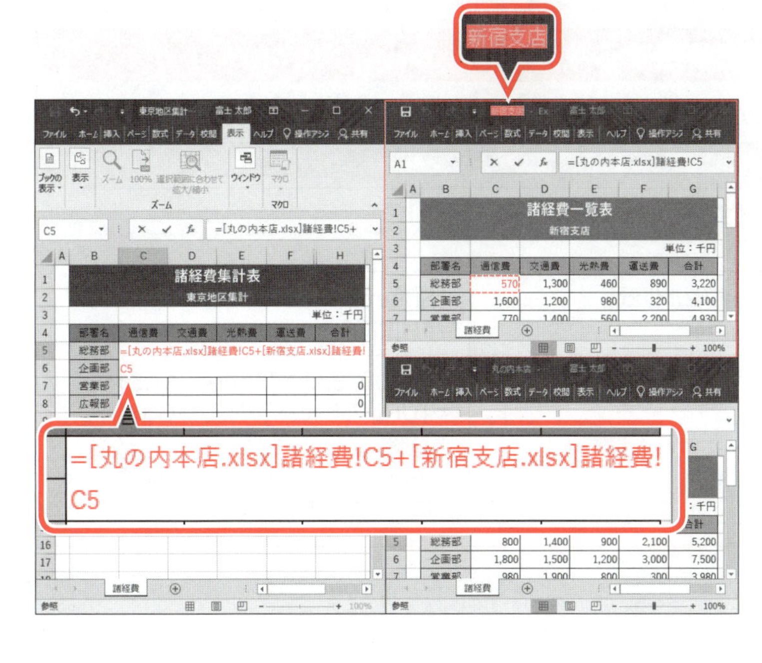

⑩ブック「**新宿支店**」のウィンドウ内をクリックします。

⑪セル【**C5**】をクリックします。

⑫ F4 を3回押します。

⑬ブック「**東京地区集計**」のセル【**C5**】に「**=[丸の内本店.xlsx]諸経費!C5+[新宿支店.xlsx]諸経費!C5**」と表示されていることを確認します。

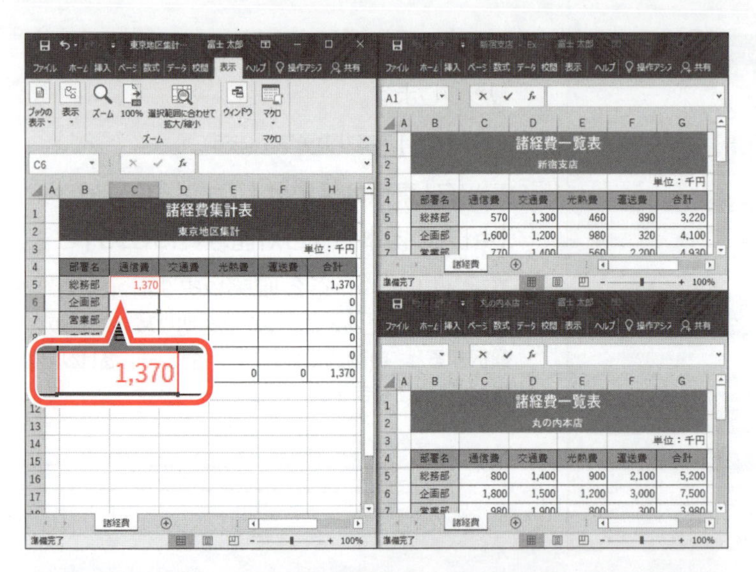

⑭ Enter を押します。

数式が入力され、計算結果が表示されます。

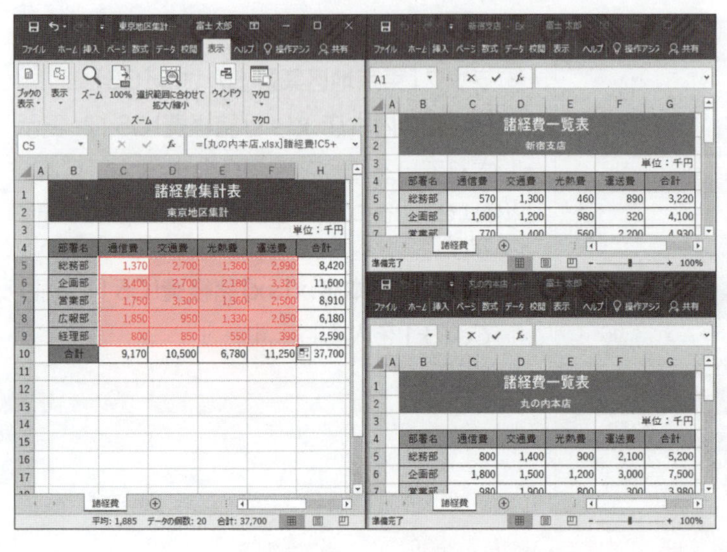

数式をコピーします。

⑮ ブック「**東京地区集計**」のセル【**C5**】を選択し、セル右下の■（フィルハンドル）をダブルクリックします。

⑯ ブック「**東京地区集計**」のセル範囲【**C5：C9**】を選択し、セル範囲右下の■（フィルハンドル）をセル【**F9**】までドラッグします。

POINT セルの値を参照する数式

「同じシート内」「同じブック内の別シート」「別ブック」のセルの値を参照する数式は、次のとおりです。

セル参照	数式	例
同じシート内のセルの値	=セル位置	=A1
同じブック内の別シートのセルの値	=シート名!セル位置	=Sheet1!A1 =4月度!G2
別ブックのセルの値	=[ブック名]シート名!セル位置	=[URIAGE.xlsx]Sheet1!$A$1 ='[URIAGE.xlsx]4月度'!$G$2 ※参照元のブックを閉じると、ブック名の前に「ドライブ（パス）名」が自動的に入力されます。

2 データの更新

参照元のブックの値を変更すると、参照先のブックに変更が反映されることを確認しましょう。

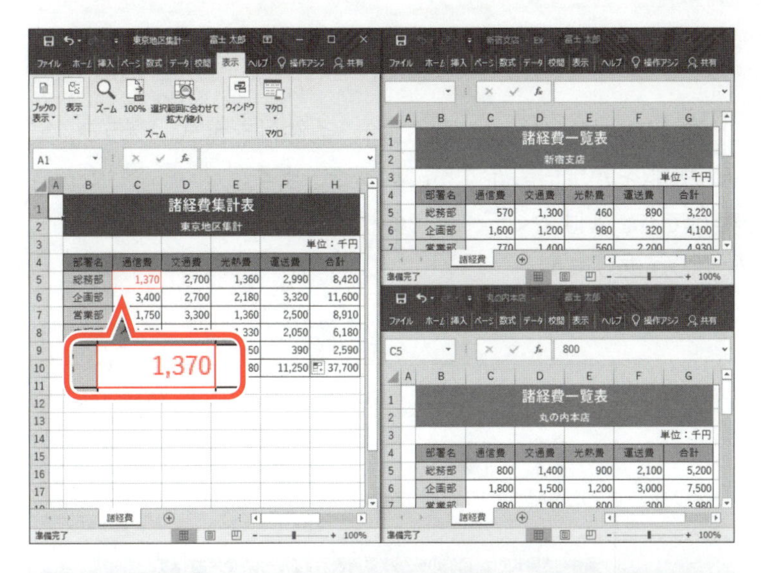

変更前のデータを確認します。

①ブック**「東京地区集計」**のセル**【C5】**が**「1,370」**になっていることを確認します。

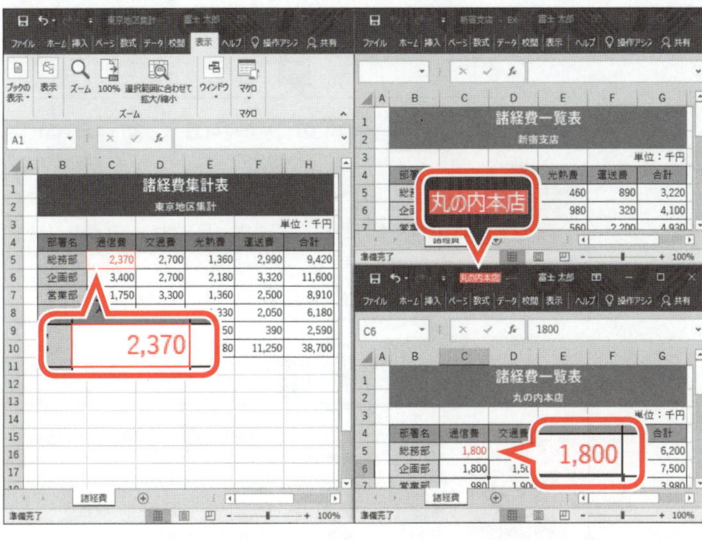

データを変更します。

②ブック**「丸の内本店」**のウィンドウ内をクリックします。

③セル**【C5】**に**「1800」**と入力します。

④ブック**「東京地区集計」**のセル**【C5】**が**「2,370」**に変更されることを確認します。

※ブック「丸の内本店」は上書き保存し、ブック「丸の内本店」とブック「新宿支店」を閉じておきましょう。

※ブック「東京地区集計」のウィンドウを最大化しておきましょう。次に「東京地区集計報告」と名前を付けて、フォルダー「第8章」に保存しましょう。

データの更新

異なるブックの値を参照しているブックを開くと、セキュリティの警告を表示して、データの自動更新を無効にします。データを更新する場合は、《コンテンツの有効化》をクリックします。再度ブックを開くと、次のようなメッセージが表示されます。データを更新する場合は、《更新する》をクリックします。

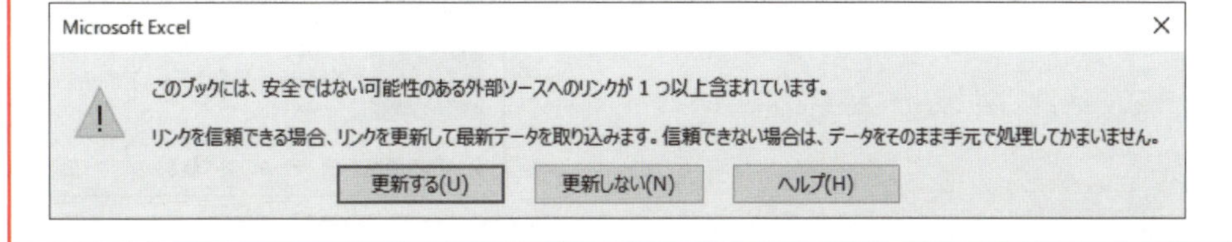

Step2 クイック分析を利用する

1 クイック分析

セル範囲を選択すると右下に［ ］（クイック分析）が表示され、条件付き書式、グラフ、集計、テーブル、スパークラインの機能を簡単に設定することができます。
より少ない手順でコマンドを実行でき、すばやくデータを分析できます。
クイック分析には、次のようなものがあります。

●書式設定

条件付き書式を設定できます。

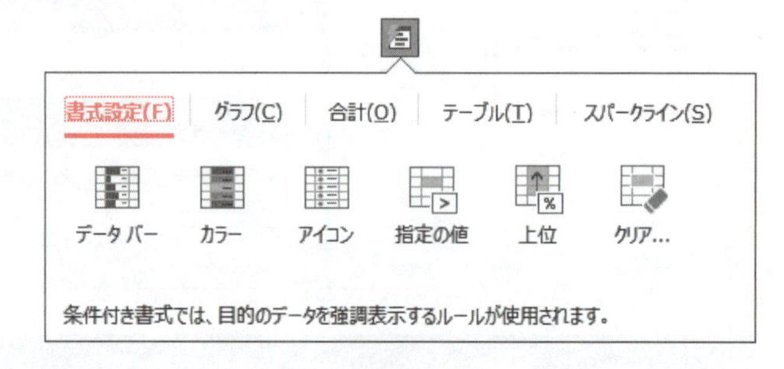

●グラフ

選択したデータの種類によって様々な種類のグラフが表示されます。作成したいグラフが一覧にない場合は、**《その他の》**をクリックします。

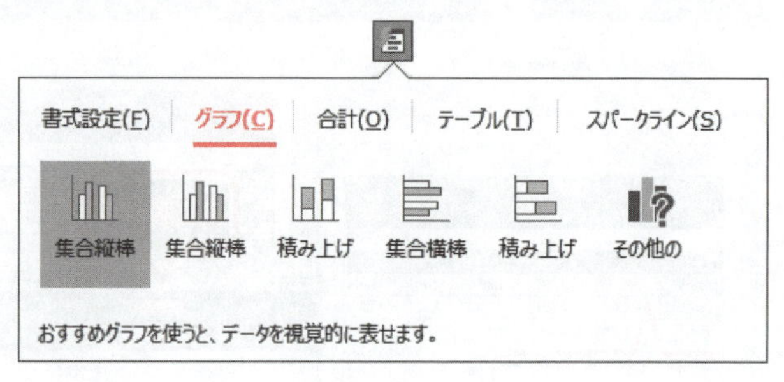

●合計

選択したセル範囲の合計や平均、データの個数などを求めることができます。

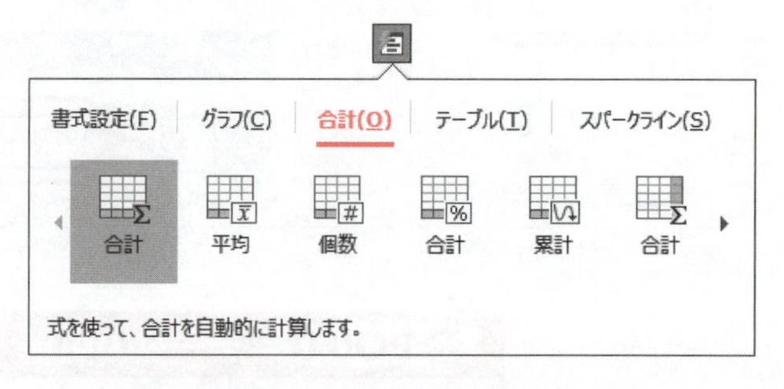

●テーブル

テーブルやピボットテーブルを作成できます。

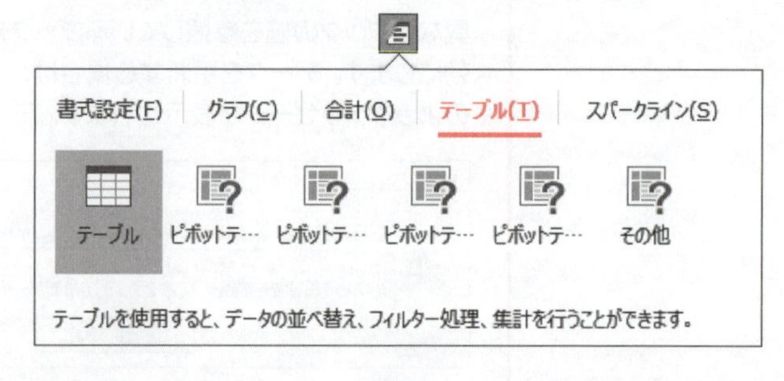

●スパークライン

選択したセル範囲のスパークラインを作成できます。

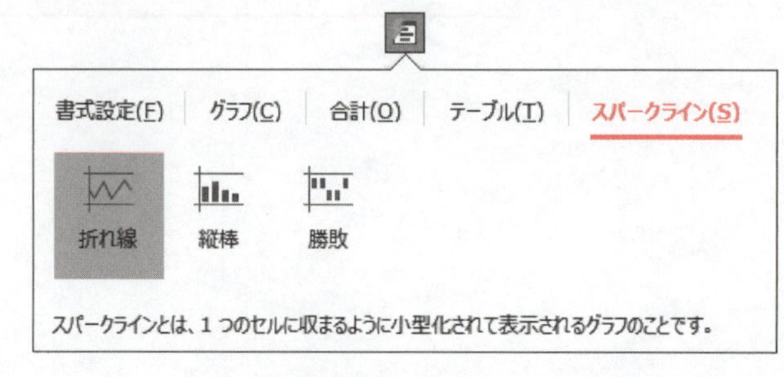

2 クイック分析の利用

クイック分析は、選択しているデータで使用できる機能が表示されます。表を範囲選択して、クイック分析を利用しましょう。

1 データバーの表示

セル範囲【C5:F9】にデータバーを表示しましょう。

	A	B	C	D	E	F	H	I	J	K
1		諸経費集計表								
2		東京地区集計								
3							単位：千円			
4		部署名	通信費	交通費	光熱費	運送費	合計			
5		総務部	2,370	2,700	1,360	2,990	9,420			
6		企画部	3,400	2,700	2,180	3,320	11,600			
7		営業部	1,750	3,300	1,360	2,500	8,910			
8		広報部	1,850	950	1,330	2,050	6,180			
9		経理部	800	850	550	390	2,590			
10		合計	10,170	10,500	6,780	11,250	38,700			
11										
12										

①セル範囲【C5:F9】を選択します。

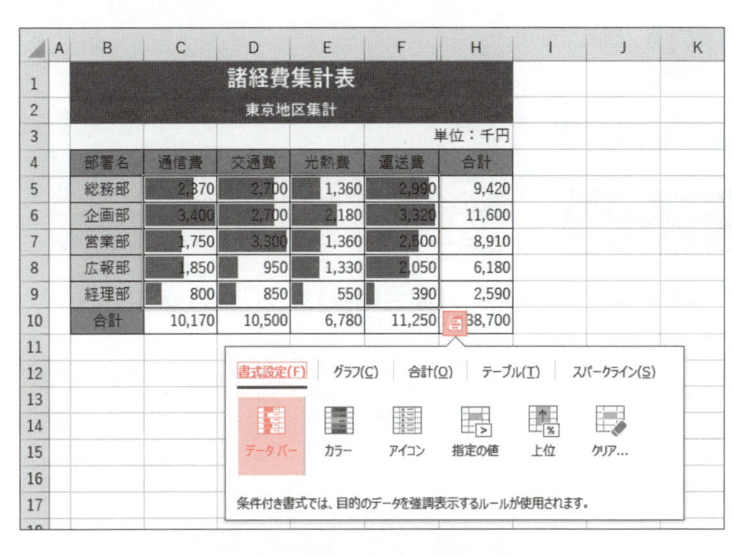

セル範囲の右下に（クイック分析）が表示されます。

②（クイック分析）をクリックします。

③**《書式設定》**をクリックします。

④**《データバー》**をクリックします。

	A	B	C	D	E	F	H	I	J	K
1		諸経費集計表								
2		東京地区集計								
3							単位：千円			
4		部署名	通信費	交通費	光熱費	運送費	合計			
5		総務部	2,370	2,700	1,360	2,990	9,420			
6		企画部	3,400	2,700	2,180	3,320	11,600			
7		営業部	1,750	3,300	1,360	2,500	8,910			
8		広報部	1,850	950	1,330	2,050	6,180			
9		経理部	800	850	550	390	2,590			
10		合計	10,170	10,500	6,780	11,250	38,700			
11										
12										

セル範囲【C5:F9】にデータバーが表示されます。

※選択を解除して、書式を確認しておきましょう。

2 グラフの挿入

セル範囲【B4:F10】のデータをもとにグラフを挿入しましょう。

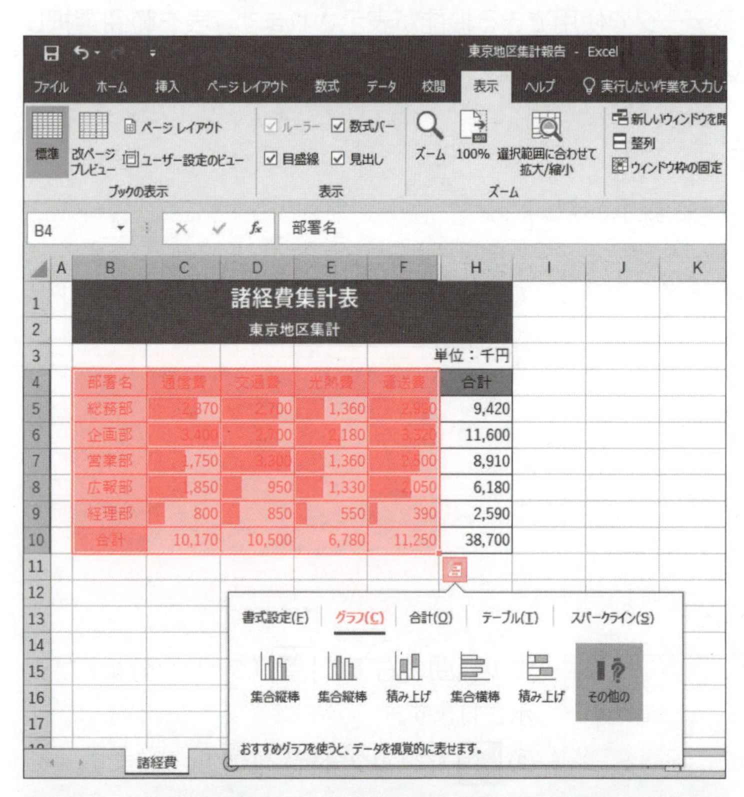

①セル範囲【B4:F10】を選択します。

セル範囲の右下に（クイック分析）が表示されます。

②（クイック分析）をクリックします。

③**《グラフ》**をクリックします。

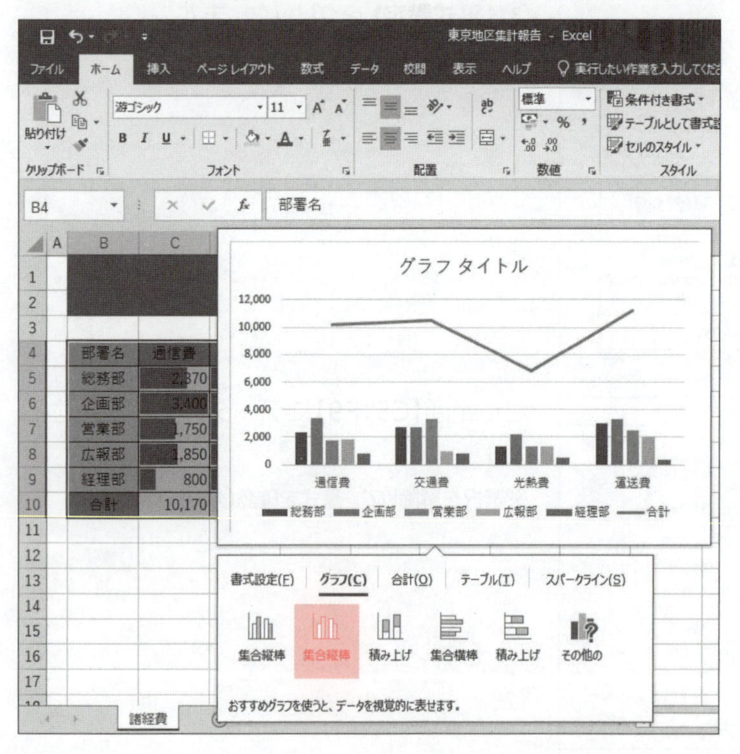

一覧のグラフをポイントすると、プレビューが表示されます。

④図の**《集合縦棒》**をクリックします。

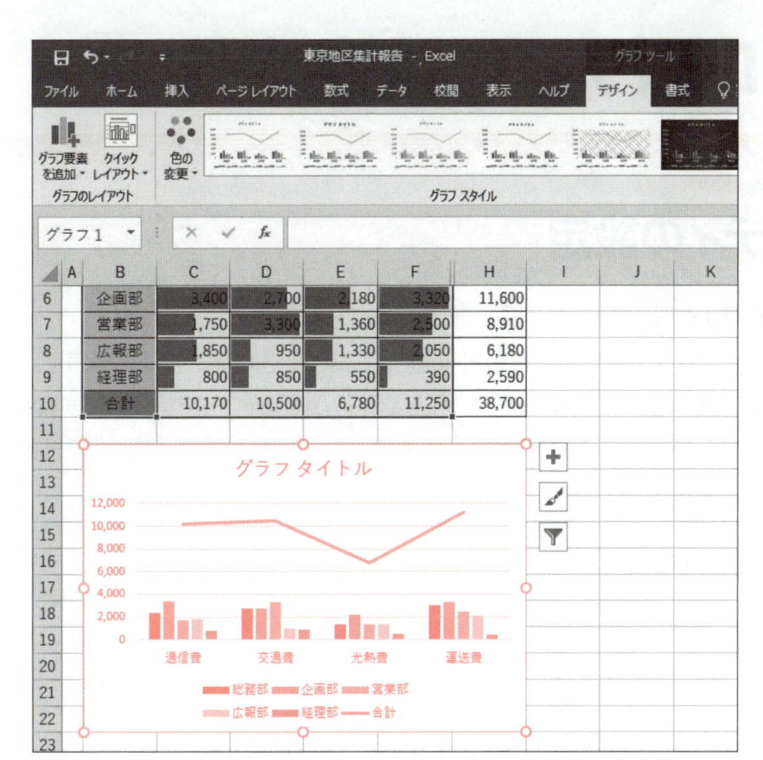

グラフが挿入されます。

※グラフをセル範囲【B12:H22】に配置しておきましょう。

Let's Try ためしてみよう

①グラフタイトルに「東京地区諸経費グラフ」と入力しましょう。

②データ要素「合計」を、第2軸を使用した折れ線グラフに変更しましょう。

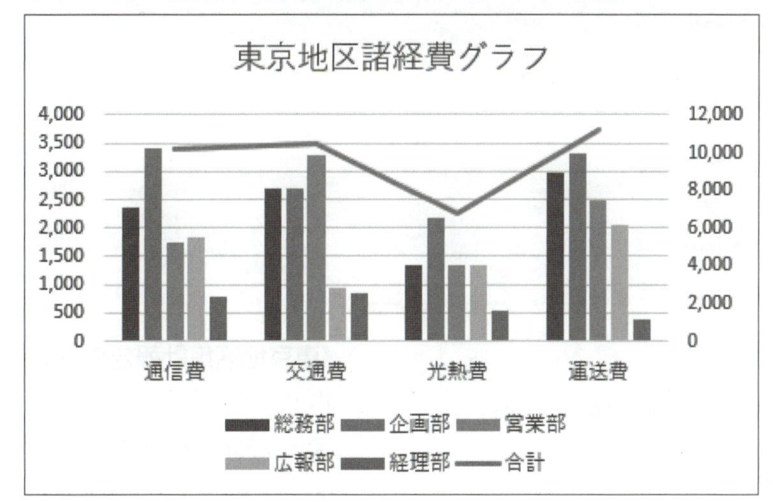

Let's Try Answer

①

①グラフタイトルをクリック

②グラフタイトルを再度クリック

③「グラフタイトル」を削除し、「東京地区諸経費グラフ」と入力

④グラフタイトル以外の場所をクリック

②

①グラフを選択

②《デザイン》タブを選択

③《種類》グループの［グラフの種類の変更］（グラフの種類の変更）をクリック

④《すべてのグラフ》タブを選択

⑤左側の一覧から《組み合わせ》を選択

⑥《合計》の《第2軸》を☑にする

⑦《OK》をクリック

Step3 ブックのプロパティを設定する

1 ブックのプロパティの設定

「プロパティ」は、一般に**「属性」**と呼ばれるもので、性質や特性を表す言葉です。
ブックの**「プロパティ」**には、ブックのファイルサイズ、作成日時、更新日時などがあります。
ブックにプロパティを設定しておくと、Windowsでプロパティの値をもとにブックを検索できます。
ブックのプロパティに、次の情報を設定しましょう。

タイトル	：	東京地区諸経費報告
作成者	：	東京地区）井上
キーワード	：	経費

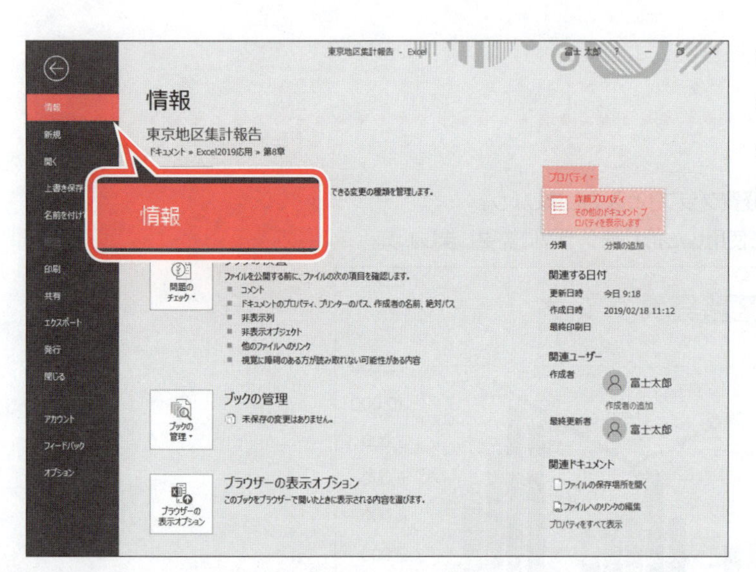

①**《ファイル》**タブを選択します。
②**《情報》**をクリックします。
③右側の**《プロパティ》**をクリックします。
④**《詳細プロパティ》**をクリックします。

東京地区集計報告 のプロパティ

ファイルの情報 | ファイルの概要 | 詳細情報 | ファイルの構成 | ユーザー設定

タイトル(T): 東京地区諸経費報告
サブタイトル(S):
作成者(A): 東京地区）井上
管理者(M):
会社名(O):
分類(E):
キーワード(K): 経費
コメント(C):
ハイパーリンクの基点(H):
テンプレート：
□すべての Excel ドキュメントの縮小版を保存する(V)

OK　キャンセル

《東京地区集計報告のプロパティ》ダイアログボックスが表示されます。
⑤**《ファイルの概要》**タブを選択します。
⑥**《タイトル》**に**「東京地区諸経費報告」**と入力します。
⑦**《作成者》**に**「東京地区)井上」**と入力します。
⑧**《キーワード》**に**「経費」**と入力します。
⑨**《OK》**をクリックします。
プロパティが設定されます。
※【Esc】を押して、シート「諸経費」を表示しておきましょう。

Step4 ブックの問題点をチェックする

1 ドキュメント検査

「ドキュメント検査」を使うと、ブックに個人情報や隠しデータがないかどうかをチェックして、必要に応じてそれらを削除できます。作成したブックを社内で共有したり、顧客や取引先など社外の人にブックを配布したりするような場合は、事前にドキュメント検査を行って、ブックから個人情報や隠しデータを削除しておくと、情報の漏えいを防止できます。

1 ドキュメント検査の対象

ドキュメント検査では、次のような内容をチェックできます。

対象	説明
コメント	コメントには、それを入力したユーザー名や内容そのものが含まれています。
プロパティ	ブックのプロパティには、作成者の情報や作成日時などが含まれています。
ヘッダー・フッター	ヘッダーやフッターに作成者の情報が含まれている可能性があります。
非表示の行・列・シート	行・列・シートを非表示にしている場合、非表示の部分に知られたくない情報が含まれている可能性があります。

2 ドキュメント検査の実行

ドキュメント検査を行ってすべての項目を検査し、検査結果からプロパティ以外の情報を削除しましょう。

※あらかじめセル【B2】にコメントが挿入され、G列が非表示になっていることを確認しておきましょう。

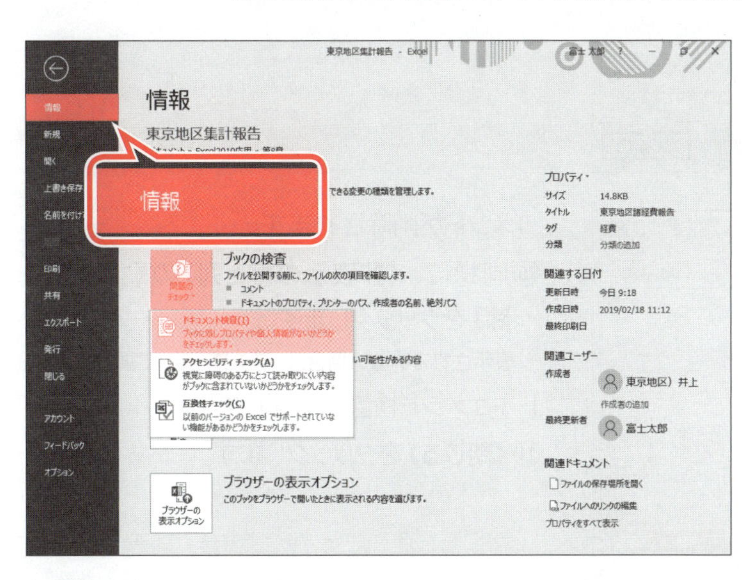

①《**ファイル**》タブを選択します。

②《**情報**》をクリックします。

③《**問題のチェック**》をクリックします。

④《**ドキュメント検査**》をクリックします。

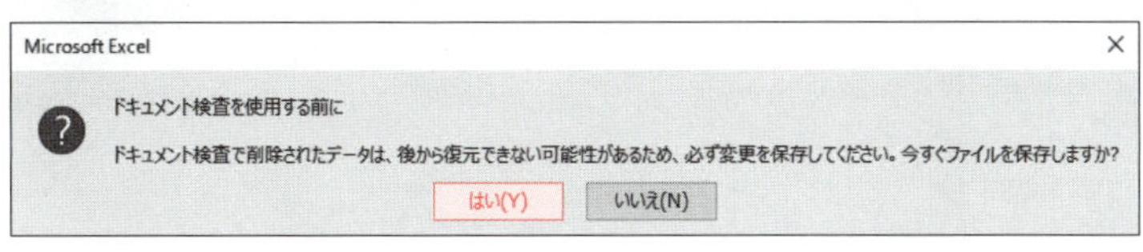

図のようなメッセージが表示されます。

※ブックを変更したあと保存していないためにこのメッセージが表示されます。

ブックを上書き保存します。

⑤《**はい**》をクリックします。

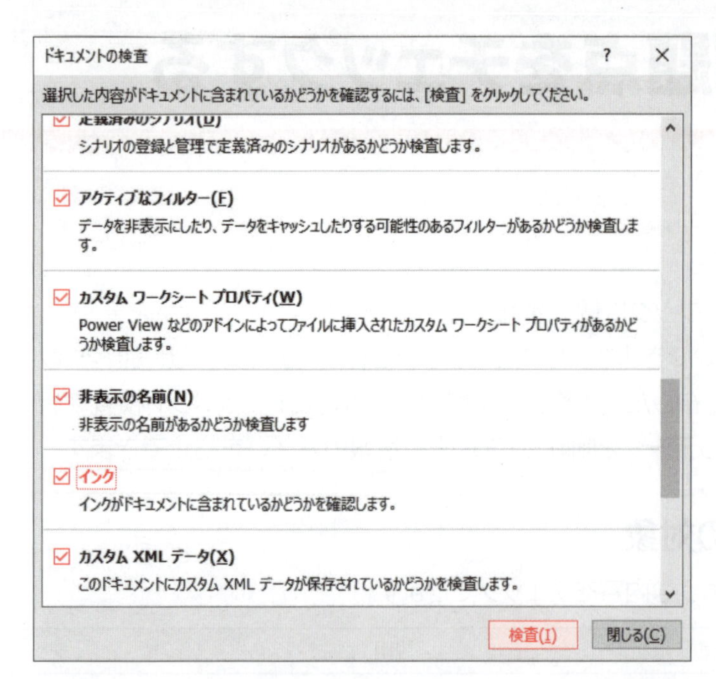

《**ドキュメントの検査**》ダイアログボックスが表示されます。

⑥《**インク**》を☑にします。

※表示されていない場合は、スクロールして調整します。

⑦すべての検査項目が☑になっていることを確認します。

⑧《**検査**》をクリックします。

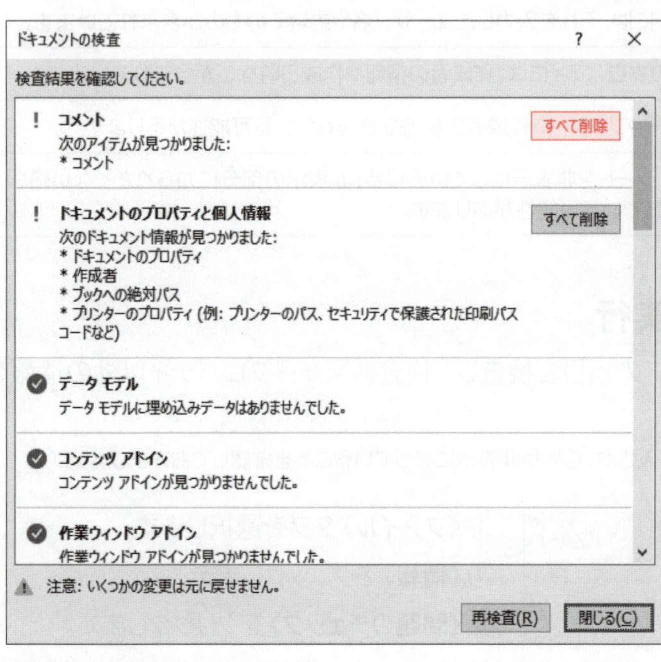

検査結果が表示されます。

個人情報や隠しデータが含まれている可能性のある項目には、《**すべて削除**》が表示されます。

⑨《**コメント**》の《**すべて削除**》をクリックします。

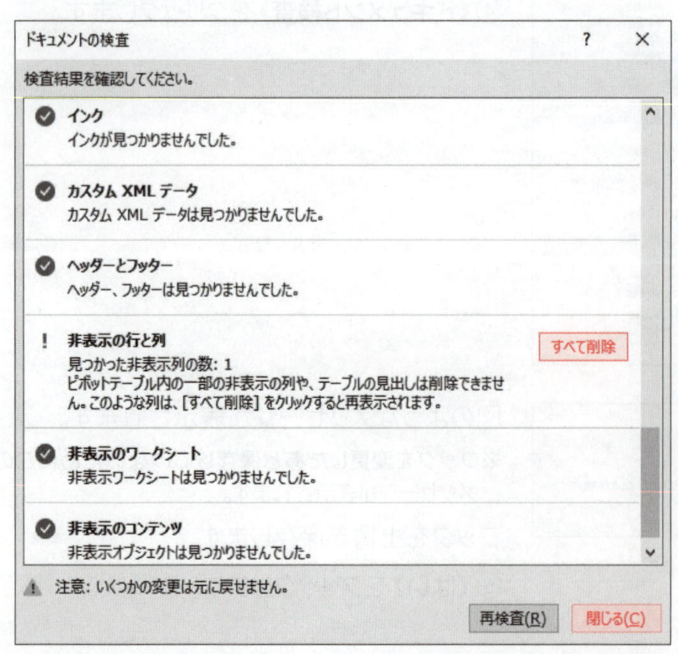

コメントが削除されます。

⑩同様に、《**非表示の行と列**》の《**すべて削除**》をクリックします。

※表示されていない場合は、スクロールして調整します。

ドキュメント検査を終了します。

⑪《**閉じる**》をクリックします。

	A	B	C	D	E	F	G	H
1		諸経費集計表						
2		東京地区集計						
3						単位：千円		
4		部署名	通信費	交通費	光熱費	運送費	合計	
5		総務部	2,370	2,700	1,360	2,990	9,420	
6		企画部	3,400	2,700	2,180	3,320	11,600	
7		営業部	1,750	3,300	1,360	2,500	8,910	
8		広報部	1,850	950	1,330	2,050	6,180	

⑫セル【B2】のコメントが削除され、非表示になっていたG列が削除されていることを確認します。

2 アクセシビリティチェック

「**アクセシビリティ**」とは、すべての人が不自由なく情報を手に入れられるかどうか、使いこなせるかどうかを表す言葉です。
「**アクセシビリティチェック**」を使うと、視覚に障がいのある方などが音声読み上げソフトを利用するときに、判別しにくい情報が含まれていないかどうかをチェックできます。

1 アクセシビリティチェックの実行

ブックのアクセシビリティをチェックしましょう。

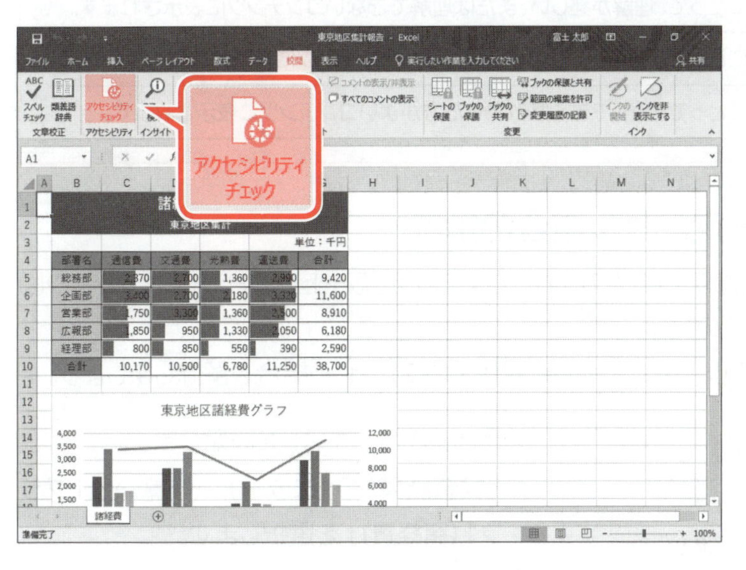

①**《校閲》**タブを選択します。
②**《アクセシビリティ》**グループの（アクセシビリティチェック）をクリックします。

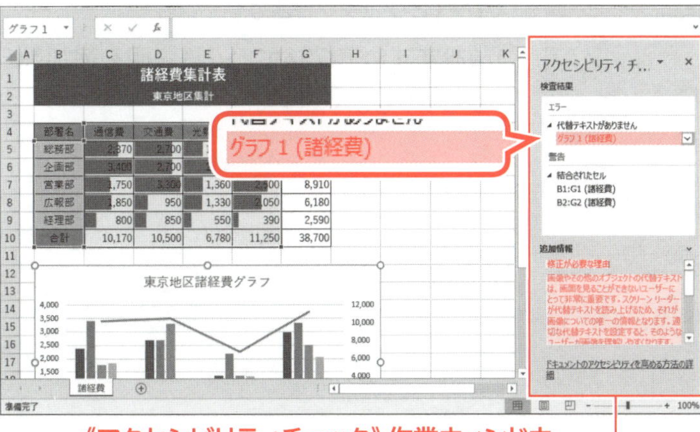

《アクセシビリティチェック》作業ウィンドウ

《アクセシビリティチェック》作業ウィンドウが表示されます。
アクセシビリティチェックの検査結果を確認します。
③**《検査結果》**の**《エラー》**の一覧から「**グラフ1(諸経費)**」を選択します。
※該当するグラフが選択されます。
④**《追加情報》**の**《修正が必要な理由》**と**《修正方法》**を確認します。
※表示されていない場合は、スクロールして調整します。
※音声読み上げソフトなどでブックの内容を読み上げるとき、グラフの内容を表す「代替テキスト」が設定されていないため、エラーが表示されます。

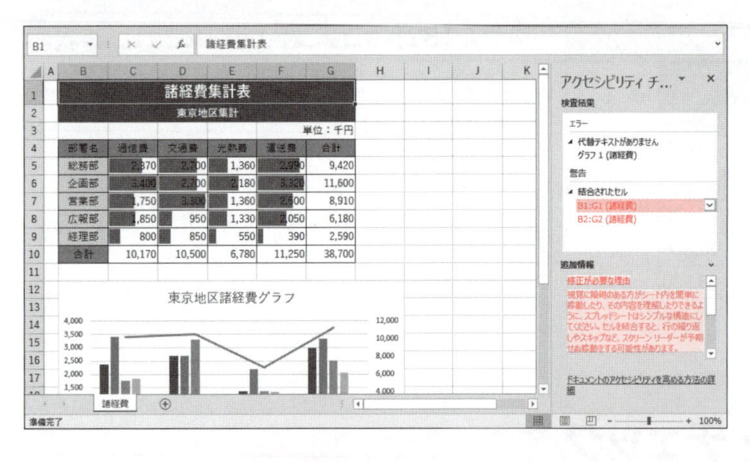

⑤同様に、**《検査結果》**の**《警告》**の一覧から**「B1:G1(諸経費)」**と**「B2:G2(諸経費)」**の**《追加情報》**の**《修正が必要な理由》**と**《修正方法》**を確認します。

※音声読み上げソフトなどでブックの内容を読み上げるとき、結合されたセルがあると、読み上げられる順番が前後して、作成者の意図したとおりにデータが読み上げられない可能性があるため、警告が表示されます。

STEP UP その他の方法（アクセシビリティチェックの実行）

◆《ファイル》タブ→《情報》→《問題のチェック》→《アクセシビリティチェック》

POINT アクセシビリティチェックの検査結果

アクセシビリティチェックの検査結果は、修正の必要性に応じて、次の3つに分類されます。

結果	説明
エラー	障がいがある方にとって、理解が難しい、または理解できないコンテンツに表示されます。
警告	障がいがある方にとって、理解できない可能性が高いコンテンツに表示されます。
ヒント	障がいがある方にとって、理解できるが改善した方がよいコンテンツに表示されます。

2 代替テキストの設定とセル結合の解除

「代替テキスト」とは、音声読み上げソフトなどでデータを読み上げるときに、グラフや図形、画像などを説明するための文字です。
グラフに代替テキストを設定し、次に、セル範囲【B1:G2】のセル結合を解除しましょう。

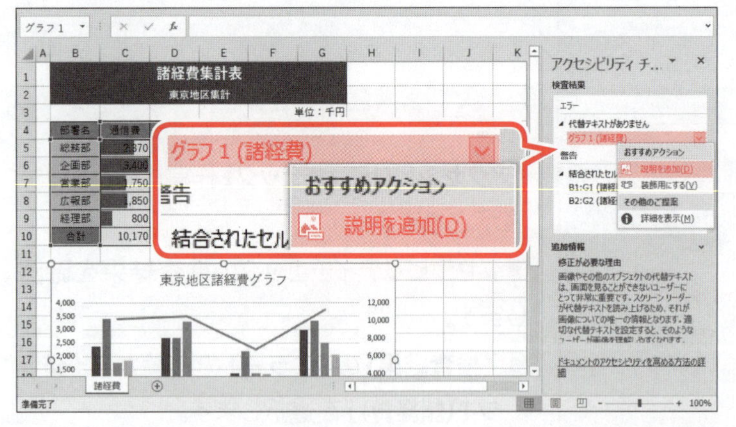

グラフに代替テキストを設定します。

①**《検査結果》**の**《エラー》**の一覧から**「グラフ1(諸経費)」**を選択します。

②［∨］をクリックします。

③**《おすすめアクション》**の**《説明を追加》**をクリックします。

《代替テキスト》作業ウィンドウが表示されます。

④《**代替テキスト**》作業ウィンドウのボックスに「**東京地区諸経費グラフ**」と入力します。

⑤《**代替テキスト**》作業ウィンドウの ×（閉じる）をクリックします。

《代替テキスト》作業ウィンドウ

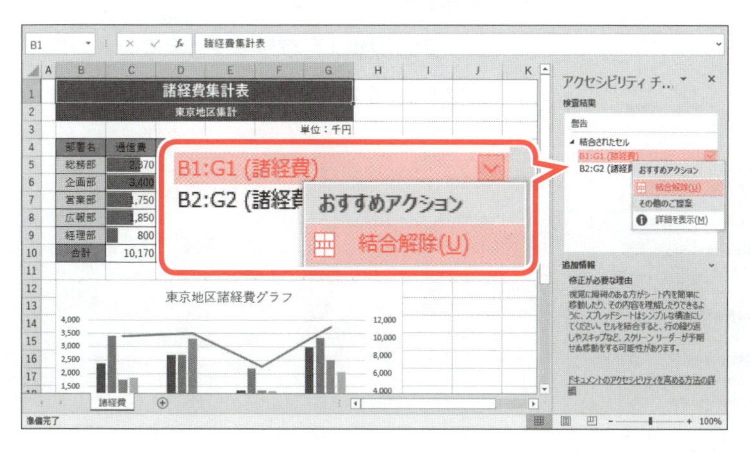

《アクセシビリティチェック》作業ウィンドウの《検査結果》の《エラー》の一覧から「**グラフ1（諸経費）**」がなくなります。

セル結合を解除します。

⑥《**検査結果**》の《**警告**》の一覧から「**B1:G1（諸経費）**」を選択します。

⑦ ∨ をクリックします。

⑧《**おすすめアクション**》の《**結合解除**》をクリックします。

⑨同様に、「**B2:G2（諸経費）**」の結合を解除します。

※セル範囲【B1:B2】の文字の配置を、左揃えにしておきましょう。

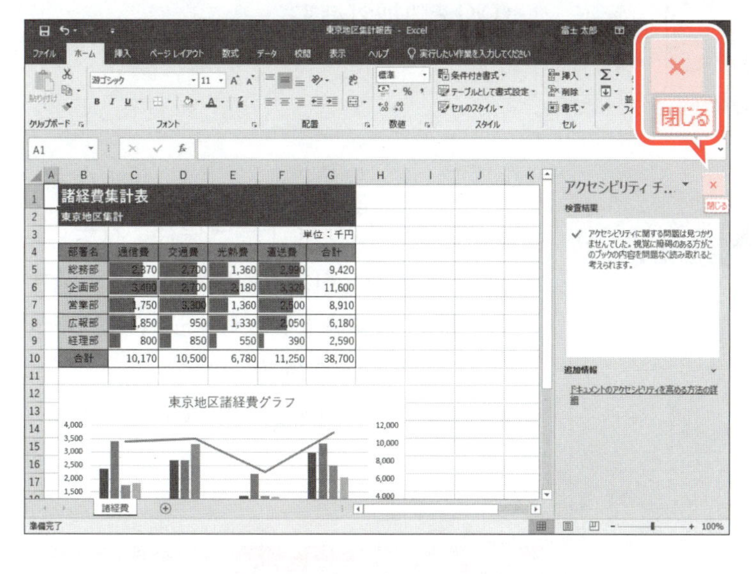

《アクセシビリティチェック》作業ウィンドウの《検査結果》の《警告》の一覧から「**結合されたセル**」がなくなります。

⑩《**アクセシビリティチェック**》作業ウィンドウの ×（閉じる）をクリックします。

STEP UP 選択範囲内で中央

セルを結合せずに複数のセル範囲の中央に文字列を配置できます。

選択範囲内で中央に文字列を配置する方法は、次のとおりです。

◆セル範囲を選択→《ホーム》タブ→《配置》グループの ⧉（配置の設定）→《配置》タブ→《横位置》の ∨ →《選択範囲内で中央》

Step5 ブックを最終版にする

1 最終版として保存

ブックを最終版にすると、ブックが読み取り専用になり、内容を変更できなくなります。
ブックが完成してこれ以上変更を加えない場合は、そのブックを最終版にしておくと、不用意に内容を書き替えたりデータを削除したりすることを防止できます。
ブックを最終版として保存しましょう。

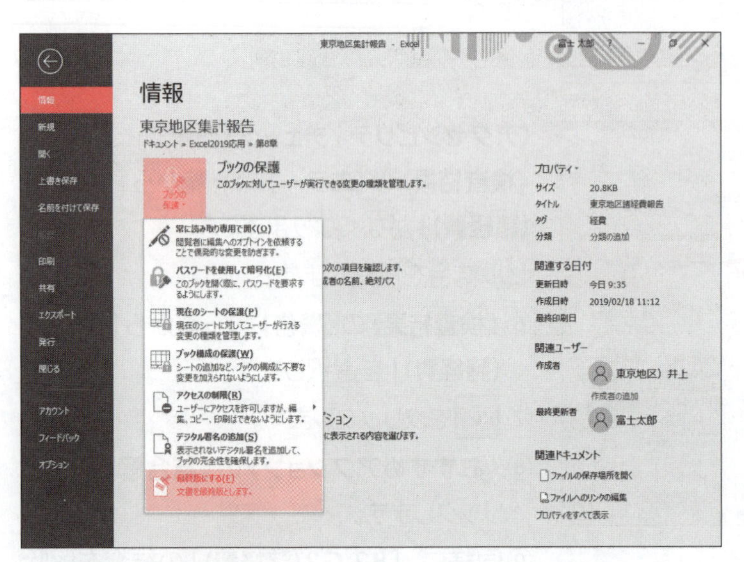

①《ファイル》タブを選択します。
②《情報》をクリックします。
③《ブックの保護》をクリックします。
④《最終版にする》をクリックします。

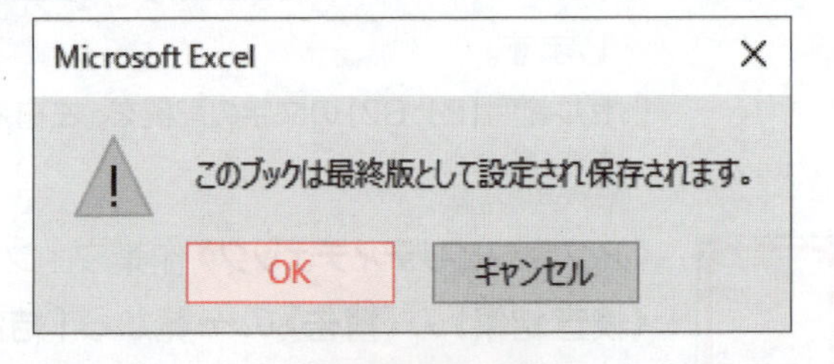

図のようなメッセージが表示されます。
⑤《OK》をクリックします。
※最終版に関するメッセージが表示される場合は、《OK》をクリックします。

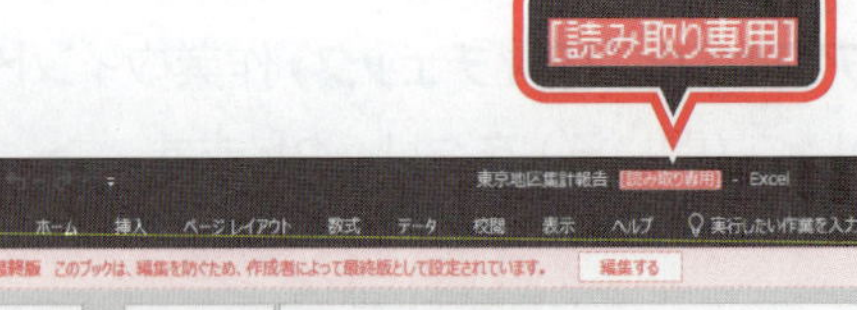

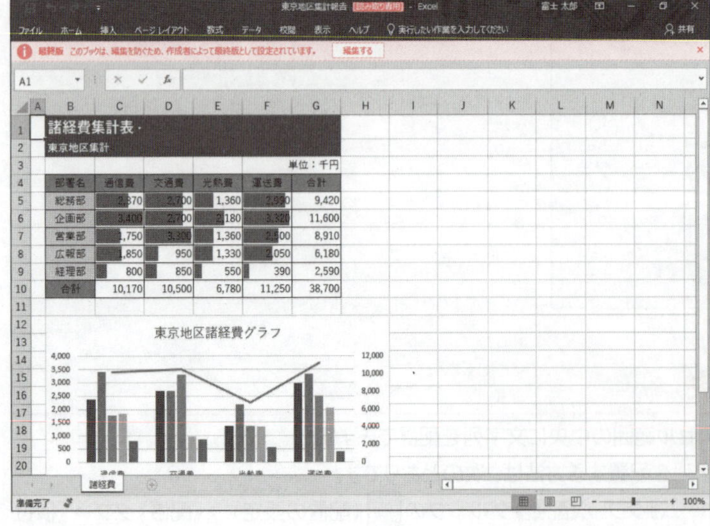

ブックが最終版として上書き保存されます。
⑥タイトルバーに《[読み取り専用]》と表示され、最終版を表すメッセージバーが表示されていることを確認します。
※ブック「東京地区集計報告」を閉じておきましょう。

POINT 最終版のブックの編集

最終版として保存したブックを編集できる状態に戻すには、メッセージバーの《編集する》をクリックします。

Step6 テンプレートとして保存する

1 テンプレートとして保存

「**テンプレート**」とは、あらかじめ必要な数式を入力したり書式を設定したりしたブックのひな型のことです。請求書や注文書など、繰り返し使う定型のブックをテンプレートとして保存しておくと、一部の内容を入力するだけで効率よくブックを作成できます。

1 テンプレートとして保存

ブックに必要なデータを入力し、「**注文書フォーム**」という名前を付けて、テンプレートとして保存しましょう。

File OPEN フォルダー「第8章」のブック「便利な機能」のシート「注文書」を開いておきましょう。

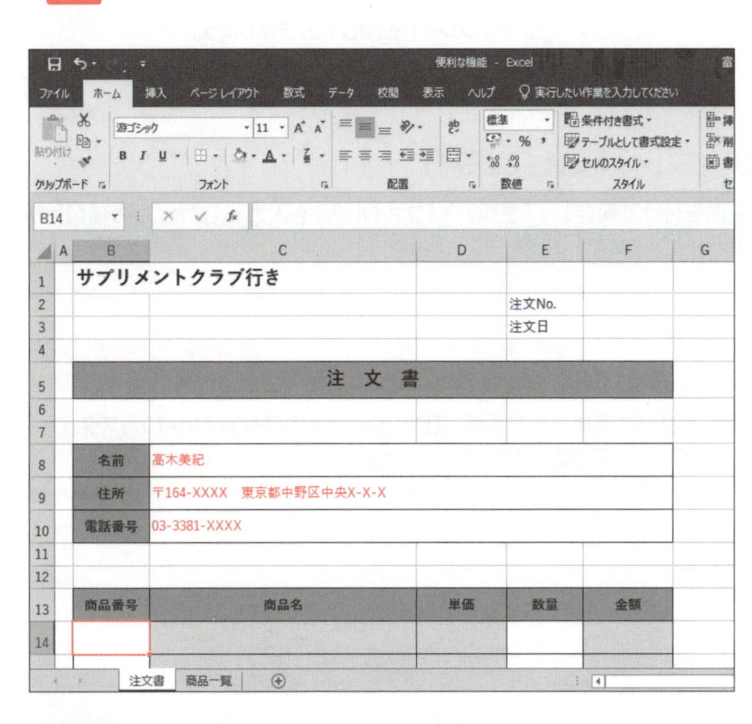

①図のようにデータを入力します。

※毎回変わらないデータは、入力しておくと効率的です。

セル【C8】	：	高木美紀
セル【C9】	：	〒164-XXXX 東京都中野区中央 X-X-X
セル【C10】	：	03-3381-XXXX

※「〒」は、「ゆうびん」と入力して変換します。

②セル**【B14】**をクリックします。

※テンプレートを利用するときに便利な位置にアクティブセルを合わせておくと効率的です。

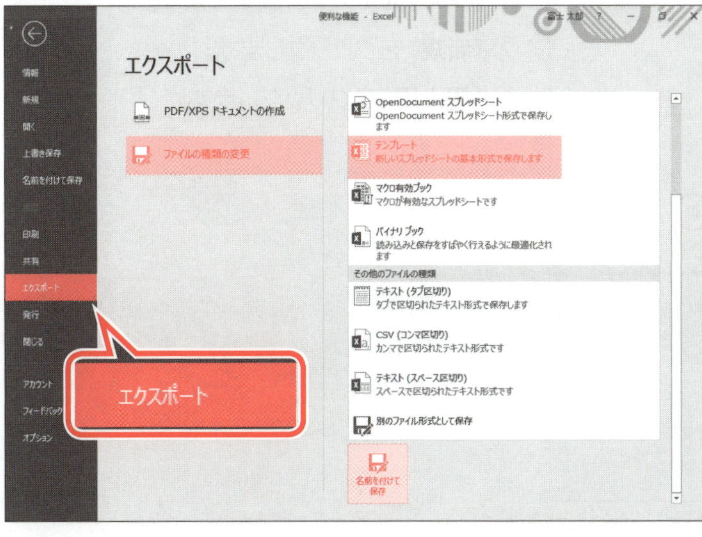

③**《ファイル》**タブを選択します。

④**《エクスポート》**をクリックします。

⑤**《ファイルの種類の変更》**をクリックします。

⑥**《ブックファイルの種類》**の**《テンプレート》**をクリックします。

⑦**《名前を付けて保存》**をクリックします。

※表示されていない場合は、スクロールして調整します。

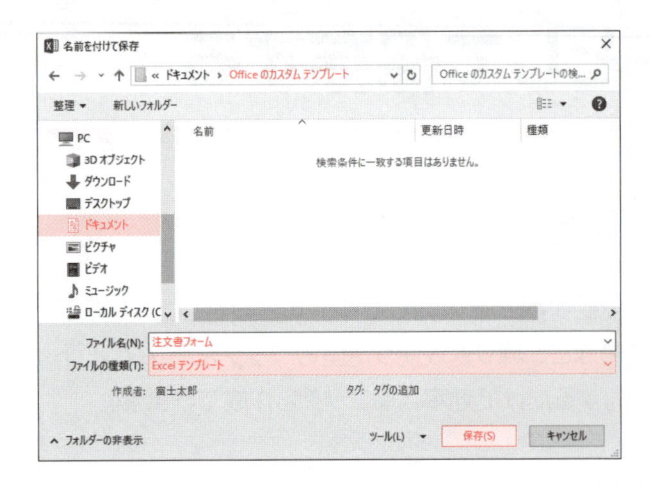

《名前を付けて保存》ダイアログボックスが表示されます。

保存先を指定します。

⑧左側の一覧から**《ドキュメント》**を選択します。

※《ドキュメント》が表示されていない場合は、《PC》をダブルクリックします。

⑨一覧から**《Officeのカスタムテンプレート》**を選択します。

⑩**《開く》**をクリックします。

⑪**《ファイル名》**に「**注文書フォーム**」と入力します。

⑫**《ファイルの種類》**が**《Excelテンプレート》**になっていることを確認します。

⑬**《保存》**をクリックします。

※テンプレートを閉じておきましょう。

STEP UP その他の方法(テンプレートとして保存)

◆《ファイル》タブ→《名前を付けて保存》→《参照》→《ファイル名》を入力→《ファイルの種類》の ☐ →《Excelテンプレート》→《保存》

POINT テンプレートの保存先

作成したテンプレートは、任意のフォルダーに保存できますが、《ドキュメント》内の《Officeのカスタムテンプレート》に保存すると、Excelのスタート画面から利用できるようになります。

2 テンプレートの利用

テンプレートを利用するには、テンプレートをもとに新しいブックを作成します。

テンプレート「**注文書フォーム**」を使って、新しいブックを作成しましょう。

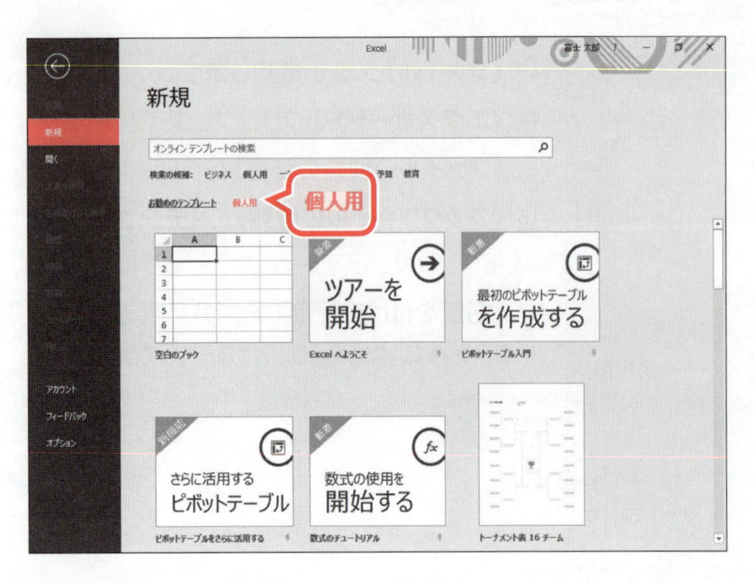

①**《ファイル》**タブを選択します。

②**《新規》**をクリックします。

③**《個人用》**をクリックします。

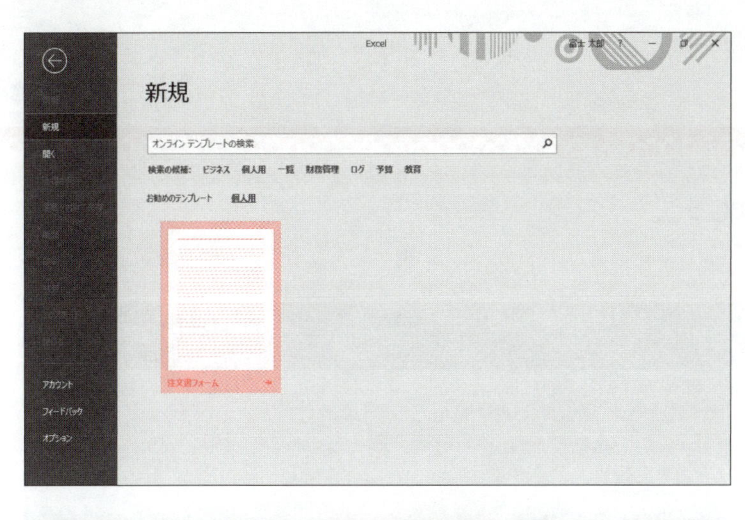

個人用のテンプレートが表示されます。

④**「注文書フォーム」**をクリックします。

テンプレート**「注文書フォーム」**が新しいブックにコピーされ、**「注文書フォーム1」**として開かれます。

※ブックを保存せずに閉じておきましょう。

POINT テンプレートの削除

自分で作成したテンプレートは削除することができます。
作成したテンプレートを削除する方法は、次のとおりです。

◆タスクバーの （エクスプローラー）→《PC》→《ドキュメント》→《Officeのカスタムテンプレート》→作成したテンプレートを選択→ Delete

STEP UP 既存のテンプレート

Excelにはあらかじめいくつかのテンプレートが用意されています。
既存のテンプレートをもとに新しいブックを開く方法は、次のとおりです。

◆《ファイル》タブ→《新規》→《お勧めのテンプレート》→一覧から選択→《作成》

STEP UP インターネット上のテンプレート

インターネットのホームページに公開されているテンプレートを利用できます。
インターネット上のテンプレートを利用する方法は、次のとおりです。

◆《ファイル》タブ→《新規》→《オンラインテンプレートの検索》にキーワードを入力→ （検索の開始）→一覧から選択→《作成》

※インターネットに接続できる環境が必要です。

練習問題

解答 ▶ 別冊P.9

完成図のような表を作成しましょう。

●完成図

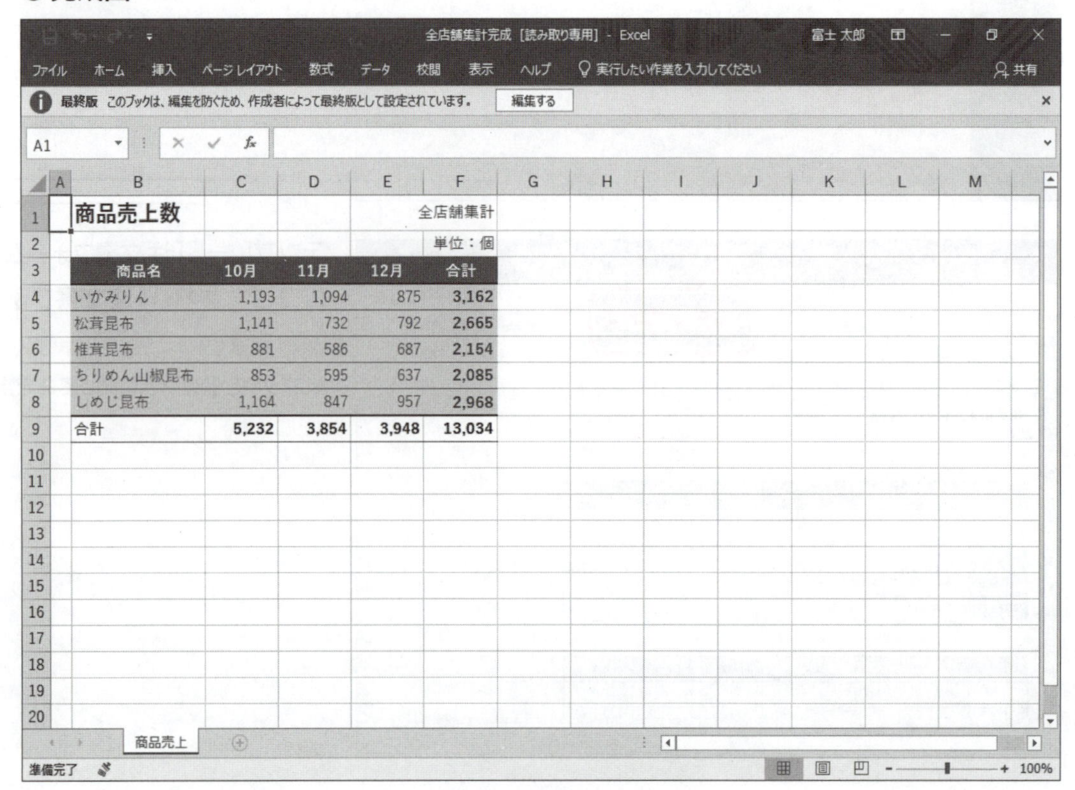

① フォルダー「**第8章**」のフォルダー「**第8章練習問題**」にあるブック「**駅ビル売店**」「**城下公園売店**」「**植物園売店**」「**全店舗集計**」を一度に開きましょう。

② 開いた4つのブックを並べて表示しましょう。

③ ブック「**全店舗集計**」のセル【**C4**】に、ブック「**駅ビル売店**」「**城下公園売店**」「**植物園売店**」のセル【**C4**】の商品売上数の合計を表示しましょう。

④ ブック「**全店舗集計**」のセル【**C4**】の数式を、セル範囲【**C4：E8**】にコピーしましょう。

※ブック「全店舗集計」に「全店舗集計完成」と名前を付けて、フォルダー「第8章」のフォルダー「第8章練習問題」に保存し、その他のブックは保存せずに閉じておきましょう。ウィンドウを最大化し、リボンを展開しておきましょう。

⑤ ブック「**全店舗集計完成**」のプロパティに、次の情報を設定しましょう。

タイトル	**：**	**全店舗商品売上数集計（10月～12月）**
会社名	**：**	**明野フーズ株式会社**

⑥ ブック「**全店舗集計完成**」を最終版として保存しましょう。

※ブックを閉じておきましょう。

総合問題

Exercise

総合問題1

解答 ► 別冊P.10

完成図のような表を作成しましょう。

フォルダー「総合問題」のブック「総合問題1」を開いておきましょう。

●完成図

入社試験

●面接点

ランク	SA	A	B	C	D
点数	100	80	60	40	20

●得点配分

筆記試験	40%
面接試験	60%

No.	氏名	筆記試験 一般常識	論文	筆記小計	面接試験 面接官A評価	面接官A点数	面接官B評価	面接官B点数	面接小計	総合点	順位	結果
1	赤坂　拓郎	87	80	167	B	60	B	60	120	139	8	合格
2	市川　浩太	57	90	147	C	40	D	20	60	95	19	不合格
3	大橋　弥生	68	50	118	C	40	B	60	100	107	17	不合格
4	北川　翔	94	40	134	D	20	A	80	100	114	14	不合格
5	栗林　良子	81	90	171	A	80	C	40	120	140	7	合格
6	近藤　信太郎	73	70	143	C	40	D	20	60	93	20	不合格
7	里山　仁	67	70	137	C	40	C	40	80	103	18	不合格
8	城田　杏子	79	80	159	A	80	B	60	140	148	6	合格
9	瀬川　翔太	57	30	87	D	20	C	40	60	71	23	不合格
10	田之上　慶介	97	80	177	B	60	A	80	140	155	3	合格
11	築山　和明	77	80	157	D	20	B	60	80	111	15	不合格
12	時岡　かおり	85	40	125	C	40	B	60	100	110	16	不合格
13	中野　修一郎	61	70	131	D	20	D	20	40	76	22	不合格
14	西本　紀子	69	70	139	SA	100	A	80	180	164	1	合格
15	野村　幹夫	79	90	169	C	40	B	60	100	128	9	再考
16	袴田　吾郎	81	90	171	C	40	C	40	80	116	13	不合格
17	東野　徹	79	60	139	C	40	D	20	60	92	21	不合格
18	保科　真治	78	100	178	A	80	B	60	140	155	3	合格
19	町田　優	89	70	159	B	60	C	40	100	124	10	再考
20	村岡　夏美	86	80	166	B	60	A	80	140	150	5	合格
21	桃山　俊也	51	60	111	D	20	D	20	40	68	24	不合格
22	山木　剛史	79	80	159	B	60	C	40	100	124	10	再考
23	吉谷　健次郎	80	80	160	C	40	B	60	100	124	10	再考
24	渡辺　文恵	82	100	182	A	80	B	60	140	157	2	合格

第1次試験

入社試験

●面接点

ランク	SA	A	B	C	D
点数	100	80	60	40	20

●得点配分

筆記試験	40%
面接試験	60%

No.	氏名	筆記試験 一般常識	論文	筆記小計	面接試験 面接官A評価	面接官A点数	面接官B評価	面接官B点数	面接小計	総合点	順位	結果
10	田之上　慶介	97	80	177	B	60	A	80	140	155	3	合格
14	西本　紀子	69	70	139	SA	100	A	80	180	164	1	合格
18	保科　真治	78	100	178	A	80	B	60	140	155	3	合格
24	渡辺　文恵	82	100	182	A	80	B	60	140	157	2	合格

第1次試験

①セル【H7】に、セル【G7】の**「面接官A評価」**に対応する**「面接官A点数」**を表示する数式を入力しましょう。2～3行目にある**「●面接点」**の表を参照します。
次に、セル【H7】の数式をコピーして、**「面接官A点数」**欄を完成させましょう。

②セル【J7】に、セル【I7】の**「面接官B評価」**に対応する**「面接官B点数」**を表示する数式を入力しましょう。2～3行目にある**「●面接点」**の表を参照します。
次に、セル【J7】の数式をコピーして、**「面接官B点数」**欄を完成させましょう。

③セル【L7】に、表の1人目の**「総合点」**を表示する数式を入力しましょう。
「総合点」は、**「筆記小計×筆記試験の得点配分+面接小計×面接試験の得点配分」**で求めます。なお、**「総合点」**の小数点以下は四捨五入します。
次に、セル【L7】の数式をコピーして、**「総合点」**欄を完成させましょう。

④セル【M7】に、表の1人目の**「順位」**を表示する数式を入力しましょう。**「総合点」**が高い順に**「1」「2」「3」**・・・と順位を付けます。
次に、セル【M7】の数式をコピーして、**「順位」**欄を完成させましょう。

⑤セル【N7】に、セル【L7】の**「総合点」**に対しての**「結果」**を表示する数式を入力しましょう。
次の条件に基づいて、文字列を表示します。

「総合点」が130以上であれば「合格」、120以上であれば「再考」、そうでなければ「不合格」

次に、セル【N7】の数式をコピーして、**「結果」**欄を完成させましょう。

⑥**「面接官A評価」**欄と**「面接官B評価」**欄に、セルの値が**「SA」**または**「A」**の場合、**「濃い黄色の文字、黄色の背景」**の書式を設定しましょう。

⑦**「総合点」**欄で上位20%のセルに、**「濃い緑の文字、緑の背景」**の書式を設定しましょう。

⑧セル範囲【B6:N30】をテーブルに変換しましょう。テーブルスタイルは適用しないこと。

⑨**「総合点」**欄でフォントの色が緑色のレコードを抽出しましょう。

Hint! ▼→《色フィルター》を使います。

※ブックに「総合問題1完成」と名前を付けて、フォルダー「総合問題」に保存し、閉じておきましょう。

総合問題2

解答 ► 別冊P.12

完成図のような表とグラフィックを作成しましょう。

※設定する項目名が一覧にない場合は、任意の項目を選択してください。

フォルダー「総合問題」のブック「総合問題2」のシート「セミナー開催状況」を開いておきましょう。

※アクティブシートを切り替えて、各シートの内容を確認しておきましょう。

●完成図

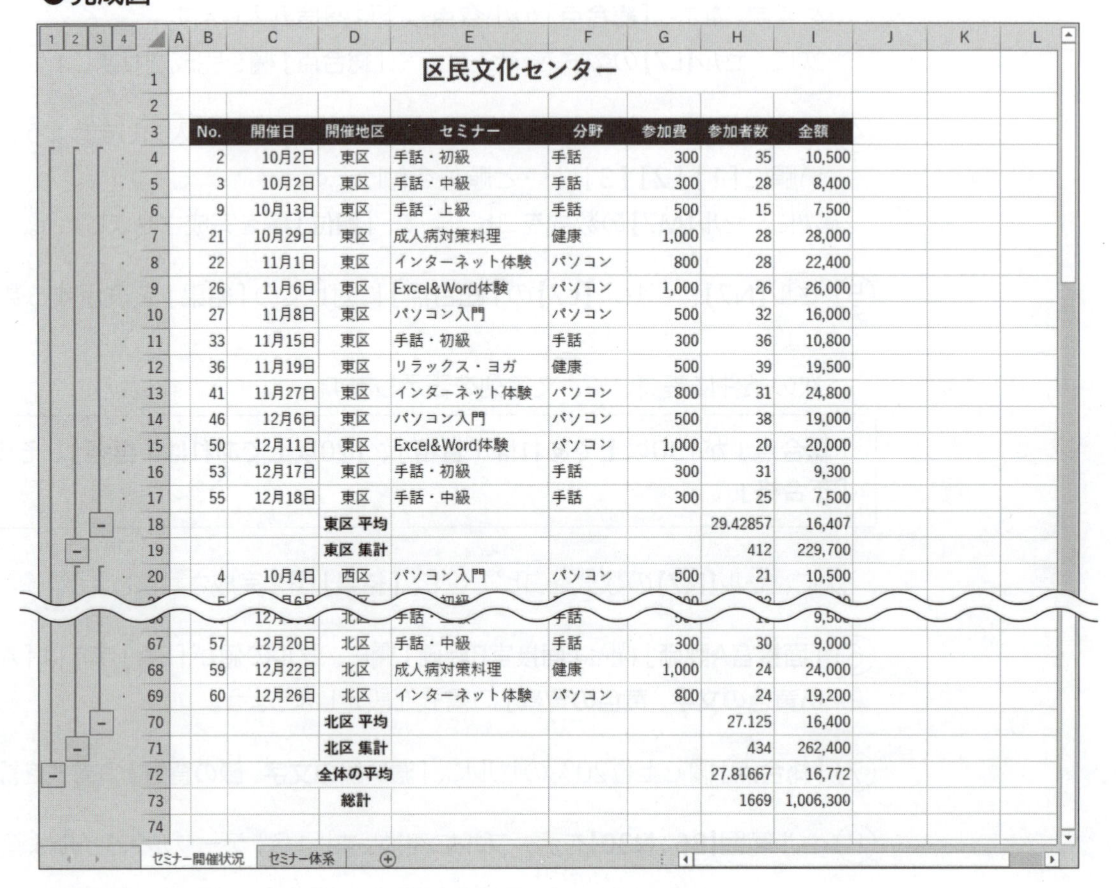

区民文化センター

No.	開催日	開催地区	セミナー	分野	参加費	参加者数	金額
2	10月2日	東区	手話・初級	手話	300	35	10,500
3	10月2日	東区	手話・中級	手話	300	28	8,400
9	10月13日	東区	手話・上級	手話	500	15	7,500
21	10月29日	東区	成人病対策料理	健康	1,000	28	28,000
22	11月1日	東区	インターネット体験	パソコン	800	28	22,400
26	11月6日	東区	Excel&Word体験	パソコン	1,000	26	26,000
27	11月8日	東区	パソコン入門	パソコン	500	32	16,000
33	11月15日	東区	手話・初級	手話	300	36	10,800
36	11月19日	東区	リラックス・ヨガ	健康	500	39	19,500
41	11月27日	東区	インターネット体験	パソコン	800	31	24,800
46	12月6日	東区	パソコン入門	パソコン	500	38	19,000
50	12月11日	東区	Excel&Word体験	パソコン	1,000	20	20,000
53	12月17日	東区	手話・初級	手話	300	31	9,300
55	12月18日	東区	手話・中級	手話	300	25	7,500
		東区 平均				29.42857	16,407
		東区 集計				412	229,700
4	10月4日	西区	パソコン入門	パソコン	500	21	10,500
57	12月20日	北区	手話・中級	手話	300	30	9,000
59	12月22日	北区	成人病対策料理	健康	1,000	24	24,000
60	12月26日	北区	インターネット体験	パソコン	800	24	19,200
		北区 平均				27.125	16,400
		北区 集計				434	262,400
		全体の平均				27.81667	16,772
		総計				1669	1,006,300

セミナー開催状況　セミナー体系

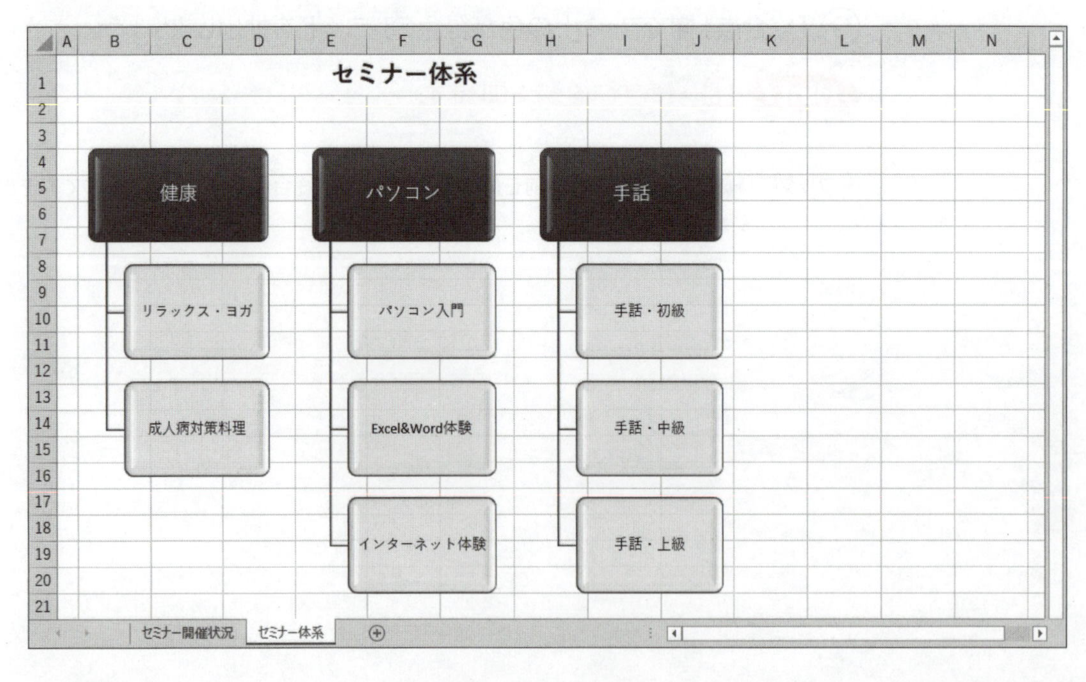

①「**開催地区**」ごとにレコードを並べ替えましょう。「**東区**」「**西区**」「**南区**」「**北区**」の順番にします。

Hint! 《データ》タブ→《並べ替えとフィルター》グループの（並べ替え）→《順序》の→《ユーザー設定リスト》を使います。

②「**開催地区**」ごとに「**参加者数**」と「**金額**」を合計する集計行を追加しましょう。

③「**開催地区**」ごとに「**参加者数**」と「**金額**」を平均する集計行を追加しましょう。

④シート「**セミナー体系**」に切り替えて、SmartArtグラフィックの「**階層リスト**」を挿入し、完成図を参考に位置とサイズを調整しましょう。

Hint! 「階層リスト」は《階層構造》カテゴリに分類されています。

⑤テキストウィンドウを表示し、次のように箇条書きの項目を入力しましょう。

- **健康**
  - **リラックス・ヨガ**
  - **成人病対策料理**
- **パソコン**
  - **パソコン入門**
  - **Excel&Word体験**
  - **インターネット体験**
- **手話**
  - **手話・初級**
  - **手話・中級**
  - **手話・上級**

⑥SmartArtグラフィックのスタイルを次のように設定しましょう。

色	**：**	**塗りつぶし - 濃色2**
スタイル	**：**	**凹凸**

⑦SmartArtグラフィックのすべての文字列のフォントサイズを「**10.5**」ポイントに変更しましょう。
次に、上側の3つの図形の文字列だけ、「**14**」ポイントに変更しましょう。

※ブックに「総合問題2完成」と名前を付けて、フォルダー「総合問題」に保存し、閉じておきましょう。

総合問題3

解答 ► 別冊P.13

完成図のようなピボットテーブルとピボットグラフを作成しましょう。
※設定する項目名が一覧にない場合は、任意の項目を選択してください。

フォルダー「総合問題」のブック「総合問題3」を開いておきましょう。

●完成図

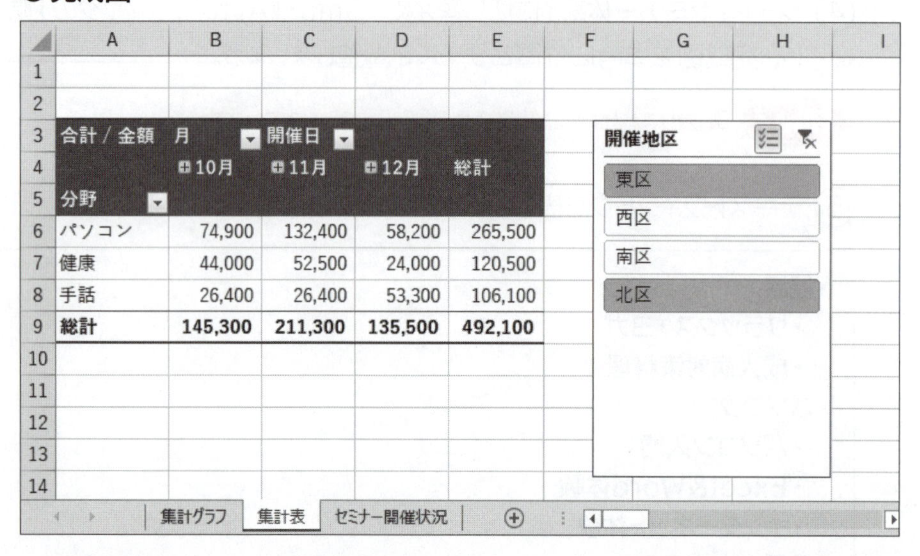

合計 / 金額	月 / 開催日			
	10月	11月	12月	総計
分野				
パソコン	74,900	132,400	58,200	265,500
健康	44,000	52,500	24,000	120,500
手話	26,400	26,400	53,300	106,100
総計	**145,300**	**211,300**	**135,500**	**492,100**

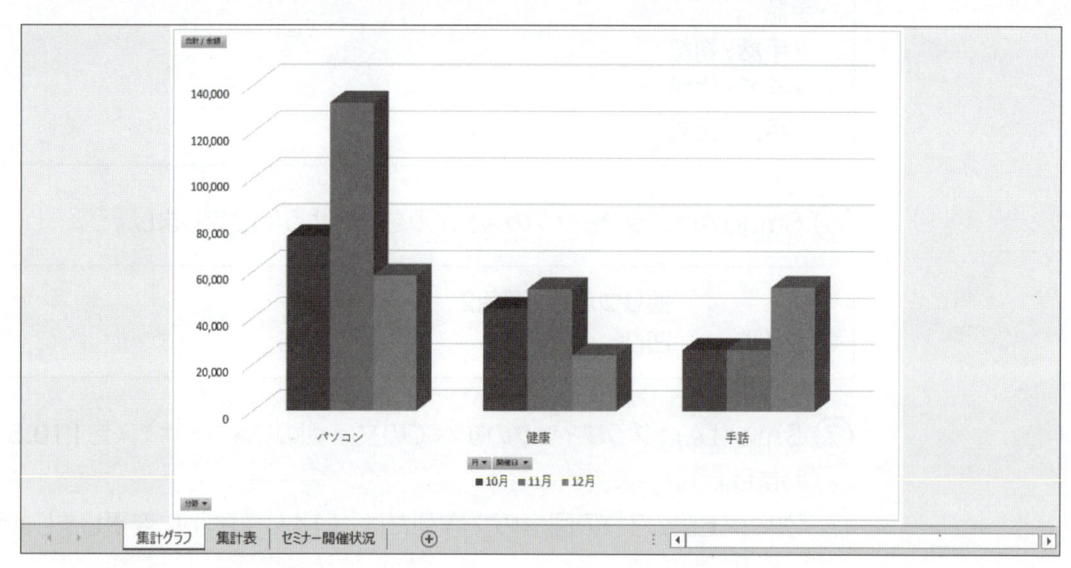

① 表のデータをもとに、次の設定でピボットテーブルを作成しましょう。
ピボットテーブルは新しいシートに作成し、シートの名前は**「集計表」**にします。

行ラベルエリア	**：**	**セミナー**
列ラベルエリア	**：**	**開催日**
値エリア	**：**	**金額**

② ピボットテーブルの行ラベルエリアを**「セミナー」**から**「分野」**に変更しましょう。

③ ピボットテーブルの**「金額」**に3桁区切りのカンマを付けましょう。

④ ピボットテーブルスタイルを**「薄い青,ピボットスタイル(中間)9」**に変更しましょう。

⑤ ピボットテーブルのレイアウトを**「表形式」**に変更しましょう。

⑥ **「開催地区」**のスライサーを表示して、**「開催地区」**を**「東区」**と**「北区」**に絞り込んで集計結果を表示しましょう。

⑦ ピボットテーブルをもとに、ピボットグラフを作成しましょう。
グラフの種類は**「3-D集合縦棒」**にします。

⑧ シート上のグラフをグラフシートに移動しましょう。
シートの名前は**「集計グラフ」**にします。

⑨ グラフエリアのフォントサイズを**「12」**ポイントに変更しましょう。

⑩ グラフの凡例がグラフの下に表示されるように設定しましょう。

※ブックに「総合問題3完成」と名前を付けて、フォルダー「総合問題」に保存し、閉じておきましょう。

総合問題4

解答 ► 別冊P.13

完成図のような表を作成しましょう。

フォルダー「総合問題」のブック「総合問題4」のシート「見積書」を開いておきましょう。

※アクティブシートを切り替えて、各シートの内容を確認しておきましょう。

●完成図

見積No.000382
平成31年03月01日

御見積書

富士山百貨店株式会社御中

FOMファニチャー株式会社
〒167-XXXX
東京都杉並区天沼3－X－X
キャシービル15F
TEL 03-5401-XXXX
FAX 03-5401-XXXX

納品期日：ご注文後1週間以内
納入場所：貴社指定のとおり
取引方法：月末〆翌月末払い
御見積有効期限：発行後2週間

下記の通り御見積申し上げます。

御見積金額合計　109,587円

No.	型名	商品名	単価	数量	金額	備考
1	1060	オリエンタルシリーズ・ダイニングテーブル	78,800	1	78,800	
2	3030	天使シリーズ・チャイルドチェア	9,900	3	29,700	
3	3040	天使シリーズ・チャイルドトイボックス	3,990	3	11,970	
4						
5						
6						
7						
8						
9						
10						

小計		120,470
値引き	15%	19,000
値引き後合計		101,470
消費税	8%	8,117
総計		109,587

見積書　商品一覧

① セル【H1】の「**382**」が「**見積No.000382**」と表示されるように、表示形式を設定しましょう。

② セル【H2】の「**2019/3/1**」が「**平成31年03月01日**」と表示されるように、表示形式を設定しましょう。

③ セル【B5】の「**富士山百貨店株式会社**」が「**富士山百貨店株式会社御中**」と表示されるように、表示形式を設定しましょう。

④ セル範囲【B8：B11】の文字列をそれぞれセル内で均等に割り付けましょう。

Hint! 《ホーム》タブ→《配置》グループの (配置の設定)→《配置》タブ→《横位置》を使います。

⑤ セル【C19】の「**型名**」に対応する「**商品名**」をセル【D19】に、「**単価**」をセル【E19】に表示する数式を入力しましょう。
シート「**商品一覧**」の表を参照し、「**型名**」が入力されていない場合でもエラーが表示されないようにします。
次に、セル【D19】と【E19】の数式をコピーして、「**商品名**」と「**単価**」の欄を完成させましょう。

⑥ 「**単価**」欄に3桁区切りのカンマを付けましょう。

⑦ セル【G19】に、「**金額**」を表示する数式を入力しましょう。
「**金額**」は、「**単価×数量**」で求めます。
「**数量**」が入力されていないときは、「**金額**」には何も表示されないようにします。
次に、セル【G19】の数式をコピーして、「**金額**」欄を完成させましょう。

⑧ セル【G30】の数式を、百の位以下を切り上げて表示されるように編集しましょう。

⑨ セル【G32】の数式を、小数点以下を切り捨てるように編集しましょう。

⑩ ドキュメント検査を行ってすべての項目を検査し、検査結果からコメントを削除しましょう。

※ブックに「総合問題4完成」と名前を付けて、フォルダー「総合問題」に保存し、閉じておきましょう。

総合問題5

解答 ► 別冊P.16

完成図のような表を作成しましょう。

フォルダー「総合問題」のブック「総合問題5」のシート「見積書」を開いておきましょう。

※アクティブシートを切り替えて、各シートの内容を確認しておきましょう。

●完成図

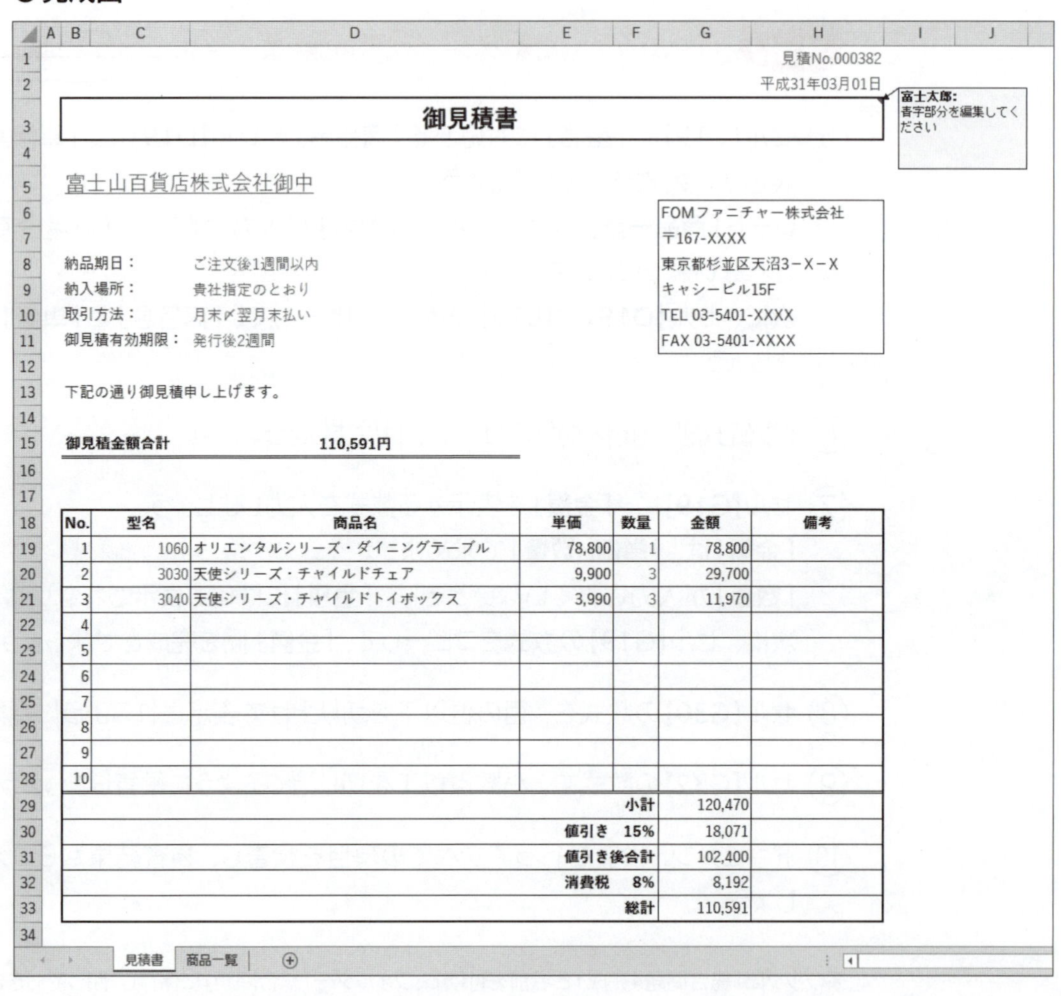

見積No.000382
平成31年03月01日

富士太郎:
書字部分を編集してください

御見積書

富士山百貨店株式会社御中

FOMファニチャー株式会社
〒167-XXXX
東京都杉並区天沼3−X−X
キャシービル15F
TEL 03-5401-XXXX
FAX 03-5401-XXXX

納品期日：　ご注文後1週間以内
納入場所：　貴社指定のとおり
取引方法：　月末〆翌月末払い
御見積有効期限：　発行後2週間

下記の通り御見積申し上げます。

御見積金額合計　110,591円

No.	型名	商品名	単価	数量	金額	備考
1	1060	オリエンタルシリーズ・ダイニングテーブル	78,800	1	78,800	
2	3030	天使シリーズ・チャイルドチェア	9,900	3	29,700	
3	3040	天使シリーズ・チャイルドトイボックス	3,990	3	11,970	
4						
5						
6						
7						
8						
9						
10						
				小計	120,470	
				値引き　15%	18,071	
				値引き後合計	102,400	
				消費税　8%	8,192	
				総計	110,591	

見積書　商品一覧

①セル【B5】、セル範囲【D8：D11】を入力する際、日本語入力モードがオンになるように、入力規則を設定しましょう。

②セル【B3】に「**青字部分を編集してください**」というコメントを挿入しましょう。

③セル【B3】のコメントが常に表示されるように設定しましょう。

Hint! 《校閲》タブ→《コメント》グループを使います。

④シートの枠線を非表示にしましょう。

Hint! 《表示》タブ→《表示》グループを使います。

⑤ブックのプロパティに、次の情報を設定しましょう。

タイトル	**：**	**御見積書**
作成者	**：**	**FOMファニチャー）木下**

⑥次のセル範囲のロックを解除し、シート「**見積書**」を保護しましょう。

セル範囲【H1：H2】
セル【B5】
セル範囲【D8：D11】
セル範囲【C19：C28】
セル範囲【F19：F28】
セル範囲【H19：H33】

⑦ブックに「**FOM見積書**」という名前を付けて、テンプレートとして保存しましょう。次に、ブックを閉じましょう。

⑧テンプレート「**FOM見積書**」をもとに新しいブックを開きましょう。

※ブックを保存せずに閉じておきましょう。

総合問題6

解答 ▶ 別冊P.17

完成図のような表とグラフィックを作成しましょう。
※設定する項目名が一覧にない場合は、任意の項目を選択してください。

フォルダー「総合問題」のブック「総合問題6」を開いておきましょう。

●完成図

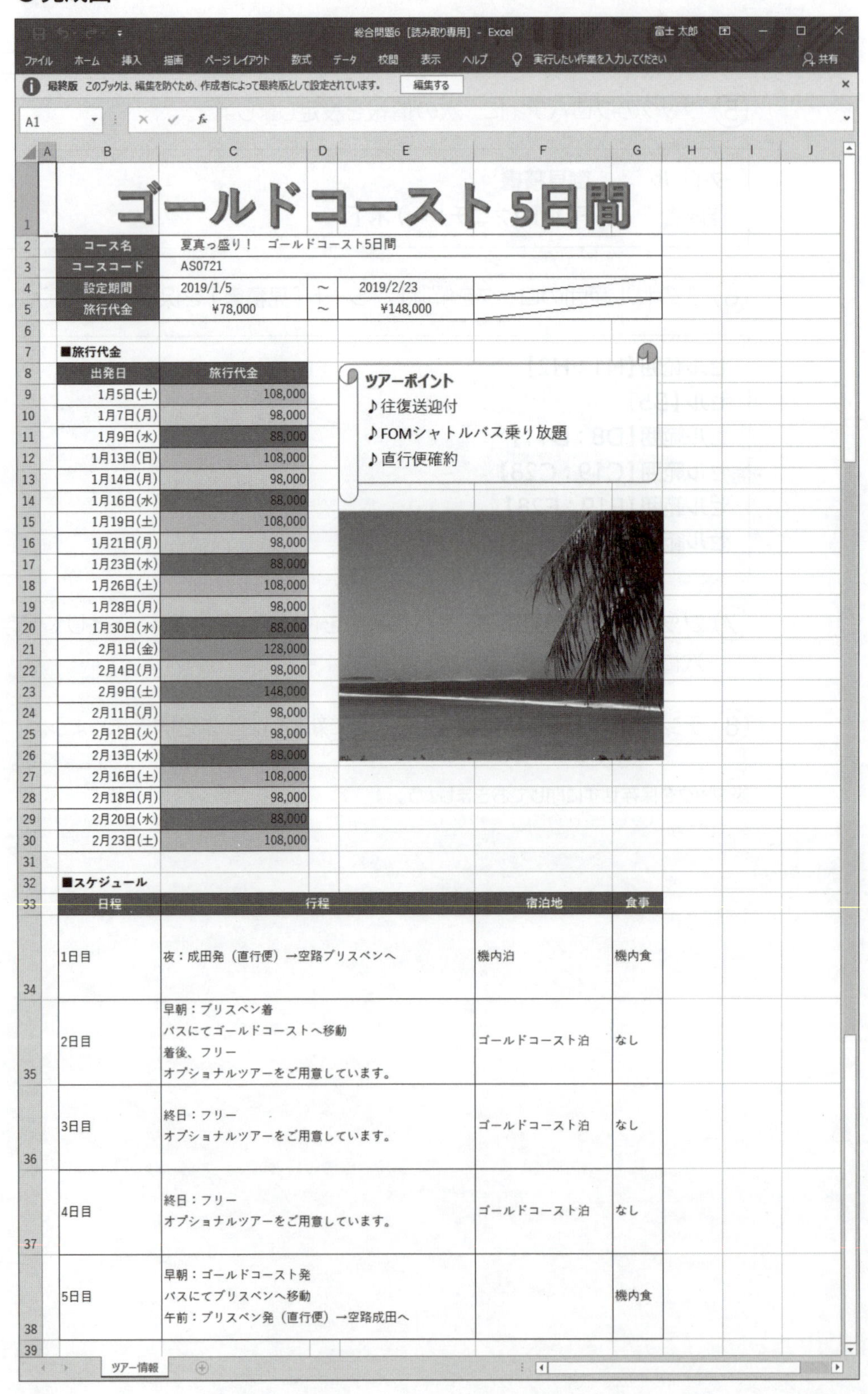

ゴールドコースト 5日間

コース名	夏真っ盛り！ ゴールドコースト5日間		
コースコード	AS0721		
設定期間	2019/1/5	～	2019/2/23
旅行代金	¥78,000	～	¥148,000

■旅行代金

出発日	旅行代金
1月5日(土)	108,000
1月7日(月)	98,000
1月9日(水)	88,000
1月13日(日)	108,000
1月14日(月)	98,000
1月16日(水)	88,000
1月19日(土)	108,000
1月21日(月)	98,000
1月23日(水)	88,000
1月26日(土)	108,000
1月28日(月)	98,000
1月30日(水)	88,000
2月1日(金)	128,000
2月4日(月)	98,000
2月9日(土)	148,000
2月11日(月)	98,000
2月12日(火)	98,000
2月13日(水)	88,000
2月16日(土)	108,000
2月18日(月)	98,000
2月20日(水)	88,000
2月23日(土)	108,000

■スケジュール

日程	行程	宿泊地	食事
1日目	夜：成田発（直行便）→空路ブリスベンへ	機内泊	機内食
2日目	早朝：ブリスベン着 バスにてゴールドコーストへ移動 着後、フリー オプショナルツアーをご用意しています。	ゴールドコースト泊	なし
3日目	終日：フリー オプショナルツアーをご用意しています。	ゴールドコースト泊	なし
4日目	終日：フリー オプショナルツアーをご用意しています。	ゴールドコースト泊	なし
5日目	早朝：ゴールドコースト発 バスにてブリスベンへ移動 午前：ブリスベン発（直行便）→空路成田へ		機内食

① セル範囲【C9：C30】の「**旅行代金**」を「**緑、黄、赤のカラースケール**」で表示しましょう。

② ワードアートを使って、タイトル「**ゴールドコースト 5日間**」を作成しましょう。
ワードアートスタイルは、「**塗りつぶし(パターン)：青、アクセントカラー1、50%；影(ぼかしなし)：青、アクセントカラー1**」にします。

Hint! 《挿入》タブ→《テキスト》グループの（ワードアートの挿入）を使います。

③ ワードアートのフォントサイズを「**44**」ポイントに変更し、完成図を参考に位置を調整しましょう。

④ 図形「**スクロール：横**」を作成し、完成図を参考に位置とサイズを調整しましょう。

⑤ 図形のスタイルを「**枠線のみ-青、アクセント1**」に変更しましょう。

⑥ 図形に次の文字列を追加しましょう。

> **ツアーポイント** Enter
> **♪往復送迎付** Enter
> **♪FOMシャトルバス乗り放題** Enter
> **♪直行便確約**

Hint! 「♪」は「おんぷ」と入力して変換します。

⑦ 図形内のすべての文字列に、次の書式を設定しましょう。

> **フォントサイズ　：　14ポイント**

次に、図形内の文字列「**ツアーポイント**」に、次の書式を設定しましょう。

> **フォント　：　Meiryo UI**
> **フォントの色：　青、アクセント1**
> **太字**

⑧ 画像「**イメージ写真**」を挿入し、完成図を参考に、位置とサイズを調整しましょう。
画像「**イメージ写真**」は、《**ドキュメント**》のフォルダー「**Excel2019応用**」のフォルダー「**総合問題**」にあります。

Hint! 《挿入》タブ→《図》グループの（ファイルから）を使います。

⑨ ブックを最終版として保存しましょう。

※ブックを閉じておきましょう。

総合問題7

解答 ▶ 別冊P.18

完成図のような表を作成しましょう。

※設定する項目名が一覧にない場合は、任意の項目を選択してください。

フォルダー「総合問題」のブック「総合問題7」を開いておきましょう。

●完成図

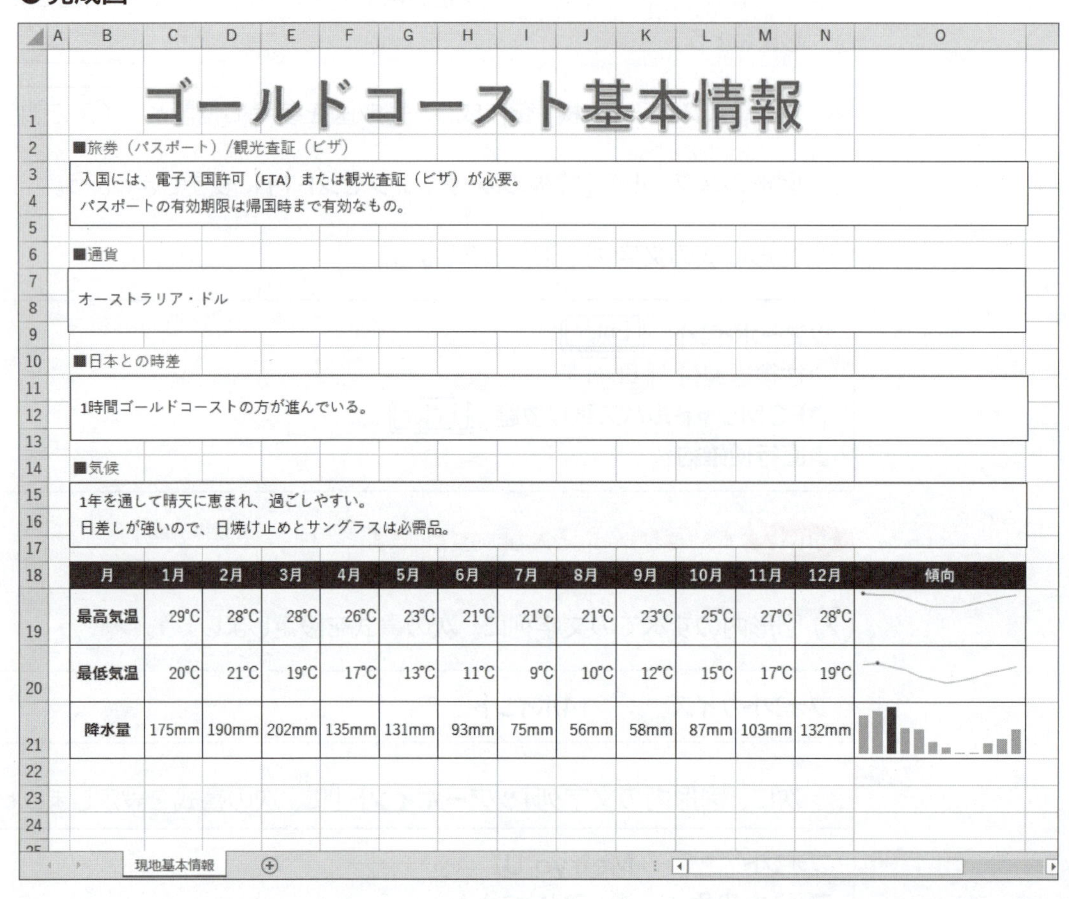

ゴールドコースト基本情報

■旅券（パスポート）/観光査証（ビザ）

入国には、電子入国許可（ETA）または観光査証（ビザ）が必要。
パスポートの有効期限は帰国時まで有効なもの。

■通貨

オーストラリア・ドル

■日本との時差

1時間ゴールドコーストの方が進んでいる。

■気候

1年を通して晴天に恵まれ、過ごしやすい。
日差しが強いので、日焼け止めとサングラスは必需品。

月	1月	2月	3月	4月	5月	6月	7月	8月	9月	10月	11月	12月	傾向
最高気温	29℃	28℃	28℃	26℃	23℃	21℃	21℃	21℃	23℃	25℃	27℃	28℃	
最低気温	20℃	21℃	19℃	17℃	13℃	11℃	9℃	10℃	12℃	15℃	17℃	19℃	
降水量	175mm	190mm	202mm	135mm	131mm	93mm	75mm	56mm	58mm	87mm	103mm	132mm	

現地基本情報

① 完成図を参考に、**「■旅券(パスポート)/観光査証(ビザ)」**の下に横書きのテキストボックスを作成し、次のように文字列を表示しましょう。

入国には、電子入国許可(ETA)または観光査証(ビザ)が必要。 パスポートの有効期限は帰国時まで有効なもの。

② 作成したテキストボックスに、次の書式を設定しましょう。

図形の枠線　：　黒、テキスト1 文字列の配置　：　上下中央揃え

③ 完成図を参考に、①で作成したテキストボックスを3つコピーしましょう。

④ 完成図を参考に、コピーしたテキストボックスの文字列を次のように変更しましょう。

オーストラリア・ドル

1時間ゴールドコーストの方が進んでいる。

1年を通して晴天に恵まれ、過ごしやすい。 日差しが強いので、日焼け止めとサングラスは必需品。

⑤ セル範囲**【C19:N20】**が**「○℃」**と表示されるように、表示形式を設定しましょう。

Hint! 「℃」は「たんい」または「ど」と入力して変換します。

⑥ セル範囲**【C21:N21】**が**「○mm」**と表示されるように、表示形式を設定しましょう。

⑦ セル範囲**【O19:O21】**に最高気温、最低気温、降水量の折れ線スパークラインを作成しましょう。

⑧ 降水量の折れ線スパークラインを縦棒スパークラインに変更しましょう。

Hint! 折れ線スパークラインはグループ化されているので、グループ解除(グループ解除)を使ってグループ化を解除します。

⑨ 最高気温と最低気温のスパークラインの最大値をすべて同じ値にし、最小値を**「0」**に設定しましょう。

⑩ 最高気温、最低気温、降水量のスパークラインの最大値を強調しましょう。

⑪ 最高気温、最低気温、降水量のスパークラインのスタイルを**「薄いオレンジ,スパークラインスタイルアクセント2、白+基本色40%」**に設定しましょう。

※ブックに「総合問題7完成」と名前を付けて、フォルダー「総合問題」に保存し、閉じておきましょう。

総合問題8

解答 ▶ 別冊P.19

完成図のような表とグラフを作成しましょう。

※設定する項目名が一覧にない場合は、任意の項目を選択してください。

フォルダー「総合問題」のブック「総合問題8」を開いておきましょう。

●完成図

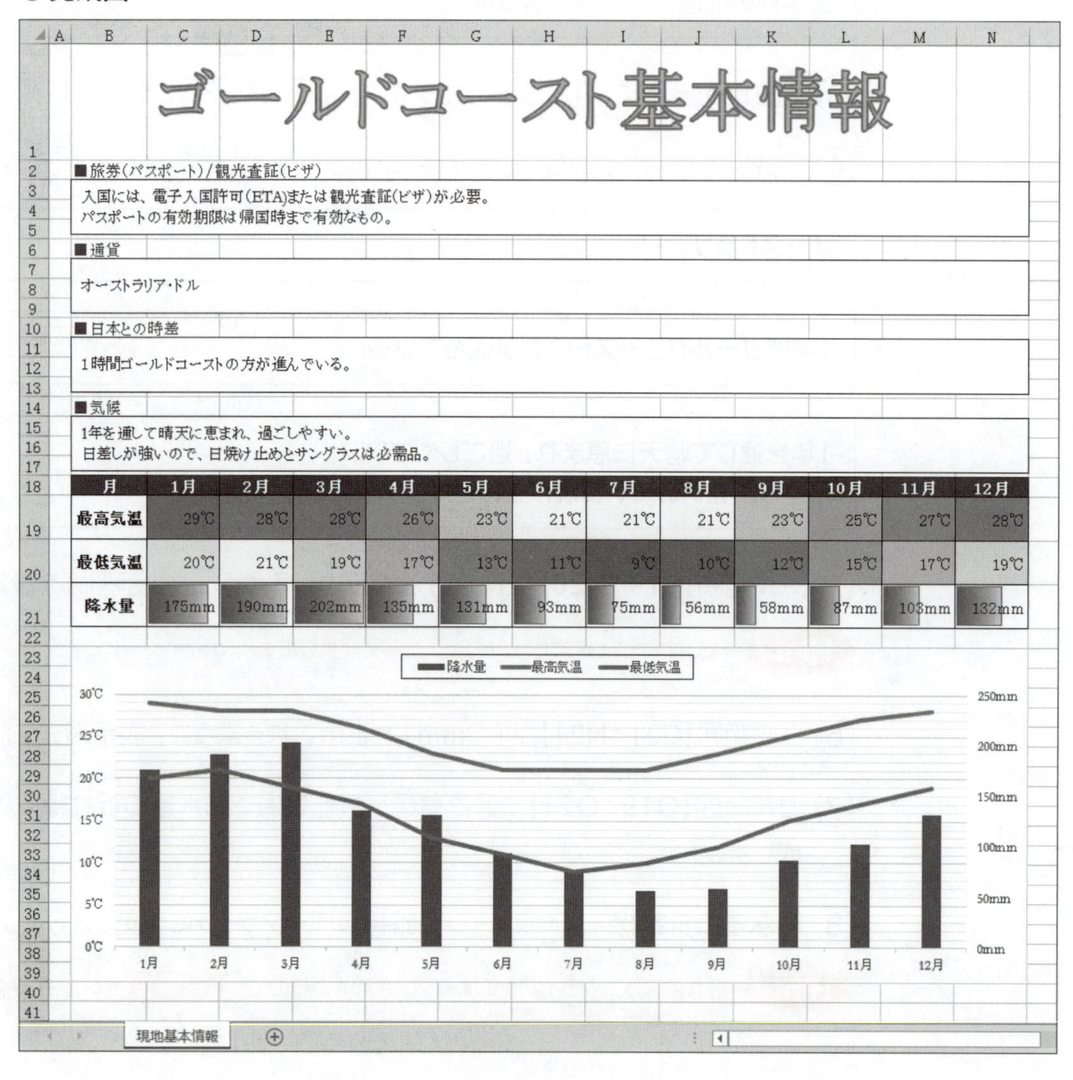

ゴールドコースト基本情報

■旅券(パスポート)/観光査証(ビザ)

入国には、電子入国許可(ETA)または観光査証(ビザ)が必要。
パスポートの有効期限は帰国時まで有効なもの。

■通貨

オーストラリア・ドル

■日本との時差

1時間ゴールドコーストの方が進んでいる。

■気候

1年を通して晴天に恵まれ、過ごしやすい。
日差しが強いので、日焼け止めとサングラスは必需品。

月	1月	2月	3月	4月	5月	6月	7月	8月	9月	10月	11月	12月
最高気温	29℃	28℃	28℃	26℃	23℃	21℃	21℃	21℃	23℃	25℃	27℃	28℃
最低気温	20℃	21℃	19℃	17℃	13℃	11℃	9℃	10℃	12℃	15℃	17℃	19℃
降水量	175mm	190mm	202mm	135mm	131mm	93mm	75mm	56mm	58mm	87mm	103mm	132mm

①セル範囲【**B18：N21**】をもとに、集合縦棒と折れ線の複合グラフを作成しましょう。
「**最高気温**」と「**最低気温**」は折れ線グラフで表示し、「**降水量**」は第2軸を使って集合縦棒グラフで表示します。

②完成図を参考に、グラフをセル範囲【**B23：N39**】に配置しましょう。

③グラフの主軸の最大値を「**30**」に設定しましょう。

④グラフのスタイルを「**スタイル7**」に変更しましょう。

⑤グラフタイトルを非表示にしましょう。
次に、凡例の枠線を「**黒、テキスト1**」にしましょう。

⑥ワードアートのスタイルを「**塗りつぶし：オレンジ、アクセントカラー2；輪郭：オレンジ、アクセントカラー2**」に変更しましょう。

Hint! 《書式》タブ→《ワードアートのスタイル》グループの （ワードアートクイックスタイル）を使います。

⑦セル範囲【**C19：N20**】の「**最高気温**」「**最低気温**」を「**赤、白、青のカラースケール**」で表示しましょう。
次に、セル範囲【**C21：N21**】の「**降水量**」をグラデーションの「**水色のデータバー**」で表示しましょう。

⑧ブックのテーマを「**オーガニック**」に変更しましょう。

⑨ブックのアクセシビリティをチェックしましょう。
次に、グラフに代替テキスト「**気候のグラフ**」を設定しましょう。

※ブックに「総合問題8完成」と名前を付けて、フォルダー「総合問題」に保存し、閉じておきましょう。

総合問題9

解答 ▶ 別冊P.21

完成図のような表を作成しましょう。

※設定する項目名が一覧にない場合は、任意の項目を選択してください。

※本書では、本日の日付を「2019年4月1日」にしています。

フォルダー「総合問題」のブック「総合問題9」を開いておきましょう。

※アクティブシートを切り替えて、各シートの内容を確認しておきましょう。

●完成図

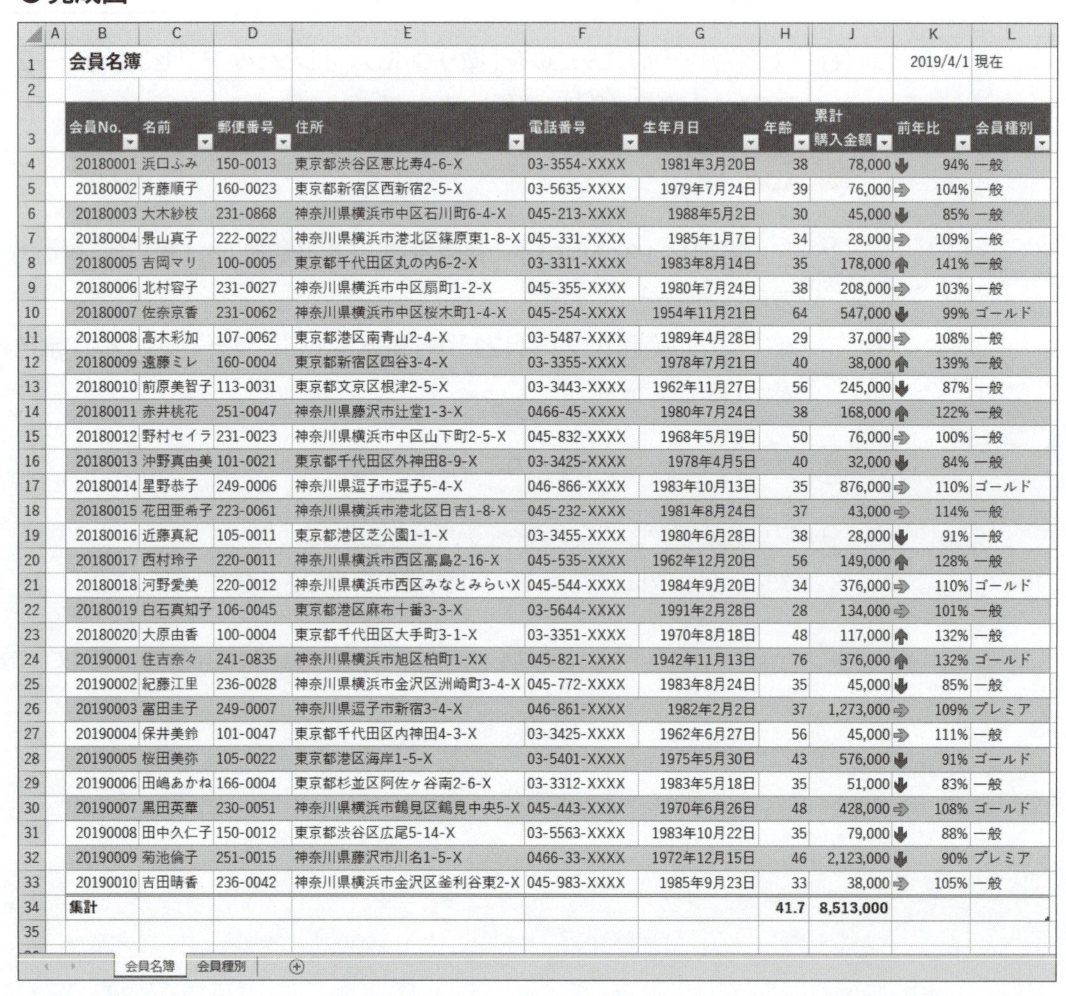

	B	C	D	E	F	G	H	J	K	L
1	会員名簿								2019/4/1	現在
2										
3	会員No.	名前	郵便番号	住所	電話番号	生年月日	年齢	累計 購入金額	前年比	会員種別
4	20180001	浜口ふみ	150-0013	東京都渋谷区恵比寿4-6-X	03-3554-XXXX	1981年3月20日	38	78,000	94%	一般
5	20180002	斉藤順子	160-0023	東京都新宿区西新宿2-5-X	03-5635-XXXX	1979年7月24日	39	76,000	104%	一般
6	20180003	大木紗枝	231-0868	神奈川県横浜市中区石川町6-4-X	045-213-XXXX	1988年5月2日	30	45,000	85%	一般
7	20180004	景山真子	222-0022	神奈川県横浜市港北区篠原東1-8-X	045-331-XXXX	1985年1月7日	34	28,000	109%	一般
8	20180005	吉岡マリ	100-0005	東京都千代田区丸の内6-2-X	03-3311-XXXX	1983年8月14日	35	178,000	141%	一般
9	20180006	北村容子	231-0027	神奈川県横浜市中区扇町1-2-X	045-355-XXXX	1980年7月24日	38	208,000	103%	一般
10	20180007	佐奈京香	231-0062	神奈川県横浜市中区桜木町1-4-X	045-254-XXXX	1954年11月21日	64	547,000	99%	ゴールド
11	20180008	高木彩加	107-0062	東京都港区南青山2-4-X	03-5487-XXXX	1989年4月28日	29	37,000	108%	一般
12	20180009	遠藤ミレ	160-0004	東京都新宿区四谷3-4-X	03-3355-XXXX	1978年7月21日	40	38,000	139%	一般
13	20180010	前原美智子	113-0031	東京都文京区根津2-5-X	03-3443-XXXX	1962年11月27日	56	245,000	87%	一般
14	20180011	赤井桃花	251-0047	神奈川県藤沢市辻堂1-3-X	0466-45-XXXX	1980年7月24日	38	168,000	122%	一般
15	20180012	野村セイラ	231-0023	神奈川県横浜市中区山下町2-5-X	045-832-XXXX	1968年5月19日	50	76,000	100%	一般
16	20180013	沖野真由美	101-0021	東京都千代田区外神田8-9-X	03-3425-XXXX	1978年4月5日	40	32,000	84%	一般
17	20180014	星野恭子	249-0006	神奈川県逗子市逗子5-4-X	046-866-XXXX	1983年10月13日	35	876,000	110%	ゴールド
18	20180015	花田亜希子	223-0061	神奈川県横浜市港北区日吉1-8-X	045-232-XXXX	1981年8月24日	37	43,000	114%	一般
19	20180016	近藤真紀	105-0011	東京都港区芝公園1-1-X	03-3455-XXXX	1980年6月28日	38	28,000	91%	一般
20	20180017	西村玲子	220-0011	神奈川県横浜市西区高島2-16-X	045-535-XXXX	1962年12月20日	56	149,000	128%	一般
21	20180018	河野愛美	220-0012	神奈川県横浜市西区みなとみらいX	045-544-XXXX	1984年9月20日	34	376,000	110%	ゴールド
22	20180019	白石真知子	106-0045	東京都港区麻布十番3-3-X	03-5644-XXXX	1991年2月28日	28	134,000	101%	一般
23	20180020	大原由香	100-0004	東京都千代田区大手町3-1-X	03-3351-XXXX	1970年8月18日	48	117,000	132%	一般
24	20190001	住吉奈々	241-0835	神奈川県横浜市旭区柏町1-XX	045-821-XXXX	1942年11月13日	76	376,000	132%	ゴールド
25	20190002	紀藤江里	236-0028	神奈川県横浜市金沢区洲崎町3-4-X	045-772-XXXX	1983年8月24日	35	45,000	85%	一般
26	20190003	富田圭子	249-0007	神奈川県逗子市新宿3-4-X	046-861-XXXX	1982年2月2日	37	1,273,000	109%	プレミア
27	20190004	保井美鈴	101-0047	東京都千代田区内神田4-3-X	03-3425-XXXX	1962年6月27日	56	45,000	111%	一般
28	20190005	桜田美弥	105-0022	東京都港区海岸1-5-X	03-5401-XXXX	1975年5月30日	43	576,000	91%	ゴールド
29	20190006	田嶋あかね	166-0004	東京都杉並区阿佐ヶ谷南2-6-X	03-3312-XXXX	1983年5月18日	35	51,000	83%	一般
30	20190007	黒田英華	230-0051	神奈川県横浜市鶴見区鶴見中央5-X	045-443-XXXX	1970年6月26日	48	428,000	108%	ゴールド
31	20190008	田中久仁子	150-0012	東京都渋谷区広尾5-14-X	03-5563-XXXX	1983年10月22日	35	79,000	88%	一般
32	20190009	菊池倫子	251-0015	神奈川県藤沢市川名1-5-X	0466-33-XXXX	1972年12月15日	46	2,123,000	90%	プレミア
33	20190010	吉田晴香	236-0042	神奈川県横浜市金沢区釜利谷東2-X	045-983-XXXX	1985年9月23日	33	38,000	105%	一般
34	集計						41.7	8,513,000		
35										

会員名簿 会員種別

	B	C	D	E	F	G	H	J	K	L
1	会員名簿								2019/4/1	現在
2										
3	会員No.	名前	郵便番号	住所	電話番号	生年月日	年齢	累計 購入金額	前年比	会員種別
10	20180007	佐奈京香	231-0062	神奈川県横浜市中区桜木町1-4-X	045-254-XXXX	1954年11月21日	64	547,000	99%	ゴールド
12	20180009	遠藤ミレ	160-0004	東京都新宿区四谷3-4-X	03-3355-XXXX	1978年7月21日	40	38,000	139%	一般
13	20180010	前原美智子	113-0031	東京都文京区根津2-5-X	03-3443-XXXX	1962年11月27日	56	245,000	87%	一般
15	20180012	野村セイラ	231-0023	神奈川県横浜市中区山下町2-5-X	045-832-XXXX	1968年5月19日	50	76,000	100%	一般
16	20180013	沖野真由美	101-0021	東京都千代田区外神田8-9-X	03-3425-XXXX	1978年4月5日	40	32,000	84%	一般
20	20180017	西村玲子	220-0011	神奈川県横浜市西区高島2-16-X	045-535-XXXX	1962年12月20日	56	149,000	128%	一般
23	20180020	大原由香	100-0004	東京都千代田区大手町3-1-X	03-3351-XXXX	1970年8月18日	48	117,000	132%	一般
24	20190001	住吉奈々	241-0835	神奈川県横浜市旭区柏町1-XX	045-821-XXXX	1942年11月13日	76	376,000	132%	ゴールド
27	20190004	保井美鈴	101-0047	東京都千代田区内神田4-3-X	03-3425-XXXX	1962年6月27日	56	45,000	111%	一般
28	20190005	桜田美弥	105-0022	東京都港区海岸1-5-X	03-5401-XXXX	1975年5月30日	43	576,000	91%	ゴールド
30	20190007	黒田英華	230-0051	神奈川県横浜市鶴見区鶴見中央5-X	045-443-XXXX	1970年6月26日	48	428,000	108%	ゴールド
32	20190009	菊池倫子	251-0015	神奈川県藤沢市川名1-5-X	0466-33-XXXX	1972年12月15日	46	2,123,000	90%	プレミア
34										

会員名簿 会員種別

	A	B	C	D	E	F	G	H	J	K	L
1		**会員名簿**								2019/4/1	現在
2											
3		会員No.	名前	郵便番号	住所	電話番号	生年月日	年齢	累計購入金額	前年比	会員種別
4		20190005	桜田美弥	105-0022	東京都港区海岸1-5-X	03-5401-XXXX	1975年5月30日	43	576,000	91%	ゴールド
5		20180010	前原美智子	113-0031	東京都文京区根津2-5-X	03-3443-XXXX	1962年11月27日	56	245,000	87%	一般
8		20180005	吉岡マリ	100-0005	東京都千代田区丸の内6-2-X	03-3311-XXXX	1983年8月14日	35	178,000	141%	一般
11		20180019	白石真知子	106-0045	東京都港区麻布十番3-3-X	03-5644-XXXX	1991年2月28日	28	134,000	101%	一般
12		20180020	大原由香	100-0004	東京都千代田区大手町3-1-X	03-3351-XXXX	1970年8月18日	48	117,000	132%	一般
13		20190008	田中久仁子	150-0012	東京都渋谷区広尾5-14-X	03-5563-XXXX	1983年10月22日	35	79,000	88%	一般
16		20180001	浜口ふみ	150-0013	東京都渋谷区恵比寿4-6-X	03-3554-XXXX	1981年3月20日	38	78,000	94%	一般
19		20180002	斉藤順子	160-0023	東京都新宿区西新宿2-5-X	03-5635-XXXX	1979年7月24日	39	76,000	104%	一般
22		20190006	田嶋あかね	166-0004	東京都杉並区阿佐ヶ谷南2-6-X	03-3312-XXXX	1983年5月18日	35	51,000	83%	一般
23		20190004	保井美鈴	101-0047	東京都千代田区内神田4-3-X	03-3425-XXXX	1962年6月27日	56	45,000	111%	一般
27		20180009	遠藤ミレ	160-0004	東京都新宿区四谷3-4-X	03-3355-XXXX	1978年7月21日	40	38,000	139%	一般
28		20180008	高木彩加	107-0062	東京都港区南青山2-4-X	03-5487-XXXX	1989年4月28日	29	37,000	108%	一般
29		20180013	沖野真由美	101-0021	東京都千代田区外神田8-9-X	03-3425-XXXX	1978年4月5日	40	32,000	84%	一般
31		20180016	近藤真紀	105-0011	東京都港区芝公園1-1-X	03-3455-XXXX	1980年6月28日	38	28,000	91%	一般
34		**集計**						**40**	**1,714,000**		
35											

会員名簿　会員種別

① セル**【K1】**に、本日の日付を表示する数式を入力しましょう。

② セル**【H4】**に、**「年齢」**を表示する数式を入力しましょう。**「生年月日」**から本日までの満年齢を求めます。
次に、セル**【H4】**の数式をコピーして、**「年齢」**欄を完成させましょう。

③ セル**【L4】**に、セル**【J4】**の**「累計購入金額」**に対応する**「会員種別」**を表示する数式を入力しましょう。シート**「会員種別」**の表を参照します。
次に、セル**【L4】**の数式をコピーして、**「会員種別」**欄を完成させましょう。

④ セル範囲**【K4：K33】**の**「前年比」**をアイコンセットの**「3つの矢印(色分け)」**で表示しましょう。120%以上が緑の上矢印、100%以上が黄色の横矢印、100%未満は赤の下矢印にします。

⑤ 表をテーブルに変換しましょう。次に、テーブルスタイルを**「青,テーブルスタイル(淡色)9」**に変更しましょう。

⑥ **「年齢」**が40歳以上のレコードを抽出しましょう。

⑦ ⑥の抽出をクリアしましょう。

⑧ **「住所」**が**「東京都」**のレコードを抽出し、**「累計購入金額」**の高い順に並べ替えましょう。

⑨ テーブルの最終行に集計行を表示しましょう。**「年齢」**の平均、**「累計購入金額」**の合計を表示し、**「会員種別」**の集計を非表示にします。

※ブックに「総合問題9完成」と名前を付けて、フォルダー「総合問題」に保存し、閉じておきましょう。

総合問題10

解答 ► 別冊P.22

完成図のような表とマクロを作成しましょう。
※設定する項目名が一覧にない場合は、任意の項目を選択してください。

フォルダー「総合問題」のブック「総合問題10」のシート「会員名簿」を開いておきましょう。

※アクティブシートを切り替えて、各シートの内容を確認しておきましょう。

●完成図

	A	B	C	D	E	F	G	H	I	J	K
1		会員名簿							2019/4/1	現在	
2		「会員No.」で並べ替え			「名前」で並べ替え		「累計購入金額」で並べ替え				
3		会員No.	名前	郵便番号	住所	電話番号	生年月日	年齢	累計購入金額	会員種別	
4		20180001	浜口ふみ	150-0013	東京都渋谷区恵比寿4-6-X	03-3554-XXXX	1981年3月20日	38	78,000	一般	
5		20180002	斉藤順子	160-0023	東京都新宿区西新宿2-5-X	03-5635-XXXX	1979年7月24日	39	76,000	一般	
6		20180003	大木紗枝	231-0868	神奈川県横浜市中区石川町6-4-X	045-213-XXXX	1988年5月2日	30	45,000	一般	
7		20180004	景山真子	222-0022	神奈川県横浜市港北区篠原東1-8-X	045-331-XXXX	1985年1月7日	34	28,000	一般	
8		20180005	吉岡マリ	100-0005	東京都千代田区丸の内6-2-X	03-3311-XXXX	1983年8月14日	35	178,000	一般	
9		20180006	北村容子	231-0027	神奈川県横浜市中区扇町1-2-X	045-355-XXXX	1980年7月24日	38	208,000	一般	
10		20180007	佐奈京香	231-0062	神奈川県横浜市中区桜木町1-4-X	045-254-XXXX	1954年11月21日	64	547,000	ゴールド	

① 図形の **「正方形/長方形」** を作成し、完成図を参考に位置とサイズを調整しましょう。

② 図形内に **「「会員No.」で並べ替え」** という文字列を追加しましょう。

③ 図形内の文字列を上下および左右の中央揃えにしましょう。

④ 完成図を参考に、①で作成した図形を2つコピーしましょう。

⑤ 完成図を参考に、コピーした図形の文字列を次のように変更しましょう。

> **「名前」で並べ替え**
> **「累計購入金額」で並べ替え**

⑥ **「会員No.」** を昇順で並べ替えるマクロ **「NO」** を作成しましょう。

⑦ **「名前」** を昇順で並べ替えるマクロ **「NAME」** を作成しましょう。

⑧ **「累計購入金額」** を降順で並べ替えるマクロ **「PRICE」** を作成しましょう。

⑨ 作成したマクロを、次のようにそれぞれの図形に登録しましょう。

> **マクロ「NO」　　：　図形「「会員No.」で並べ替え」**
> **マクロ「NAME」：　図形「「名前」で並べ替え」**
> **マクロ「PRICE」：　図形「「累計購入金額」で並べ替え」**

⑩ マクロを **「NAME」「PRICE」「NO」** の順で実行しましょう。

⑪ ブックに **「総合問題10完成」** という名前を付けて、Excelマクロ有効ブックとしてフォルダー **「総合問題」** に保存しましょう。

※ブックを閉じておきましょう。

付録

Excel 2019の新機能

Step 1 新しい関数を利用する

1 新しい関数

Excel 2019では、新しい関数が追加され、複数の条件や値を検索して対応した結果を求める**「IFS関数」「SWITCH関数」**、複数の条件で最大値・最小値を求める**「MAXIFS関数」「MINIFS関数」**、文字列を結合する**「CONCAT関数」「TEXTJOIN関数」**の6つの関数が新しく使えるようになりました。

●複数の条件や値を検索して対応した結果を求める

関数名	書式	説明
IFS関数	=IFS(論理式1,真の場合1,論理式2,真の場合2,・・・,TRUE,当てはまらなかった場合)	複数の条件を順番に判断し、条件に応じて異なる結果を表示します。
SWITCH関数	=SWITCH(検索値,値1,結果1,値2,結果2,・・・,既定の結果)	複数の値を検索し、一致した値に対応する結果を表示します。

●複数の条件で最大値・最小値を求める

関数名	書式	説明
MAXIFS関数	=MAXIFS(最大範囲,条件範囲1,条件1,条件範囲2,条件2,・・・)	複数の条件に一致するセルの最大値を表示します。
MINIFS関数	=MAXIFS(最小範囲,条件範囲1,条件1,条件範囲2,条件2,・・・)	複数の条件に一致するセルの最小値を表示します。

●文字列を結合する

関数名	書式	説明
CONCAT関数	=CONCAT(テキスト1,・・・)	複数の文字列を結合して表示します。
TEXTJOIN関数	=TEXTJOIN(区切り文字,空のセルは無視,テキスト1,・・・)	複数の文字列の間に、区切り文字を挿入しながら、結合して表示します。

Step2 複数の条件や値を検索して対応した結果を求める

1 IFS関数

「IFS関数」を使うと、複数の条件を順番に判断し、条件に応じて異なる結果を表示できます。条件には、以上や以下などの比較演算子を使った数式を指定できます。条件によって複数の処理に分岐したい場合に使います。従来はIF関数を組み合わせて（ネスト）作成していたものが、IFS関数ひとつでできるようになりました。

●IFS関数

「論理式1」が真（TRUE）の場合は「真の場合1」の値を返し、偽（FALSE）の場合は「論理式2」を判断します。「論理式2」が真（TRUE）の場合は「真の場合2」の値を返し、偽（FALSE）の場合は「論理式3」を判断します。最後の論理式にTRUEを指定すると、すべての論理式に当てはまらなかった場合の値を返すことができます。

=IFS（論理式1,真の場合1,論理式2,真の場合2,・・・,TRUE,当てはまらなかった場合）
❶論理式1　❷真の場合1　❸論理式2　❹真の場合2　❺TRUE　❻当てはまらなかった場合

❶論理式1
判断の基準となる1つ目の条件を式で指定します。
❷真の場合1
1つ目の論理式が真の場合の値を数値または数式、文字列で指定します。
❸論理式2
判断の基準となる2つ目の条件を式で指定します。
❹真の場合2
2つ目の論理式が真の場合の値を数値または数式、文字列で指定します。
❺TRUE
TRUEを指定すると、すべての論理式に当てはまらなかった場合を指定できます。
❻当てはまらなかった場合
すべての論理式に当てはまらなかった場合の値を数値または数式、文字列で指定します。

例：
=IFS（A1>=80,"○",A1>=40,"△",TRUE,"×"）
セル【A1】が「80」以上であれば「○」、「40」以上であれば「△」、そうでなければ「×」を返す。

※引数に文字列を指定する場合、文字列の前後に「"（ダブルクォーテーション）」を入力します。

IFS関数を使って、H列に**「ランク」**を表示しましょう。
ランクは、次の条件に基づいて表示します。

「合計点数」が160以上であれば「A」、130以上であれば「B」、100以上であれば「C」、そうでなければ「D」を表示

File OPEN フォルダー「付録」のブック「Excel2019新機能-1」を開いておきましょう。

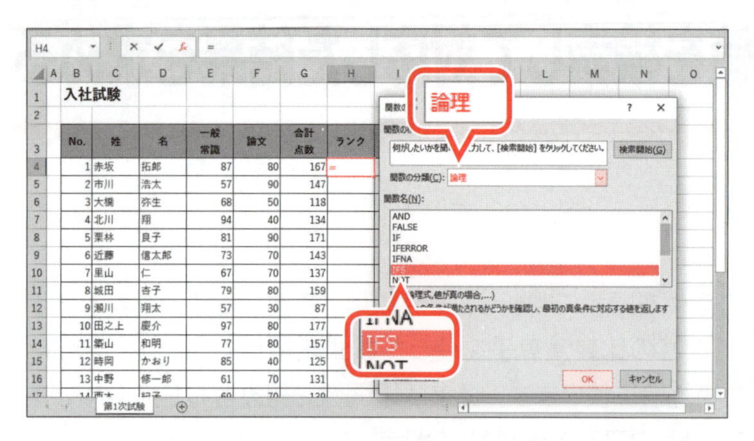

①セル【H4】をクリックします。

② f_x （関数の挿入）をクリックします。

《関数の挿入》ダイアログボックスが表示されます。

③《関数の分類》の をクリックし、一覧から《論理》を選択します。

④《関数名》の一覧から《IFS》を選択します。

⑤《OK》をクリックします。

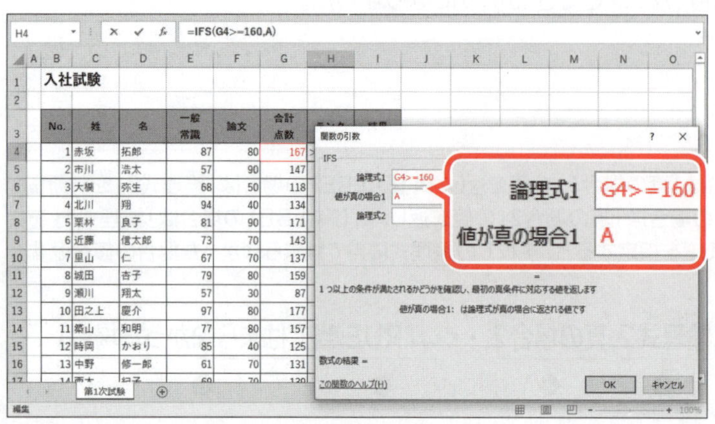

《関数の引数》ダイアログボックスが表示されます。

⑥《論理式1》にカーソルがあることを確認します。

⑦セル【G4】をクリックします。

《論理式1》に「G4」と表示されます。

⑧「G4」に続けて「>=160」と入力します。

⑨《値が真の場合1》に「A」と入力します。

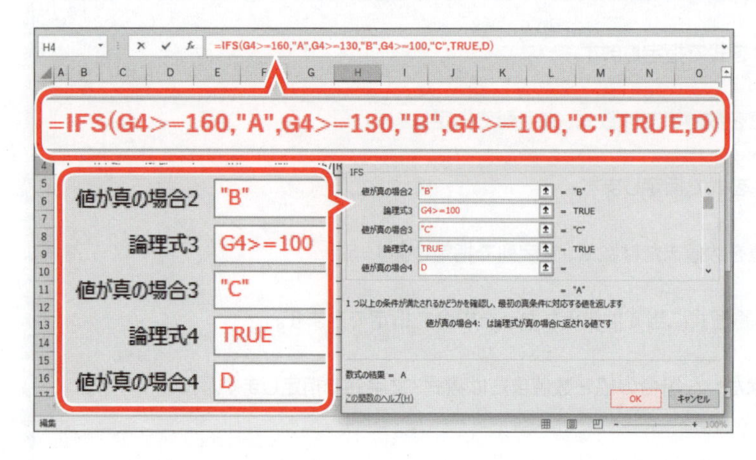

⑩同様に《論理式2》に「G4>=130」、《値が真の場合2》に「B」、《論理式3》に「G4>=100」、《値が真の場合3》に「C」、《論理式4》に「TRUE」、《値が真の場合4》に「D」と入力します。

※《値が真の場合3》以降が表示されていない場合は、スクロールして調整します。

⑪数式バーに「=IFS(G4>=160,"A",G4>=130,"B",G4>=100,"C",TRUE,D)」と表示されていることを確認します。

⑫《OK》をクリックします。

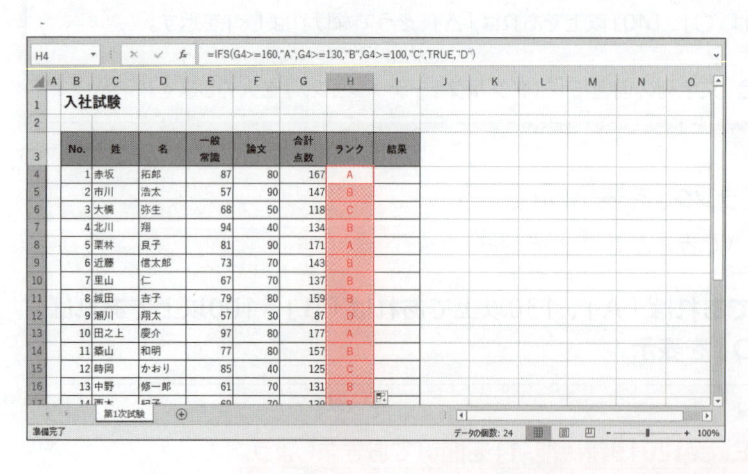

1人目のランクが表示されます。

数式をコピーします。

⑬セル【H4】を選択し、セル右下の■（フィルハンドル）をダブルクリックします。

数式がコピーされ、各人のランクが表示されます。

POINT 論理式の順序

《論理式1》が満たされて[値が真の場合1]の値が返されると、後続の《論理式2》以降は判断されずに無視されます。そのため、論理式の条件は左から判断する順に並べます。

2 SWITCH関数

「SWITCH関数」を使うと、複数の値を検索し、一致した値に対応する結果を表示できます。値には、数値や文字列などの固定の値を指定できます。
数値や文字列によってそれぞれ異なる結果を表示したいときに使います。

●SWITCH関数

複数の値の中から「検索値」と一致した「値」に対応する「結果」を返します。一致する「値」がない場合は「既定の結果」を返します。

=SWITCH(検索値,値1,結果1,値2,結果2,・・・,既定の結果)
❶検索値 ❷値1 ❸結果1 ❹値2 ❺結果2 ❻既定の結果

❶検索値
検索する値を指定します。数値または数式、文字列を指定できます。
❷値1
検索値と比較する1つ目の値を指定します。数値または数式、文字列を指定できます。
❸結果1
検索値が「値1」に一致したときに返す結果を指定します。
❹値2
検索値と比較する2つ目の値を指定します。数値または数式、文字列を指定できます。
❺結果2
検索値が「値2」に一致したときに返す結果を指定します。
❻既定
検索値がどの値にも一致しなかったときに返す結果を指定します。省略した場合はエラー「#N/A」が返されます。

例:
=SWITCH(A1,"A","優秀","B","普通","C","劣る","欠席")
セル【A1】が「A」であれば「優秀」、「B」であれば「普通」、「C」であれば「劣る」、それ以外は「欠席」を返す。

※引数に文字列を指定する場合、文字列の前後に「"(ダブルクォーテーション)」を入力します。

SWITCH関数を使って、I列に**「評価」**を表示しましょう。
評価は、次の条件に基づいて表示します。

「ランク」が「A」または「B」であれば「合格」、それ以外なら「不合格」を表示

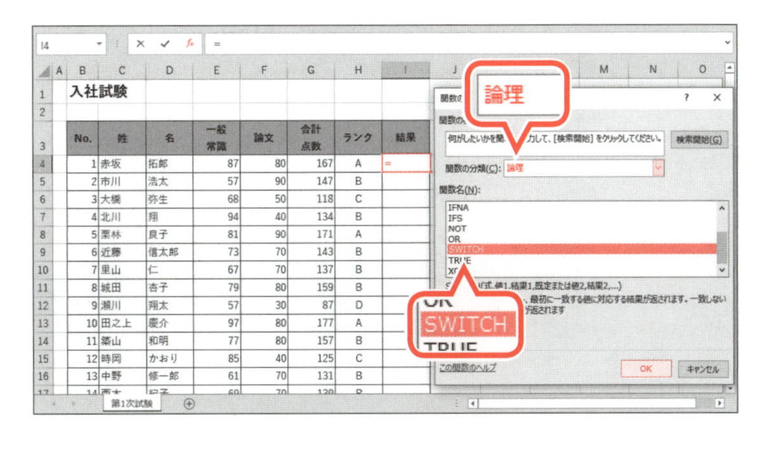

①セル**【I4】**をクリックします。
② fx (関数の挿入)をクリックします。
《関数の挿入》ダイアログボックスが表示されます。
③**《関数の分類》**の ⌄ をクリックし、一覧から**《論理》**を選択します。
④**《関数名》**の一覧から**《SWITCH》**を選択します。
※一覧に表示されていない場合は、スクロールして調整します。
⑤**《OK》**をクリックします。

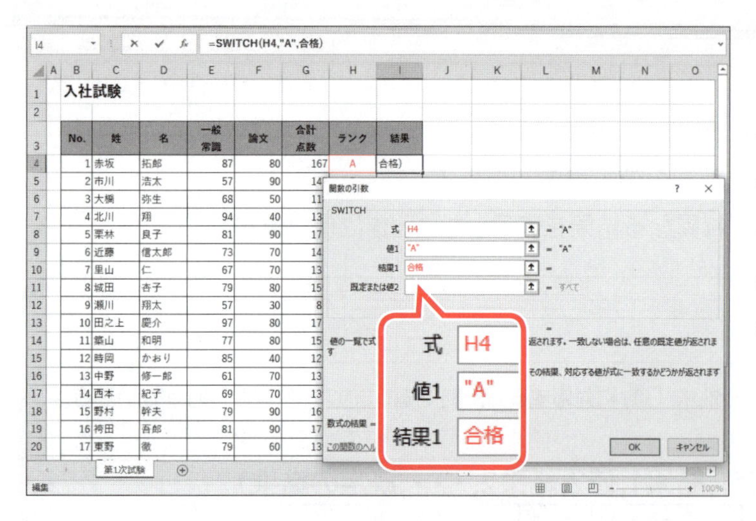

《関数の引数》ダイアログボックスが表示されます。

⑥《式》にカーソルがあることを確認します。

⑦セル【H4】をクリックします。

《式》に「H4」と表示されます。

⑧《値1》に「A」と入力します。

⑨《結果1》に「合格」と入力します。

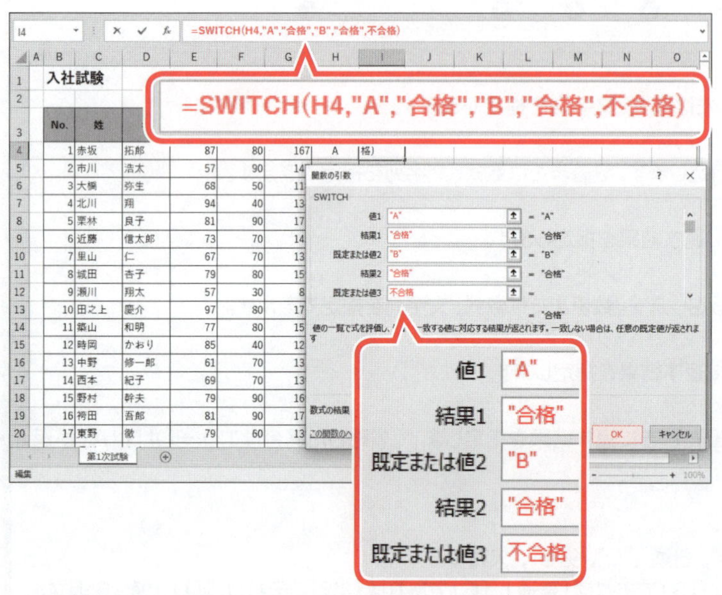

⑩同様に《既定または値2》に「B」、《結果2》に「合格」、《既定または値3》に「不合格」と入力します。

※《既定または値3》以降が表示されていない場合は、スクロールして調整します。

⑪数式バーに「=SWITCH(H4,"A","合格","B","合格",不合格)」と表示されていることを確認します。

⑫《OK》をクリックします。

=SWITCH(H4,"A","合格","B","合格","不合格")

入社試験

No.	姓	名	一般常識	論文	合計点数	ランク	結果
1	赤坂	拓郎	87	80	167	A	合格
2	市川	浩太	57	90	147	B	合格
3	大橋	弥生	68	50	118	C	不合格
4	北川	翔	94	40	134	B	合格
5	栗林	良子	81	90	171	A	合格
6	近藤	信太郎	73	70	143	B	合格
7	里山	仁	67	70	137	B	合格
8	城田	杏子	79	80	159	B	合格
9	瀬川	翔太	57	30	87	D	不合格
10	田之上	慶介	97	80	177	A	合格
11	築山	和明	77	80	157	B	合格
12	時岡	かおり	85	40	125	C	不合格
13	中野	修一郎	61	70	131	B	合格
14	西本	紀子	69	70	139	B	合格
15	野村	幹夫	79	90	169	A	合格
16	袴田	吾郎	81	90	171	A	合格
17	東野	徹	79	60	139	B	合格

1人目の評価が表示されます。

数式をコピーします。

⑬セル【I4】を選択し、セル右下の■(フィルハンドル)をダブルクリックします。

数式がコピーされ、各人の評価が表示されます。

※ブックに「Excel2019新機能-1完成」と名前を付けて、フォルダー「付録」に保存し、閉じておきましょう。

Step3 複数の条件で最大値・最小値を求める

1 MAXIFS関数

「**MAXIFS関数**」を使うと、複数の条件に一致するセルの最大値を表示できます。

●MAXIFS関数

「条件範囲」の中で「条件」に一致するセルを検索し、そのセルに対応した「最大範囲」の中の最大値を返します。

=MAXIFS(最大範囲,条件範囲1,条件1,条件範囲2,条件2,・・・)

❶ ❷ ❸ ❹ ❺

❶最大範囲
最大値を求めるセル範囲を指定します。

❷条件範囲1
1つ目の条件で検索するセル範囲を指定します。

❸条件1
条件範囲1から検索する条件を数値や文字列で指定します。

❹条件範囲2
2つ目の条件で検索するセル範囲を指定します。

❺条件2
条件範囲2から検索する条件を数値や文字列で指定します。

例：

No.	氏名	所属	性別	点数		大阪所属の男性の最高点
1	赤坂　拓郎	東京	男性	87		94
2	市川　浩太	大阪	男性	57		
3	大橋　弥生	東京	女性	68		
4	北川　翔	大阪	男性	94		

=MAXIFS(F3:F6,D3:D6,"大阪",E3:E6,"男性")
セル【H3】にセル範囲【F3:F6】の中から大阪所属の男性の最高点を求める。

※引数に文字列を指定する場合、文字列の前後に「"(ダブルクォーテーション)」を入力します。

MAXIFS関数を使って、セル【G3】に商品が「**プリンター**」で取引先が「**尾林貿易**」の最大売上金額を表示しましょう。

File OPEN フォルダー「付録」のブック「Excel2019新機能-2」を開いておきましょう。

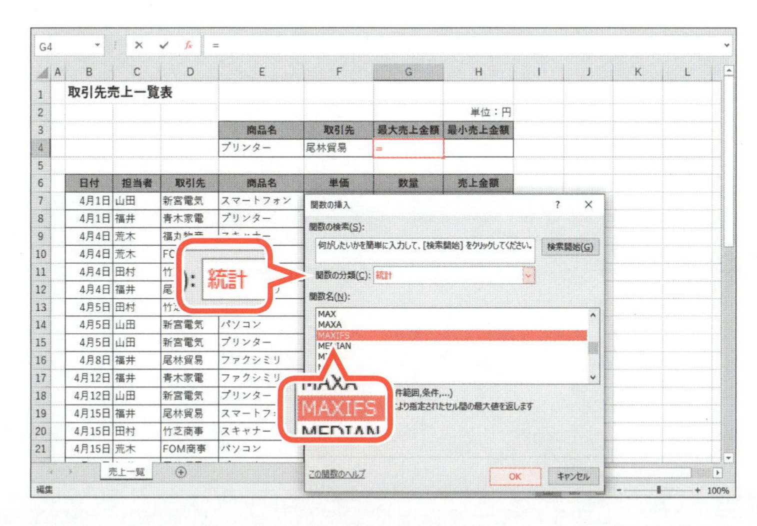

①セル【G4】をクリックします。

② f_x (関数の挿入)をクリックします。

《関数の挿入》ダイアログボックスが表示されます。

③**《関数の分類》**の ∨ をクリックし、一覧から**《統計》**を選択します。

④**《関数名》**の一覧から**《MAXIFS》**を選択します。

※一覧に表示されていない場合は、スクロールして調整します。

⑤**《OK》**をクリックします。

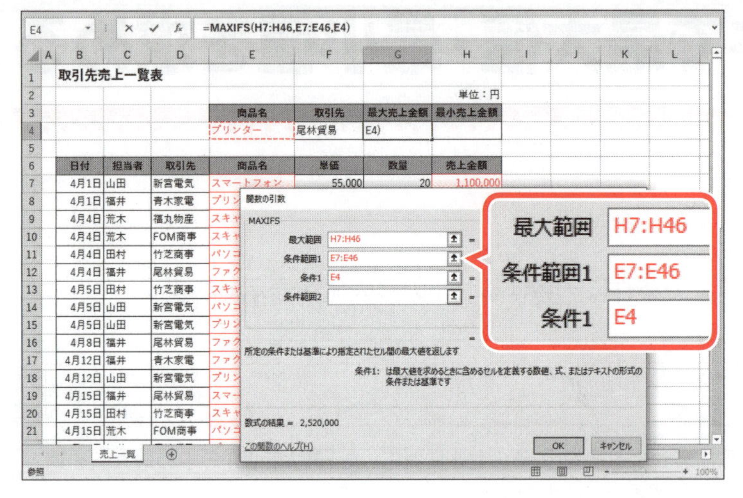

《関数の引数》ダイアログボックスが表示されます。

⑥《最大範囲》にカーソルがあることを確認します。

※お使いの環境によっては、《最大範囲》が《最大値》と表示されます。

⑦セル範囲【H7:H46】を選択します。

《最大範囲》に「H7:H46」と表示されます。

⑧《条件範囲1》にカーソルを移動します。

⑨セル範囲【E7:E46】を選択します。

《条件範囲1》に「E7:E46」と表示されます。

⑩《条件1》にカーソルを移動します。

⑪セル【E4】をクリックします。

《条件1》に「E4」と表示されます。

=MAXIFS(H7:H46,E7:E46,E4,D7:D46,F4)

条件範囲2 D7:D46
条件2 F4

⑫《条件範囲2》にカーソルを移動します。

⑬セル範囲【D7:D46】を選択します。

《条件範囲2》に「D7:D46」と表示されます。

⑭《条件2》にカーソルを移動します。

⑮セル【F4】をクリックします。

《条件2》に「F4」と表示されます。

⑯数式バーに「=MAXIFS(H6:H46,E6:E46,E4,D6:D46,F4)」と表示されていることを確認します。

⑰《OK》をクリックします。

1,200,000

商品が「プリンター」で取引先が「尾林貿易」の最大売上金額が表示されます。

2 MINIFS関数

「**MINIFS関数**」を使うと、複数の条件に一致するセルの最小値を表示できます。

●MINIFS関数

「条件範囲」の中で「条件」に一致するセルを検索し、そのセルに対応した「最小範囲」の中の最小値を返します。

=MINIFS (最小範囲,条件範囲1,条件1,条件範囲2,条件2, ･･･)

❶ 最小範囲 ❷ 条件範囲1 ❸ 条件1 ❹ 条件範囲2 ❺ 条件2

❶最小範囲
最小値を求めるセル範囲を指定します。
❷条件範囲1
1つ目の条件で検索するセル範囲を指定します。
❸条件1
条件範囲1から検索する条件を数値や文字列で指定します。「条件範囲」と「条件」の組み合わせは126個まで指定できます。
❹条件範囲2
2つ目の条件で検索するセル範囲を指定します。
❺条件2
条件範囲2から検索する条件を数値や文字列で指定します。

例：

	A	B	C	D	E	F	G	H
1								
2		No.	氏名	所属	性別	点数		大阪所属の男性の最低点
3		1	赤坂　拓郎	東京	男性	87		57
4		2	市川　浩太	大阪	男性	57		
5		3	大橋　弥生	東京	女性	68		
6		4	北川　翔	大阪	男性	94		
7								

=MINIFS(F3:F6,D3:D6,"大阪",E3:E6,"男性")
セル【H3】にセル範囲【F3:F6】の中から大阪所属の男性の最低点を求める。

※引数に文字列を指定する場合、文字列の前後に「"（ダブルクォーテーション）」を入力します。

MINIFS関数を使って、セル【H4】に商品が「**プリンター**」で取引先が「**尾林貿易**」の最小売上金額を表示しましょう。

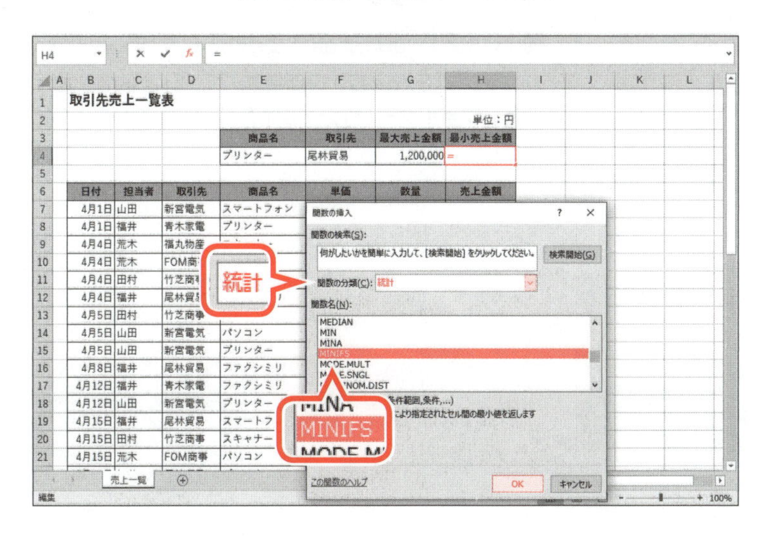

①セル【**H4**】をクリックします。

② fx （関数の挿入）をクリックします。

《関数の挿入》ダイアログボックスが表示されます。

③**《関数の分類》**の ⌄ をクリックし、一覧から**《統計》**を選択します。

④**《関数名》**の一覧から**《MINIFS》**を選択します。

※一覧に表示されていない場合は、スクロールして調整します。

⑤**《OK》**をクリックします。

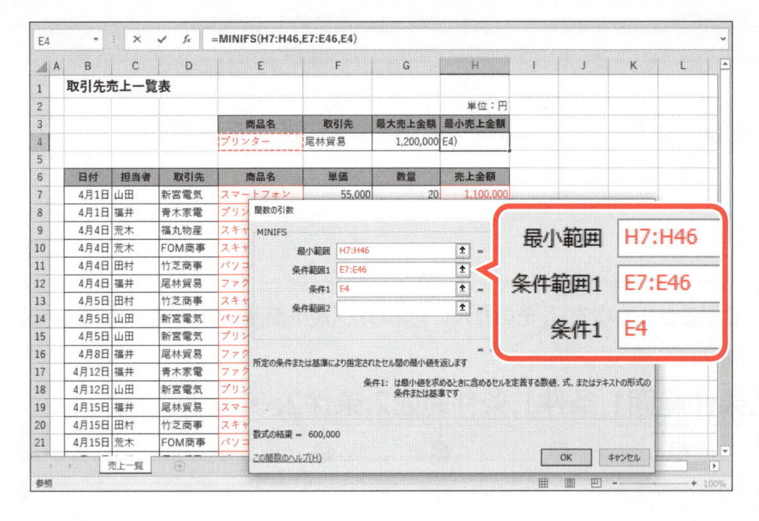

《関数の引数》ダイアログボックスが表示されます。

⑥《最小範囲》にカーソルがあることを確認します。

※お使いの環境によっては、《最小範囲》が《最大値》と表示されます。

⑦セル範囲【H7:H46】を選択します。

《最小範囲》に「H7:H46」と表示されます。

⑧《条件範囲1》にカーソルを移動します。

⑨セル範囲【E7:E46】を選択します。

《条件範囲1》に「E7:E46」と表示されます。

⑩《条件1》にカーソルを移動します。

⑪セル【E4】をクリックします。

《条件1》に「E4」と表示されます。

=MINIFS(H7:H46,E7:E46,E4,D7:D46,F4)

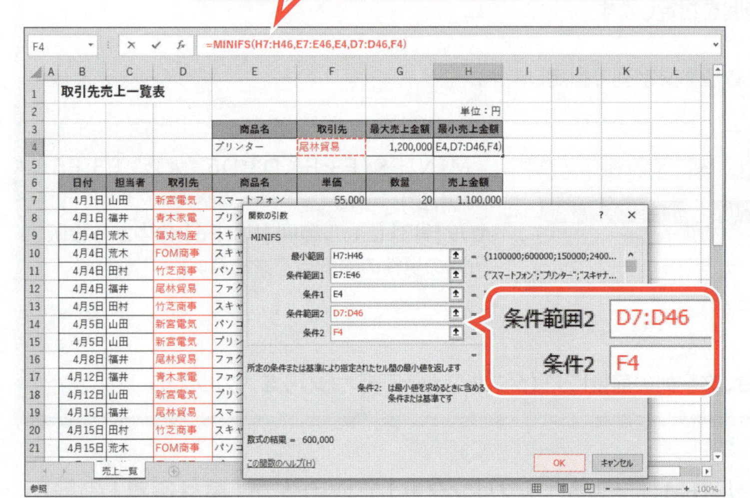

⑫《条件範囲2》にカーソルを移動します。

⑬セル範囲【D7:D46】を選択します。

《条件範囲2》に「D7:D46」と表示されます。

⑭《条件2》にカーソルを移動します。

⑮セル【F4】をクリックします。

《条件2》に「F4 」と表示されます。

⑯数式バーに「=MINIFS(H7:H46,E7:E46,E4,D7:D46,F4)」と表示されていることを確認します。

⑰《OK》をクリックします。

H4 =MINIFS(H7:H46,E7:E46,E4,D7:D46,F4)

取引先売上一覧表

単位：円

商品名	取引先	最大売上金額	最小売上金額
プリンター	尾林貿易	1,200,000	600,000

日付	担当者	取引先	商品名	単価	数量	売上金額
4月1日	山田	新宮電気	スマートフォン			
4月1日	福井	青木家電	プリンター			
4月4日	荒木	福丸物産	スキャナー			
4月4日	荒木	FOM商事	スキャナー			
4月4日	田村	竹芝商事	パソコン	200,000	10	2,000,000
4月4日	福井	尾林貿易	ファクシミリ	25,000	10	250,000
4月5日	田村	竹芝商事	スキャナー	30,000	5	150,000
4月5日	山田	新宮電気	パソコン	200,000	10	2,000,000
4月5日	山田	新宮電気	プリンター	120,000	5	600,000
4月8日	福井	尾林貿易	ファクシミリ	25,000	13	325,000
4月12日	福井	青木家電	ファクシミリ	25,000	6	150,000
4月12日	山田	新宮電気	プリンター	120,000	8	960,000
4月15日	福井	尾林貿易	スマートフォン	55,000	30	1,650,000
4月15日	田村	竹芝商事	スキャナー	30,000	5	150,000
4月15日	荒木	FOM商事	パソコン	200,000	5	1,000,000

600,000

商品が「**プリンター**」で取引先が「**尾林貿易**」の最小売上金額が表示されます。

※ブックに「Excel2019新機能-2完成」と名前を付けて、フォルダー「付録」に保存し、閉じておきましょう。

Step4 文字列を結合する

1 CONCAT関数

「**CONCAT関数**」を使うと、複数の文字列を結合して表示できます。

●CONCAT関数

引数をすべてつなげた文字列にして返します。

=CONCAT（テキスト1,・・・）
❶

❶テキスト1
結合する文字列またはセル範囲を指定します。文字列またはセル範囲は253個まで指定できます。

例：
=CONCAT（"Excel","2019","新機能"）
文字列「Excel2019新機能」を返す。

※引数に文字列を指定する場合、文字列の前後に「"（ダブルクォーテーション）」を入力します。

CONCAT関数を使って、E列に**「姓」**と**「名」**を結合して**「氏名」**を表示しましょう。
「姓」と**「名」**の間は全角空白を挿入します。

フォルダー「付録」のブック「Excel2019新機能-3」を開いておきましょう。

E4 | 関数の挿入

	A	B	C	D	E	F	G	H	I
1		入社試験							
2									
3		No.	姓	名	氏名	一般常識	論文	合計点数	
4		1	赤坂	拓郎		87	80	167	
5		2	市川	浩太		57	90	147	
6		3	大橋	弥生		68	50	118	
7		4	北川	翔		94	40	134	
8		5	栗林	良子		81	90	171	
9		6	近藤	信太郎		73	70	143	
10		7	里山	仁		67	70	137	
11		8	城田	杏子		79	80	159	
12		9	瀬川	翔太		57	30	87	
13		10	田之上	慶介		97	80	177	
14		11	築山	和明		77	80	157	
15		12	時岡	かおり		85	40	125	
16		13	中野	修一郎		61	70	131	

①セル**【E4】**をクリックします。
② fx （関数の挿入）をクリックします。

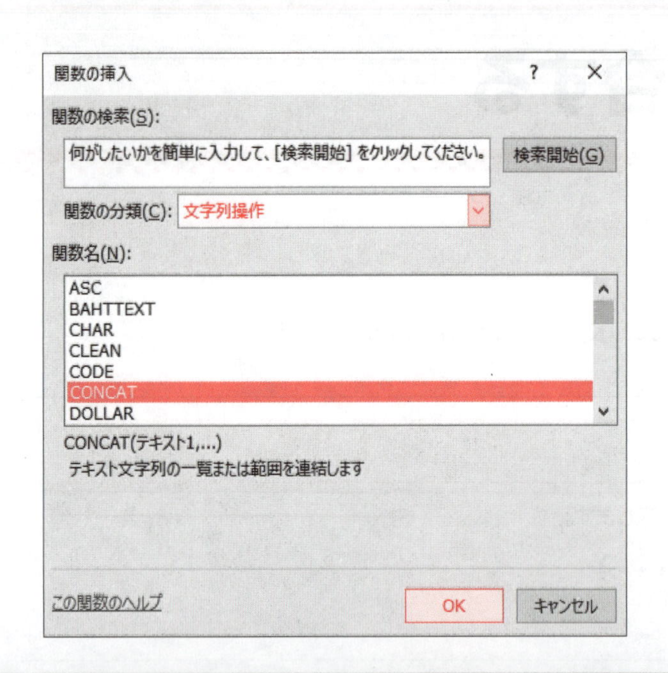

《**関数の挿入**》ダイアログボックスが表示されます。

③《**関数の分類**》の をクリックし、一覧から《**文字列操作**》を選択します。

④《**関数名**》の一覧から《**CONCAT**》を選択します。

⑤《**OK**》をクリックします。

《**関数の引数**》ダイアログボックスが表示されます。

⑥《**テキスト1**》にカーソルがあることを確認します。

⑦セル【**C4**】をクリックします。

《**テキスト1**》に「**C4**」と表示されます。

⑧《**テキスト2**》に全角空白を入力します。

⑨《**テキスト3**》にカーソルを移動します。

⑩セル【**D4**】をクリックします。

《**テキスト3**》に「**D4**」と表示されます。

⑪数式バーに「**=CONCAT(C4,"　",D4)**」と表示されていることを確認します。

⑫《**OK**》をクリックします。

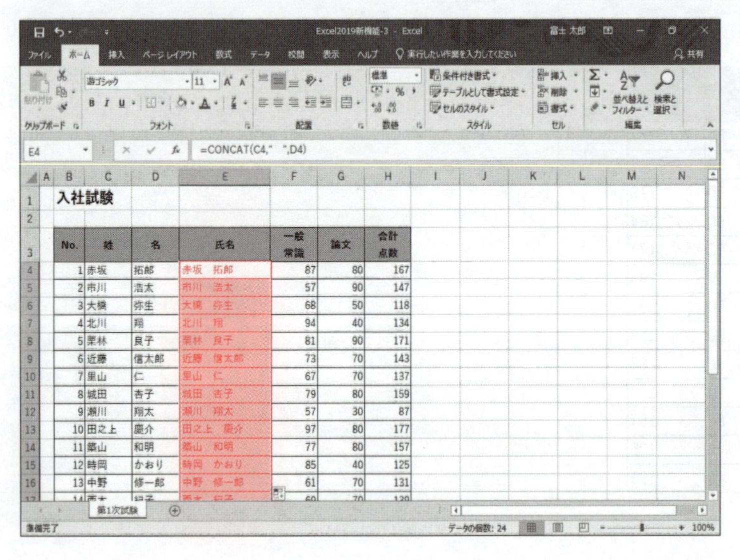

1人目の氏名が表示されます。

数式をコピーします。

⑬セル【**E4**】を選択し、セル右下の■（フィルハンドル）をダブルクリックします。

数式がコピーされ、各人の氏名が表示されます。

※ブックに「Excel2019新機能-3完成」と名前を付けて、フォルダー「付録」に保存し、閉じておきましょう。

2 TEXTJOIN関数

「**TEXTJOIN関数**」を使うと、複数の文字列の間に、区切り文字を挿入しながら結合して表示できます。

●TEXTJOIN関数

指定した区切り文字を挿入しながら、引数をすべてつなげた文字列にして返します。

=TEXTJOIN(区切り文字,空のセルは無視,テキスト1,・・・)
❶ ❷ ❸

❶区切り文字
文字列の間に挿入する区切り文字を指定します。
❷空のセルは無視
空のセルを無視するかどうかを指定します。
TRUEを指定すると、空のセルを無視し、区切り文字は挿入しません。
FALSEを指定すると、空のセルも文字列とみなし、区切り文字を挿入します。
❸テキスト1
結合する文字列を指定します。

例:
=TEXTJOIN ("-",TRUE,"Excel","2019","新機能")
指定した区切り文字「-(ハイフン)」を挿入し、文字列「Excel-2019-新機能」を返す。

※指定する区切り文字は前後に「"(ダブルクォーテーション)」を入力します。
※引数に文字列を指定する場合、文字列の前後に「"(ダブルクォーテーション)」を入力します。

TEXTJOIN関数を使って、F列に「**学部**」「**年度**」「**出席番号**」を「**-(ハイフン)**」で結合して「**学籍番号**」を表示しましょう。空のセルは無視します。

File OPEN フォルダー「付録」のブック「Excel2019新機能-4」を開いておきましょう。

F4 × ✓ fx 関数の挿入

	A	B	C	D	E	F	G	H	I	J
1		留学選考試験受験者								
2										
3		受験番号	学部	年度	出席番号	学籍番号	氏名(漢字)	学部名	性別	
4		1001	H	2016	1028		神崎 渚	法学部	男	
5		1002	Z	2014	1237		松本 亮	経済学部	女	
6		1003	S	2015	1260		平田 幸雄	商学部	男	
7		1004	Z	2016	1391		田中 啓介	経済学部	女	
8		1005	Z	2014	1049		木下 良雄	経済学部	男	
9		1006	J	2015	1021		神田 悟	情報学部	男	
10		1007	J	2015	1010		藤田 道子	情報学部	女	
11		1008	S	2014	1110		竹田 誠治	商学部	女	
12		1009	H	2014	1221		藤城 拓也	法学部	男	
13		1010	B	2016	1128		土屋 亮	文学部	女	
14		1011	Z	2014	1086		近田 文雄	経済学部	男	
15		1012	S	2014	1044		内山 雅夫	商学部	女	
16		1013	B	2014	1153		橋本 正雄	文学部	男	

①セル【**F4**】をクリックします。
② fx (関数の挿入)をクリックします。

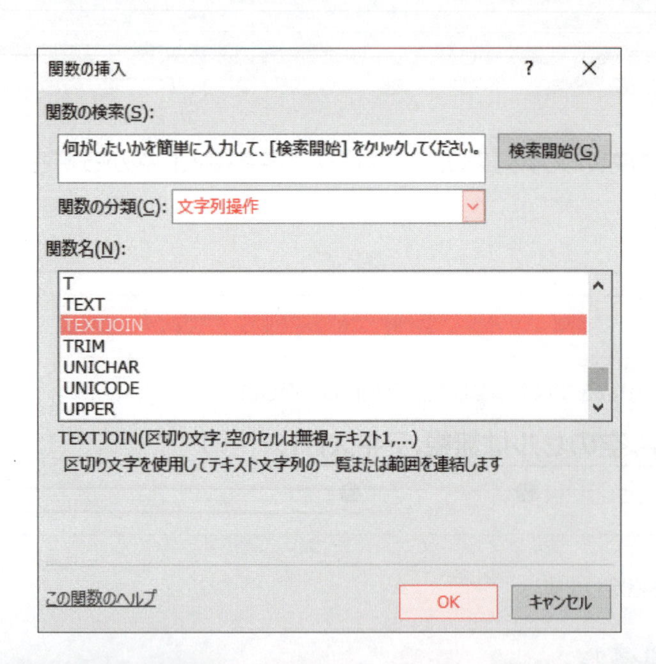

《関数の挿入》ダイアログボックスが表示されます。

③《関数の分類》の ⌄ をクリックし、一覧から《文字列操作》を選択します。

④《関数名》の一覧から《TEXTJOIN》を選択します。

※一覧に表示されていない場合は、スクロールして調整します。

⑤《OK》をクリックします。

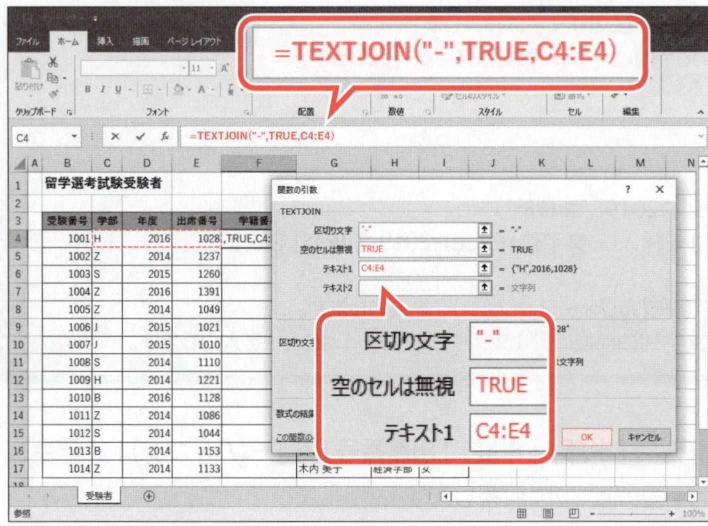

《関数の引数》ダイアログボックスが表示されます。

⑥《区切り文字》に「-(ハイフン)」を入力します。

⑦《空のセルは無視》に「TRUE」と入力します。

⑧《テキスト1》にカーソルを移動します。

⑨セル範囲【C4:E4】を選択します。

《テキスト1》に「C4:E4」と表示されます。

⑩数式バーに「=TEXTJOIN("-",TRUE,C4:E4)」と表示されていることを確認します。

⑪《OK》をクリックします。

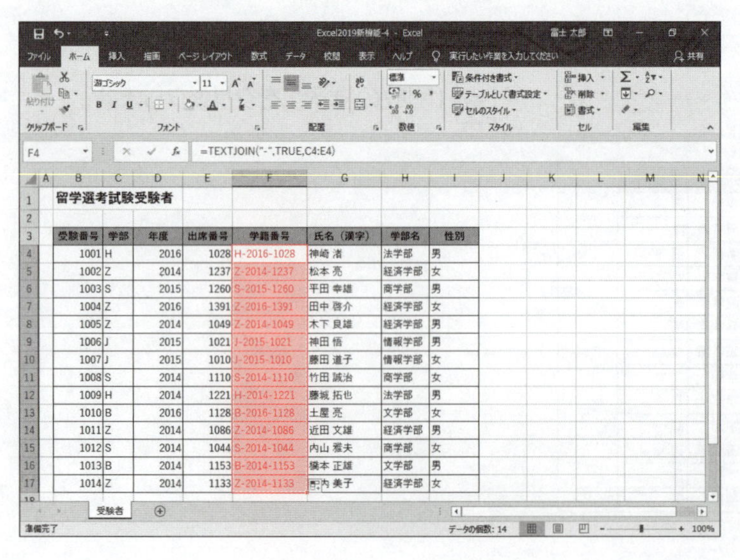

1人目の-(ハイフン)で区切られた学籍番号が表示されます。

数式をコピーします。

⑫セル【F4】を選択し、セル右下の■(フィルハンドル)をダブルクリックします。

数式がコピーされ、各人の学籍番号が表示されます。

※ブックに「Excel2019新機能-4完成」と名前を付けて、フォルダー「付録」に保存し、閉じておきましょう。

索引

Index

索引

記号

数字

英字

あ

い

う

え

お

か

き

く

け

こ

さ

し

す

せ

そ

た

ち

つ

て

と

な

に

は

ひ

ふ

へ

ほ

ま

め

も

ゆ

索引

よ

り

る

れ

ろ

わ

よくわかる

よくわかる

Microsoft® Excel® 2019 応用
(FPT1814)

2019年 4 月 2 日　初版発行
2023年 2 月 5 日　第 2 版第 9 刷発行

著作／制作：富士通エフ・オー・エム株式会社

発行者：山下　秀二

発行所：FOM(エフオーエム)出版（富士通エフ・オー・エム株式会社）
〒144-8588 東京都大田区新蒲田1-17-25
株式会社富士通ラーニングメディア内
https://www.fom.fujitsu.com/goods/

印刷／製本：アベイズム株式会社

表紙デザインシステム：株式会社アイロン・ママ

FOM出版のシリーズラインアップ

定番の よくわかる シリーズ

「よくわかる」シリーズは、長年の研修事業で培ったスキルをベースに、ポイントを押さえたテキスト構成になっています。すぐに役立つ内容を、丁寧に、わかりやすく解説しているシリーズです。

資格試験の よくわかるマスター シリーズ

「よくわかるマスター」シリーズは、IT資格試験の合格を目的とした試験対策用教材です。

■MOS試験対策

■情報処理技術者試験対策

ITパスポート試験

基本情報技術者試験

FOM出版テキスト

最新情報のご案内

FOM出版では、お客様の利用シーンに合わせて、最適なテキストをご提供するために、様々なシリーズをご用意しています。

https://www.fom.fujitsu.com/goods/

FAQのご案内

［テキストに関する よくあるご質問］

FOM出版テキストのお客様Q&A窓口に皆様から多く寄せられたご質問に回答を付けて掲載しています。

https://www.fom.fujitsu.com/goods/faq/

緑色の用紙の内側に、別冊「練習問題・総合問題 解答」が添付されています。

別冊は必要に応じて取りはずせます。取りはずす場合は、この用紙を１枚めくっていただき、別冊の根元を持って、ゆっくりと引き抜いてください。

緑色の用紙の内側に、別冊「練習問題・総合問題 解答」が添付されています。

別冊は必要に応じて取りはずせます。取りはずす場合は、この用紙を1枚めくっていただき、別冊の根元を持って、ゆっくりと引き抜いてください。

練習問題・総合問題
解答

Microsoft®
Excel® 2019 応用

練習問題解答

設定する項目名が一覧にない場合は、任意の項目を選択してください。

第1章　練習問題

①

①セル【D1】に「=TODAY()」と入力

②

①セル【D4】をクリック
②［fx］（関数の挿入）をクリック
③《関数の分類》の［∨］をクリックし、一覧から《検索/行列》を選択
④《関数名》の一覧から《VLOOKUP》を選択
⑤《OK》をクリック
⑥《検索値》にカーソルがあることを確認
⑦セル【C4】をクリック
⑧《範囲》のボックスをクリック
⑨シート「チーム一覧」のセル範囲【B4：C13】を選択
⑩［F4］を押す
⑪《列番号》に「2」と入力
⑫《検索方法》に「FALSE」と入力
⑬《OK》をクリック
⑭セル【D4】を選択し、セル右下の■（フィルハンドル）をダブルクリック

③

①セル【O4】をクリック
②［fx］（関数の挿入）をクリック
③《関数の分類》の［∨］をクリックし、一覧から《統計》を選択
④《関数名》の一覧から《RANK.EQ》を選択
⑤《OK》をクリック
⑥《数値》にカーソルがあることを確認
⑦セル【E4】をクリック
⑧《参照》のボックスをクリック
⑨セル範囲【E4：E31】を選択
⑩［F4］を押す
⑪《順序》に「0」と入力
⑫《OK》をクリック
⑬セル【O4】を選択し、セル右下の■（フィルハンドル）をダブルクリック

④

①セル【P4】をクリック
②［fx］（関数の挿入）をクリック
③《関数の分類》の［∨］をクリックし、一覧から《統計》を選択
④《関数名》の一覧から《RANK.EQ》を選択
⑤《OK》をクリック
⑥《数値》にカーソルがあることを確認
⑦セル【J4】をクリック
⑧《参照》のボックスをクリック
⑨セル範囲【J4：J31】を選択
⑩［F4］を押す
⑪《順序》に「0」と入力
⑫《OK》をクリック
⑬セル【P4】を選択し、セル右下の■（フィルハンドル）をダブルクリック

⑤

①セル【Q4】をクリック
②［fx］（関数の挿入）をクリック
③《関数の分類》の［∨］をクリックし、一覧から《論理》を選択
④《関数名》の一覧から《IF》を選択
⑤《OK》をクリック
⑥《論理式》にカーソルがあることを確認
⑦セル【E4】をクリック
⑧「E4」に続けて「>=0.333」と入力
⑨《値が真の場合》に「◎」と入力
⑩《値が偽の場合》に「－」と入力
⑪《OK》をクリック
⑫セル【Q4】を選択し、セル右下の■（フィルハンドル）をダブルクリック

⑥

① セル【R4】をクリック
② fx（関数の挿入）をクリック
③《関数の分類》の ∨ をクリックし、一覧から《論理》を選択
④《関数名》の一覧から《IF》を選択
⑤《OK》をクリック
⑥《論理式》にカーソルがあることを確認
⑦ セル【J4】をクリック
⑧「J4」に続けて「>=20」と入力
⑨《値が真の場合》に「◎」と入力
⑩《値が偽の場合》に「－」と入力
⑪《OK》をクリック
⑫ セル【R4】を選択し、セル右下の■（フィルハンドル）をダブルクリック

第2章　練習問題

①

① セル範囲【G9：G18】を選択
②《ホーム》タブを選択
③《スタイル》グループの 条件付き書式（条件付き書式）をクリック
④《セルの強調表示ルール》をポイント
⑤《その他のルール》をクリック
⑥《ルールの種類を選択してください》が《指定の値を含むセルだけを書式設定》になっていることを確認
⑦《次のセルのみを書式設定》の左のボックスが《セルの値》になっていることを確認
⑧ 中央のボックスの ∨ をクリックし、一覧から《次の値以上》を選択
⑨ 右のボックスに「1000」と入力
⑩《書式》をクリック
⑪《フォント》タブを選択
⑫《スタイル》の一覧から《太字》を選択
⑬《色》の ∨ をクリックし、一覧から《標準の色》の《赤》（左から2番目）を選択
⑭《OK》をクリック
⑮《OK》をクリック

②

① セル【I4】をクリック
②《ホーム》タブを選択
③《数値》グループの（表示形式）をクリック
④《表示形式》タブを選択
⑤《分類》の一覧から《ユーザー定義》を選択
⑥《種類》に「000000」と入力
⑦《OK》をクリック

③

① セル【I6】をクリック
②《ホーム》タブを選択
③《数値》グループの（表示形式）をクリック
④《表示形式》タブを選択
⑤《分類》の一覧から《ユーザー定義》を選択
⑥《種類》に「0"月度"」と入力
⑦《OK》をクリック

④

① セル範囲【C9：C18】を選択
②《ホーム》タブを選択
③《数値》グループの（表示形式）をクリック
④《表示形式》タブを選択
⑤《分類》の一覧から《ユーザー定義》を選択
⑥《種類》に「m"月"d"日"（aaa）」と入力
⑦《OK》をクリック

⑤

① セル範囲【H9：H18】を選択
②《データ》タブを選択
③《データツール》グループの（データの入力規則）をクリック

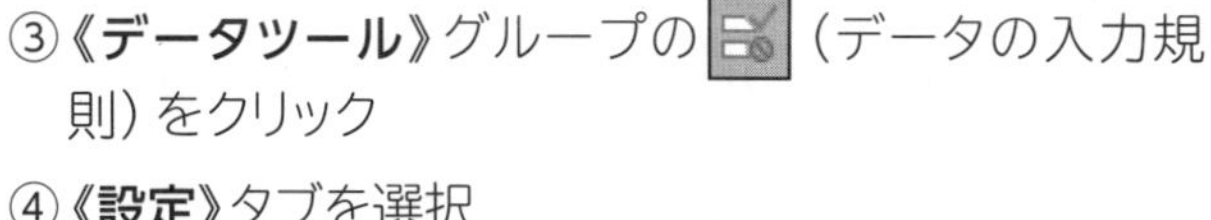

④《設定》タブを選択
⑤《入力値の種類》の ∨ をクリックし、一覧から《リスト》を選択
⑥《ドロップダウンリストから選択する》を ✓ にする
⑦《元の値》のボックスをクリック
⑧ セル範囲【L2：L3】を選択
⑨《元の値》が「=$L$2：$L$3」になっていることを確認
⑩《OK》をクリック

練習問題
総合問題

⑥

①セル範囲【G9：G18】を選択
②《**データ**》タブを選択
③《**データツール**》グループの（データの入力規則）をクリック
④《**設定**》タブを選択
⑤《**入力値の種類**》のをクリックし、一覧から《**整数**》を選択
⑥《**データ**》のをクリックし、一覧から《**次の値より小さい**》を選択
⑦《**最大値**》に「**10000**」と入力
⑧《**エラーメッセージ**》タブを選択
⑨《**無効なデータが入力されたらエラーメッセージを表示する**》を☑にする
⑩《**スタイル**》のをクリックし、一覧から《**停止**》を選択
⑪《**タイトル**》に「**費用エラー**」と入力
⑫《**エラーメッセージ**》に「**費用が10,000円以上の場合、遠地出張申請書にて申請してください。**」と入力
⑬《**OK**》をクリック

⑦

①セル【C8】をクリック
②《**校閲**》タブを選択
③《**コメント**》グループの（コメントの挿入）をクリック
④「**「M/D」の形式で入力してください。**」と入力
⑤コメント以外の場所をクリック

⑧

①セル範囲【I3：I6】を選択
②Ctrlを押しながら、セル範囲【C9：J18】を選択
③《**ホーム**》タブを選択
④《**セル**》グループの書式（書式）をクリック
⑤《**セルのロック**》をクリック
⑥《**セル**》グループの書式（書式）をクリック
⑦《**シートの保護**》をクリック
⑧《**シートとロックされたセルの内容を保護する**》を☑にする
⑨《**OK**》をクリック

第3章　練習問題

①

①セル範囲【B3：N6】を選択
②《**挿入**》タブを選択
③《**グラフ**》グループの（複合グラフの挿入）をクリック
④《**組み合わせ**》の《**集合縦棒-第2軸の折れ線**》（左から2番目）をクリック
⑤《**デザイン**》タブを選択
⑥《**種類**》グループの（グラフの種類の変更）をクリック
⑦《**すべてのグラフ**》タブを選択
⑧左側の一覧から《**組み合わせ**》を選択
⑨「**求人数**」と「**求職者数**」の《**グラフの種類**》が《**集合縦棒**》、「**求人倍率**」の《**グラフの種類**》が《**折れ線**》になっていることを確認
⑩《**求人倍率**》の《**第2軸**》が☑になっていることを確認
⑪《**OK**》をクリック

②

①グラフエリアをドラッグし、移動（目安：セル【B8】）
②グラフエリアの右下をドラッグし、サイズを変更（目安：セル【N21】）

③

①グラフを選択
②《**デザイン**》タブを選択
③《**グラフスタイル**》グループの（その他）をクリック
④《**スタイル6**》（左から6番目、上から1番目）をクリック

④

①主軸を右クリック
②《**軸の書式設定**》をクリック
③《**軸のオプション**》をクリック
④（軸のオプション）をクリック
⑤《**軸のオプション**》が展開されていることを確認
⑥《**表示単位**》のをクリックし、一覧から《**千**》を選択
⑦《**表示単位のラベルをグラフに表示する**》を☑にする
⑧×（閉じる）をクリック

⑤

①表示単位ラベル**「千」**を選択
②**《ホーム》**タブを選択
③**《配置》**グループの （方向）をクリック
④**《縦書き》**をクリック

⑥

①グラフを選択
②**《デザイン》**タブを選択
③**《グラフのレイアウト》**グループの （グラフ要素を追加）をクリック
④**《グラフタイトル》**をポイント
⑤**《なし》**をクリック

⑦

①**「求人倍率」**のデータ系列を右クリック
②**《データ系列の書式設定》**をクリック
③ （塗りつぶしと線）をクリック
④**《線》**をクリック
⑤**《線》**が展開されていることを確認
⑥**《幅》**を**「3pt」**に設定
⑦**《マーカー》**をクリック
⑧**《マーカーのオプション》**をクリック
⑨**《組み込み》**を◉にする
⑩**《サイズ》**を**「7」**に設定
⑪ （閉じる）をクリック

第4章　練習問題

①

①グラフを選択
②**《挿入》**タブを選択
③**《図》**グループの （図形）をクリック
※**《図》**グループが （図）で表示されている場合は、 （図）をクリックすると、**《図》**グループのボタンが表示されます。
④**《吹き出し》**の （吹き出し：角を丸めた四角形）（左から2番目、上から1番目）をクリック
⑤始点から終点までドラッグし、図形を作成
⑥**「8K対応テレビ"HAC"投入」**と入力

②

①図形を選択
②図形の枠線をドラッグし、移動
③図形の○（ハンドル）をドラッグし、サイズを変更
④図形の黄色の○（ハンドル）をドラッグし、吹き出し口の位置を調整
⑤**《ホーム》**タブを選択
⑥**《配置》**グループの （上下中央揃え）をクリック
⑦**《配置》**グループの （中央揃え）をクリック
⑧図形以外の場所をクリック

③

①図形を選択
②**《書式》**タブを選択
③**《図形のスタイル》**グループの （その他）をクリック
④**《枠線のみ-オレンジ、アクセント2》**（左から3番目、上から1番目）をクリック

④

①グラフを選択
②**《挿入》**タブを選択
③**《テキスト》**グループの （横書きテキストボックスの描画）をクリック
※**《テキスト》**グループが （テキスト）で表示されている場合は、 （テキスト）をクリックすると、**《テキスト》**グループのボタンが表示されます。
④始点から終点までドラッグし、テキストボックスを作成
⑤カーソルが表示されていることを確認
⑥数式バーをクリック
⑦**「=」**を入力
⑧セル**【G3】**をクリック

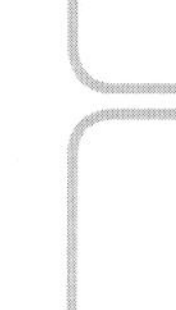

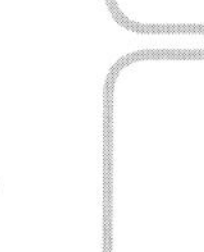

⑨数式バーに「**=売上推移!$G$3**」と表示されていることを確認

⑩ Enter を押す

⑪テキストボックスの枠線をドラッグし、移動

⑫テキストボックスの○（ハンドル）をドラッグし、サイズを変更

⑤

①SmartArtグラフィックを選択

②テキストウィンドウが表示されていることを確認

③「**2017**」の「**炊飯器の市場…**」の後ろにカーソルを移動

④ Enter を押す

⑤《**デザイン**》タブを選択

⑥《**グラフィックの作成**》グループの ← レベル上げ （選択対象のレベル上げ）をクリック

⑦「**2018**」と入力

⑧ Enter を押す

⑨《**グラフィックの作成**》グループの → レベル下げ （選択対象のレベル下げ）をクリック

⑩「**8K対応テレビの製造の強化**」と入力

⑪ Enter を押す

⑫同様に「**8K対応のテレビシリーズ"HAC"投入**」「**8K対応テレビの市場シェア13%獲得**」と入力

⑬SmartArtグラフィックの下のハンドルをドラッグし、サイズを変更（目安：セル【**G45**】）

⑥

①SmartArtグラフィックを選択

②《**デザイン**》タブを選択

③《**SmartArtのスタイル**》グループの （色の変更）をクリック

④《**カラフル**》の《**カラフル-全アクセント**》（左から1番目）をクリック

⑦

①《**ページレイアウト**》タブを選択

②《**テーマ**》グループの （テーマ）をクリック

③《**Office**》の《**ウィスプ**》をクリック

第5章　練習問題

①セル【**B6**】をクリック
※表内のセルであれば、どこでもかまいません。

②《**挿入**》タブを選択

③《**テーブル**》グループの （テーブル）をクリック

④《**テーブルに変換するデータ範囲を指定してください**》が「**=$B$6：$H$44**」になっていることを確認

⑤《**先頭行をテーブルの見出しとして使用する**》を ☑ にする

⑥《**OK**》をクリック

⑦《**デザイン**》タブを選択

⑧《**テーブルスタイル**》グループの （テーブルクイックスタイル）をクリック

⑨《**中間**》の《**緑,テーブルスタイル（中間）7**》（左から7番目、上から1番目）をクリック

②

①セル【**B6**】をクリック
※テーブル内のセルであれば、どこでもかまいません。

②《**デザイン**》タブを選択

③《**テーブルスタイルのオプション**》グループの《**集計行**》を ☑ にする

④集計行の「**商談規模**」のセル（セル【**G45**】）をクリック

⑤ ▼ をクリックし、一覧から《**合計**》を選択

⑥集計行の「**確度**」のセル（セル【**H45**】）をクリック

⑦ ▼ をクリックし、《**個数**》が選択されていることを確認

③

①「**部署名**」の ▼ をクリック

②《**（すべて選択）**》を □ にする

③「**第3営業部**」を ☑ にする

④《**OK**》をクリック

⑤「**確度**」の ▼ をクリック

⑥《**（すべて選択）**》を □ にする

⑦「**B**」を ☑ にする

⑧《**OK**》をクリック
※6件のレコードが抽出されます。

④

①セル【B6】をクリック

※テーブル内のセルであれば、どこでもかまいません。

②《データ》タブを選択

③《並べ替えとフィルター》グループの クリア（クリア）をクリック

※「部署名」の →《"部署名"からフィルターをクリア》→「確度」の →《"確度"からフィルターをクリア》を選択してもかまいません。

⑤

①セル【B6】をクリック

※テーブル内のセルであれば、どこでもかまいません。

②《デザイン》タブを選択

③《テーブルスタイルのオプション》グループの《集計行》を□にする

④《縞模様（行）》を□にする

⑥

①セル【B6】をクリック

※テーブル内のセルであれば、どこでもかまいません。

②《デザイン》タブを選択

③《ツール》グループの 範囲に変換（範囲に変換）をクリック

④《はい》をクリック

⑦

①セル【H6】をクリック

※表内のH列のセルであれば、どこでもかまいません。

②《データ》タブを選択

③《並べ替えとフィルター》グループの （昇順）をクリック

④《アウトライン》グループの （小計）をクリック

※《アウトライン》グループが （アウトライン）で表示されている場合は、 （アウトライン）をクリックすると、《アウトライン》グループのボタンが表示されます。

⑤《グループの基準》の をクリックし、一覧から「確度」を選択

⑥《集計の方法》の をクリックし、一覧から《合計》を選択

⑦《集計するフィールド》の「商談規模」を☑、「確度」を□にする

⑧《OK》をクリック

第6章　練習問題

①

①セル【B3】をクリック

※表内のセルであれば、どこでもかまいません。

②《挿入》タブを選択

③《テーブル》グループの （ピボットテーブル）をクリック

④《テーブルまたは範囲を選択》を◉にする

⑤《テーブル/範囲》が「売上表!$B$3：$J$69」になっていることを確認

⑥《新規ワークシート》を◉にする

⑦《OK》をクリック

⑧《ピボットテーブルのフィールド》作業ウィンドウの「担当」を《フィルター》のボックスにドラッグ

⑨「商品種別」を《行》のボックスにドラッグ

⑩「日付」を《列》のボックスにドラッグ

⑪「売上合計」を《値》のボックスにドラッグ

②

①セル【B6】をクリック

※値エリアのセルであれば、どこでもかまいません。

②《分析》タブを選択

③《アクティブなフィールド》グループの フィールドの設定（フィールドの設定）をクリック

④《表示形式》をクリック

⑤《分類》の一覧から《数値》を選択

⑥《桁区切り（,）を使用する》を☑にする

⑦《OK》をクリック

⑧《OK》をクリック

③

①セル【A3】をクリック

※ピボットテーブル内のセルであれば、どこでもかまいません。

②《デザイン》タブを選択

③《ピボットテーブルスタイル》グループの （その他）をクリック

④《中間》の《薄い青，ピボットスタイル（中間）2》（左から2番目、上から1番目）をクリック

④

①セル【A5】に「商品種別」と入力

②セル【B3】に「日付」と入力

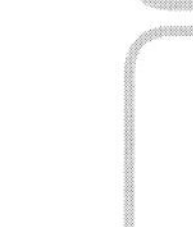

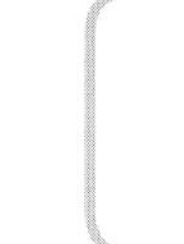
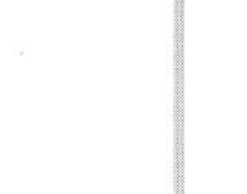

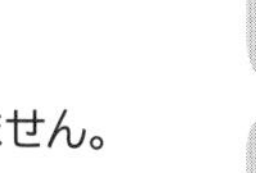
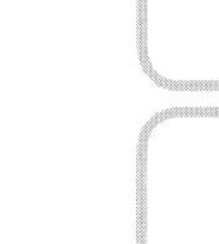

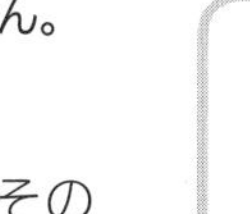

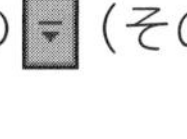
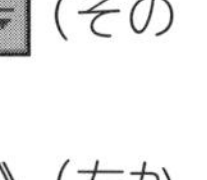

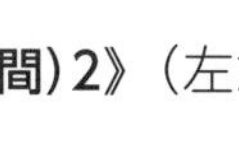

⑤

①シート「**売上表**」のシート見出しをクリック

②セル【**G6**】に「**5**」と入力

③シート「**Sheet1**」のシート見出しをクリック

④セル【**A3**】をクリック

※ピボットテーブル内のセルであれば、どこでもかまいません。

⑤《**分析**》タブを選択

⑥《**データ**》グループの　（更新）をクリック

①セル【**A3**】をクリック

※ピボットテーブル内のセルであれば、どこでもかまいません。

②《**分析**》タブを選択

③《**ツール**》グループの　（ピボットグラフ）をクリック

④左側の一覧から《**縦棒**》を選択

⑤右側の一覧から《**積み上げ縦棒**》（左から2番目）を選択

⑥《**OK**》をクリック

⑦グラフエリアをドラッグし、移動（目安：セル【**A13**】）

⑧グラフエリアの右下をドラッグし、サイズを変更（目安：セル【**H26**】）

第7章　練習問題

①《**開発**》タブを選択

※《開発》タブが表示されていない場合は、《ファイル》タブ→《オプション》→左側の一覧から《リボンのユーザー設定》を選択→《リボンのユーザー設定》の　→一覧から《メインタブ》を選択→《✔開発》→《OK》を選択します。

②《**コード**》グループの　（マクロの記録）をクリック

③《**マクロ名**》に「**売上トップ5**」と入力

④《**マクロの保存先**》が《**作業中のブック**》になっていることを確認

⑤《**OK**》をクリック

⑥セル【**B3**】をクリック

※表内のセルであれば、どこでもかまいません。

⑦《**データ**》タブを選択

⑧《**並べ替えとフィルター**》グループの　（フィルター）をクリック

⑨「**金額**」の　をクリック

⑩《**数値フィルター**》をポイント

⑪《**トップテン**》をクリック

⑫左のボックスが《**上位**》になっていることを確認

⑬中央のボックスを「**5**」に設定

⑭右のボックスが《**項目**》になっていることを確認

⑮《**OK**》をクリック

⑯「**金額**」の　をクリック

⑰《**降順**》をクリック

⑱セル【**A1**】をクリック

⑲《**開発**》タブを選択

⑳《**コード**》グループの　（記録終了）をクリック

②

①《**開発**》タブを選択

②《**コード**》グループの　（マクロの記録）をクリック

③《**マクロ名**》に「**リセット**」と入力

④《**マクロの保存先**》が《**作業中のブック**》になっていることを確認

⑤《**OK**》をクリック

⑥セル【**B3**】をクリック

⑦《**データ**》タブを選択

⑧《**並べ替えとフィルター**》グループの　（クリア）をクリック

⑨「**注文日**」の をクリック
⑩《**昇順**》をクリック
⑪《**並べ替えとフィルター**》グループの (フィルター)をクリック
⑫セル【**A1**】をクリック
⑬《**開発**》タブを選択
⑭《**コード**》グループの ■記録終了 (記録終了)をクリック

③

①《**挿入**》タブを選択
②《**図**》グループの (図形)をクリック
※《図》グループが (図)で表示されている場合は、 (図)をクリックすると、《図》グループのボタンが表示されます。
③《**四角形**》の (四角形：角を丸くする)(左から2番目)をクリック
④始点から終点までドラッグし、図形を作成
⑤ Ctrl を押しながら、図形をドラッグしてコピー

④

①左側の図形を選択
②「**売上トップ5**」と入力
③《**ホーム**》タブを選択
④《**配置**》グループの (中央揃え)をクリック
⑤右側の図形を選択
⑥「**リセット**」と入力
⑦《**配置**》グループの (中央揃え)をクリック
⑧図形以外の場所をクリック

⑤

①図形「**売上トップ5**」を右クリック
②《**マクロの登録**》をクリック
③《**マクロ名**》の一覧から「**売上トップ5**」を選択
④《**OK**》をクリック
⑤図形「**リセット**」を右クリック
⑥《**マクロの登録**》をクリック
⑦《**マクロ名**》の一覧から「**リセット**」を選択
⑧《**OK**》をクリック
※図形以外の場所をクリックしておきましょう。

⑥

①図形「**売上トップ5**」をクリック
②図形「**リセット**」をクリック

⑦

①《**ファイル**》タブを選択
②《**エクスポート**》をクリック
③《**ファイルの種類の変更**》をクリック
④《**ブックファイルの種類**》の《**マクロ有効ブック**》を選択
⑤《**名前を付けて保存**》をクリック
※表示されていない場合は、スクロールして調整します。
⑥ブックを保存する場所を選択
※《PC》→《ドキュメント》→「Excel2019応用」→「第7章」を選択します。
⑦《**ファイル名**》に「**第7章練習問題完成**」と入力
⑧《**ファイルの種類**》が《**Excelマクロ有効ブック**》になっていることを確認
⑨《**保存**》をクリック
※《開発》タブを非表示にしておきましょう。

第8章　練習問題

①

①《**ファイル**》タブを選択

②《**開く**》をクリック

③《**参照**》をクリック

④ブックが保存されている場所を選択

※《PC》→《ドキュメント》→「Excel2019応用」→「第8章」→「第8章練習問題」を選択します。

⑤一覧からブック「**駅ビル売店**」を選択

⑥[Shift]を押しながら、一覧からブック「**全店舗集計**」を選択

⑦《**開く**》をクリック

②

①《**表示**》タブを選択

②《**ウィンドウ**》グループの[整列]（整列）をクリック

③《**並べて表示**》を◉にする

④《**OK**》をクリック

※次の操作がしやすいように、各ブックの[^]（リボンを折りたたむ）をクリックし、リボンを折りたたんでおきましょう。

③

①ブック「**全店舗集計**」のウィンドウ内をクリック

②セル【**C4**】をクリック

③「**=**」を入力

④ブック「**駅ビル売店**」のウィンドウ内をクリック

⑤セル【**C4**】をクリック

⑥ブック「**全店舗集計**」のセル【**C4**】に「**=[駅ビル売店.xlsx]商品売上!$C$4**」と表示されていることを確認

⑦[F4]を3回押す

⑧「**+**」を入力

⑨ブック「**城下公園売店**」のウィンドウ内をクリック

⑩セル【**C4**】をクリック

⑪ブック「**全店舗集計**」のセル【**C4**】に「**=[駅ビル売店.xlsx]商品売上!C4+[城下公園売店.xlsx]商品売上!$C$4**」と表示されていることを確認

⑫[F4]を3回押す

⑬「**+**」を入力

⑭ブック「**植物園売店**」のウィンドウ内をクリック

⑮セル【**C4**】をクリック

⑯ブック「**全店舗集計**」のセル【**C4**】に「**=[駅ビル売店.xlsx]商品売上!C4+[城下公園売店.xlsx]商品売上!C4+[植物園売店.xlsx]商品売上!$C$4**」と表示されていることを確認

⑰[F4]を3回押す

⑱ブック「**全店舗集計**」のセル【**C4**】に「**=[駅ビル売店.xlsx]商品売上!C4+[城下公園売店.xlsx]商品売上!C4+[植物園売店.xlsx]商品売上!C4**」と表示されていることを確認

⑲[Enter]を押す

①ブック「**全店舗集計**」のセル【**C4**】を選択し、セル右下の■（フィルハンドル）をダブルクリック

②[オートフィルオプション]（オートフィルオプション）をクリック

③《**書式なしコピー（フィル）**》をクリック

④セル範囲【**C4：C8**】を選択し、セル範囲右下の■（フィルハンドル）をセル【**E8**】までドラッグ

①《**ファイル**》タブを選択

②《**情報**》をクリック

③右側の《**プロパティ**》をクリック

④《**詳細プロパティ**》をクリック

⑤《**タイトル**》に「**全店舗商品売上数集計（10月～12月）**」と入力

⑥《**会社名**》に「**明野フーズ株式会社**」と入力

⑦《**OK**》をクリック

①《**情報**》をクリック

②《**ブックの保護**》をクリック

③《**最終版にする**》をクリック

④《**OK**》をクリック

※最終版に関するメッセージが表示される場合は、《OK》をクリックします。

総合問題解答

設定する項目名が一覧にない場合は、任意の項目を選択してください。

総合問題1

①セル【H7】をクリック
②（関数の挿入）をクリック
③**《関数の分類》**のをクリックし、一覧から**《検索/行列》**を選択
④**《関数名》**の一覧から**《HLOOKUP》**を選択
⑤**《OK》**をクリック
⑥**《検索値》**にカーソルがあることを確認
⑦セル【G7】をクリック
⑧**《範囲》**のボックスをクリック
⑨セル範囲【F2：J3】を選択
⑩F4を押す
⑪**《行番号》**に「2」と入力
⑫**《検索方法》**に「FALSE」と入力
⑬**《OK》**をクリック
⑭セル【H7】を選択し、セル右下の■（フィルハンドル）をダブルクリック

②

①セル【H7】をクリック
②**《ホーム》**タブを選択
③**《クリップボード》**グループの（コピー）をクリック
④セル【J7】をクリック
⑤**《クリップボード》**グループの（貼り付け）をクリック
⑥セル【J7】を選択し、セル右下の■（フィルハンドル）をダブルクリック

③

①セル【L7】をクリック
②（関数の挿入）をクリック
③**《関数の分類》**のをクリックし、一覧から**《数学/三角》**を選択
④**《関数名》**の一覧から**《ROUND》**を選択
⑤**《OK》**をクリック
⑥**《数値》**にカーソルがあることを確認
⑦セル【F7】をクリック
⑧「*」を入力
⑨セル【M2】をクリック
⑩F4を押す
⑪「+」を入力
⑫セル【K7】をクリック
⑬「*」を入力
⑭セル【M3】をクリック
⑮F4を押す
⑯**《桁数》**に「0」と入力
⑰**《OK》**をクリック
⑱セル【L7】を選択し、セル右下の■（フィルハンドル）をダブルクリック

④

①セル【M7】をクリック
②（関数の挿入）をクリック
③**《関数の分類》**のをクリックし、一覧から**《統計》**を選択
④**《関数名》**の一覧から**《RANK.EQ》**を選択
⑤**《OK》**をクリック
⑥**《数値》**にカーソルがあることを確認
⑦セル【L7】をクリック
⑧**《参照》**のボックスをクリック
⑨セル範囲【L7：L30】を選択
⑩F4を押す
⑪**《順序》**に「0」と入力
⑫**《OK》**をクリック
⑬セル【M7】を選択し、セル右下の■（フィルハンドル）をダブルクリック

⑤

①セル【N7】をクリック

② fx （関数の挿入）をクリック

③**《関数の分類》**の ▼ をクリックし、一覧から**《論理》**を選択

④**《関数名》**の一覧から**《IFS》**を選択

⑤**《OK》**をクリック

⑥**《論理式1》**にカーソルがあることを確認

⑦セル【L7】をクリック

⑧「L7」に続けて「>=130」と入力

⑨**《値が真の場合1》**に「合格」と入力

⑩同様に**《論理式2》**に「L7>=120」、**《値が真の場合2》**に「再考」、**《論理式3》**に「TRUE」、**《値が真の場合3》**に「不合格」と入力

※《値が真の場合3》が表示されていない場合は、スクロールして調整します。

⑪数式バーに「=IFS(L7>=130,"合格",L7>=120,"再考",TRUE,不合格)」と表示されていることを確認

⑫**《OK》**をクリック

⑬セル【L7】を選択し、セル右下の■（フィルハンドル）をダブルクリック

⑥

①セル範囲【G7：G30】を選択

② Ctrl を押しながら、セル範囲【I7：I30】を選択

③**《ホーム》**タブを選択

④**《スタイル》**グループの 条件付き書式▼ （条件付き書式）をクリック

⑤**《セルの強調表示ルール》**をポイント

⑥**《指定の値に等しい》**をクリック

⑦**《次の値に等しいセルを書式設定》**に「SA」と入力

⑧**《書式》**の ▼ をクリックし、一覧から**《濃い黄色の文字、黄色の背景》**を選択

⑨**《OK》**をクリック

⑩**《スタイル》**グループの 条件付き書式▼ （条件付き書式）をクリック

⑪**《セルの強調表示ルール》**をポイント

⑫**《指定の値に等しい》**をクリック

⑬**《次の値に等しいセルを書式設定》**に「A」と入力

⑭**《書式》**の ▼ をクリックし、一覧から**《濃い黄色の文字、黄色の背景》**を選択

⑮**《OK》**をクリック

⑦

①セル範囲【L7：L30】を選択

②**《ホーム》**タブを選択

③**《スタイル》**グループの 条件付き書式▼ （条件付き書式）をクリック

④**《上位/下位ルール》**をポイント

⑤**《上位10%》**をクリック

⑥**《上位に入るセルを書式設定》**を「20」%に設定

⑦**《書式》**の ▼ をクリックし、一覧から**《濃い緑の文字、緑の背景》**を選択

⑧**《OK》**をクリック

⑧

①セル範囲【B6：N30】を選択

②**《挿入》**タブを選択

③**《テーブル》**グループの テーブル （テーブル）をクリック

④**《テーブルに変換するデータ範囲を指定してください》**が「=$B$6：$N$30」になっていることを確認

⑤**《先頭行をテーブルの見出しとして使用する》**を ✓ にする

⑥**《OK》**をクリック

⑦**《デザイン》**タブを選択

⑧**《テーブルスタイル》**グループの クイックスタイル （テーブルクイックスタイル）をクリック

⑨**《クリア》**をクリック

⑨

①「総合点」の ▼ をクリック

②**《色フィルター》**をポイント

③**《フォントの色でフィルター》**の緑色をクリック

※4件のレコードが抽出されます。

総合問題2

①セル【**B3**】をクリック
※表内のセルであれば、どこでもかまいません。

②《**データ**》タブを選択

③《**並べ替えとフィルター**》グループの（並べ替え）をクリック

④《**列**》の《**最優先されるキー**》のをクリックし、一覧から《**開催地区**》を選択

⑤《**並べ替えのキー**》が《**セルの値**》になっていることを確認

⑥《**順序**》のをクリックし、一覧から《**ユーザー設定リスト**》を選択

⑦《**リストの項目**》の1行目に「**東区**」と入力し、Enterを押す

⑧2行目に「**西区**」と入力し、Enterを押す

⑨3行目に「**南区**」と入力し、Enterを押す

⑩4行目に「**北区**」と入力

⑪《**追加**》をクリック

⑫《**OK**》をクリック

⑬《**OK**》をクリック

②

①セル【**B3**】をクリック
※表内のセルであれば、どこでもかまいません。

②《**データ**》タブを選択

③《**アウトライン**》グループの（小計）をクリック
※《アウトライン》グループが（アウトライン）で表示されている場合は、（アウトライン）をクリックすると《アウトライン》グループのボタンが表示されます。

④《**グループの基準**》のをクリックし、一覧から「**開催地区**」を選択

⑤《**集計の方法**》が《**合計**》になっていることを確認

⑥《**集計するフィールド**》の「**参加者数**」と「**金額**」をにする

⑦《**OK**》をクリック

③

①セル【**B3**】をクリック
※表内のセルであれば、どこでもかまいません。

②《**データ**》タブを選択

③《**アウトライン**》グループの（小計）をクリック
※《アウトライン》グループが（アウトライン）で表示されている場合は、（アウトライン）をクリックすると《アウトライン》グループのボタンが表示されます。

④《**グループの基準**》が「**開催地区**」になっていることを確認

⑤《**集計の方法**》のをクリックし、一覧から《**平均**》を選択

⑥《**集計するフィールド**》の「**参加者数**」と「**金額**」がになっていることを確認

⑦《**現在の小計をすべて置き換える**》をにする

⑧《**OK**》をクリック

④

①シート「**セミナー体系**」のシート見出しをクリック

②《**挿入**》タブを選択

③《**図**》グループの SmartArt（SmartArtグラフィックの挿入）をクリック
※《図》グループが（図）で表示されている場合は、（図）をクリックすると《図》グループのボタンが表示されます。

④左側の一覧から《**階層構造**》を選択

⑤中央の一覧から《**階層リスト**》（左から4番目、上から3番目）を選択

⑥《**OK**》をクリック

⑦SmartArtグラフィックの枠線をドラッグし、移動（目安：セル【**B4**】）

⑧SmartArtグラフィックの右下をドラッグし、サイズを変更（目安：セル【**J20**】）

⑤

①SmartArtグラフィックを選択

②《**テキストウィンドウ**》が表示されていることを確認
※テキストウィンドウが表示されていない場合は、《デザイン》タブ→《グラフィックの作成》グループの テキスト ウィンドウ（テキストウィンドウ）をクリックします。

③《**テキストウィンドウ**》の1行目に「**健康**」と入力

④2行目の「**[テキスト]**」をクリックし、「**リラックス・ヨガ**」と入力

⑤同様に3行目に「**成人病対策料理**」、4行目に「**パソコン**」、5行目に「**パソコン入門**」と入力

⑥6行目に「**Excel&Word体験**」と入力し、Enterを押す

⑦7行目に「**インターネット体験**」と入力し、Enterを押す

⑧8行目にカーソルがあることを確認

⑨《**デザイン**》タブを選択

⑩《**グラフィックの作成**》グループの レベル上げ（選択対象のレベル上げ）をクリック

⑪8行目に「**手話**」と入力し、Enterを押す

⑫9行目にカーソルがあることを確認

⑬《**グラフィックの作成**》グループの レベル下げ （選択対象のレベル下げ）をクリック

⑭9行目に「**手話・初級**」と入力し、Enter を押す

⑮10行目に「**手話・中級**」と入力し、Enter を押す

⑯11行目に「**手話・上級**」と入力

⑥

①SmartArtグラフィックを選択

②《**デザイン**》タブを選択

③《**SmartArtのスタイル**》グループの 色の変更 （色の変更）をクリック

④《**ベーシック**》の《**塗りつぶし-濃色2**》（左から3番目）をクリック

⑤《**SmartArtのスタイル**》グループの （その他）をクリック

⑥《**3-D**》の《**凹凸**》（左から2番目、上から1番目）をクリック

⑦

①SmartArtグラフィックを選択

②《**ホーム**》タブを選択

③《**フォント**》グループの 18+ （フォントサイズ）の をクリックし、一覧から《**10.5**》を選択

④図形「**健康**」を選択

⑤ Shift を押しながら、図形「**パソコン**」と図形「**手話**」を選択

⑥《**フォント**》グループの 10.5 （フォントサイズ）の をクリックし、一覧から《**14**》を選択

総合問題3

①セル【**B3**】をクリック

※表内のセルであれば、どこでもかまいません。

②《**挿入**》タブを選択

③《**テーブル**》グループの ピボットテーブル （ピボットテーブル）をクリック

④《**テーブルまたは範囲を選択**》を◉にする

⑤《**テーブル/範囲**》が「**セミナー開催状況!$B$3:$I$63**」になっていることを確認

⑥《**新規ワークシート**》を◉にする

⑦《**OK**》をクリック

⑧《**ピボットテーブルのフィールド**》作業ウィンドウの「**セミナー**」を《**行**》のボックスにドラッグ

⑨「**開催日**」を《**列**》のボックスにドラッグ

⑩「**金額**」を《**値**》のボックスにドラッグ

⑪シート「**Sheet1**」のシート見出しをダブルクリック

⑫「**集計表**」と入力

⑬ Enter を押す

①《**ピボットテーブルのフィールド**》作業ウィンドウの「**分野**」を《**行**》のボックスにドラッグ

②《**行**》のボックスの「**セミナー**」をクリック

③《**フィールドの削除**》をクリック

①セル【**B6**】をクリック

※値エリアのセルであれば、どこでもかまいません。

②《**分析**》タブを選択

③《**アクティブなフィールド**》グループの フィールドの設定 （フィールドの設定）をクリック

④《**表示形式**》をクリック

⑤《**分類**》の一覧から《**数値**》を選択

⑥《**桁区切り(,)を使用する**》を☑にする

⑦《**OK**》をクリック

⑧《**OK**》をクリック

④

①セル【A3】をクリック
※ピボットテーブル内のセルであれば、どこでもかまいません。

②《デザイン》タブを選択

③《ピボットテーブルスタイル》グループの（その他）をクリック

④《中間》の《薄い青,ピボットスタイル（中間）9》（左から2番目、上から2番目）をクリック

⑤

①セル【A3】をクリック
※ピボットテーブル内のセルであれば、どこでもかまいません。

②《デザイン》タブを選択

③《レイアウト》グループの（レポートのレイアウト）をクリック

④《表形式で表示》をクリック

⑥

①セル【A3】をクリック
※ピボットテーブル内のセルであれば、どこでもかまいません。

②《分析》タブを選択

③《フィルター》グループの スライサーの挿入（スライサーの挿入）をクリック

④「**開催地区**」を✔にする

⑤《OK》をクリック

⑥「**開催地区**」のスライサーの「**東区**」をクリック

⑦（複数選択）をクリック

⑧「**開催地区**」のスライサーの「**北区**」をクリック

⑦

①セル【A3】をクリック
※ピボットテーブル内のセルであれば、どこでもかまいません。

②《分析》タブを選択

③《ツール》グループの（ピボットグラフ）をクリック

④左側の一覧から《縦棒》を選択

⑤右側の一覧から《3-D集合縦棒》（左から4番目）を選択

⑥《OK》をクリック

⑧

①グラフを選択

②《デザイン》タブを選択

③《場所》グループの（グラフの移動）をクリック

④《新しいシート》を◉にし、「**集計グラフ**」と入力

⑤《OK》をクリック

⑨

①グラフエリアをクリック

②《ホーム》タブを選択

③《フォント》グループの 10（フォントサイズ）のをクリックし、一覧から《12》を選択

⑩

①グラフエリアをクリック

②《デザイン》タブを選択

③《グラフのレイアウト》グループの（グラフ要素を追加）をクリック

④《凡例》をポイント

⑤《下》をクリック

総合問題4

①セル【H1】をクリック

②《ホーム》タブを選択

③《数値》グループの（表示形式）をクリック

④《表示形式》タブを選択

⑤《分類》の一覧から《ユーザー定義》を選択

⑥《種類》に「**"見積No."000000**」と入力

⑦《OK》をクリック

②

①セル【H2】をクリック

②《ホーム》タブを選択

③《数値》グループの（表示形式）をクリック

④《表示形式》タブを選択

⑤《分類》の一覧から《ユーザー定義》を選択

⑥《種類》に「**ggge"年"mm"月"dd"日"**」と入力

⑦《OK》をクリック

③

①セル【B5】をクリック

②《ホーム》タブを選択

③《数値》グループの（表示形式）をクリック

④《表示形式》タブを選択

⑤《分類》の一覧から《ユーザー定義》を選択

⑥《種類》に「**@"御中"**」と入力

⑦《OK》をクリック

④

①セル範囲【B8：B11】を選択
②《**ホーム**》タブを選択
③《**配置**》グループの［ ］（配置の設定）をクリック
④《**配置**》タブを選択
⑤《**横位置**》の［ ］をクリックし、一覧から《**均等割り付け（インデント）**》を選択
⑥《**OK**》をクリック

⑤

①セル【**D19**】をクリック
②［*fx*］（関数の挿入）をクリック
③《**関数の分類**》の［ ］をクリックし、一覧から《**検索/行列**》を選択
④《**関数名**》の一覧から《**VLOOKUP**》を選択
⑤《**OK**》をクリック
⑥《**検索値**》にカーソルがあることを確認
⑦セル【**C19**】をクリック
⑧［F4］を3回押す
⑨《**範囲**》のボックスをクリック
⑩シート「**商品一覧**」のセル範囲【**B4：D25**】を選択
⑪［F4］を押す
⑫《**列番号**》に「**2**」と入力
⑬《**検索方法**》に「**FALSE**」と入力
⑭《**OK**》をクリック
⑮セル【**D19**】の数式を「**=IF($C19="","",VLOOKUP($C19,商品一覧!$B$4：$D$25,2,FALSE))**」に編集
⑯セル【**D19**】を選択し、セル右下の■（フィルハンドル）をセル【**E19**】までドラッグ
⑰セル【**E19**】の数式を「**=IF($C19="","",VLOOKUP($C19,商品一覧!$B$4：$D$25,3,FALSE))**」に編集
⑱セル範囲【**D19：E19**】を選択し、セル範囲右下の■（フィルハンドル）をセル【**E28**】までドラッグ
⑲［ ］（オートフィルオプション）をクリック
⑳《**書式なしコピー（フィル）**》をクリック

⑥

①セル範囲【**E19:E28**】を選択
②《**ホーム**》タブを選択
③《**数値**》グループの［ ］（桁区切りスタイル）をクリック

⑦

①セル【**G19**】をクリック
②［*fx*］（関数の挿入）をクリック
③《**関数の分類**》の［ ］をクリックし、一覧から《**論理**》を選択
④《**関数名**》の一覧から《**IF**》を選択
⑤《**OK**》をクリック
⑥《**論理式**》にカーソルがあることを確認
⑦セル【**F19**】をクリック
⑧「**=""**」と入力
⑨《**値が真の場合**》のボックスをクリック
⑩「**""**」と入力
⑪《**値が偽の場合**》のボックスをクリック
⑫セル【**E19**】をクリック
⑬「*****」を入力
⑭セル【**F19**】をクリック
⑮《**OK**》をクリック
⑯セル【**G19**】を選択し、セル右下の■（フィルハンドル）をセル【**G28**】までドラッグ
⑰［ ］（オートフィルオプション）をクリック
⑱《**書式なしコピー（フィル）**》をクリック
※「金額」欄には、あらかじめ通貨の表示形式が設定されています。

⑧

①セル【**G30**】の数式を「**=ROUNDUP(G29*F30,-3)**」に編集

⑨

①セル【**G32**】の数式を「**=ROUNDDOWN(G31*F32,0)**」に編集

⑩

①《**ファイル**》タブを選択
②《**情報**》をクリック
③《**問題のチェック**》をクリック
④《**ドキュメント検査**》をクリック
⑤《**はい**》をクリック
⑥《**インク**》を☑にする
⑦すべての検査項目が☑になっていることを確認
⑧《**検査**》をクリック
⑨《**コメント**》の《**すべて削除**》をクリック
⑩《**閉じる**》をクリック

総合問題5

①セル【B5】をクリック

②Ctrlを押しながら、セル範囲【D8:D11】を選択

③**《データ》**タブを選択

④**《データツール》**グループの（データの入力規則）をクリック

⑤**《日本語入力》**タブを選択

⑥**《日本語入力》**のをクリックし、一覧から**《オン》**を選択

⑦**《OK》**をクリック

②

①セル【B3】をクリック

②**《校閲》**タブを選択

③**《コメント》**グループの（コメントの挿入）をクリック

④**「青字部分を編集してください」**と入力

⑤コメント以外の場所をクリック

③

①セル【B3】をクリック

②**《校閲》**タブを選択

③**《コメント》**グループのコメントの表示/非表示（コメントの表示/非表示）をクリック

④

①**《表示》**タブを選択

②**《表示》**グループの**《目盛線》**を□にする

⑤

①**《ファイル》**タブを選択

②**《情報》**をクリック

③右側の**《プロパティ》**をクリック

④**《詳細プロパティ》**をクリック

⑤**《ファイルの概要》**タブを選択

⑥**《タイトル》**に**「御見積書」**と入力

⑦**《作成者》**に**「FOMファニチャー）木下」**と入力

⑧**《OK》**をクリック

①Escを押す

②セル範囲【H1:H2】を選択

③Ctrlを押しながら、セル【B5】、セル範囲【D8:D11】、セル範囲【C19:C28】、セル範囲【F19:F28】、セル範囲【H19:H33】を選択

④**《ホーム》**タブを選択

⑤**《セル》**グループの書式（書式）をクリック

⑥**《セルのロック》**をクリック

⑦**《セル》**グループの書式（書式）をクリック

⑧**《シートの保護》**をクリック

⑨**《シートとロックされたセルの内容を保護する》**を☑にする

⑩**《OK》**をクリック

①セル【H1】をクリック

※テンプレートを利用するときのためにセル【H1】をアクティブセルにしておきましょう。

②**《ファイル》**タブを選択

③**《エクスポート》**をクリック

④**《ファイルの種類の変更》**をクリック

⑤**《ブックファイルの種類》**の**《テンプレート》**をクリック

⑥**《名前を付けて保存》**をクリック

⑦左側の一覧から**《ドキュメント》**を選択

※《ドキュメント》が表示されていない場合は、《PC》をダブルクリックします。

⑧一覧から**《Officeのカスタムテンプレート》**を選択

⑨**《開く》**をクリック

⑩**《ファイル名》**に**「FOM見積書」**と入力

⑪**《保存》**をクリック

⑫**《ファイル》**タブを選択

⑬**《閉じる》**をクリック

⑧

①**《ファイル》**タブを選択

②**《新規》**をクリック

③**《個人用》**をクリック

④**「FOM見積書」**をクリック

総合問題6

①セル範囲【C9:C30】を選択
②**《ホーム》**タブを選択
③**《スタイル》**グループの 条件付き書式 （条件付き書式）をクリック
④**《カラースケール》**をポイント
⑤**《緑、黄、赤のカラースケール》**（左から1番目、上から1番目）をクリック

②

①**《挿入》**タブを選択
②**《テキスト》**グループの （ワードアートの挿入）をクリック
※《テキスト》グループが （テキスト）で表示されている場合は、 （テキスト）をクリックすると、《テキスト》グループのボタンが表示されます。
③**《塗りつぶし（パターン）：青、アクセントカラー1、50%；影（ぼかしなし）：青、アクセントカラー1》**（左から3番目、上から4番目）をクリック
④**「ゴールドコースト 5日間」**と入力
⑤ワードアート以外の場所をクリック

③

①ワードアートを選択
※ワードアートを選択するには、ワードアートをクリックして枠線を表示し、ワードアートの枠線をクリックします。
②**《ホーム》**タブを選択
③**《フォント》**グループの 54 （フォントサイズ）の をクリックし、一覧から**《44》**を選択
④ワードアートの枠線をドラッグし、移動

④

①**《挿入》**タブを選択
②**《図》**グループの （図形）をクリック
※《図》グループが （図）で表示されている場合は、 （図）をクリックすると、《図》グループのボタンが表示されます。
③**《星とリボン》**の （スクロール：横）（左から6番目、上から2番目）をクリック
④始点から終点までドラッグし、図形を作成
⑤図形をドラッグし、移動
⑥図形の○（ハンドル）をドラッグし、サイズを変更

⑤

①図形を選択
②**《書式》**タブを選択
③**《図形のスタイル》**グループの （その他）をクリック
④**《テーマスタイル》**の**《枠線のみ-青、アクセント1》**（左から2番目、上から1番目）をクリック

⑥

①図形を選択
②文字列を入力
③図形以外の場所ををクリック

①図形を選択
②**《ホーム》**タブを選択
③**《フォント》**グループの 11 （フォントサイズ）の をクリックし、一覧から**《14》**を選択
④文字列**「ツアーポイント」**を選択
⑤**《フォント》**グループの （フォント）の をクリックし、一覧から**《Meiryo UI》**を選択
⑥**《フォント》**グループの （フォントの色）の をクリック
⑦**《テーマの色》**の**《青、アクセント1》**（左から5番目、上から1番目）をクリック
⑧**《フォント》**グループの （太字）をクリック

①セル【E15】をクリック
②**《挿入》**タブを選択
③**《図》**グループの （ファイルから）をクリック
※《図》グループが （図）で表示されている場合は、 （図）をクリックすると、《図》グループのボタンが表示されます。
④画像が保存されている場所を選択
※《PC》→《ドキュメント》→「Excel2019応用」→「総合問題」を選択します。
⑤一覧から**「イメージ写真」**を選択
⑥**《挿入》**をクリック
⑦図の○（ハンドル）をドラッグし、サイズを変更

⑨

①《**ファイル**》タブを選択

②《**情報**》をクリック

③《**ブックの保護**》をクリック

④《**最終版にする**》をクリック

⑤《**OK**》をクリック

※最終版に関するメッセージが表示される場合は、《OK》をクリックします。

総合問題7

①《**挿入**》タブを選択

②《**テキスト**》グループの（横書きテキストボックスの描画）をクリック

※《テキスト》グループが（テキスト）で表示されている場合は、（テキスト）をクリックすると、《テキスト》グループのボタンが表示されます。

③始点から終点までドラッグし、テキストボックスを作成

④カーソルが表示されていることを確認

⑤「**入国には、電子入国許可（ETA）または観光査証（ビザ）が必要。**」と入力し、Enter を押す

⑥「**パスポートの有効期限は帰国時まで有効なもの。**」と入力

⑦テキストボックス以外の場所をクリック

※テキストボックス内の文字列が隠れてしまう場合は、テキストボックスのサイズを調整します。

②

①テキストボックスを選択

②《**書式**》タブを選択

③《**図形のスタイル**》グループの 図形の枠線 （図形の枠線）をクリック

④《**テーマの色**》の《**黒、テキスト1**》（左から2番目、上から1番目）をクリック

⑤《**ホーム**》タブを選択

⑥《**配置**》グループの（上下中央揃え）をクリック

⑦テキストボックス以外の場所をクリック

③

①テキストボックスを選択

② Ctrl を押しながら、テキストボックスの枠線をドラッグし、コピー

③同様に、テキストボックスを2つコピー

①2つ目のテキストボックスの文字列をクリック

②「**オーストラリア・ドル**」に修正

③同様に、3つ目と4つ目のテキストボックスの文字列を修正

④テキストボックス以外の場所をクリック

①セル範囲【**C19：N20**】を選択

②《**ホーム**》タブを選択

③《**数値**》グループの（表示形式）をクリック

④《**表示形式**》タブを選択

⑤《**分類**》の一覧から《**ユーザー定義**》を選択

⑥《**種類**》に「**0"℃"**」と入力

⑦《**OK**》をクリック

①セル範囲【**C21：N21**】を選択

②《**ホーム**》タブを選択

③《**数値**》グループの（表示形式）をクリック

④《**表示形式**》タブを選択

⑤《**分類**》の一覧から《**ユーザー定義**》を選択

⑥《**種類**》に「**0"mm"**」と入力

⑦《**OK**》をクリック

①セル範囲【**O19：O21**】を選択

②《**挿入**》タブを選択

③《**スパークライン**》グループの 折れ線 （折れ線スパークライン）をクリック

④《**データ範囲**》にカーソルが表示されていることを確認

⑤ セル範囲【**C19：N21**】を選択

⑥《**場所の範囲**》が「**$O$19：$O$21**」になっていることを確認

⑦《**OK**》をクリック

⑧

①セル【O21】をクリック

②**《デザイン》**タブを選択

③**《グループ》**グループの グループ解除 （選択したスパークラインのグループ解除）をクリック

④**《種類》**グループの 縦棒 （縦棒スパークラインに変換）をクリック

⑨

①セル【O19】を選択

※セル範囲【O19：O20】内であれば、どこでもかまいません。

②**《デザイン》**タブを選択

③**《グループ》**グループの 軸 （スパークラインの軸）をクリック

④**《縦軸の最大値のオプション》**の**《すべてのスパークラインで同じ値》**をクリック

⑤**《グループ》**グループの 軸 （スパークラインの軸）をクリック

⑥**《縦軸の最小値のオプション》**の**《ユーザー設定値》**をクリック

⑦**《縦軸の最小値を入力してください》**に「0.0」と表示されていることを確認

⑧**《OK》**をクリック

⑩

①セル範囲【O19：O21】を選択

②**《デザイン》**タブを選択

③**《表示》**グループの**《頂点（山）》**を☑にする

⑪

①セル範囲【O19：O21】を選択

②**《デザイン》**タブを選択

③**《スタイル》**グループの ▽ （その他）をクリック

④**《薄いオレンジ，スパークラインスタイルアクセント2、白＋基本色40%》**（左から2番目、上から4番目）をクリック

総合問題8

①

①セル範囲【B18：N21】を選択

②**《挿入》**タブを選択

③**《グラフ》**グループの （複合グラフの挿入）をクリック

④**《組み合わせ》**の**《集合縦棒 - 第2軸の折れ線》**（左から2番目）をクリック

⑤**《デザイン》**タブを選択

⑥**《種類》**グループの グラフの種類の変更 （グラフの種類の変更）をクリック

⑦**《すべてのグラフ》**タブを選択

⑧左側の一覧から**《組み合わせ》**を選択

⑨**《最高気温》**の**《グラフの種類》**の ⌄ をクリックし、一覧から**《折れ線》**の**《折れ線》**（左から1番目、上から1番目）を選択

⑩**《最低気温》**の**《グラフの種類》**の ⌄ をクリックし、一覧から**《折れ線》**の**《折れ線》**（左から1番目、上から1番目）を選択

⑪**《降水量》**の**《グラフの種類》**の ⌄ をクリックし、一覧から**《縦棒》**の**《集合縦棒》**（左から1番目）を選択

⑫**《降水量》**の**《第2軸》**が☑になっていることを確認

⑬**《OK》**をクリック

②

①グラフエリアをドラッグし、移動（目安：セル【B23】）

②グラフエリアの右下をドラッグし、サイズを変更（目安：セル【N39】）

③

①主軸を右クリック

②**《軸の書式設定》**をクリック

③**《軸のオプション》**をクリック

④ （軸のオプション）をクリック

⑤**《軸のオプション》**が展開されていることを確認

⑥**《最大値》**に「30」と入力

※**《軸の書式設定》**作業ウィンドウを閉じておきましょう。

④

①グラフを選択

②**《デザイン》**タブを選択

③**《グラフスタイル》**グループの ▽ （その他）をクリック

④**《スタイル7》**（左から1番目、上から2番目）をクリック

⑤

①グラフを選択

②**《デザイン》**タブを選択

③**《グラフのレイアウト》**グループの（グラフ要素を追加）をクリック

④**《グラフタイトル》**をポイント

⑤**《なし》**をクリック

⑥凡例を選択

⑦**《書式》**タブを選択

⑧**《図形のスタイル》**グループの（図形の枠線）のをクリック

⑨**《テーマの色》**の**《黒、テキスト1》**（左から2番目、上から1番目）をクリック

⑥

①ワードアートを選択

※ワードアートを選択するには、ワードアートをクリックして枠線を表示し、ワードアートの枠線をクリックします。

②**《書式》**タブを選択

③**《ワードアートのスタイル》**グループの（ワードアートクイックスタイル）をクリック

④**《塗りつぶし：オレンジ、アクセントカラー2；輪郭：オレンジ、アクセントカラー2》**（左から3番目、上から1番目）をクリック

⑦

①セル範囲**【C19：N20】**を選択

②**《ホーム》**タブを選択

③**《スタイル》**グループの 条件付き書式 （条件付き書式）をクリック

④**《カラースケール》**をポイント

⑤**《赤、白、青のカラースケール》**（左から2番目、上から2番目）をクリック

⑥セル範囲**【C21：N21】**を選択

⑦**《スタイル》**グループの 条件付き書式 （条件付き書式）をクリック

⑧**《データバー》**をポイント

⑨**《塗りつぶし（グラデーション）》**の**《水色のデータバー》**（左から2番目、上から2番目）をクリック

⑧

①**《ページレイアウト》**タブを選択

②**《テーマ》**グループの（テーマ）をクリック

③**《Office》**の**《オーガニック》**をクリック

⑨

①**《校閲》**タブを選択

②**《アクセシビリティ》**グループの（アクセシビリティチェック）をクリック

③**《検査結果》**の**《エラー》**の「**グラフ3（現地基本情報）**」を選択

※該当のグラフが選択されます。

④**《追加情報》**の**《修正が必要な理由》**と**《修正方法》**を確認

⑤「**グラフ3（現地基本情報）**」のをクリックします。

⑥**《おすすめアクション》**の**《説明を追加》**をクリック

⑦**《代替テキスト》**作業ウィンドウのボックスに「**気候のグラフ**」と入力

※《代替テキスト》作業ウィンドウと《アクセシビリティチェック》作業ウィンドウを閉じておきましょう。

総合問題9

①

①セル**【K1】**に「**=TODAY()**」と入力

②

①セル**【H4】**に「**=DATEDIF(G4,$I$1,"Y")**」と入力

②セル**【H4】**を選択し、セル右下の■（フィルハンドル）をダブルクリック

③

①セル**【L4】**をクリック

②（関数の挿入）をクリック

③**《関数の分類》**のをクリックし、一覧から**《検索/行列》**を選択

④**《関数名》**の一覧から**《VLOOKUP》**を選択

⑤**《OK》**をクリック

⑥**《検索値》**にカーソルがあることを確認

⑦セル**【J4】**をクリック

⑧**《範囲》**のボックスをクリック

⑨シート「**会員種別**」のセル範囲**【B4：C6】**を選択

⑩ F4 を押す

⑪**《列番号》**に「**2**」と入力

⑫**《検索方法》**に「**TRUE**」と入力

⑬**《OK》**をクリック

⑭セル**【L4】**を選択し、セル右下の■（フィルハンドル）をダブルクリック

④

① セル範囲【I4：I33】を選択

② **《ホーム》**タブを選択

③ **《スタイル》**グループの 条件付き書式 (条件付き書式) をクリック

④ **《アイコンセット》**をポイント

⑤ **《方向》**の**《3つの矢印(色分け)》**(左から1番目、上から1番目) をクリック

⑥ **《スタイル》**グループの 条件付き書式 (条件付き書式) をクリック

⑦ **《ルールの管理》**をクリック

⑧ **《アイコンセット》**をクリック

⑨ **《ルールの編集》**をクリック

⑩ 緑の上矢印の**《種類》**の ▽ をクリックし、一覧から**《数値》**を選択

⑪ 緑の上矢印の**《値》**に**「1.2」**と入力し、左側が**「>=」**になっていることを確認

⑫ 黄色の横矢印の**《種類》**の ▽ をクリックし、一覧から**《数値》**を選択

⑬ 黄色の横矢印の**《値》**に**「1」**と入力し、左側が**「>=」**になっていることを確認

⑭ **《OK》**をクリック

⑮ **《OK》**をクリック

⑤

① セル【B3】をクリック

※表内のセルであれば、どこでもかまいません

② **《挿入》**タブを選択

③ **《テーブル》**グループの (テーブル) をクリック

④ **《テーブルに変換するデータ範囲を指定してください》**が**「=$B$3：$J$33」**になっていることを確認

⑤ **《先頭行をテーブルの見出しとして使用する》**を ✓ にする

⑥ **《OK》**をクリック

⑦ **《デザイン》**タブを選択

⑧ **《テーブルスタイル》**グループの (テーブルクイックスタイル) をクリック

⑨ **《淡色》**の**《青, テーブルスタイル(淡色)9》**(左から3番目、上から2番目) をクリック

⑥

① **「年齢」**の ▼ をクリック

② **《数値フィルター》**をポイント

③ **《指定の値以上》**をクリック

④ **《年齢》**の左上のボックスに**「40」**と入力

⑤ 右上のボックスが**「以上」**になっていることを確認

⑥ **《OK》**をクリック

※12件のレコードが抽出されます。

⑦

① **「年齢」**の ▼ をクリック

② **《"年齢"からフィルターをクリア》**をクリック

⑧

① **「住所」**の ▼ をクリック

② テキストボックスに**「東京都」**と入力

③ **《OK》**をクリック

※14件のレコードが抽出されます。

④ **「累計購入金額」**の ▼ をクリック

⑤ **《降順》**をクリック

⑨

① セル【B3】をクリック

※テーブル内であれば、どこでもかまいません

② **《デザイン》**タブを選択

③ **《テーブルスタイルのオプション》**グループの**《集計行》**を ✓ にする

④ 集計行の**「年齢」**のセル (セル【H34】) をクリック

⑤ ▼ をクリックし、一覧から**《平均》**を選択

⑥ 集計行の**「累計購入金額」**のセル (セル【I34】) をクリック

⑦ ▼ をクリックし、一覧から**《合計》**を選択

⑧ 集計行の**「会員種別」**のセル (セル【J34】) をクリック

⑨ ▼ をクリックし、一覧から**《なし》**を選択

総合問題10

①《挿入》タブを選択

②《図》グループの（図形）をクリック

※《図》グループが（図）で表示されている場合は、（図）をクリックすると、《図》グループのボタンが表示されます。

③《四角形》の（正方形/長方形）（左から1番目）をクリック

④始点から終点までドラッグし、図形を作成

②

①図形を選択

②「「会員No.」で並べ替え」と入力

③図形以外の場所をクリック

③

①図形を選択

②《ホーム》タブを選択

③《配置》グループの（上下中央揃え）をクリック

④《配置》グループの（中央揃え）をクリック

⑤図形以外の場所をクリック

④

①Ctrlを押しながら、図形の枠線をドラッグし、コピー

②同様に、もうひとつ図形をコピー

⑤

①中央の図形の文字列をクリック

②「「名前」で並べ替え」に修正

③右側の図形の文字列をクリック

④「「累計購入金額」で並べ替え」に修正

⑤図形以外の場所をクリック

⑥

①《開発》タブを選択

※《開発》タブが表示されていない場合は、《ファイル》タブ→《オプション》→左側の一覧から《リボンのユーザー設定》を選択→《リボンのユーザー設定》の▼→一覧から《メインタブ》を選択→《✓開発》→《OK》を選択します。

②《コード》グループの マクロの記録（マクロの記録）をクリック

③《マクロ名》に「NO」と入力

④《マクロの保存先》が《作業中のブック》になっていることを確認

⑤《OK》をクリック

⑥セル【B3】をクリック

※表内のB列のセルであれば、どこでもかまいません。

⑦《データ》タブを選択

⑧《並べ替えとフィルター》グループの（昇順）をクリック

⑨《開発》タブを選択

⑩《コード》グループの 記録終了（記録終了）をクリック

⑦

①《開発》タブを選択

②《コード》グループの マクロの記録（マクロの記録）をクリック

③《マクロ名》に「NAME」と入力

④《マクロの保存先》が《作業中のブック》になっていることを確認

⑤《OK》をクリック

⑥セル【C3】をクリック

※表内のC列のセルであれば、どこでもかまいません。

⑦《データ》タブを選択

⑧《並べ替えとフィルター》グループの（昇順）をクリック

⑨《開発》タブを選択

⑩《コード》グループの 記録終了（記録終了）をクリック

⑧

①《開発》タブを選択

②《コード》グループの マクロの記録（マクロの記録）をクリック

③《マクロ名》に「PRICE」と入力

④《マクロの保存先》が《作業中のブック》になっていることを確認

⑤《OK》をクリック

⑥セル【I3】をクリック

※表内のI列のセルであれば、どこでもかまいません。

⑦《データ》タブを選択

⑧《並べ替えとフィルター》グループの（降順）をクリック

⑨《開発》タブを選択

⑩《コード》グループの 記録終了（記録終了）をクリック

⑨

①図形「「会員No.」で並べ替え」を右クリック
②《**マクロの登録**》をクリック
③《**マクロ名**》の一覧から「**NO**」を選択
④《**OK**》をクリック
⑤図形「「名前」で並べ替え」を右クリック
⑥《**マクロの登録**》をクリック
⑦《**マクロ名**》の一覧から「**NAME**」を選択
⑧《**OK**》をクリック
⑨図形「「累計購入金額」で並べ替え」を右クリック
⑩《**マクロの登録**》をクリック
⑪《**マクロ名**》の一覧から「**PRICE**」を選択
⑫《**OK**》をクリック
⑬図形以外の場所をクリック

⑩

①図形「「名前」で並べ替え」をクリック
②図形「「累計購入金額」で並べ替え」をクリック
③図形「「会員No.」で並べ替え」をクリック

⑪

①《**ファイル**》タブを選択
②《**エクスポート**》をクリック
③《**ファイルの種類の変更**》をクリック
④《**ブックファイルの種類**》の《**マクロ有効ブック**》を選択
⑤《**名前を付けて保存**》をクリック
⑥ブックを保存する場所を選択
※《PC》→《ドキュメント》→「Excel2019応用」→「総合問題」を選択します。
⑦《**ファイル名**》に「**総合問題10完成**」と入力
⑧《**ファイルの種類**》が《**Excelマクロ有効ブック**》になっていることを確認
⑨《**保存**》をクリック
※《開発》タブを非表示にしておきましょう。